U0778056

高等职业教育计算机类系列教材

数据交换与路由技术

主　编　伍玉秀　嵇静婵

副主编　李若兰　封　旭　钟文基

参　编　黄　超　邓志龙

机械工业出版社

本书以 Cisco 交换机和路由器的配置及使用为背景，完整地展示了交换机和路由器在企业网中的应用。全书分为网络基础知识、交换机配置与管理、路由器配置与管理以及网络安全配置与管理四大模块，主要内容包括：OSI 参考模型，以太网的封装和解封装，以太网技术及 IP 数据交换技术；共享式以太网存在的问题，交换式网络产生的原因，交换机的工作原理，生成树协议，VLAN 技术，链路聚合，端口与地址绑定，三层交换技术；路由器的构成、分类、启动过程与接口类型，IP 路由过程，路由的原理，路由器的配置过程，路由表的结构，路由协议的分类，RIP 和 OSPF 的原理，OSPF 单区域和多区域的配置以及多路由协议的重分布；远程接入技术中的广域网技术和网络安全管理中的访问控制列表、网络地址转换、网关冗余技术的应用。

本书集"教、学、做"为一体，知识精炼，可读性、实用性强，由浅入深，层次分明；可以作为高职院校计算机应用技术、计算机网络技术及通信技术等专业的相关课程教材，也可供从事计算机网络设计、建设、管理、应用的技术人员参考，还可作为考取网络工程师相关认证的参考用书。

为方便教学，本书配套有电子课件、教学标准、模拟仿真实训题库、试题库。书中有二维码提供相关视频观看学习。作者进行了在线课程数字化平台的建设。凡选用本书作为教材的教师均可登录机械工业出版社教育服务网 www.cmpedu.com 免费下载相关资源。如有问题请致信 cmpgaozhi@sina.com，或致电 010-88379375 联系营销人员。

图书在版编目（CIP）数据

数据交换与路由技术/ 伍玉秀，嵇静婵主编. —北京：
机械工业出版社，2017.1（2020.3 重印）
高等职业教育计算机类系列教材.
ISBN 978 - 7 - 111 - 55871 - 2

Ⅰ.①数…　Ⅱ.①伍…　②嵇…　Ⅲ.①数据交换-高等职业教育-教材
②计算机网络-路由选择-高等职业教育-教材　Ⅳ.①TN919.6 ②TN915.05

中国版本图书馆 CIP 数据核字（2016）第 323342 号

机械工业出版社（北京市百万庄大街22 号　邮政编码100037）
策划编辑：刘子峰　　　　　　　　责任编辑：刘子峰
封面设计：陈　沛　　　　　　　　责任校对：刘志文
责任印制：孙　炜
保定市中画美凯印刷有限公司印刷
2020 年 3 月第 1 版第 3 次印刷
184mm×260mm · 18.75 印张 · 513 千字
标准书号：ISBN 978 - 7 - 111 - 55871 - 2
定价：42.00 元

电话服务　　　　　　　　　　　网络服务
客服电话：010 - 88361066　　　机　工　官　网：www.cmpbook.com
　　　　　010 - 88379833　　　机　工　官　博：weibo.com/cmp1952
　　　　　010 - 68326294　　　金　书　网：www.golden-book.com
封底无防伪标均为盗版　　　机工教育服务网：www.cmpedu.com

前　言

随着计算机技术和网络技术的迅速发展和日益普及，计算机网络已经成为人们生活的一个重要组成部分，培养大批熟练掌握网络技术的高端技能型人才是当前社会发展的迫切需求。数据交换与路由技术是实践性非常强的课程，要想掌握网络设备的配置及应用技术，必须在学习一定理论知识的基础上，以实际项目为依托，做到理论实践相结合，方能取得理想的学习效果。

本书的编写目的就是为了改变传统教材以理论知识传播为主的模式，采用"理论 + 实践"的方式组织编写，对于每一个知识点都增添了实时练习环节，每章都有模拟真实环境的实训，以便更好地满足高职高专院校以就业为导向的人才培养需求。本书的内容既注重基本知识、基本原理，又密切关系实际，倡导"教中做、做中学、学中教"，突出对高职高专院校学生动手能力的培养；注意把握读者的已有知识背景，依据接受能力，循序渐进地组织教学内容。

本书在内容的安排上以企业网络的组建过程为主线，分模块、按章节，从不同角度采用不同的方法剖析完整网络的组建过程。主要内容包括：OSI 参考模型，以太网的封装和解封装，以太网技术及 IP 数据交换技术；共享式以太网存在的问题，交换式网络产生的原因，交换机的工作原理，生成树协议，VLAN 技术，链路聚合，端口与地址绑定，三层交换技术；路由器的构成、分类、启动过程与接口类型，IP 路由过程，路由的原理，路由器的配置过程，路由表的结构，路由协议的分类，RIP 和 OSPF 的原理，OSPF 单区域和多区域的配置以及多路由协议的重分布；路由器与交换机的安全应用、访问控制列表、网络地址转换、网关冗余技术以及广域网技术应用。

本书由伍玉秀、嵇静婵任主编，李若兰、封旭、钟文基任副主编，参加编写的还有黄超、邓志龙。

由于编者水平有限，书中难免有不妥和错误之处，欢迎广大读者批评指正。

编　者

微课视频索引

名称	二维码	页码	名称	二维码	页码
端口安全配置		77	单个交换机构的 VLAN		94
2 个交换机间的 VLAN 实训		95	实训		109
STP + Etherchannel + 三层交换机		110	交换机综合实训		119
交换机综合实训		120	单臂路由		148
静态路由		158	RIP 路由协议		178
配置 OSPF 练习		190	点到点链路上的 OSPF		197
广播多路访问链路上的 OSPF		198	多区域的 OSPF		207
封装实训演示		247	ACL		261
NAT		268			

目　录

模块四　网络安全配置与管理

模块一　网络基础知识

第1章　认识网络

随着计算机的普及和 IT 技术的发展，计算机网络已成为人们生活中不可缺少的一部分。人们通过网络可以方便地与其他人进行交流、查阅信息、共享资源、进行联机游戏等。通信网的发展趋势是电信网、计算机网、有线电视网三网合一——宽带 IP 网。宽带 IP 网之间的通信就是数据通信。

数据通信技术是计算机网络技术发展的基础。计算机出现以后，为了实现远距离的资源共享，计算机技术与通信技术相结合，产生了数据通信。因此，数据通信是为了实现计算机与计算机或者计算机与终端之间信息交换而产生的一种通信技术，是计算机与通信相结合的产物。

1.1　相关概念

1.1.1　网络的定义

要想学习网络，首先需要知道什么是网络。

一般来说，将分散在不同地点的多台计算机、终端和外部设备通过通信线路互连起来，彼此间能够互相通信，实现资源共享（包括软件、硬件、数据等）的整个系统就叫作计算机网络，如图 1-1-1 所示。

计算机网络是当代计算机技术与通信技术相结合的产物。可以从以下 3 方面来理解：

1）必须有两台或两台以上的具有独立能力的计算机系统，以达到共享资源为目的而连接起来。

2）实现两台或两台以上的计算机连接、共享资源，必须有一条物理通路。这条通路是由物理介质来实现的。物理介质可以是有线电缆或无线介质。

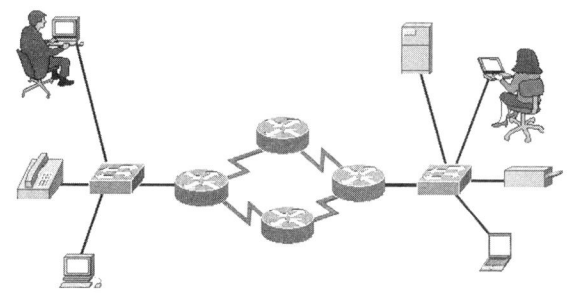

图 1-1-1　计算机网络

3）在计算机网络中通信双方还需要一些网络软件才能实现通信。网络软件与网络硬件相配合，用于协调、管理、调度和分配网络资源。

1.1.2　数据通信系统的构成

典型的数据通信系统主要由中央计算机系统、数据终端设备和数据电路 3 部分构成，如图 1-1-2 所示。

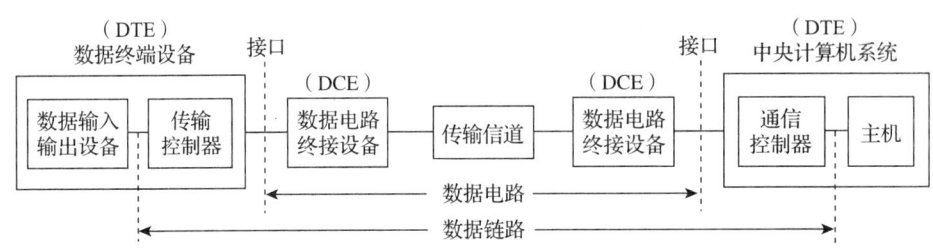

图 1-1-2 数据通信系统的基本构成

1. 数据终端设备

数据终端设备（DTE）是产生数据的数据源或接收数据的数据宿，用于完成数据的接收和发送，由数据输入设备、数据输出设备和传输控制器组成，又可分为简单终端和智能终端（如计算机）。

2. 数据电路

数据电路（Data Circuit）：位于数据终端设备和中央计算机系统之间，为数据通信提供一条传输通道，负责将数据信号从一个数据终端设备传输到另一个数据终端设备。

数据链路（Data Link）：数据电路加上数据传输控制功能后就构成了数据链路。

DCE：是 DTE 与传输信道之间的接口设备，其主要作用是信号变换，使之适合信道传输。DCE 可以是调制解调器、数字接口适配器等。

3. 中央计算机系统

又称为主机，由中央处理单元（CPU）、主存储器、输入/输出设备及其他外围设备组成，其功能主要是进行数据处理。

4. 数据线路、数据电路及数据链路的区别

数据线路（传输信道）：包括有线线路和无线线路，根据通信设备的不同有模拟信道和数字信道之分。

数据电路：数据线路 + DCE（是物理上的概念）。

数据链路：数据电路 + 控制装置（传输控制器和通信控制器）（是逻辑上的概念）。

如果数据通信系统的数据终端设备也是计算机，则该数据通信系统则为人们常说的计算机网络。

1.1.3 数据传输模式

数据信号在信道中传输，可以采取多种方式，即数据传输模式，包括：单工传输、半双工传输和全双工传输；串行传输和并行传输；异步传输和同步传输；基带传输、频带传输和数字传输。

1. 单工、半双工和全双工传输

单工传输：单工传输方式中，两个通信终端间的信号传输只能在一个方向传输，即一方仅为发送端，另一方仅为接收端。

半双工传输：在半双工传输中，两个通信终端可以互传数据信息，都可以发送或接收数据，但不能同时发送和接收，而只能在同一时间一方发送，另一方接收。

全双工传输：在全双工传输中，两个通信终端可以在两个方向上同时进行数据的收发传输。

2. 串行传输和并行传输

串行传输：串行传输方式中只使用一个传输信道，数据的若干位顺序地按位串行排列成数

据流。

并行传输：并行传输就是数据的每一位各占用一条信道，即数据的每一位放在多条并行的信道上同时传送。

3. 异步传输和同步传输

无论是并行传输还是串行传输，在数据发送方发出数据后，接收方都必须正确地区分出每一个代码，这是数据传输必须解决的问题。这个问题是数据传输的一个重要因素，称之为定时。若传输信号经过精确的定时，数据传输率将大大提高。

异步传输：这种方式以字符为传输单位，传送的字符之间有无规律的间隔，这样就有可能使接收设备不能正确接收数据，因为每接收完一个字符之后都不能确切地知道下一个将被接收的字符将从何时开始。

同步传输：在同步传输方式中，发送方以固定的时钟节拍发送数据信号，接收方以与发送方相同的时钟节拍接收数据。

4. 基带传输、频带传输和数字传输

根据数据传输系统在传输由终端形成的数据信号过程中是否搬移数据信号的频谱，即是否进行调制，可把传输方式分为基带传输和频带传输。

基带传输是一种不搬移数据信号频谱的传输体制。基带传输最简单的例子就是由程控电话过程中向交换机传送的音频信号。

频带传输就是在基带传输的基础上在发送端增加了调制，在接收端增加了解调，以实现信号的频带搬移，调制和解调合起来称为 Modem（来自于调制器 Modulator 和解调器 Demodulator 的缩写）。

在数字信道中传输数据信号称为数据信号的数字传输，简称为数字数据传输。我国使用的数字信道是 30 条话路为基群的欧洲体系标准，即 PCM30/32，其基群速率为 2.048Mbit/s。采用数字信道传输数据信号比采用模拟信道的传输方式有传输质量高、传输效率高等优点。

1.1.4 数据交换方式

1. 交换的概念

多个用户之间进行数据通信，最简单的实现方法就是在任意两个用户之间建立直达线路，这种实现方式称为全连接。由全连接方式形成的通信网，叫作完全连接网，如图 1-1-3a 所示。当用户数为 N 时，需要设置 N(N − 1)/2 条传输线路，图中 N = 6，则需要 15 条传输线路。

随着用户数的增多，所需的传输线路就越多，因而全连接存在着极大的浪费，为此引入交换的概念，如图 1-1-3b 所示。

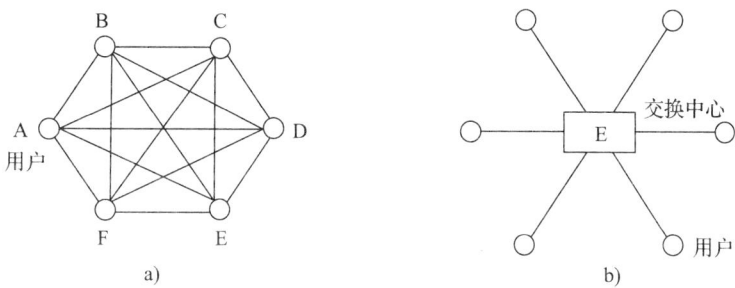

图 1-1-3 网络连接方式

a) 完全连接网 b) 交换网

所谓交换是采用交换机（或节点机）等交换系统，通过路由选择技术在进行通信的双方之间建立物理的/逻辑的连接，形成一条通信电路，实现通信双方的信息传输和交换的一种技术。

具有交换功能的网络称为交换网络，交换中心称为交换节点。通常，交换节点泛指网内的各类交换机，它具有为两个或多个设备创建临时连接的能力。

有了交换的概念才出现网的概念。

2. 交换方式的分类

所谓交换方式是指对应于各种传输模式，交换节点为完成其交换功能所采用的互通（Intercommunication）技术。交换方式主要分为以下两类：

1）电路交换方式（或线路交换方式）。网络结点内部完成对通信线路（在空间或时间上）的连通，为数据流提供专用的（或物理的）传输通路。

2）存储/转发交换方式数据通信协议（或信息交换方式）。网络结点运用程序方法先将途经的数据流按传输单元接收并存储下来，然后选择一条合适的链路将它转发出去，在逻辑上为数据流提供了传输通路。

3. 电路交换

电路交换是指两台计算机或终端在相互通信之前，需预先建立起一条实际的物理链路，在通信中自始至终使用该条链路进行数据信息传输，并且不允许其他计算机或终端同时共享该链路，通信结束后再拆除这条物理链路。可见电路交换属于预分配电路资源。

电路交换属于面向连接的交换过程，包含了 3 个阶段：① 电路建立阶段；② 数据传输阶段；③ 电路拆除阶段。

由于电路交换在通信之前要在通信双方之间建立一条被双方独占的物理通路（由通信双方之间的交换设备和链路逐段连接而成），因而有以下优缺点。

优点：

1）由于通信线路为通信双方用户专用，数据直达，所以传输数据的时延非常小。

2）通信双方之间的物理通路一旦建立，双方可以随时通信，实时性强。

3）双方通信时按发送顺序传送数据，不存在失序问题。

4）电路交换既适用于传输模拟信号，也适用于传输数字信号。

5）电路交换的交换设备及控制均较简单。

缺点：

1）电路接续时间较长，短报文通信效率低。

2）电路资源被通信双方占用，电路利用率低。

3）通信双方在信息传输速率、编码格式、同步方式、通信规程等方面应完全兼容，限制了各种不同速率、不同代码格式和不同通信规程的用户终端之间互通。

4）有呼叫损失（或示忙）。

5）传输质量较多地依赖于线路的性能，因而差错率较高。

电路交换适合于高负荷的持续通信和实时性要求高的场合，如传输信息量较大或通信对象比较确定的用户，比如数字话音和传真等业务。但是电路交换不适合传送计算机与终端或计算机与计算机之间的数据。

4. 报文交换

由于电路交换的资源利用率低，不同类型的用户间不能直接互通、灵活性差，所以，又发展了报文交换，也称为信息交换方式（或文电交换方式）。

报文交换的基本思想是"存储—转发"，即当用户的报文到达交换机时，先将报文存储在交换机的存储器中，当所需要的输出电路有空闲时，再将该报文发向接收交换机或用户终端。报文交换原理如图 1-1-4 所示。

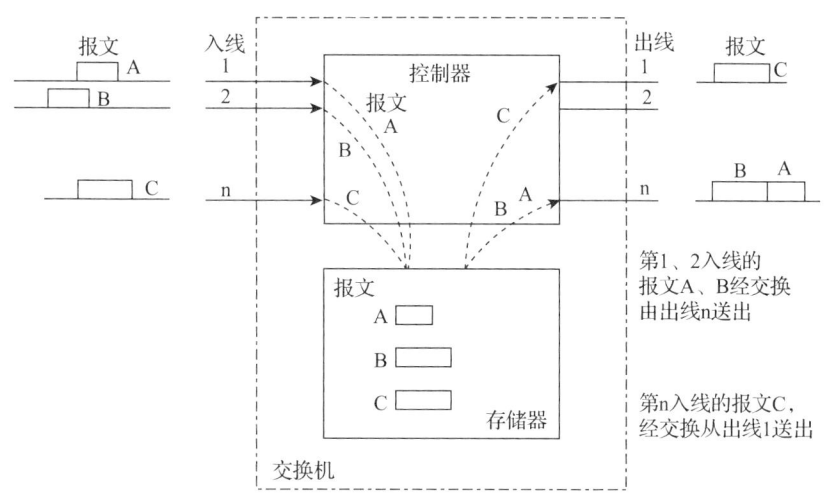

图 1-1-4　报文交换原理

在报文交换方式中，信息是以报文为单位接收、存储和转发。一份报文应包括 3 个部分：① 报头或标题；② 报文正文；③ 报尾。

报文交换的主要特征是交换机存储整个报文，并进行必要的处理。因此，报文交换的主要优点如下。

1）可以实现不同类型终端设备之间的相互通信。

2）线路利用率高。

3）无呼叫损失。

4）可实现同文报通信，即同文多投。

但是，交换机要有能力存储转发用户发送的报文，其中有的报文可能很长，这就要求交换机要有高速处理能力和大存储空间。因此，报文交换机的设备比较庞大、费用高，且报文通过交换机的时延大，时延抖动也大，不利于实时通信。

5. 分组交换

电路交换技术的传输时延小，但电路接续时间长，线路利用率低，且不能进行不同类型的终端相互通信；而报文交换虽然可解决上述问题，但信息传输时延太长，不能满足许多数据通信系统的实时性要求。因此，在报文交换后出现了分组交换。

分组交换的基本原理也是"存储—转发"的方式。把报文分成若干个比较短的、具有一定格式的"分组"（或称为数据包）进行交换和传输，既接收速度快、传输时延小，满足实时性要求，且线路利用率高，并可实现不同类型的终端间相互通信。分组交换原理如图 1-1-5 所示。

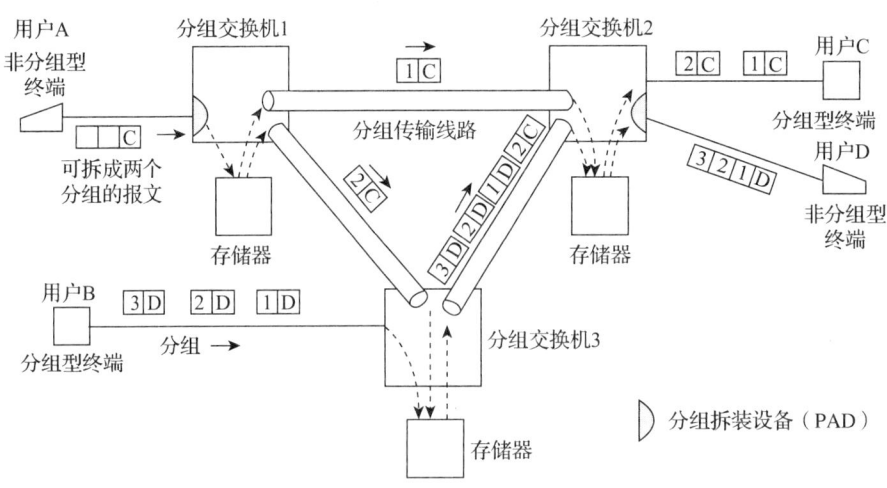

图 1-1-5　分组交换示意图

说明：①来自不同终端的不同分组可以去往分组交换机的同一出线；②NPT 需经 PAD 才能接入分组交换网；③分组交换采用的方法是 STDM。

分组头	用户数据

图 1-1-6　分组结构

分组是由分组头和用户数据部分组成的，如图 1-1-6 所示。

分组头包含收发地址和一些控制信息，其长度为 3～10 个字节；用户数据部分长度一般为 128 个字节，最大不超过 256 个字节。

分组交换的优点如下：

1）传输质量高。

2）可靠性高。

3）可实现分组多路通信。

4）能提供不同类型终端间的通信。

5）能满足通信实时性要求。

6）经济性好。

7）线路利用率高。

分组交换的缺点如下：

1）对长报文通信的传输效率低。

2）要求交换机有较高的处理能力。

分组的传输方式有两种：数据报（DG）和虚电路（VC）方式。

数据报方式是将每一个数据分组，当作一份独立的报文看待。分组交换机为每一个数据分组独立地寻找路径，同一终端送出的不同分组可以沿着不同的路径到达终点。在网络终点，由于每一个分组所经过的路由不同，因此，它们到达终点的时间先后不一样，这样分组的顺序可能不同于发送端，需要重新排序。

虚电路方式是两个用户终端设备在开始互相传输数据之前必须通过网络建立一条逻辑上的连接（称为虚电路），一旦这种连接建立以后，用户发送的数据（以分组为单位）将通过该路径按顺序通过网络传送到达终点。当通信完成之后用户发出拆链请求，网络清除连接，如图 1-1-7 所示。

虚电路方式的特点如下：

1）一次通信具有呼叫建立、数据传输和呼叫清除 3 个阶段，对于数据量较大的通信传输效率高。

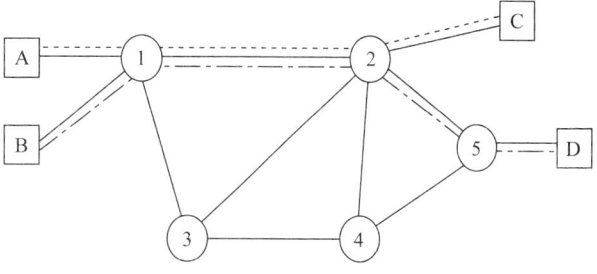

图 1-1-7 虚电路方式原理

2）数据终端之间的路由在数据传送之前就已被决定，不必像数据报那样节点要为每个分组进行路由选择。

3）数据分组按已建立的路径顺序通过网络，在网络终点不需要对分组进行重新排序，分组传输时延小，而且不容易产生数据分组的丢失。

4）当网络中由于线路或设备故障可能使虚电路中断时，网络可提供虚电路重连接的功能。终端用户感觉不到网络中发生了故障，只是出现暂时性的分组传输时延加大。

6. 帧中继

帧中继是一种快速分组交换（FPS）技术，是分组交换的升级，它是在 OSI 参考模型第二层（数据链路层）上使用简化的方式传送和交换数据单元的一种技术。

由于在数据链路层的数据单元一般称作帧，故称为帧中继。

7. ATM

ATM（Asynchronous Transfer Mode，异步传输模式）是一种信息传送、交换和复用的综合技术，是一种面向连接的快速分组交换技术，它使用固定长度的信元（53 个字节）进行异步时分复用，可以同时传送各种信息，包括话音、数据、图像和视频等。

ATM 的特点如下：

1）采用固定长度信元。

2）采用异步（统计）时分复用方式。

3）采用面向连接的方式。

4）取消了每条链路上的差错控制和流量控制。

5）信息域被透明传输，简化了结构。

6）综合多种业务，应用广泛。

7）ATM 既有电路交换的优点，又有分组交换的特点。

信元结构由 53 个字节构成，其中 5 个字节是信元头，48 个字节是信息域（或称净负荷、净荷），如图 1-1-8 所示。

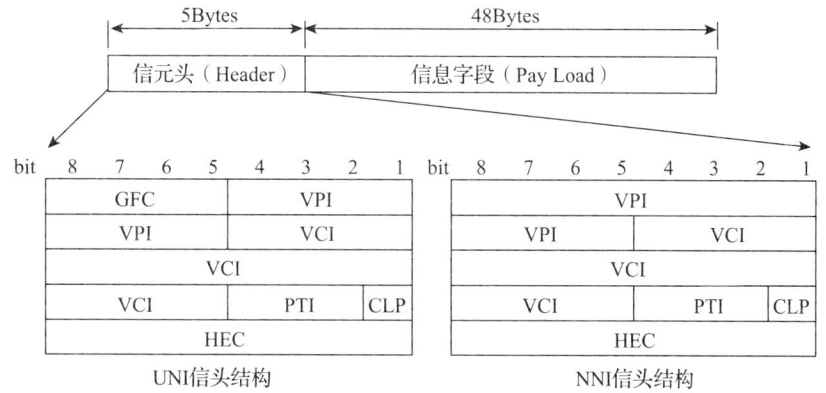

图 1-1-8 信元结构和信头结构

ATM 信元头各字段的含义如下。

1) GFC：一般流量控制标识符，对终端设备发送的业务量进行控制，以减少可能出现的网络过载。

2) VPI：虚通道标识符，表明虚通道的号码，用于虚通道的路由选择。一个虚通道可含有若干个虚通路（VC）。

3) VCI：虚通路标识符，表明虚通路的号码，用于虚通路的路由选择。

4) PTI（3bit）：净荷类型标识符，表示信元中的有效负荷是用户信息还是网络 OAM 信息，包括信元类型、拥塞状态指示和是否是最后信元等信息。

5) CLP：信元丢弃优先级。CLP = 1 表示是低优先级信元，网络拥塞时可丢弃；CLP = 0 的信元则不可丢弃，网络尽量保证传输。

6) HEC：信头差错控制，用来进行信头（前 4 个字节）差错检测和纠正（1bit 错时）并完成信元的定界功能，其校验多项式是 $x^8 + x^2 + x + 1$。

ATM 交换是指 ATM 信元从输入端的逻辑信道到输出端的逻辑信道的信息交换。ATM 逻辑信道以 VPI/VCI 来表征。

ATM 的虚连接分成两个等级：虚通道连接（VPC）和虚通路连接（VCC）。

ATM 连接是逻辑上的"虚连接"，故称"虚电路"。信元传输必须在虚电路建立之后，才能进行；信元按序发送，并按序到达目的终端；各虚电路拥有自己的业务性能参数。虚连接有两种，永久虚连接（PVC）和交换虚连接（SVC）。PVC 与 SVC 的不同点在于 SVC 是靠信令来建立的，而 PVC 的建立是通过网管操作来实现的。

虚通路（VC）：两个终端接入点的逻辑连接。

虚通道（VP）：一组虚通路的集合。

在 ATM 中一个物理信道被分成若干个 VP，一个 VP 又被上千个 VC 复用。VPI 标识 VP，VCI 标识 VC。一个呼叫链路可用 VPI/VCI 标识所分配的虚通道和虚通路，如图 1-1-9 所示。

VP 和 VC 交换过程如下：在相邻两点间形成一个 VC 链，一串 VC 链相连形成的 VC 连接叫作 VCC。VP 链和 VPC 也可以类似的方式形成，如图 1-1-10 所示。

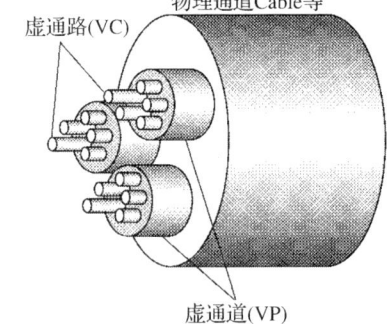

图 1-1-9　物理通道、VC 和 VP 的关系

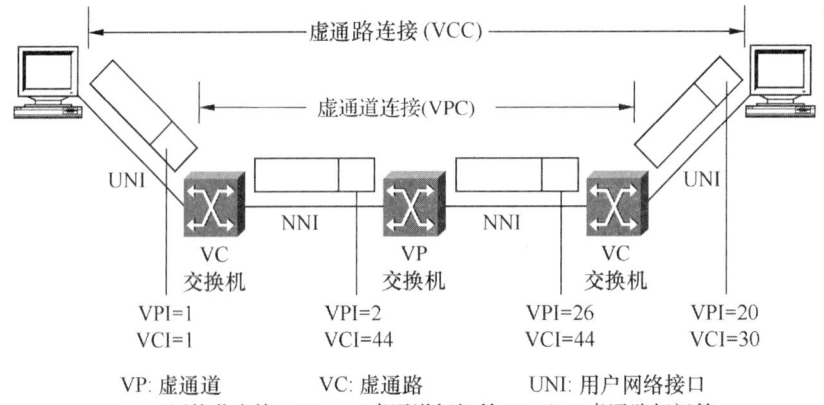

VP: 虚通道　　　　VC: 虚通路　　　　UNI: 用户网络接口
NNI: 网络节点接口　VPI: 虚通道标识符　VCI: 虚通路标识符

图 1-1-10　VCC 和 VPC 的连接过程

ATM 信元交换既可在 VP 级进行，也可在 VC 级进行，如图 1-1-11、图 1-1-12 所示。

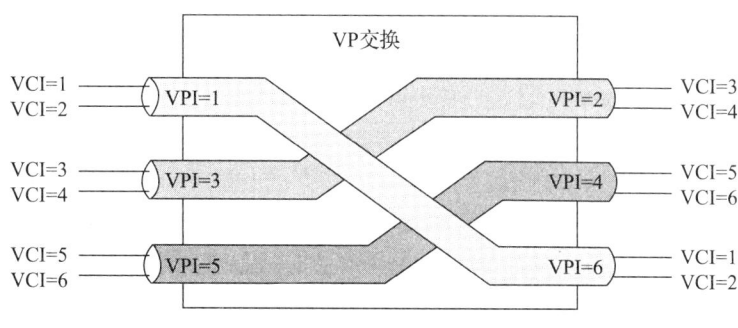

图 1-1-11　VP 交换过程

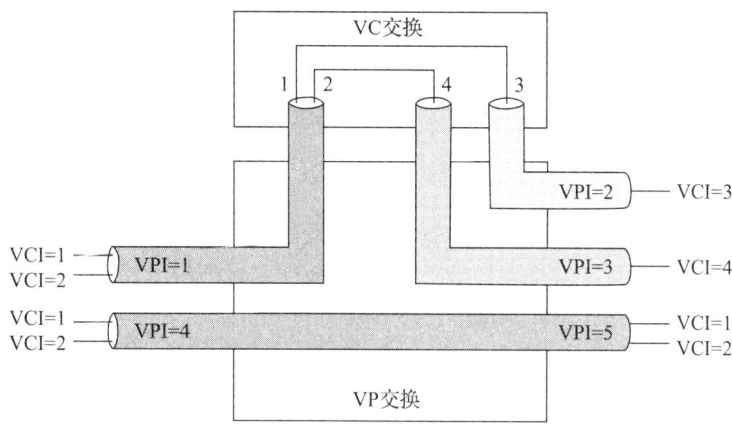

图 1-1-12　VC 交换过程

1.2　网络的影响

由于计算机网络具有数据通信、资源共享和分布处理等功能，所以其应用非常广泛，已经深入到社会的各个方面。人们的生活、学习、工作和娱乐都离不开网络。

1. 网络对生活的影响

与通信技术的每次进步一样，计算机网络技术也正在深刻地影响着人们的生活。在古代，人们近距离的交流使用语言，远距离的交流使用书信；后来人们可以通过电话、手机等电子通信设备进行交流。如今，随着网络的普及和低廉的成本，使得越来越多的人喜欢通过 Internet 进行交流。

Internet 正以令人难以置信的速度成为人们日常生活中不可或缺的一部分，如图 1-2-1 所示。对于将网络视为个人生活重要一部分的用户而言，一天当中，Internet 提供的资源可帮助其解决生活上的很多事情，例如：

1）查看当前天气预报。

2）使用网上地图查找通往目的地的最畅通路线。

3）使用支付宝支付账单。

4）使用计算机接收和发送电子邮件。

5）根据下载的食谱制作一顿丰盛的晚餐。

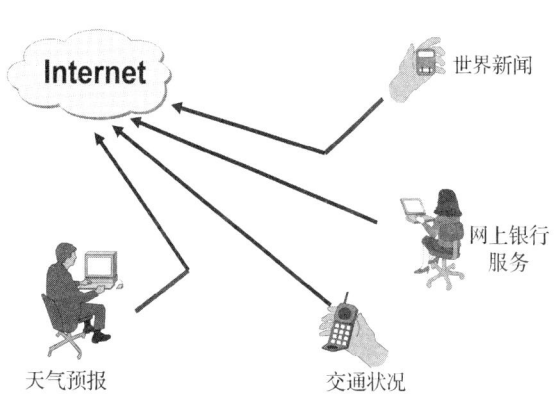

图 1-2-1　人们的生活离不开网络

6）通过微信朋友圈发布信息以分享自己的各种经历。

7）使用 QQ 或微信聊天工具与家人或朋友交流。

8）在网上商城购买商品。

9）在线看新闻、听音乐、看电视或电影。

2．网络对学习的影响

近年来，随着计算机网络技术在教育领域的广泛应用，网络学习作为一种新的学习方式正在不断普及，其丰富的学习资源、灵活交互模式和不受时间和空间的限制等特点备受学习者的青睐。目前，人们利用计算机网络进行学习已经成为一种趋势。

网络在人们的日常学习中以各种角色出现，它冲击着传统的教育和学习方式，对传统的教育模式和学习能力培养方式提出了挑战，使教师与学生的角色发生转变。在网络时代，学习将成为人们的一种内在需要。

在传统课堂教学中，学生集中在学校学习，学习时空受到很大的限制。而"网络教育是一所无形的学校，一切教学活动都在网上进行，几乎没有教室和实验室，学生无须到校上学，教师也不必到校上课。"由于网络上的一切资源都是共享的，在任何时候、任何地方，只要认为有必要时，都可以进行自由学习。

网络时代宣告了学习化社会和社会化学习时代的真正来临，终身学习有了根本的依托。网络环境在给教育和教学带来了巨大变革的同时，必然也会对传统的学习能力提出新的挑战。对这一挑战的回应，将会决定人们在网络时代下生存和发展的质量。

3．网络对工作的影响

最初，网络用于在企业内部记录和管理财务、客户等信息。后来，这些企业网络逐渐演变为可传输多种不同类型的信息服务（包括发布网页、电子邮件和共享文件等）。

以下两个场景充分展示出人们是如何使用网络技术完成工作的。

场景 1：德国的农民使用配有全球定位系统（GPS）的便携式计算机来精确且高效地种植农作物。在收割时节，农民可根据粮食运输机和仓储设施的忙闲度调整收割时间。通过移动无线技术，粮食运输机可监控在运车辆以保持最高的燃料效率和安全运行，状态变化可以立即传递到车辆驾驶员处。

场景 2：出差在外的员工可在外地使用安全的远程访问服务。网络使他们的远程工作就像在现场一样，可以访问平常工作要使用的基于网络的所有工具，可以召开外出员工参加的虚拟会议。

4．网络对娱乐的影响

如今人们普遍使用 Internet 享受多种形式的娱乐消遣。例如，人们可以在旅行之前通过 Internet 了解一下旅程信息，还可以将旅程的详细信息和照片发布到网上，供其他人查看。可以通过 Internet 收听歌曲、欣赏电影、阅读书籍和下载资料。网上商城和拍卖网站提供了购买、销售和交易所有类型商品的机会。

总之，通过网络可以做很多事情，包括工作、学习和生活，而且网络总在不断地提升着用户的体验感受。

1.3　网络的发展趋势

关心当前网络的发展趋势，可以预测未来一段时期内网络的发展方向和就业前景。

1．网络未来的发展方向

通过将多种不同的通信介质融合到单个网络平台中，网络容量将成指数倍增长。形成未来复杂信息网络的 3 个主要趋势如下：

1）网络终端移动化。随着手机、便携式计算机和个人数码助理（PDA）等手持移动设备的增加，必然会有更多移动设备需要加入网络，这将会产生要求组网方式更灵活、覆盖范围更广和安全性要求更高的无线服务市场。

2）网络设备功能多元化。计算机只是当今信息网络众多设备中的一种，现在有越来越多的新技术产品实现各种各样的网络服务。例如，有网络功能的智能手机让用户随时随地在服务范围内访问 Internet。除移动设备外，还有 IP 语音（VoIP）设备、游戏系统和各式各样的智能家电和商用装置，它们都可以连接和使用网络服务。

3）网络服务移动化。随着移动网络和移动终端的不断完善，移动业务也随之增多。例如，与传统互联网相似，移动互联网用户使用频率最高的网络服务同样是沟通与信息的获取。根据中国互联网络信息中心（CNNIC）在 2013 年初发表的报告，手机即时通信、手机微博、手机社交网站、手机邮件已经位列移动互联网用户需求的前几位。可见，移动互联网的沟通社交服务仍有巨大的发展空间。

2．下一代网络技术

现在人们对通信业务的需求越来越高，特别是 20 世纪 90 年代以来，随着 Internet 的迅猛发展，大量的数据业务、视频业务涌现出来：IP 电话、移动数据、短消息、会议电视、网上教育、网上医疗、网上咨询、网上股票交易、电子商务、电子政务、互动游戏、视频点播、远程 IP 监视等。面对如此丰富多彩的通信业务，单一业务的电信网、计算机网络、有线电视网已经无法满足人们的需求，于是人们希望有一个综合业务的网络，由此提出了"下一代网络（Next Generation Network，NGN）"的概念，如图 1-3-1 所示。

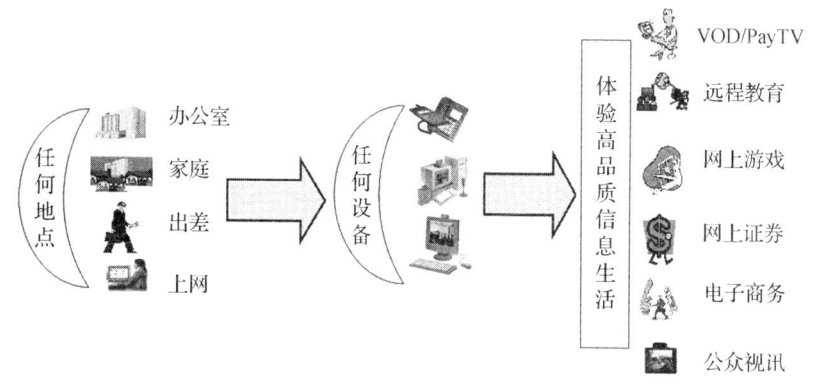

图 1-3-1　下一代网络的功能

所谓"下一代网络"是一个定义极其松散的术语，泛指一个不同于目前一代的、以数据为中心的融合网络。下一代网络的出现与发展不是革命，而是演进。随着 IP 技术的发展，人们认识到电信网、计算机网络及有线电视网将最终汇集到统一的 IP 网络，即人们通常所说的"三网"融合大趋势，如图 1-3-2 所示。IP 技术使得各种以 IP 为基础的业务都能在不同的网上实现互通，成为三大网都能接受的通信协议，从技术上为下一代网络奠定了坚实的基础。

我国早在"十一五"规划纲要中已经提出了"三网融合"的目标，2010 年 6 月 30 日三网融合开始进入落地实施阶段，当前仍在实施推进当中。三网融合对于大众家庭而言，无疑是件好事，只需要一根网线就可以上网、看电视、在线浏览，带来的最

图 1-3-2　三网融合

直接影响就是使用简便、费用低廉。三网融合势必颠覆传统的家庭娱乐方式，而智能电视、个人计算机（PC）等设备刚好顺应了技术与时代的发展，而这一切都将让广大消费者从中受益。

3. 网络行业的就业前景

目前我国的信息化建设正处在初级阶段，信息化的发展将对计算机网络人才的需求产生重要的影响。随着新技术的快速发展，信息技术（IT）和网络行业的就业机会也会与日俱增。随着网络复杂程度的增加，对具备网络技能的人才的需求也将持续升温。

据国家相关部门的统计显示，我国未来对从事网络建设、网络应用和网络服务等新型网络人才的需求量将大幅增加。现在计算机网络技术相关专业的毕业生将来可从事 IT 企业的相关工作，比如网络系统的规划设计和组建、网络系统的管理和维护、网站的建设与管理、网页设计与制作、网络应用软件的开发与维护以及网络产品的营销推广、技术支持和技术客服等。

除 IT 企业的巨大需求外，信息化浪潮下传统企业对网络人才的需求也呈爆炸式增长。近几年，在政府数字化城市建设的推动下，对网络应用人才和网络管理人才的需求明显增加。同时随着一些非 IT 领域的技术性要求有所提高，对具有不同领域知识背景的 IT 专业人才需求将会持续增长，也要求掌握大量的网络技术知识。

1.4 网络的组成

现在，人们越来越多地依靠网络来彼此联络，有效而又可靠的技术能随时随地满足人们对网络的需求。组建计算机网络，在一定范围内实现资源共享、交流信息已成为一种时尚，人们可以在家庭内部、邻里之间或企业内部建立自己的计算机网络。

1.4.1 网络组成要素

根据计算机网络定义的描述，可以知道组成计算机网络需要设备、介质和软件三个要素。其中，设备和介质是组成网络的物理要素（即硬件），对网络的性能起着决定性作用，是网络运行的实体；软件是网络设备上运行的程序。

网络中使用的设备、介质和软件如图1-4-1 所示。

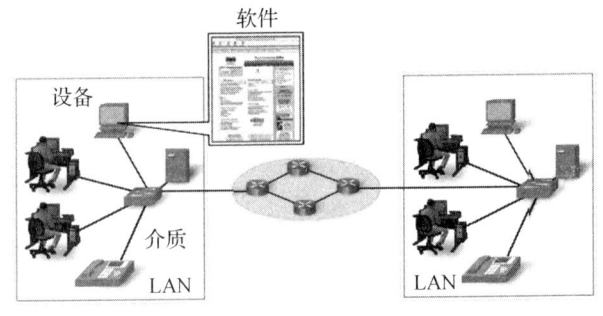

图 1-4-1　网络组成要素：设备、介质和软件

1. 网络设备

网络设备通常是网络平台的可见组成部分，分为终端设备和中间设备。终端设备包括：

1) 计算机（包括台式机、便携式计算机、服务器等）。

2) 网络打印机。

3) VoIP 电话。

4) 摄像头。

5) 移动手持设备（如无线条码扫描仪、PDA）。

在网络环境下，将终端设备称为主机。主机设备是指通过网络传输数据的源设备或目的设备。为了区分不同主机，网络中的每台主机都用一个地址加以标识。当主机发起通信时，会使用目的主机的地址来指定应该将数据发送到哪里。

除了人们熟悉的终端设备外，网络还要依靠中间设备来提供终端设备的互连并在后台运行才能确保数据在网络中通行。这些中间设备将每台主机连接到网络，并且可以将多个独立的网络连接成网际网络。网络中间设备包括以下几类。

1）网络接入设备：将终端用户连入网络，如集线器、交换机和无线接入点。

2）网间设备：连接一个网络到另一个或多个网络，如路由器。

3）通信服务器：路由设备，如 IPTV 或无线宽带。

4）调制解调器：通过电话或线缆将用户连入服务器或网络。

5）安全设备：通过分析进出网络的流量以保证网络安全的设备，如防火墙。

图 1-4-1 展示了多个终端设备连接到中间设备交换机组成一个小网络，两个小网络之间使用中间设备路由器互连，组成一个大网络。

2. 网络介质

介质就是用于连接设备的有线电缆或无线介质。网络中的通信都在介质上传送，介质为消息从源设备传送到目的设备提供了通道。网络主要使用铜缆、光纤和无线 3 种类型的介质，表 1-4-1 详细说明各种介质的特点。

表 1-4-1 网络介质

介质类型	介绍	用途	信号编码
铜缆	线缆内部使用铜金属	通常用做局域网内部的介质	电脉冲信号
光纤	线缆内部使用玻璃或塑料纤维	用于网络长距离传输或中继	光脉冲信号
无线	通过电磁波连接本地用户	家庭网络或不方便布线场景	无线电信号

不同类型的网络介质有不同的特性和优点。在选择网络介质时，应该考虑以下因素：

1）介质可以成功传送信号的距离。

2）要安装介质的环境。

3）用户需要的带宽

4）安装的费用。

5）连接器与兼容的费用。

3. 网络软件

网络软件是与网络硬件相配合，用于协调、管理、调度和分配网络资源，实现网络功能的各种软件。在网络系统中，每个用户都可享有系统中的各种资源，系统必须对用户进行控制，否则就会造成系统混乱、数据丢失或破坏。

网络软件通常包括以下 4 类。

1）网络协议软件：通过协议程序实现网络协议功能。

2）网络通信软件：通过网络通信软件实现网络工作站之间的通信。

3）网络操作系统：网络操作系统是用于实现系统资源共享、管理用户对不同资源访问的应用程序，它是最主要的网络软件。

4）网络管理软件及网络应用软件：网络管理软件是用来对网络资源进行管理和对网络进行维护的软件；网络应用软件是为网络用户提供服务并为网络用户解决实际问题的软件。

1.4.2 网络拓扑结构

在计算机网络中，把设备抽象为"点"，把介质抽象为"线"，这样计算机网络系统就形成了由点和线组成的几何图形，从而抽象出网络的拓扑结构。

1. 物理拓扑和逻辑拓扑

当网络安装好之后，需要创建物理拓扑图来记录各台主机的物理位置及其与网络连接的方式、电缆的安装位置以及用于连接主机的网络设备位置。物理拓扑图使用图标代表实际的物理设备。维护和更新物理拓扑对于以后的安装和故障排除非常重要。

除了物理拓扑之外，有时还需要网络的逻辑拓扑。逻辑拓扑负责记录网络各个主机的名称、地址、工作组信息和应用程序等。逻辑拓扑图对主机进行分组的依据是它们使用网络的方式，而不考虑主机的物理位置。

图1-4-2和图1-4-3显示了物理拓扑和逻辑拓扑之间的差异。

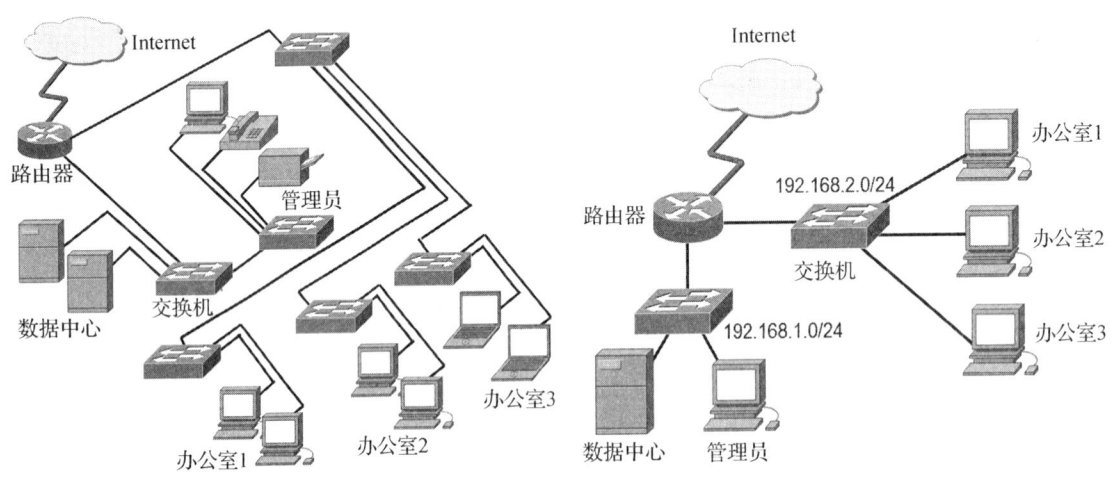

图1-4-2　物理拓扑　　　　　　　　　　　　　　　图1-4-3　逻辑拓扑

2. 逻辑拓扑的分类

按照逻辑拓扑结构的不同，可以将网络分为星形、环形和总线型3种基本类型网络结构。在这3种类型的网络结构基础上，可以组合出树形、网形等其他类型拓扑结构的网络。

（1）总线型网络

所有的计算机通过相应的硬件接口直接连接到一条公共的传输介质上，该公共传输介质即称为总线（Bus）。任何一个计算机发送的信号都沿着传输介质双向传播，而且能被总线上的所有其他计算机接收到，但在同一时间内只允许一个计算机节点利用总线发送数据。当一个计算机节点利用总线以"广播"方式发送数据时，其他计算机节点可以用"监听"方式接收数据。总线型网络的结构图如图1-4-4所示。

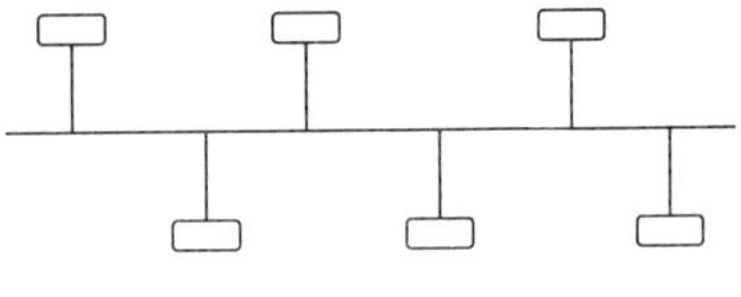

总线型网络的优点是布线容易、易于扩充、网络节点响应速度快、共享资源能力强、设备投入量少、成本低、安装和使用方便。

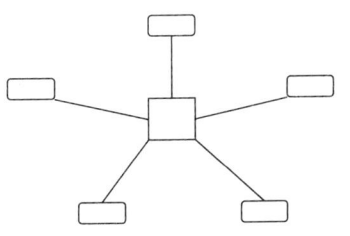

图1-4-4　总线型网络结构

总线型网络的缺点是对总线的故障敏感，任何总线的故障都会使得整个网络不能正常运行；随着网络用户数量的增加，总线型网络的通信效率大大下降，用户数量受到限制。

由于总线型结构的网络可靠性较差，目前已基本不再采用。

（2）星形网络

星形网络（Star Network）是由中央节点和通过点到点通信链路连接到中央节点的各个计算机组成的。采用集中控制，即任何两台计算机之间的通信都要通过中央节点进行转发，中央节点通常为集线器（Hub）/交换机（Switch）。它具有信号再生转发功能，同时它又是网络的中央布线的中心，各计算机通过集线器/交换机与其他计算机通信。星形网络又称为集式式网络，如图1-4-5所示。

图1-4-5　星形网络结构

在星形网络中，如果一台计算机或该机与集线器/交换机的连线出现问题，只是影响本机通信，网络中的其他计算机可以正常工作；但如果集线器/交换机出了故障，整个网络就会瘫痪。

星形网络的优点是建网容易，网络控制简单，故障检测和隔离方便，是目前局域网中广泛采用的网络结构。其缺点是网络中央节点负担过重，形成瓶颈；电缆长度和安装工作量大；各结点的分布处理能力较低。

（3）环形网络

环形网络（Ring Network）是将各个计算机与公共的缆线连接，缆线的两端连接起来形成一个封闭的环，数据在环路上以固定的方向流动，如图1-4-6所示。

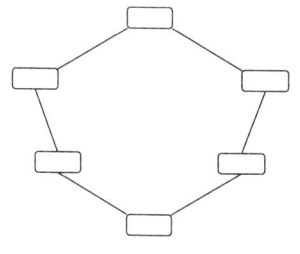

图 1-4-6　环形网络结构

环路上任何节点均可以请求发送信息，但网络中的信息是单向流动的，从任一节点发出的信息经环路传送一周以后都返回到发送节点进行回收。当信息经过目的节点时，目的节点根据信息中的目的地址判断出自己是接收节点，并把该信息复制到自己的接收缓冲区中。在环形网络中，一般用令牌传递法来协调控制各节点的发送，实现任意两节点间的通信。

环形网络的主要优点是：结构简单、容易实现；由于路径选择简单，因此通信接口、管理软件都比较简单。主要缺点是：节点故障会引起全网故障；由于环路封闭，因而不利于系统扩充；在负载轻时，信道利用率低。

最常见的采用环形拓扑的网络有令牌环网。

（4）树形网络

树形网络是一种分级结构，可以看成是星形网络的扩展。它的形状像一棵倒置的树，顶端有一个带分支的根，每个分支还可延伸出子分支。层次结构中处于最高位置的节点（根节点）负责网络的控制，如图1-4-7所示。

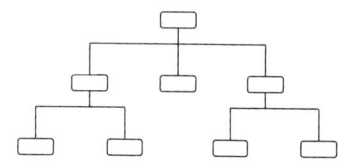

图 1-4-7　树形网络结构

树形结构是当前网络系统集成工程中最常见的一种结构。树形结构的网络易扩展，路径选择方便，若某一分支的节点线路发生故障，易将该分支和整个系统隔离。其缺点是对根节点的依赖性大，如果根节点发生故障则全网不能正常工作。

（5）网形网络

在网形拓扑结构中，节点之间的连接是任意的，每个节点都有多条线路与其他节点相连，这样使得节点之间存在多条路径可选，所以也叫分布式网络。网形结构是由星形、总线型和环形演变而来的，是前3种基本拓扑结构混合应用的结果。在这种网络中，网络上的每台计算机与其他计算机都有多条线路连接，如图1-4-8所示。

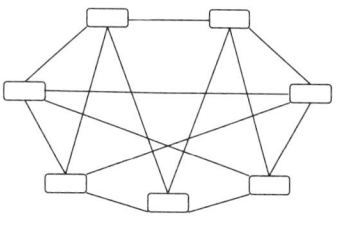

图 1-4-8　网形网络结构

在网形网络中，如果一个计算机或一段线缆出现故障，网络的其他部分依然可以运行，数据可以通过其他计算机和线路到达目的计算机。

尽管网形网络建网费用高、布线困难，但由于系统可靠性高、容错能力强，所以目前实际存在和使用的广域网基本上都采用网形拓扑结构。

3. 网络常用符号

在绘制网络拓扑图的时候，为了更好地描述网络连接信息，一般使用一套通用的符号来表示不同的设备和介质。图1-4-9展示了网络中经常使用的符号。

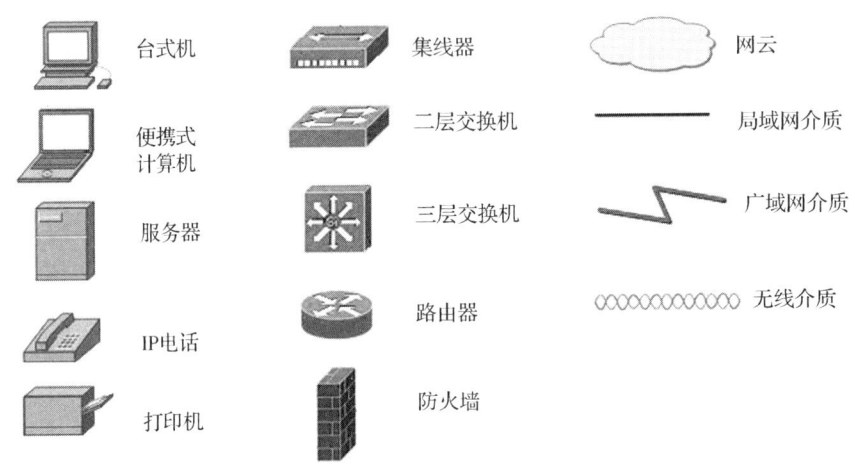

图1-4-9　网络设备和介质符号

图1-4-10所示为使用网络符号表示网络中的设备和介质的使用情况。

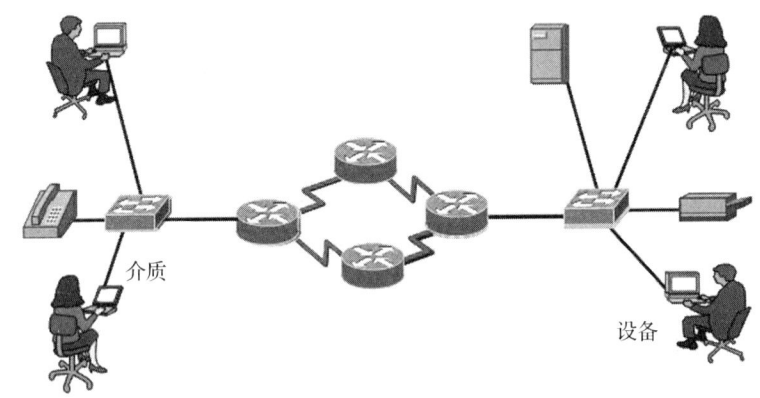

图1-4-10　使用网络符号表示网络

1.4.3　网络分类

不同的网络，在覆盖的区域、连接的用户数量、可用的服务数量和类型等几个方面存在很大差别。根据网络的覆盖范围与规模，可以将网络分成以下3种类型：

（1）局域网

局域网（Local Area Network，LAN）是指在有限的地理区域内构成的规模相对较小的计算机网络，其覆盖范围一般不超过10km。局域网通常局限在一个办公室、一幢大楼或一个园区内，用于连接个人计算机、工作站和各类外围设备，以实现资源共享和信息交换。

局域网的特点：连接范围窄、用户数少、配置容易和连接速率高。

现在局域网已经被广泛使用，学校或企业大都拥有自己的局域网，通常称为校园网或企业网。

（2）城域网

城域网（Metropolitan Area Network，MAN）规模局限在一座城市的范围内，覆盖的地理范围从几十公里至数百公里。城域网是对局域网的延伸，用于局域网之间的连接，在传输介质和布线结构方面牵涉范围较广。例如，在城市范围内，政府部门、大型企业、机关、公司以及社会服务部门的计算机连网，可以实现大量用户的多媒体信息的传输。

MAN 的一个重要用途是用作骨干网，通过它将位于同一城市内不同地点的主机、数据库以及 LAN 等互相连接起来。

（3）广域网

广域网（Wide Area Network，WAN）也称为远程网，覆盖范围可从几十公里到几千公里，甚至上万公里，跨越国界、洲界，甚至全球范围。广域网在采用的技术、应用范围和协议标准方面与局域网和城域网有所不同，用于通信的传输装置和介质一般由电信服务提供商（TSP）提供，能实现大范围内的资源共享。例如，Internet 就是典型的广域网，它是将属于 Internet 服务提供商（ISP）的网络相互连接后建立起来的，为世界各地数以百万计的用户提供接入服务。

从网络的层次看，局域网、城域网和广域网的关系如图 1-4-11 所示，其中局域网和城域网之间由接入网桥接。接入网是从局域网至某个 ISP 城域网之间的一个中间网络，它起到接口作用，目的是使用户能够方便和经济地享用各种宽带服务。

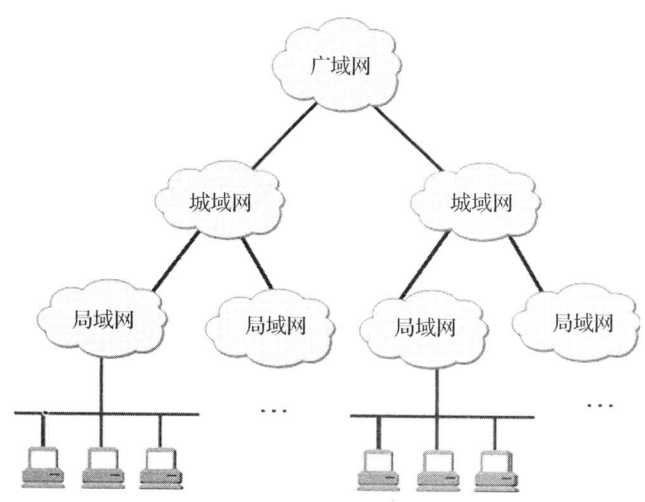

图 1-4-11 局域网、城域网和广域网的关系

1.4.4 网络协议

无论是人与人之间的通信还是计算机之间的通信，都要遵守预先约定的规则或协议。

1. 网络协议的定义

人与人之间进行交流时需要使用规则。如果同一间房里的每个人都讲不同的语言，肯定无法交流。同样，计算机之间的通信也要按照规则进行，如果本地网络中的设备不使用同一个规则，就无法互相通信，如图 1-4-12 所示。

网络协议（Network Protocol）是指网络中通信双方共同遵循的规则或约定，通常网络协议主要由 3 个要素组成。

1）语法：规定数据的结构和格式。

2）语义：规定做事的内容。

3）时序：规定做事的先后顺序。

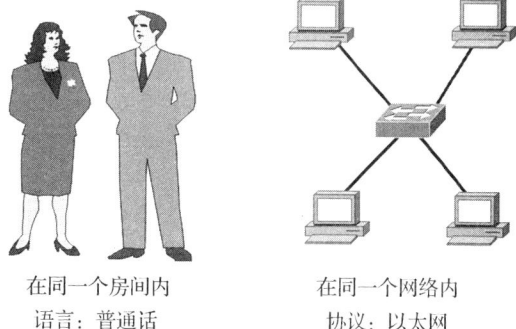

在同一个房间内
语言：普通话

在同一个网络内
协议：以太网

图 1-4-12 网络协议

一台计算机只有在遵守网络协议的前提下，才能在网络上与其他计算机进行正常的通信。网络协议通常被分为几个层次，每层完成自己单独的功能。通信双方只有在共同的层次间才能相互联系。

指导网络通信过程的协议不依靠任何特殊的技术来完成任务，网络协议规定什么是必须完成的任务，而不规定如何完成，因此协议的实现与技术无关。例如，人们使用不同的终端设备（计算机、移动电话或 PDA），通过不同的操作系统，都可以从 Internet 上的任何位置浏览某个 Web 网站的网页。

2. 网络协议的标准化

网络协议可以由厂商制定（称为私有协议），也可以由组织为公众制定。

在网络的早期发展阶段，每个厂商都使用自己专用的方法来连接网络设备和网络协议。不同供应商的设备之间无法通信，但实际上不同公司的网络经常需要与其他公司的网络互连，而不同公司的网络设备来自不同的厂商，这就需要能够支持不同网络通信平台的标准。

随着网络的不断普及，用来定义不同厂商设备操作的规则也逐渐开发出来。这些标准给网络带来诸多好处：

1）方便设计。

2）简化产品开发。

3）促进竞争。

4）提供一致的互连方式。

5）便于培训。

6）客户有更多的厂商可以选择。

标准是指已经受到网络行业认可并经过电气电子工程师协会（IEEE）或 Internet 工程任务组（IETF）之类标准化组织批准的流程或协议簇。组成协议簇的许多协议通常都要参考其他广泛采用的协议或行业标准。在协议的开发和实现过程中使用标准可以确保来自不同制造商的产品协同工作，从而获得有效通信。如果某家制造商没有严格遵守协议，其设备或软件可能就无法与其他制造商生产的产品成功通信。

3. 网络协议的应用

网络协议是一种特殊的软件，是计算机网络实现其功能的最基本机制。网络协议的本质是规则，即各种硬件和软件必须遵循的共同守则。网络协议并不是一套单独的软件，它融合于其他所有的软件系统中，可以说协议在网络中无所不在。

下面以某人在家里通过 ADSL 宽带连接方式浏览 Internet 网页的过程为例，介绍几种常用网络协议。

1）用户的计算机使用 PPPoE 建立宽带连接，并通过 DHCP 获取电信运营商提供的 IP 地址信息，进入 Internet。

2）用户在 Web 浏览器中输入网页的 URL 地址，Web 浏览器使用 DNS 将 URL 地址解析为 IP 地址。

3）Web 浏览器使用 TCP 与 Web 服务器建立连接。

4）Web 浏览器使用 HTTP 向服务器发送请求，Web 服务器使用 HTTP 响应请求，并将网页文件发送给 Web 浏览器。

5）Web 浏览器释放使用 TCP 与 Web 服务器建立的连接，并显示 URL 地址对应的网页。

综上所述，在 Internet 中浏览网页虽然只是一件简单的事情，实际上已经使用到多种网络协议，如图 1-4-13 所示。

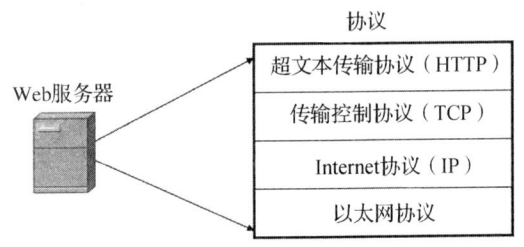

图 1-4-13 Web 服务使用多种协议

4. 网络协议的交互

在网络通信的信息交换过程中，经常使用到多种协议，要求各种不同协议共同确保双方都能接收和理解交换的报文。下面以 Web 服务器和 Web 浏览器之间的交互为例分析，经常使用的协议包括以下几种：

1）应用程序协议。超文本传输协议（HTTP）是一种公共协议，控制 Web 服务器和 Web 客户端进行交互的方式。HTTP 定义了客户端和服务器之间交换的请求和响应的内容与格式。客户端软件和 Web 服务器软件都将 HTTP 作为应用程序的一部分来实现。HTTP 依靠其他协议来控制客户端和服务器之间传输报文的方式。

2）传输协议。传输控制协议（TCP）是用于管理 Web 服务器与 Web 客户端之间单个会话的传输协议。TCP 将 HTTP 报文划分为要发送到目的客户端的较小片段，称为数据段。它还负责控制服务器和客户端之间交换的报文的大小和传输速率。

3）网间协议。最常用的网间协议是 Internet 协议（IP）。IP 负责从 TCP 获取格式化数据段、将其封装成数据包、分配相应的地址并选择通往目的主机的最佳路径。

4）网络访问协议。网络访问协议描述数据链路管理和介质上数据的物理传输两项主要功能。数据链路管理协议接收来自 IP 的数据包并将其封装为适合通过介质传输的格式。物理介质的标准和协议规定了通过介质发送信号的方式以及接收方客户端解释信号的方式。网卡上的收发器负责实施介质所使用的标准。

第2章 网络分层

计算机网络是相当复杂的系统，可以将这个复杂的系统分成若干个局部问题来研究和处理。一般使用分层模型来描述网络通信的复杂过程，分层模型形象地说明了各层内协议的工作方式，及其上下层之间的交互。

计算机网络的各层及其协议的集合，称为计算机网络体系结构。需要注意的是，网络的体系结构是抽象的，它并不关心由何种硬件或软件来实现，也就是说，不能把一个具体的计算机网络说成是一个抽象的网络体系结构。

2.1 OSI 参考模型和 TCP/IP 模型

网络专业人员一般使用两种分层模型来描述网络——OSI 参考模型和 TCP/IP 模型。OSI 参考模型通常用来参考网络通信过程，TCP/IP 模型则描述了 TCP/IP 协议簇中每个协议层实现的功能。

1. OSI 参考模型

由于多种协议的并存，使网络变得越来越复杂，不同厂商之间的网络设备因为兼容问题很难进行通信。为了解决网络之间的兼容性问题，帮助各个厂商生产出可兼容的网络设备，国际标准化组织（ISO）于 1984 年提出了 OSI/RM（Open System Interconnection Reference Model，开放系统互连参考模型）。

OSI 参考模型将网络体系结构分成 7 层，具体如图 2-1-1 所示。每一层都定义了各自所要完成的功能，上层利用下层的服务完成本层的功能，层与层之间的联系通过层间接口实现，每层有相应的通信协议。表 2-1-1 简要描述了 OSI 参考模型的每一层的功能。

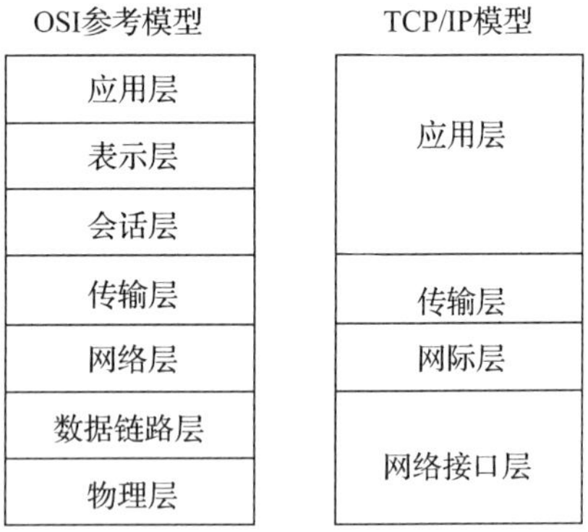

OSI参考模型	TCP/IP模型
应用层	应用层
表示层	
会话层	
传输层	传输层
网络层	网际层
数据链路层	网络接口层
物理层	

图 2-1-1 OSI 参考模型和 TCP/IP 模型

表 2-1-1 OSI 参考模型功能

层名称	功　　能
应用层	为终端用户提供应用程序服务，如 Web 服务、文件传输服务、电子邮件服务、域名服务和网络管理服务等
表示层	为应用提供数据的表现形式，如数据格式的转换、数据的编码和解码、数据的加密和解密、数据的压缩和解压缩等
会话层	主要完成不同计算机应用进程之间会话的建立、管理和终止等功能。例如，会话层将同步多个 Web 会话中的视频数据
传输层	负责传送数据，并进行传输差错校验和流量控制。例如，在源主机定义数据段并编号，传送数据，并在目的主机重组数据

（续）

层名称	功　能
网络层	主要解决数据包在不同物理网络之间的路由问题，为传输层提供面向连接的可靠的数据传输服务和无连接的不可靠的数据传输服务
数据链路层	在两个相邻的节点间无差错地传送数据
物理层	提供相邻设备间的比特流传输。它是利用物理介质，为上一层提供一个物理连接，通过物理连接透明地传输比特流

2. TCP/IP 模型

OSI 参考模型制定的初衷是试图达到一种理想境界，即全世界的计算机网络都遵循统一的标准，能够很方便地进行互连和交换数据。由于 OSI 参考模型定义比较复杂，效率也比较低，实现困难，没有得到很好的实际应用。实际上在 Internet 中却是使用以 TCP/IP 为核心的 TCP/IP 模型。

TCP/IP 模型分为 4 层，具体如图 2-1-1 所示，表 2-1-2 简要描述了 TCP/IP 模型的每一层的功能。

表 2-1-2　TCP/IP 模型功能

层名称	功　能
应用层	为用户表示应用数据，即为用户提供所需要的各种服务
传输层	为应用程序提供端到端通信功能，支持设备间的通信和执行错误纠正
网际层	确定通过网络的最佳路径，它是 TCP/IP 模型的关键部分
网络接口层	控制网络的硬件设备和介质。网络接口层的作用是传输经网际层处理过的信息，并提供一个主机与实际网络的接口，而具体的接口关系则可以由实际网络的类型所决定

3. 协议数据单元和封装

为了使应用数据能够正确地从一台主机传输到另一台主机，人们把一些控制信息添加到数据当中（称为报头）。当数据经过分层模型时，添加报头的过程称为封装（Encapsulation），去掉报头的过程则称为解封装（Decapsulation）。OSI 参考模型和 TCP/IP 模型的每一层都对数据进行封装，以保证数据能够正确无误的到达目的地，被终端主机理解和执行。

在每一层的数据都有一个通用的名字，叫作协议数据单元（Protocol Data Unit，PDU），但每一层的 PDU 都不同。表 2-1-3 列出了 OSI 参考模型和 TCP/IP 模型中主要层次的 PDU 名字。

表 2-1-3　各层的 PDU 名字

层	PDU 名字
应用层	数据（Data）
传输层	数据段（Segment）
网络层	数据包（Packet）
数据链路层	帧（Frame）
物理层	比特（Bit）

图 2-1-2 描述了网络分层模型中数据的封装过程。

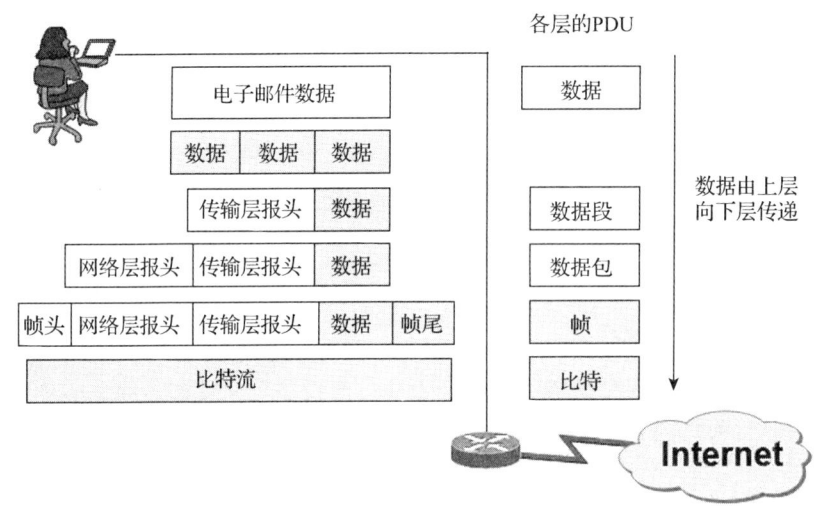

图 2-1-2　网络分层模型中数据的封装过程

4. TCP/IP 模型通信的过程

TCP/IP 模型描述了组成 TCP/IP 协议簇的各种协议的功能。在发送主机和接收主机上实现的这些协议通过网络交互，为应用程序提供端到端传送。

完整的通信过程包括以下步骤：

1）在发送方源终端设备的应用层创建数据。

2）当数据在源终端设备中沿协议栈向下传递时对其分段和封装。

3）在协议栈网络接口层的介质上生成数据。

4）通过由介质和任意中间设备组成的网际网络传输数据。

5）在目的终端设备的网络接口层接收数据。

6）当数据在目的设备中沿协议栈向上传递时对其解封和重组。

7）将此数据传送到目的终端设备应用层的目的应用程序。

下面以发送和接收一封电子邮件为例，分步描述在 TCP/IP 模型中数据的处理过程：

1）用户使用电子邮件应用程序写了一封信，应用层将该数据信息编码成电子邮件并发送给传输层。

2）传输层将信息拆分成段，并在分段的头部添加控制信息，生成数据段，再向下发送给网际层。

3）网际层在数据段的头部添加 IP 地址信息，生成 IP 数据包，并向下发送给网络接口层。

4）网络接口层在 IP 数据包的头部添加物理地址信息和差错检查信息，形成帧。帧被编码成比特流，经介质传送出去。

5）比特流被传送到达目的主机，并被解封装成帧，帧又被解封装为包，包再被解封装为段，最后传输层将所有的段按顺序组合起来。

6）当所有的数据都准备好后，它被传送到应用层，由电子邮件应用程序生成一封信，供用户阅读。

图 2-1-3 描述了在 TCP/IP 模型中通信过程的步骤。

5. 比较 OSI 参考模型与 TCP/IP 模型

OSI 参考模型与 TCP/IP 模型之间的对应关系如图 2-1-1 所示，从中可知以下几点：

1）OSI 参考模型的应用层、表示层和会话层的功能被合并到 TCP/IP 模型的应用层。

2）网络的大部分功能存在于传输层与网络层。

3）OSI 参考模型的数据链路层与物理层合并到了 TCP/IP 模型的网络接口层。

一般人认为 TCP/IP 模型的分层比 OSI 参考模型少，应该更简单；实际上这种理解是错误的，TCP/IP 模型比 OSI 参考模型更复杂。因为

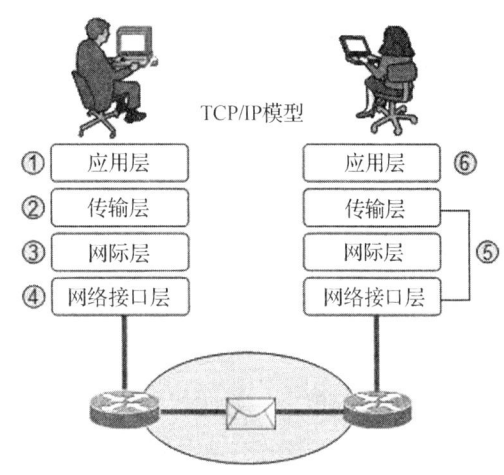

图 2-1-3　TCP/IP 模型中通信过程的步骤

OSI 参考模型虽然有更多的分层，但概念清楚，体系结构理论较完整，所以容易理解和排除故障，是一个很好分析和研究网络体系结构的参考模型。

TCP/IP 是伴随着互联网的发展而得以完善的事实上的国际标准，所以 TCP/IP 模型由于其协议而被广泛认可。虽然使用 OSI 参考模型作为指导原则，但是网络通常建立在 TCP/IP 模型的基础上。

从 TCP/IP 模型与 OSI 模型的比较中可知，虽然 TCP/IP 现在得到了广泛应用，但它并没有一个明确的体系结构。因此，在分析网络时，人们常常将 TCP/IP 模型与 OSI 参考模型优点结合在一起，构成一个实用的网络体系结构。

2.2　应用层

不论是 OSI 参考模型还是 TCP/IP 模型，每一层都拥有各自的功能，且被赋予了特定的服务和协议。

1. 应用层的功能

无论在 OSI 参考模型还是 TCP/IP 模型中，应用层都是最高层。从图 2-2-1 可以看出，应用层是人与网络的接口，提供了人和网络之间的交互界面，用户通过应用层的各种应用程序发送或接收数据。例如，用户通过应用层的浏览器浏览网页，通过电子邮件程序发送电子邮件。

OSI 参考模型的应用层、表示层和会话层的功能被合并到 TCP/IP 模型的应用层。

表示层有以下 3 个主要功能：

1）对应用层数据进行编码与转换，从而确保目的设备可以通过适当的应用程序理解源设备上的数据。

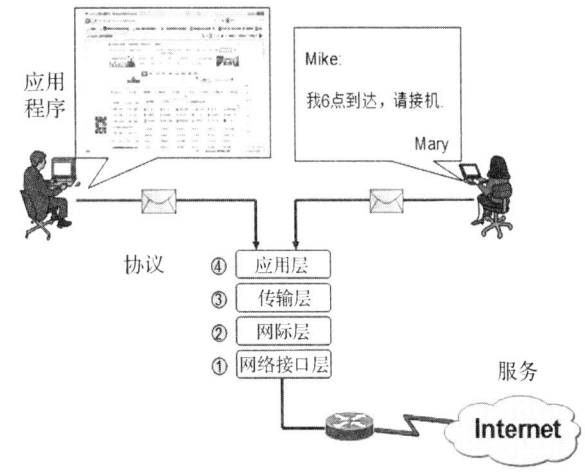

图 2-2-1　人与数据网络的接口

2）采用可被目的设备解压缩的方式对数据进行压缩。

3）对传输数据进行加密，并在目的设备上对数据解密。

会话层用于在源应用程序和目的应用程序之间创建并维持对话，即处理信息交换、发起对话并使其处于活动状态，并在对话中断或长时间处于空闲状态时重启会话。

大多数应用程序（如 Web 浏览器或电子邮件客户程序）已包含 OSI 参考模型的第五至七层的功能。

2. 应用层协议

应用层的许多协议都是基于客户端/服务器（Client/Server，C/S）模型。在该模型中，客户端是人们直接使用的计算机软件硬件组合，资源存储在服务器上。客户端进程和服务器进程都处于应用层，客户端首先向服务器发送数据请求，服务器通过发送一个或多个数据流来响应客户端。图 2-2-2 显示了客户端与服务器之间的交互过程。

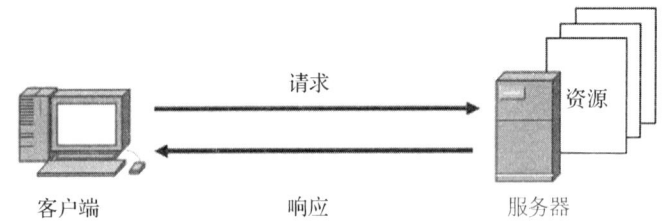

图 2-2-2　客户端与服务器之间的交互过程

TCP/IP 模型的应用层协议主要是用于交换用户信息的协议，这些协议详细规定了许多常见 Internet 通信功能的格式和控制信息。目前常见的 TCP/IP 模型的协议主要有以下几个。

1）超文本传输协议（HTTP）：用于传输构成 Web 网页的文件。

2）域名服务协议（DNS）：用于将 Internet 域名解析为 IP 地址。

3）文件传输协议（FTP）：用于系统间的文件交互传输。

4）简单邮件传输协议（SMTP）：用于传输邮件及其附件信息。

5）Telnet 协议：一种终端模拟协议，提供对服务器和网络设备的远程访问。

2.3　传输层

1. 传输层的功能

传输层负责网络的数据传输，是应用层和网络层之间的桥梁。传输层的主要功能包括以下几项：

（1）跟踪会话

源应用程序和目的应用程序之间传输的特定数据流称为会话。每台主机上都可以同时进行多个会话，传输层负责跟踪管理这些会话的多道通信流。

如图 2-3-1 所示，网络内的某台主机正在发送电子邮件、浏览网页、打 IP 电话和 Telnet 远程主机等，这些正在进行的多个应用程序（即进程）同时通过网络发送和接收数据。传输层跟踪这些应用程序的数据流，保证不同的应用程序都能够接收正确的数据，例如网页的数据传输给浏览器，而不会给聊天程

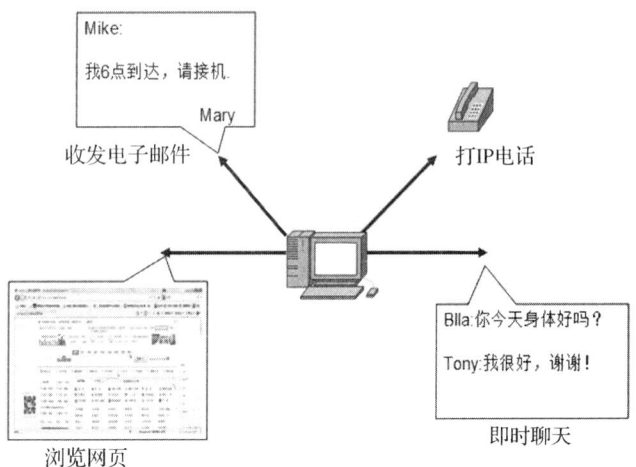

图 2-3-1　跟踪会话

序；电子邮件数据传输给 Outlook，而不会给 IP 电话。

（2）数据分段

应用层的应用程序向传输层传递大量数据，传输层必须将这些数据拆分成适合管理和传输的片段，这些片段被称为数据段，如图 2-3-2 所示。

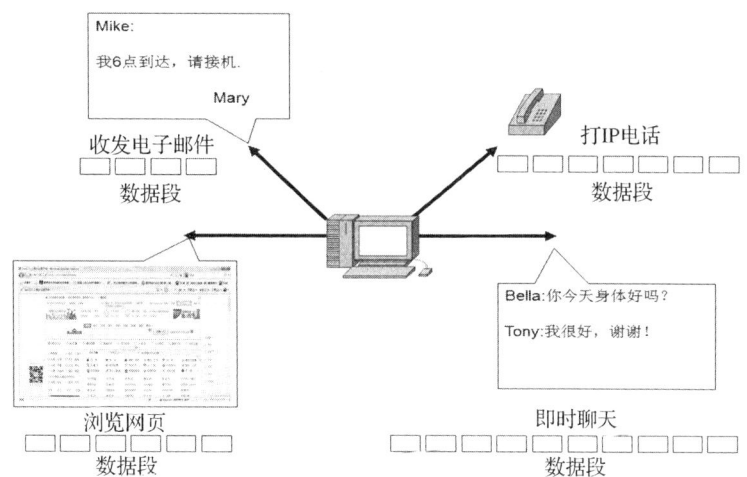

图 2-3-2 数据段

为了识别每段数据，传输层向每个数据段添加包含二进制数据的报头，如图 2-3-3 所示，以显示关联与该段数据相关的通信。

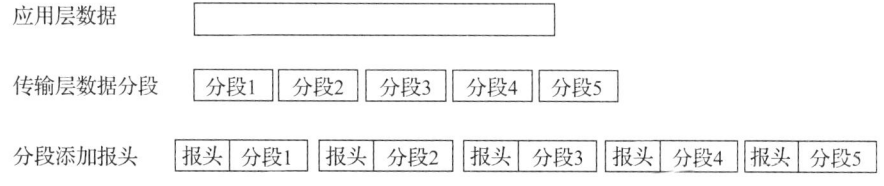

图 2-3-3 分段添加报头

（3）重组数据段

由于网络可能提供不同的传输路径，传输层在给数据分段时通过编号和排序数据段，来自于同一个应用程序的数据段可能以错误的顺序到达目的地，传输层可以根据编号将这些数据段排序进行重组，然后再传给应用程序，具体如图 2-3-4 所示。

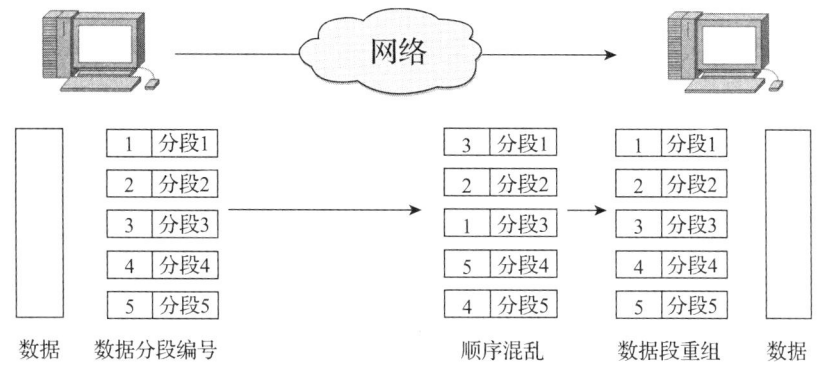

图 2-3-4 数据分段重组

（4）使用端口号识别会话

在每台主机中，每个需要访问网络的进程都被分配一个唯一的端口号。如图 2-3-5 所示，进程通过使用端口号识别不同的会话，这样可以将不同应用程序的数据发送到正确的应用程序中。

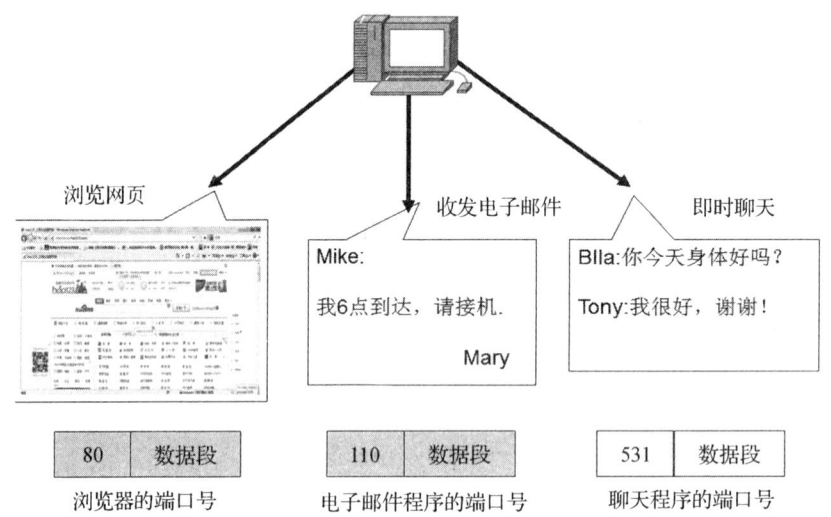

图 2-3-5　使用端口号识别会话

（5）流量控制

由于网络主机的内存或带宽等资源有限，在网络发生拥堵的情况下需要管理数据传输。当传输层发现这些资源超负荷运转时，可以调节源应用程序的数据流量。流量控制可预防数据段在网络上丢失，从而避免重新传输。

（6）错误恢复

数据段在通过网络传输时可能被破坏或丢失，传输层可以通过重传被破坏或丢失的数据段，以确保所有的数据段都能到达目的地。

（7）开始会话

传输层通过在应用程序间建立一个会话提供面向连接的定位服务，建立连接的目的是为应用程序间的通信做准备。

2．传输层协议

最常用的传输协议是传输控制协议（TCP）和用户数据报协议（UDP），两者有各自的特定功能。

（1）TCP

TCP 是一种面向连接的协议，使用"3 次握手"来建立和终止连接，使用数据段报头添加序列号和确认号来重组数据和重传数据，使用滑动窗口机制控制流量，从而实现数据的可靠传输。

图 2-3-6 所示为 TCP 的数据报结构，每个 TCP 数据报在封装应用层数据的报头包含了 20 个字节的内容。由于 TCP 要提供可靠的、面向连接的传输服务，因此不可避免地要增加许多额外开销，如确认、流量控制、计时器以及连接管理等，这不仅使 TCP 的 PDU 首部增大很多，还有占用许多额外开销。

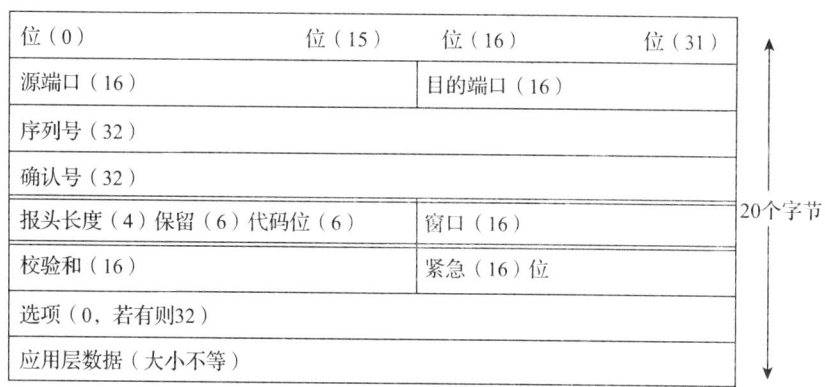

图 2-3-6 TCP 数据报结构

1）TCP 连接的建立和终止。主机将跟踪会话过程中的每个数据段，并添加 TCP 报头信息以了解每台主机所接收到的数据。当两台主机采用 TCP 进行通信时，在传输数据之前将建立连接；通信完成后，将关闭会话并终止连接，连接和会话机制保障了 TCP 的可靠性。

TCP 的"3 次握手"具体步骤如下：

① 源主机向目的主机发送包含初始 SYN（同步序列号）的数据段，开启通信会话。

② 目的主机向源主机发送包含 ACK（确认字段）的数据段，ACK 值等于初始 SYN 值加 1，并加上自身的 SYN 值。

③ 源主机向目的主机发送一个带 ACK 值的响应，此时 ACK 值等于接收的 SYN 值加 1。经过源主机和目的主机之间的 3 次数据传送，整个 TCP 连接终于完成了，如图 2-3-7 所示。

如果要终止 TCP 会话，需要实施 4 次交换，整个终止步骤如下：

① 当源主机的数据流已经发送完毕，它将发送带 FIN（结束）标志的消息，以请求终止会话。

② 目的主机发送 ACK 消息，确认收到从源主机发出的 FIN 消息。

③ 目的主机向源主机发送 FIN 消息，终止双方的会话。

④ 源主机向目的主机发送 ACK 响应消息，确认收到从目的主机发出的 FIN 消息。

TCP 会话终止过程如图 2-3-8 所示。

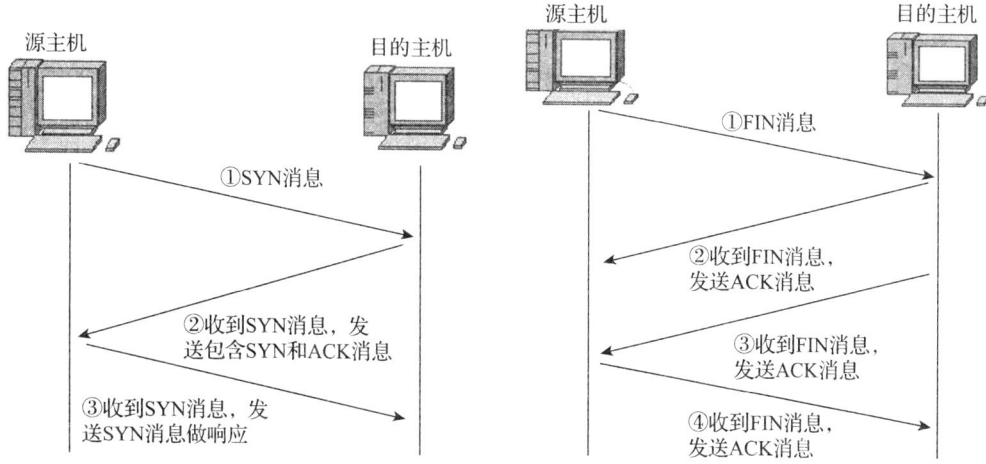

图 2-3-7 TCP 会话建立过程　　　　**图 2-3-8 TCP 会话终止过程**

2）TCP 窗口确认。当目的主机接收到源主机发来的数据段后，将向源主机发送确认消息，以确保每个数据段都能到达目的地。

源主机向目的主机发送的 TCP 数据段中包含有序列号和确认号，序列号表明在这个会话中当前数据段的序号，目的主机收到 TCP 数据段后将回发一个确认消息，该确认消息中包含的确认号则表明目的主机期待接收的下一个字节。源主机收到目的主机发来的确认消息后，将继续发送下一个数据段，该数据段的序列号等于确认号。

例如，源主机正在向目的主机发送数据，它发送的数据段是序列号为 1，包含 10 个字节的数据。目的主机在收到 10 个字节的数据后，向源主机发送一个确认消息，确认号是 11，表明它期望下一次接收数据的序号是 11。通信双方的 TCP 确认过程如图 2-3-9 所示。

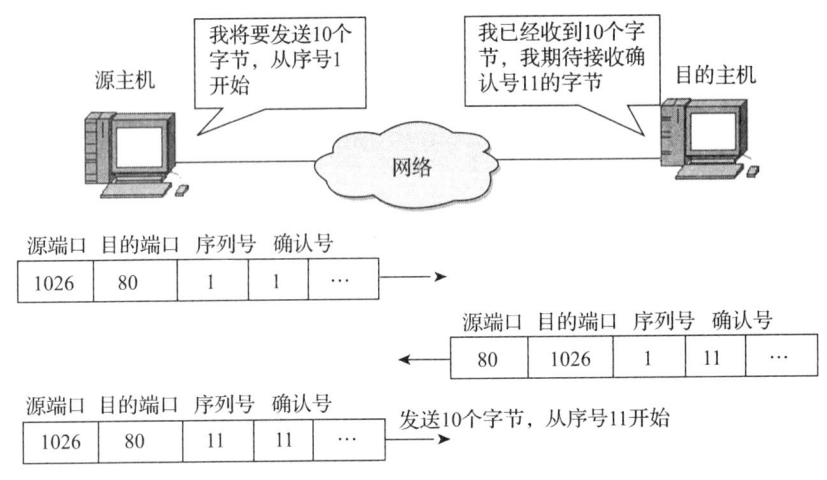

图 2-3-9　TCP 数据段的确认

源主机在收到确认消息之前可以传输的数据大小称为窗口大小，它是 TCP 数据段报头的一个字段，用于管理丢失数据和流量控制。例如，根据图 2-3-10 所示，该 TCP 会话中的窗口大小为 2000。

3）TCP 重传。数据段在传输过程当中可能发送数据丢失现象，TCP 的解决办法是重传。

当目的主机没有接收到源主机发送来的某些数据段后，它将在确认消息中仅确认已经接收到的数据段。如图 2-3-11 所示，当源主机发送两次 1000 个字节的数据段后，目的主机发送的确认消息中确认号是 2001；但当源主机再次发送两次 1000 个字节的数据段后，目的主机丢失了序列号为 2001 的数据段，所以目的主机在给源主机发送的第 2 次确认消息中，确认号仍然是 2001，则表明要求源主机重新传输序列号为 2001 的数据段。

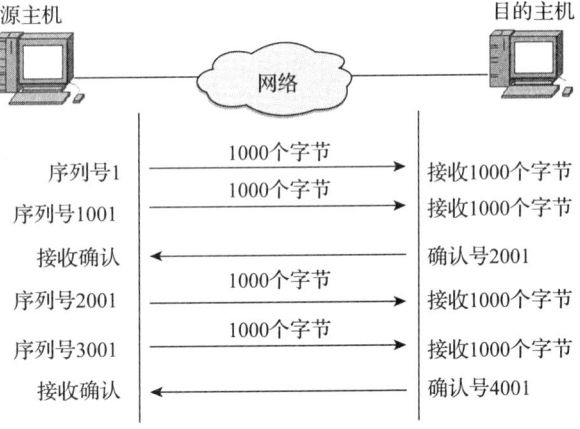

图 2-3-10　TCP 会话的窗口大小

如果源主机在 TCP 规定时间内没有收到目的主机的确认消息，它将根据最后一次收到的确认号重新发送该数据段。

4）TCP 流量控制。如果网络数据传输过程丢失大量的数据段，TCP 需要重传大量的数据段，这样就会增加网络负担，影响网络性能。TCP 通过使用流量控制和动态窗口大小提供拥塞控制。

流量控制功能通过调整会话过程中两个主机之间的数据流速率，帮助实现 TCP 的可靠传输。TCP 报头中的窗口大小字段指出了在收到确认消息之前可以传输的数据量，初始窗口大小在 TCP 会话创建阶段

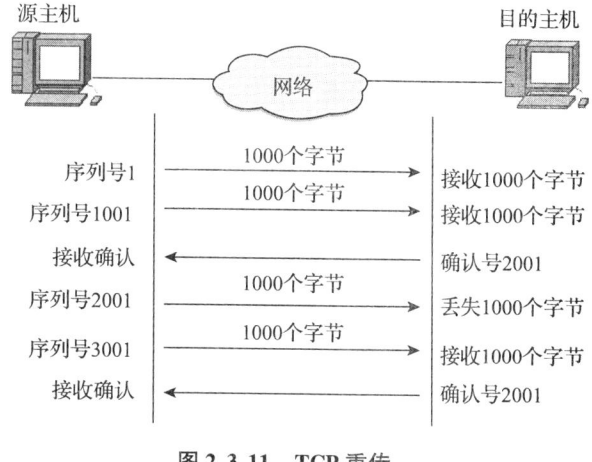

图 2-3-11　TCP 重传

通过"3 次握手"来确定。TCP 反馈机制会根据网络实际情况和目的主机发来的确认消息，适当调整传输速率，即对流量进行适当控制。

例如从图 2-3-11 中可以看出，TCP 会话的初始窗口大小是 2000 个字节，如果源主机在接收确认消息出现延迟，源主机将不再发送任何数据段。如果网络出现拥堵，或者目的主机的资源紧张，确认消息延迟时间会延长，TCP 只得适当降低数据传输率，以缓解资源紧张的状态。

TCP 也可以通过"窗口滑动机制"来控制流量。如果目的主机发生拥堵，它可以向源主机发送包含一个较小窗口大小值的数据段。相反，如果目的主机在数据传输过程中没有出现数据段丢失或者资源受限现象，它可以向源主机发送包含一个较大窗口大小值的数据段。TCP 这种改变窗口大小总是动态进行的，直到达到每个 TCP 会话的最佳窗口大小。

（2）UDP

UDP 是一种简单协议，只提供了基本的传输层功能，所以 UDP 的开销极低。但这不能说明使用 UDP 的应用程序不可靠，因为 UDP 是通过其他方式来实现来重传、排序和流量控制等这些功能。UDP 中的通信数据段称为数据报，具体数据报结构如图 2-3-12 所示。

位(0)	位(15)	位(16)	位(31)	
源端口(16)		目的端口(16)		8个字节
长度(16)		校验和(16)		
应用层数据(大小不等)				

图 2-3-12　UDP 数据报结构

某些应用程序（如网络游戏或语音、视频）可以容许小部分数据丢失。如果这些应用程序采用 TCP，那么将面临巨大的网络延迟，因为 TCP 需要不停检测数据是否丢失并重传丢失的数据。与丢失小部分数据相比，网络延迟对这些应用程序造成的负面影响更大。例如像 DNS 这样的应用，如果收不到回应，它就再次发出请求。因此，它不需要 TCP 来保证消息的可靠传输。此时，使用 UDP 传输是最好的选择。

UDP 是无连接协议，也就是通信发生之前不需要建立会话。使用 UDP 的应用程序需要发送的数据量通常很小。

当源主机发送多个数据报给目的主机时，每个数据报选择的路径可能不同，到达顺序也可能不同，但 UDP 不跟踪序列号，即 UDP 不会对数据报进行重组，重组数据的工作只能交由使用

这些数据报的应用程序来完成。

（3）TCP 和 UDP 的区别

TCP 和 UDP 各有所长、各有所短，适用于不同要求的通信环境。它们之间的差别见表 2-3-1。

表 2-3-1　TCP 和 UDP 的区别

特性	TCP	UDP
是否连接	面向连接	不面向连接
传输可靠性	可靠	不可靠
应用场合	适合传输大量数据的场合，如网页浏览（HTTP）、收发电子邮件（SMTP \ POP3）和文件传输程序（FTP）	适合传输少量数据的场合，如域名系统（DNS）、简单网络管理协议（SNMP）、动态主机配置协议（DHCP）、路由信息协议（RIP）、简单文件传输协议（TFTP）、网络游戏、网络音频和视频传输等
速度	慢	快
开销	开销大	开销低

3．端口寻址

计算机往往会存在同时运行多个应用程序的情况，例如一台计算机在同时收发电子邮件、浏览网页和拨打 IP 电话。为了区分每个应用程序的数据段和数据报，TCP 和 UDP 都会在报头添加一个唯一标示符——端口号，用来跟踪不同的应用程序。数据段或数据报的报头包含一个源端口和目的端口，源端口号是与本地主机上始发应用程序相关联的通信端口号；而目的端口号则是与远程主机上目的应用程序相关联的通信端口号。

根据消息性质的不同（请求或响应），可以采用不同的方法分配端口号。服务器的进程有静态分配的端口，而客户端则为每个会话动态选择端口。客户端选定了源端口和目的端口后，请求过程中的所有数据包或数据报的报头都采用相同的端口对；服务器对客户端响应的数据包或数据报的报头中，源端口和目的端口刚好互换。

例如，图 2-3-13 描述了 TCP 中客户端/服务器运作模式中源端口和目的端口的典型配置。

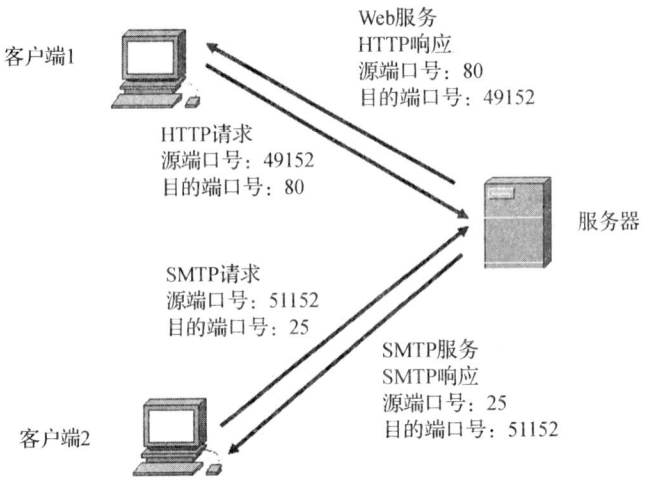

图 2-3-13　客户端发送 TCP 请求

端口分为3种类型，具体见表2-3-2。表2-3-3列出了TCP和UDP的一些常用公认端口号。

表2-3-2 端口类型

端口类型	用途	端口号范围
公认端口	分配给服务和应用程序	1~1023
已注册端口	分配给用户选择安装的一些应用程序	1024~49151
动态或私有端口	在连接时被动态分配给客户端应用程序的临时端口	49152~65535

表2-3-3 常用公认端口号

公认端口号	应用程序	传输层协议
20	文件传协议（FTP）数据	TCP
21	文件传协议（FTP）控制	TCP
23	Telnet 远程登录	TCP
25	简单邮件传输协议（SMTP）	TCP
53	域名系统（DNS）	TCP/UDP
69	简单文件传输协议（TFTP）	UDP
80	超文本传输协议（HTTP）	TCP
110	邮局协议3（POP3）	TCP
161	简单网络管理协议（SNMP）	TCP/UDP
194	Internet 在线聊天（IRC）	TCP
443	安全的HTTP（HTTPS）	TCP
520	路由信息协议（RIP）	UDP

2.4 网络层

网络层是OSI参考模型的第三层，在传输层与数据链路层之间，为终端设备之间通过网络交换数据提供服务。

1. 网络层的功能

网络层主要负责接收来自传输层的数据段，并将其转换为数据包，然后选择最佳路径将数据包送到目的网络。网络层具体完成以下4个基本任务：

（1）编址

在TCP/IP模型中，IP完成不同网络终端设备之间的通信功能，它要求每个终端设备必须有一个唯一标识——IP地址。具有IP地址的设备被称为主机，发送数据主机的IP地址称为源IP地址，接收数据主机的IP地址称为目的IP地址。

如图2-4-1所示，PC1的IP地址是192.168.1.1/24，PC2的IP地址是172.16.0.1/24。

（2）封装

获得来自传输层的数据段后，网络层则在数据段的前后添加一些信息（如源IP地址、目的IP地址及其他标志信息），此时，传输层的PDU（数据段）被封装成网络层的PDU（数据包）。图2-4-1显示了如何在网络层将数据段封装成数据包的过程。

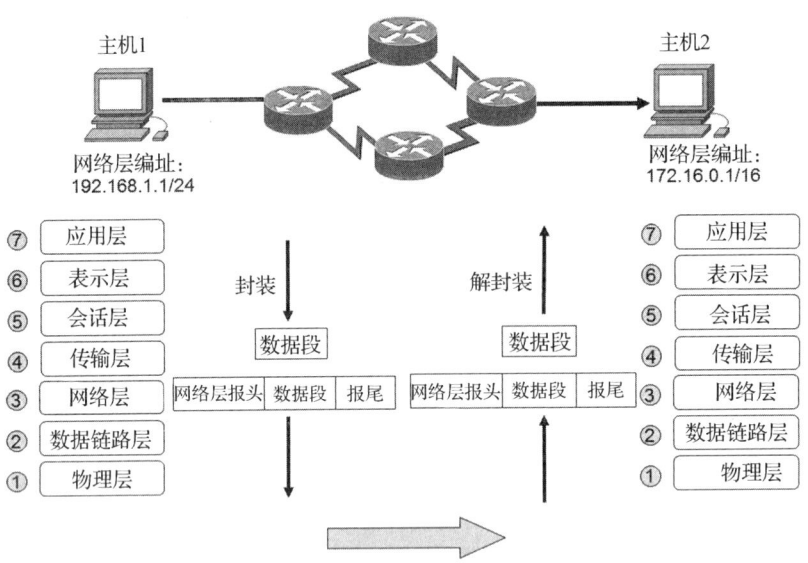

图 2-4-1　网络层封装和解封装

（3）路由

源主机和目的主机不一定连接在同一个网络中，数据包的传输可能必须经过若干个不同的网络，沿途必须引导每个数据包通过网络到达其最终目的主机，如图 2-4-1 所示。

路由器是用于连接网络的设备，路由器的作用是为数据包选择路径并将其转发到目的主机，此过程称为路由。在网络层中，路由器打开数据包并查看数据包报头的 IP 地址信息，计算出传输数据包的最佳路径，然后将数据包转发到所选网络的接口。

在路由的过程中，数据包可能要经过多个中间设备。数据包为了到达下一个设备而经过的每个路由称为一跳。转发数据包时，封装在数据包内部的传输层 PDU（数据段）在到达目的主机前将一直保持不变。

（4）解封装

当数据包到达目的主机的网络层后，目的主机通过检查目的地址来确认该数据包的发送目的是否为本设备。如果地址正确，则由网络层将该数据包解封装（即去掉原来封装过程中所添加的信息）还原为数据段，将其向上传输到传输层并处理。

需要注意的是，封装和解封装都发生在 OSI 参考模型的所有层次。当数据包从源网络传输到目的网络时，可能经过几次路由器的第一层和第二层的封装和解封装过程。

2. 网络层协议

IP 是最常用的网络层协议，有 IPv4 和 IPv6 两个版本。IPv4 是目前使用最为广泛的 IP 版本，也是 Internet 的基本协议。

IP 是作为低开销协议设计的，它只提供从源主机向目的主机传送数据包所必需的功能，并不负责跟踪和管理数据包的流动。所以 IPv4 的基本特征包括以下 3 个。

1）无连接：发送数据包之前不建立连接。

2）尽力（不可靠）：不使用任何开销来保证数据包送达。

3）介质无关性：运行与传送数据的介质无关。

IPv4 定义了数据包报头中的许多不同字段，这些字段中包含了 IPv4 服务在通过网络转发数据包时要参照的二进制值。图 2-4-2 显示了 IPv4 数据包报头的内容，各字段说明如下。

图 2-4-2　IPv4 数据包报头

1）版本：指明 IP 的版本号，4 或 6。

2）IHL：报头长度。

3）服务类型：确定每个数据包的优先级别，路由器可以根据服务类型值来确定首先转发的数据包。

4）数据包长度：整个数据包的长度，包括报头在内，范围为 20 ~ 655535 个字节。

5）标识：由源主机发出帮助重建所有分片。

6）标志和片偏移量：路由器从一种介质向具有较小 MTU（最大传输单元）的另一种介质转发数据包时必须将数据包分片。如果出现分片的情况，IPv4 数据包会在到达目的主机时使用 IP 报头中的片偏移量字段和 MF（更多片）标志来重建数据包。片偏移量字段用于标识数据包的数据片在重建时的放置顺序。

7）生存时间：生存时间（TTL）是一个 8 位二进制值，表示数据包的剩余"寿命"。数据包每经一个路由器（即每一跳）处理，TTL 值便至少减 1。当该值变为 0 时，路由器会丢弃数据包并从网络数据流量中将其删除。此机制可以防止无法到达其目的地的数据在路由环路中的路由器之间无限期转发。如果允许路由环路继续，网络将会因永远也无法到达目的地的数据包而堵塞。在每一跳处减少 TTL 值可以确保该值最终变为零并且丢弃 TTL 字段过期的数据包。

8）协议：指明数据包解封装之后，交由传输层的协议（如 TCP、UDP 或 ICMP）来接收数据段。

9）报头校验和：指明报头长度，数据包经过的每一跳路由器都要检查和计算校验和。如果校验和无效，说明数据包被破坏将被丢弃。

10）源地址：包含 32 位二进制值，代表发送数据包源主机的 IP 地址。

11）目的地址：包含 32 位二进制值，代表接收数据包目的主机的 IP 地址。

12）选项：IPv4 报头中为提供其他服务而准备的字段，极少使用。

13）填充位：当报头不是以 32 位为边界时，需要在后面填充 0。

2.5　数据链路层

数据链路层是 OSI 参考模型的第二层，位于网络层与物理层之间，如图 2-5-1 所示。它将主机间用于形成通信数据包的上层服务与通过物理介质的数据传输相连接。

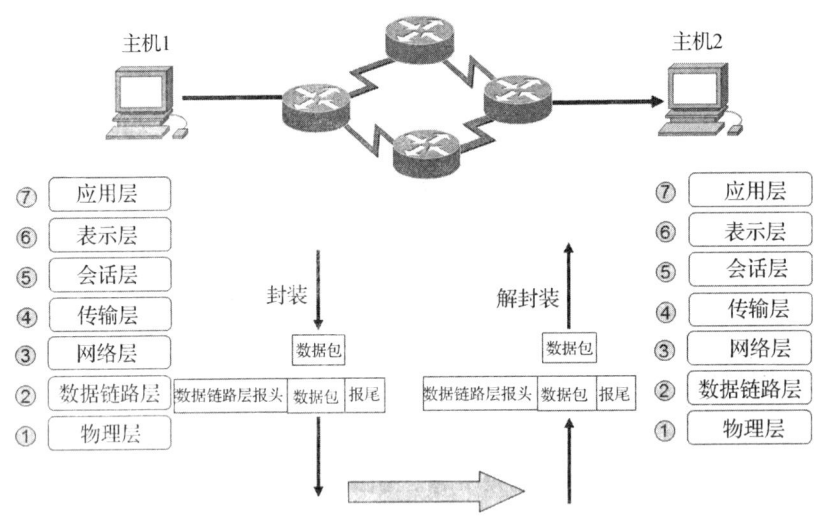

图 2-5-1　数据链路层为物理网络准备网络数据

1. 数据链路层的功能

由于网络层数据包无法直接访问物理介质，由数据链路层负责使网络层数据包做好传输准备以及控制对物理介质的访问。数据链路层的 PDU 叫作帧。

数据链路层完成以下两个基本任务：

1）接收来自网络层的数据包，并将其封装为帧，然后将帧放到介质上。

2）从介质接收帧，将帧解封装，恢复为数据包。

图 2-5-2 显示了两台远程主机（1 台台式机与 1 台便携式计算机）之间的数据交换。虽然两台主机都是在网络层使用 IP 进行通信，但经过不同类型的 LAN 和 WAN 时，使用不同的数据链路层协议传输数据包；通过不同的介质时数据包也会被封装成不同的帧。

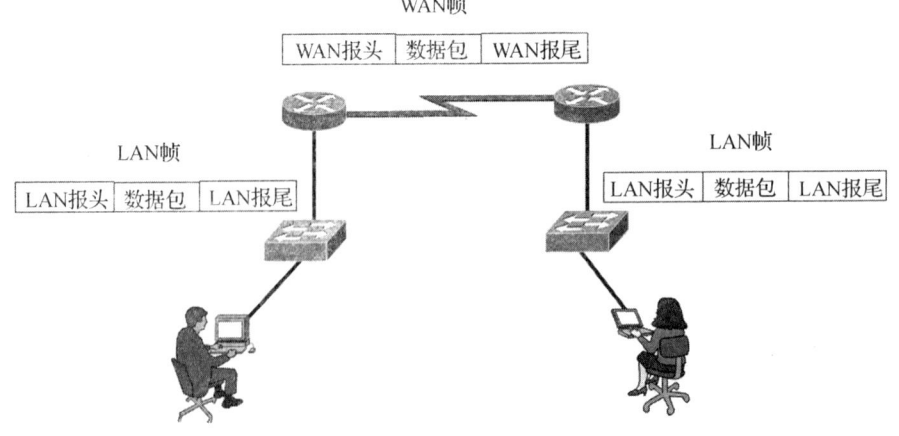

图 2-5-2　数据链路层封装示例

数据链路层是其上各层的软件进程与其下的物理层之间的连接层，如图 2-5-3 所示。

数据链路层与仅在软件中执行的层或硬件中执行的层都不同，它即需要在软件中处理数据，又要在硬件中处理数据。所以数据链路层通常被拆分为两个子层：上子层和下子层。上子层定义了向网络层协议提供服务的软件进程；而下子层定义了硬件所执行的介质访问进程。

在许多 LAN 技术中，通常把数据链路层的两个子层叫作逻辑链路控制和介质访问控制。

1）逻辑链路控制（LLC）：放入帧中的信息用于确定帧所使用的网络层协议。

2）介质访问控制（MAC）：根据介质的物理信号要求和使用的数据链路层协议类型，提供数据链路层编址和数据分界方法。

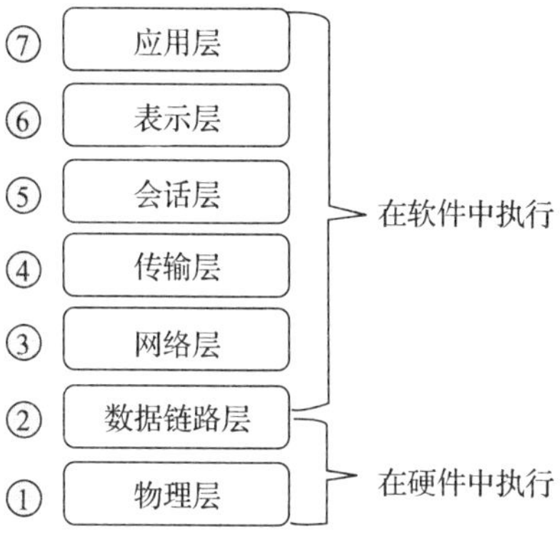

2. 帧

数据链路层使用帧头和帧尾将数据包封装成帧，以便经过本地介质传输数据包。数据链路层的帧包括如下几个元素。

1）数据：来自网络层的数据包。

2）帧头：包含添加在 PDU 开头位置的控制信息。

3）帧尾：包含添加在 PDU 结尾位置的控制信息。

帧结构如 2-5-4 图所示，各字段说明如下。

帧头				数据包	帧尾	
帧开始	源地址 目的地址	类型	服务控制	数据包	错误检测	帧结束

图 2-5-4　帧结构

1）帧开始：表示帧的起始位置。

2）源地址和目的地址字段：表示介质上的源节点和目的节点（数据链路层的设备通常叫作节点）。

3）类型：表示帧中包含的上层服务。

4）服务控制：控制字段。

5）数据字段：网络层的数据包。

6）错误检测：用于检查内容有无错误。

7）帧结束：用于指明帧的结束。

注意：

1）数据链路层是通过共享本地介质传输帧时，通信设备的地址称为物理地址（又叫 MAC 地址）。通常在帧头中包含了源节点的物理地址和目的节点的物理地址。

2）与网络层的逻辑地址（IP 地址）不同，物理地址不会表示设备位于哪个网络。若将设备移至另一网络或子网，它将仍使用同一个第二层物理地址。

3）由于帧仅用于通过本地介质在节点间传输数据，因而数据链路层地址仅用于本地传送。该层地址在本地网络之外无任何意义。将它与第三层进行比较，可以发现在第三层中，无论途中有多少个网络跳点，数据包头中的地址都会从源主机传送到目的主机。

3. 数据链路层协议

数据链路层协议指定了将数据包封装成帧的过程，以及用于将帧放置到介质上和从介质上获取帧的技术（通常叫作介质访问控制或 MAC）。常用的数据链路层协议有以下几个：

1）以太网。

2）PPP（点对点协议）。

3）HDLC（高级数据链路控制）。

4）帧中继。

5）ATM（异步传输模式）。

每个协议执行特定的第二层逻辑拓扑的介质访问控制。所有数据链路层协议均将网络层的 PDU 封装于帧的数据字段内。图 2-5-5 所示为一个用不同的帧传输数据包通过 Internet 的示例。

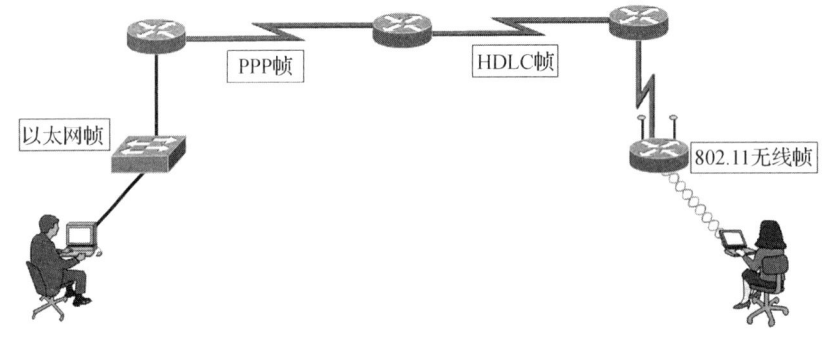

图 2-5-5　数据链路层协议示例

Internet 有 LAN 和 WAN 两种类型的环境，根据不同的带宽和环境使用不同的数据链路层协议。由于数据链路层协议的不同，帧结构以及帧头和帧尾中包含的字段会存在差异。

这里简单介绍 LAN 的以太网协议和无线协议以及 WAN 的 PPP。

（1）LAN 的以太网协议

以太网是 IEEE 802.2 和 802.3 标准中定义的一系列联网技术。以太网标准定义第二层协议和第一层技术。以太网是最广泛使用的 LAN 技术且支持 10/100/1000/10000 Mbit/s 的数据带宽。

以太网使用载波侦听多路访问/冲突检测（CSMA/CD）介质访问方法，通过共享介质提供没有确认的无连接服务。共享介质要求以太网帧头使用数据链路层地址来确定源节点和目的节点。与大部分 LAN 协议一样，该地址称为节点的 MAC 地址。以太网 MAC 地址为 48 位且通常以十六进制格式表示。

如图 2-5-6 所示，以太网帧具有多个字段。在数据链路层中，所有速度的以太网的帧结构都几乎相同。但是在物理层，不同以太网将各个位放到介质上的方法各有不同。Ethernet Ⅱ 是 TCP/IP 网络中使用的以太网帧格式。

前导码	源地址	目的地址	类型	数据包	帧校验序列

图 2-5-6　以太网帧结构

以太网帧结构的各字段说明如下。

1）前导码：用于同步。

2）源地址：源节点的 MAC 地址。

3）目的地址：目的节点的 MAC 地址。

4）类型：以太网处理完毕后负责接收数据包的上层协议。

5）帧校验序列（FCS）：检查帧是否损坏。

（2）LAN 的无线协议

802.11 是 IEEE 802 标准的扩展。它使用与其他 802 LAN 相同的 802.2 LLC 和 48 位编址方案。但是，MAC 子层和物理层中存在许多差异。在无线环境中，需要考虑一些特殊的因素。由于没有确定的物理连通性，因此，外部因素可能干扰数据传输且难以进行访问控制。为了解决这些难题，无线标准制订了额外的控制功能。

IEEE 802.11 标准通常称为 Wi-Fi，这是一种争用系统，使用的是载波侦听多路访问/冲突避免（CSMA/CA）介质访问流程。CSMA/CA 为等待传输的所有节点指定了一个随机回退过程。最可能发生介质争用的时间是在介质变为可用后。使节点随机回退一段时间可大大降低冲突可能性。

802.11 网络还使用数据链路确认来确定帧已成功接收。如果发送站没有检测到确认帧（原因可能是收到的原始数据帧或确认不完整），就会重传帧。这样明确的确认就可以克服干扰及其他无线电相关的问题。802.11 支持的其他服务有身份验证、关联（到无线设备的连通性）和隐私（加密）。

图 2-5-7 所示为 802.11 无线 LAN 帧结构，各字段说明如下。

帧控制	持续时间/ID	DA	SA	RA	序列控制	TA	数据包	帧校验序列

图 2-5-7　802.11 无线 LAN 帧结构

1）帧控制：包括多个字段，如 802.11 帧的版本、功能、分段、保密、服务类型、顺序等。

2）持续时间/ID 字段：根据帧类型的不同，代表传输帧所需时间（单位为 μs）或传输帧的站点的关联身份（AID）。

3）目的地址（DA）字段：网络中最终目的节点的 MAC 地址。

4）源地址（SA）字段：发送帧的节点的 MAC 地址。

5）接收方地址（RA）字段：用于标识作为帧的即时收件人的无线设备的 MAC 地址。

6）数据包字段：包含传输的信息，通常为 IP 数据包。

7）FCS 字段：检查帧是否损坏。

（3）WAN 的 PPP

PPP（点对点协议）是用于在两个节点之间传送帧的协议，可用于各种物理介质（包括双绞线、光缆和卫星传输）以及虚拟连接。

PPP 使用分层体系结构。为满足各种介质类型的需求，PPP 在两个节点间建立称为会话的逻辑连接。PPP 会话向上层 PPP 隐藏底层物理介质，这些会话还为 PPP 提供了用于封装点对点链路上的多个协议的方法，链路上封装的各协议均建立了自己的 PPP 会话。PPP 还允许两个节点协商 PPP 会话中的选项，包括身份验证、压缩和多重链接（使用多个物理连接）。

PPP 帧结构如图 2-5-8 所示，各字段说明如下。

标志	地址	控制	协议	数据包	帧校验序列

图 2-5-8　PPP 帧结构

1）标志：表示帧开始或结束。

2）地址：PPP 广播地址。

3）控制：要求以不排序的帧传输用户数据。

4）协议：标识帧的数据包字段所封装的协议。

5）数据包：包含传输的信息，通常为 IP 数据包。

6）帧校验序列：检查帧是否损坏。

2.6　物理层

物理层是 OSI 参考模型的最底层，是最重要和最基础的一层。物理层利用物理介质为数据链路层提供一个物理连接传输数据。

　　1. 物理层的功能

物理层的任务是将代表数据链路层帧的二进制数字编码成信号，并通过连接网络设备的物理介质（铜缆、光纤和无线介质）发送这些信号；信号经过物理介质传输到达目的节点后，被解码为代表数据的原始比特形式，并且封装成帧送给数据链路层。图 2-6-1 显示了将帧编码为二进制位通过物理层介质传输到目的节点的过程。

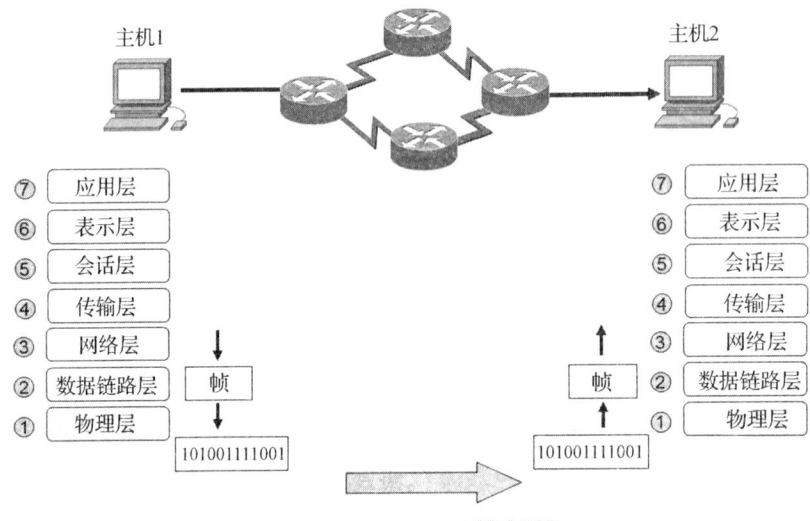

图 2-6-1　物理层编码

物理层执行的功能与 OSI 参考模型其他层有很大不同。上面的各层通过运行软件中的指令执行逻辑功能，而物理层（也包括一些数据链路层技术）则定义了硬件的规范。由于计算机网络中的互连设备和物理介质种类繁多，通信手段也有多种方式，通过制定物理层规范的目的就是尽可能地屏蔽掉这些差异。物理层规范主要包括以下几个方面：

　　1）介质的物理和电气特性。

　　2）连接器的机械特性（材料、尺寸和引脚输出）。

　　3）通过信号表示的比特（编码）。

　　4）控制信息信号的定义。

物理层的 3 个基本功能如下。

　　1）编码：将数据比特流转化成预定义代码的方法，以便发送者和接收者均能识别。常用的编码有非归零（NRZ）编码和曼彻斯特编码。

　　2）信号：如何在介质上表示位。物理层必须在介质上生成代表 0 和 1 的信号。

　　3）物理组件：指电子硬件设备、介质和连接器，它们用于传输和承载用于表示位信号的设备。

　　2. 常用的物理介质

常用的物理介质包括铜缆、光纤和无线介质，下面分别讨论几种常用的物理介质。

（1）铜缆

在 LAN 中使用的铜缆有同轴电缆和双绞线两种。

1）同轴电缆。在局域网刚兴起的时候，同轴电缆非常流行，但现在已经被双绞线替代。近些年，人们使用同轴电缆传输高频无线信号和电视信号，有线电视网中的电缆就是同轴电缆。目前一种新的同轴电缆技术——混合光纤同轴电缆（HFC）技术使得有线电视服务增加了 Internet 接入功能。

图 2-6-2 所示为同轴电缆的结构。中心是一根铜导线，外面有一层金属网作为接地电路和屏蔽层来减少干扰，最外层是塑料的电缆外皮。

同轴电缆利用筒形连接器连接主机的网卡和其他设备。有些连接器需要特殊的终端器以帮助控制线路的干扰。图 2-6-3 所示为同轴电缆的连接器。

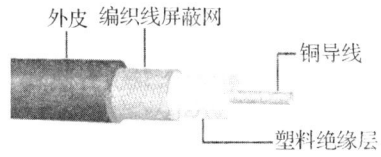

图 2-6-2 同轴电缆的结构

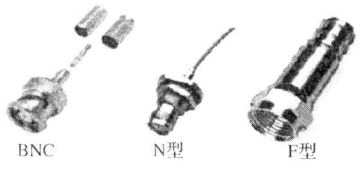

图 2-6-3 同轴电缆连接器

根据电缆直径的不同，同轴电缆可以分为粗缆（RG-11）和细缆（RG-58）两种类型。

2）双绞线。双绞线是局域网中最常用的电缆，由 8 根线组成，分成有颜色标记的 4 对，有颜色的线对标识终端连接的正确次序。4 对线相互缠绕的封装在一层绝缘外套中。图 2-6-4 所示为电缆内的双绞线线对。

4 对线绞在一起的原因是：当电线中有电流通过（即进行数据传输）时会产生电磁场，这会对电缆中其他线对产生干扰。由于相互缠绕的线对中的电流相反，使得线对产生的电磁场相互抵消，从而减少信号的干扰。每个线对的双绞线密度不同，以使干扰降到最低。

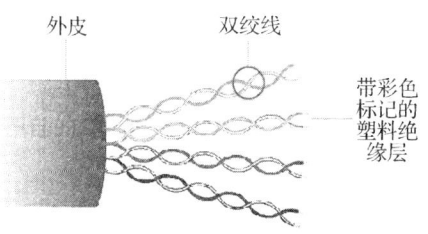

图 2-6-4 双绞线线对

双绞线分为非屏蔽双绞线（UTP）和屏蔽双绞线（STP）两大类。

UTP 外面只有一层绝缘胶皮，重量轻、容易弯曲、组网灵活，比较适合结构化布线，是星形局域网的首选线缆。

STP 的最大特点在于封装于其中的双绞线与外层绝缘皮之间有一层金属屏蔽网，如图 2-6-5 所示。这种结构能减少辐射，防止信息被窃听，同时还具有较高的数据传输速率。但是由于 STP 价格昂贵，对组网设备和工艺要求较高，所以只应用在电磁辐射严重且对传输质量要求较高的组网场合。

双绞线可分为 3 类、4 类、5 类、超 5 类和 6 类等多种。UTP 易弯曲和安装，具有阻燃性，布线灵活的特点。STP 只比 UTP 多一层金属层的屏蔽，所以具有更强的抗电磁干扰能力，当日价格也贵些，安装也较复杂。一般用户若无特殊用途，都使用 UTP。表 2-6-1 为不同双绞线不同种类的技术参数。

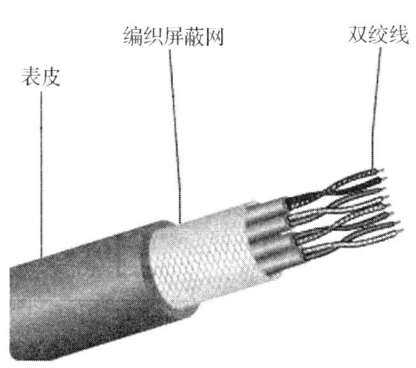

图 2-6-5 STP 电缆结构

表 2-6-1　计算机网络综合布线使用的双绞线

双绞线种类	类型	带宽
STP	3 类	16 Mbit/s
	5 类	100 Mbit/s
UTP	3 类	16 Mbit/s
	4 类	20 Mbit/s
	5 类	100 Mbit/s
	超 5 类	155 Mbit/s
	6 类	200 Mbit/s

　　选购双绞线时可多看看线缆上的标注，如标有"CAT 4"的字样则一般为 4 类线，标有"CAT 5"的字样时说明为 5 类双绞线。目前常用的是 5 类双绞线，每段线的最大传输距离为 100m。

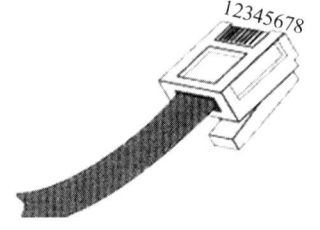

　　用得最多的 UTP 电缆连接器是 RJ-45 接头（俗称水晶头）。大部分计算机使用 RJ-45 接头将电缆插入网卡，在另一端接入交换机设备中。RJ-45 接头前端有 8 个槽，槽内有 8 个金属触点（即 8 个引脚）。8 个引脚真正起作用的只有 4 个引脚，1、2 引脚用来发送数据，3、6 引脚用来接收数据。线头向下、面对金属触点时，从左至右引脚序号分别是 1 ~ 8，如图 2-6-6 所示。

图 2-6-6　RJ-45 接头

　　插入 RJ-45 接头的双绞线的线序有两个标准：TIA/EIA T568A 和 T568B。图 2-6-7 显示了两种线序标准的颜色编码。

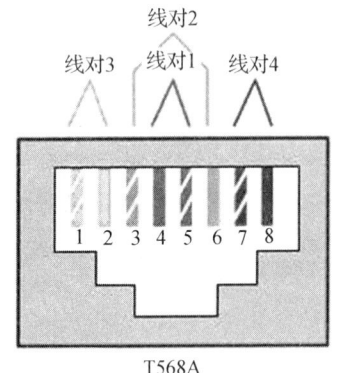
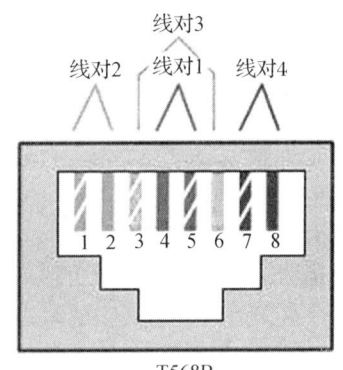

图 2-6-7　双绞线的线序标准

　　注意：T568A 标准是 1—绿白，2—绿，3—橙白，4—蓝，5—蓝白，6—橙，7—棕白，8—棕；T568B 标准是 1—橙白，2—橙，3—绿白，4—蓝，5—蓝白，6—绿，7—棕白，8—棕。从图中可以看出，T568A 标准的 1、3 线对换和 2、6 线对换，即得 T568B 标准。其中，UTP 可制作直通线、交叉线和全反线三种电缆，表 2-6-2 所示为每种电缆的规范和应用。

表 2-6-2　UTP 电缆类型

电缆类型	TIA/EIA 标准	电缆应用
直通线	两端同为 T568A 或 T568B	用于连接异种设备，如网络主机与集线器、网络主机与交换机、交换机与路由器

（续）

电缆类型	TIA/EIA 标准	电缆应用
交叉线	一端是 T568A 另一端是 T568B	用于连接同种设备（普通口适用，级联口例外），如两台网络主机、两台交换机、两台路由器，还有主机与路由器的直接连接
全反线（Cisco 电缆）	Cisco 专用	用于将连接工作站的串口与 Cisco 设备的控制台接口

（2）光纤

光纤是软而细的、利用内部全反射原理来传导光束的传输介质。图 2-6-8 所示为光纤的内部结构，核心层是由玻璃制造的纤芯，中间覆层是可防止光线反射进入纤芯的特殊材料，外层是保护和加强纤芯免受潮等危害的强化材料。

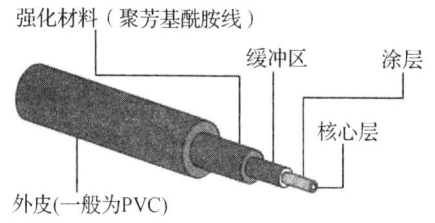

图 2-6-8　光纤的内部结构

光纤中的光仅能沿着一个方向传输，因此光纤电缆通常包括一对光纤。这样可以允许全双工传输，在一根光纤电缆上同时发送和接收数据。

光纤中的光由激光或发光二极管（LED）产生，它将数据转换为光脉冲。通过光纤传输的激光会损伤人眼，所以在操作时务必小心，不要直视活跃的光缆端。

光纤具有以下几个优点：

1）衰减少、传输距离远。

2）传输速率高。

3）安全性、可靠性高。

4）抗干扰能力强。

随着网络技术和光纤技术的发展，光纤因其优点而得到越来越多的使用。光纤常用于长距离的传输，无论在局域网、城域网、广域网中都得到了越来越广泛的应用，一般用来连接主干网。

光纤通常分为单模和多模两种，图 2-6-9 所示为这两种的结构。

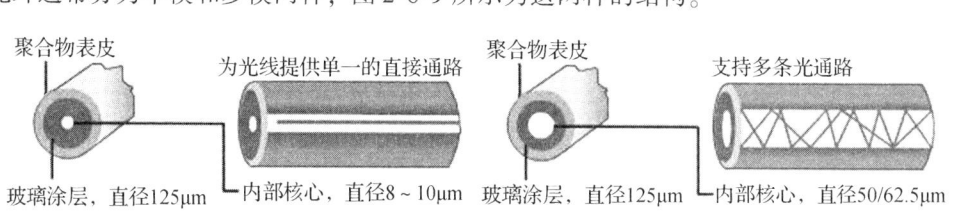

图 2-6-9　单模和多模光纤的结构
a）单模光纤　b）多模光纤

单模光纤只传输主模，也就是说光线只沿光纤的内芯进行传输。由于完全避免了模式色散，使得单模光纤的传输频带很宽，因而适用于大容量和长距离的光纤通信。

在一定的工作波长（860/1300 nm）下，有多个模式的光束在光纤中传输的光纤称为多模光纤。由于多模光纤存在色散或像差，因此，这种光纤的传输性能相对单模光纤要差，频带较窄，传输容量较小，传输距离也比较短。

光纤有以下 3 种连接方式。

1）插头连接：又有 FC、ST 和 SC 3 种，其衰减较大。

2）铰接：一种不太牢固的粘接方式，衰减比插头连接小。

3）熔接：衰减最小，需要专门的仪器完成光缆的连接，费用较高。

（3）无线介质

铜缆和光纤之类的有线介质受限于导体和路径，而无线介质则弥补了这个缺点，它可以通过空气发送和接收代表数据链路帧二进制数据的无线电信号。无线介质主要有以下 4 种：

1）无线电波。无线电波是全方向的，因此不必将接收信号的天线放在一个特定的方向，可随意放。无线电波的频率范围在 10kHz～1GHz 之间，大部分范围是国家管制的频段，需申请后方能使用。

2）微波。微波沿直线单向传播，因此一个微波站的天线必须指向另一个微波站才能发送和接收信号。微波能够提供 1～10Mbit/s 的带宽，可传送大量的数据。但微波信号易受电磁场的干扰，另外大气中的雨雪也会大量吸收微波信号，因此不适合用于长距离的传输。

3）激光。在空间传播的激光束可调制成光脉冲用以传送数据，类似于微波，但比微波的频率高，且方向性好、不受电磁波的干扰。

4）红外线。红外线使用红外光传送信号，带宽在 1Mbit/s 左右。利用墙壁或屋顶反射红外线，从而形成整个房间的广播通信系统。但传输距离有限，且容易受空气状况的影响。

第3章 网络编址

为了标识出网络中的任意计算机，每台计算机都必须具备唯一的网络层地址。网络层的 IP 具备网络编址功能，可以实现同一网络内的计算机或不同网络中的计算机之间的通信。

3.1 认识 IP 地址

3.1.1 IP 地址的概念

通常将 IP 为主机配置的地址称为 IP 地址（Internet Protocol Address）。IP 地址就像是家庭住址一样，如果要写信给一个人，就要知道他的地址，这样邮递员才能把信送到。计算机发送信息就好比是邮递员，它必须知道唯一的家庭地址才不至于把信送错。只不过一般家庭地址使用文字来表示，计算机的地址用二进制数字表示。

根据 TCP/IP 规定，IPv4 是由 32 位二进制数组成，而且在 Internet 范围内是唯一的。例如，某台因特网上的计算机的 IP 地址为：

11010010 01001001 10001100 00000010

很明显，这些数字对于人来说不太好记忆。为了方便记忆，通常将 IP 地址的 32 位二进制分成 4 段，每段 8 位，中间用小数点隔开，然后将每 8 位二进制转换成十进制数，则上述计算机的 IP 地址就变成了 210.73.140.2，这样使用 IP 地址就方便多了。

3.1.2 IP 地址的构成

每个网络中的计算机通过其自身的 IP 地址而被唯一标识。这与日常生活中的电话号码很相像，例如有一个电话号码为 07721234567，这个号码中的前 4 位表示该电话是属于哪个地区的，后面的数字表示该地区的具体某个电话的号码。

类似地，IPv4 地址也分成两部分——网络号和主机号。网络号用以标明具体的网络段，主机号用以标明该网络段内具体的主机。

例如，某信息网络中心的服务器的 IP 地址为 202.194.36.13，对于该 IP 地址，可以把它分成网络号和主机号：

202.194.36.13

网络号 主机号

观察以下两个主机的 IP 地址的网络号和主机号，会发现它们的网络号相同，说明它们处于同一网络。

192.168.1.1　　192.168.1.2

网络号 主机号　　网络号 主机号

3.1.3 IP 地址的分类

由于网络中包含的计算机有可能不一样多，有的网络可能含有较多的计算机，也有的网络包含较少的计算机。Internet 委员会定义了 5 种 IP 地址类型以适合不同容量的网络，即 A 类、B

类、C 类、D 类和 E 类 IP 地址。其中 A 类、B 类、C 类由 Internet NIC 在全球范围内统一分配，D 类和 E 类为特殊地址，见表 3-1-1。

表 3-1-1　5 种类型的 IP 地址

地址类别	地址格式	最大网络数	每个网络中的最大主机数	可用网络号范围	地址范围
A 类地址	0XXXXXXX. XXXXXXXX. XXXXXXXX. XXXXXXXX	126（$2^7 - 2$）	16777214（$2^{24} - 2$）	1 ~ 126	1. 0. 0. 1 ~ 126. 255. 255. 254
B 类地址	10XXXXXX. XXXXXXXX. XXXXXXXX. XXXXXXXX	16384（2^{14}）	65534（$2^{16} - 2$）	128. 0 ~ 191. 255	128. 0. 0. 1 ~ 191. 255. 255. 254
C 类地址	110XXXXX. XXXXXXXX. XXXXXXXX. XXXXXXXX	2097152（2^{21}）	254（$2^8 - 2$）	192. 0. 0 ~ 223. 255. 255	192. 0. 0. 1 ~ 223. 255. 255. 254
D 类地址	1110XXXX. XXXXXXXX. XXXXXXXX. XXXXXXXX	组播地址			224. 0. 0. 1 ~ 239. 255. 255. 254
E 类地址	11110XXX. XXXXXXXX. XXXXXXXX. XXXXXXXX	保留未用			240. 0. 0. 1 ~ 255. 255. 255. 254

1. A 类地址

A 类地址第 1 个字节为网络地址，其他 3 个字节为主机地址。它的第 1 个字节的第一位固定为 0。每个网络内的主机数多至 16777214 台，但是只能表示 126 个不同的网络，适用于大型网络。

2. B 类地址

B 类地址第 1 个字节和第 2 个字节为网络地址，其他两个字节为主机地址。它的第 1 个字节的前两位固定为 10。每个网络内的主机数多至 65534 台，能表示 16384 个不同的网络，适用于中型网络。

3. C 类地址

C 类地址第 1、第 2 和第 3 个字节为网络地址，第 4 个字节为主机地址。另外第 1 个字节的前三位固定为 110。每个网络内的主机数最多 254 台，能表示 2097152 个不同的网络，适用于小型网络。

4. D 类地址

D 类地址不分网络地址和主机地址，它的第 1 个字节的前四位固定为 1110，用于多路广播。

5. E 类地址

E 类地址不分网络地址和主机地址，它的第 1 个字节的前五位固定为 11110，为将来保留使用，通常不用于实际工作环境。

6. 几种特殊的地址

（1）网络地址

在 IP 地址中，网络部分是一个有效值，主机部分全为 0 的地址叫作网络地址，用来表示一个具体的网络。

（2）广播地址

在 IP 地址中，网络部分是一个有效值，主机部分全为 1 的地址叫作广播地址，用于同时给网上所有的主机发送信息，但是必须要有一个已知的网络号。

（3）有限广播地址

在 IP 地址中，32 位全为 1 的地址叫作有限广播地址，用于本网广播。

（4）0 地址

在 IP 地址中，32 位全为 0 的地址叫作 0 地址，用于指定默认路由。

（5）回环地址

IP 地址 127. X. X. X 是 Internet 保留地址，用于网络软件的测试以及本机内部通信，叫作回环地址。

7. 公有地址和私有地址

直接连接到 Internet 的主机都需要唯一的公有 IP 地址。由于可用的 32 位地址数量有限，因此存在 IP 地址分配殆尽的风险。解决此问题的一个办法是保留一些私有地址，仅供局域网内部使用。私有地址不需要注册，仅用于局域网内部，该地址在局域网内部是唯一的，当网络上的公用地址不足时，可以通过网络地址转换（NAT）功能，大量使用私有地址的计算机转换为少量的公有地址，就可以顺利访问 Internet 了。

RFC 1918 标准在 A 类、B 类和 C 类每个类别中都保留私有地址范围，见表 3-1-2。这些私有地址范围包含一个 A 类网络、16 个 B 类网络和 256 个 C 类网络，从而为网络管理员分配网络内部地址提供了极大的灵活性。

表 3-1-2 私有地址

地址类	保留的网络号数量	网络地址
A 类	1	10. 0. 0. 0
B 类	16	172. 16. 0. 0 ~ 172. 31. 0. 0
C 类	256	192. 168. 0. 0 ~ 192. 168. 255. 0

规模非常大的网络可以使用 A 类私有网络，可容纳 1600 万以上的私有地址；中型网络可以使用 B 类私有网络，提供的地址超过 65000 个；家庭和小型企业网络一般使用单一的 C 类私有地址，最多可容纳 254 台主机。

只要局域网中的主机不与 Internet 直接连接，这些主机就可以在内部使用私有地址。因此，多个局域网可以使用相同的私有地址集。私有地址不能在 Internet 上路由，因为会被 ISP 的路由器阻挡。由于私有地址只在本地网络中可见，外部人员无法直接访问私有 IP 地址，因此使用它们可以作为一种安全措施。

3.2 子网划分

3.2.1 子网掩码

子网掩码（Subnet Mask）又叫作网络掩码，是一种用来标识 IP 地址中的网络号和主机号。子网掩码的作用就是将某个 IP 地址划分成网络地址和主机地址两部分。子网掩码不能单独存在，它必须结合 IP 地址一起使用。

子网掩码与 IP 地址一样，也是由 4 个字节组成，共 32 位二进制数码。子网掩码中二进制数码为 1 的位，表示 IP 地址中相应位置上的二进制数码是作为网络标识用的；二进制数码为 0 的位，表示 IP 地址中相应位置上的二进制数码是用来表示主机号的。

子网掩码分为两类。一类是缺省（自动生成）子网掩码，另一类是自定义子网掩码。缺省子网掩码即未划分子网，对应的网络号的位置 1，主机号都置 0。A 类、B 类和 C 类的缺省子网掩码见表 3-2-1。

表 3-2-1　缺省子网掩码

地址类	缺省子网掩码
A 类网络	255. 0. 0. 0
B 类网络	255. 255. 0. 0
C 类网络	255. 255. 255. 0

自定义子网掩码是将一个网络划分为几个子网，需要每一段使用不同的网络号或子网号。也就是说，将 IP 地址的主机部分再次划分为子网号与主机号两部分，用 IP 地址的网络部分和主机部分的子网号一起来代表网络标识部分。未做子网划分的 IP 地址：网络号 + 主机号，做子网划分后的 IP 地址：网络号 + 子网号 + 子网主机号。

子网掩码通常有以下 2 种格式的表示方法：

1）通过与 IP 地址格式相同的点分十进制表示。例如，255. 0. 0. 0 或 255. 255. 255. 128。

2）在 IP 地址后加上 "/" 以及 1～32 的数字，其中 1～32 的数字表示子网掩码中网络标识位的长度，称为网络前缀。例如，192. 168. 1. 1 的子网掩码 255. 255. 255. 0 也可以表示为 192. 168. 1. 1/24。

子网掩码是 32 位二进制数，它的网络部分全为 1，主机部分全为 0。利用子网掩码与 IP 地址的各位进行 AND 逻辑运算可以屏蔽掉主机号，得到一个新的 32 位地址便是网络地址。例如，某一台计算机的 IP 地址为 202. 194. 36. 38，子网掩码为 255. 255. 255. 0，计算其网络号的方法是将 IP 地址与子网掩码先转换为二进制，再按位进行 AND 逻辑运算。具体如下：

IP 地址（202. 194. 36. 38）	11001010. 11000010. 00100100. 00100110
子网掩码（255. 255. 255. 0）	11111111. 11111111. 11111111. 00000000
AND 运算产生的网络地址	11001010. 11000010. 00100100. 00000000
转为十进制即	202. 194. 36. 0

3.2.2　基本子网划分

IP 地址分类易于管理，但浪费严重。例如，某个只有 4 台计算机的局域网需要分配一个 C 类地址，而一个 C 类地址有可用地址 254 个，则浪费了 250 个 IP 地址。

为了提高 IP 地址的使用效率，出现了子网划分技术。子网划分技术采用 "借位" 的方式，从主机位最高位开始借位变为新的子网位，剩余的部分则认为主机位。为此，必须打破 8 位的界限，从主机地址空间中 "借来" 若干位作为子网地址，这使得 IP 地址的结构分为 3 部分：网络号、子网号和主机号。借用主机的 n 位，可将一个网络再划分成 2^n 个子网。这样划分的子网大小一样，也称基本子网划分。

基本子网划分具体做法是延长掩码，从 IP 地址的主机部分借用若干位来增加网络位。使用的主机位越多，可以定义的子网数也就越多。每借用 1 个位，可用的子网数量就翻一翻。例如，借用 1 个位有 $2^1 = 2$ 个子网；借用 2 个位，则有 $2^2 = 4$ 个子网，……借用 n 个位可以有 2^n 个子网。但是每借用 1 个位，每个子网可用的主机地址就会减少一半。

例如，将一个网络（192. 168. 1. 0/24）分配给如图 3-2-1 所示网络拓扑中的主机使用，具体步骤如下：

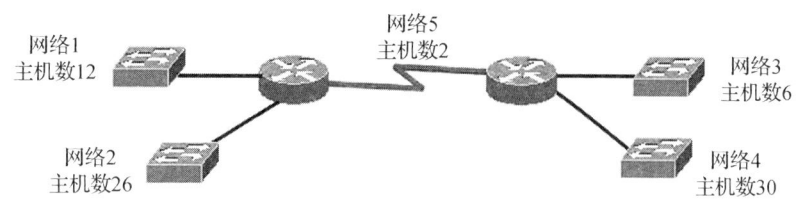

图 3-2-1 基本子网划分

1）有多少个网络？该网络拓扑使用路由器连接网络，可以得知网络拓扑中包含 5 个网络，包括 4 个 LAN 和 1 个 WAN。

2）创建所需的子网数量应借用多少位？根据公式 $2^n \geqslant 5$，得到 $n = 3$，那么网络位需要向主机位借位数是 3。

3）每个子网可以得到多少个可用主机地址？借位前，网络位数是 24，主机位数是 8；借位后，网络位数是 $24 + 3 = 27$，主机位数是 $8 - 3 = 5$，则每个子网的可用主机地址是 $2^5 - 2 = 30$。

4）每个子网的网络地址分别是多少？见表 3-2-2，将网络地址 192.168.1.0/24 转换为二进制，借 3 位可以得到 8 个子网，每个子网的网络地址如表所示，其中加框位为子网号。

表 3-2-2 子网的网络地址二进制表示

子网编号	网络地址二进制表示
0	11000000. 10101000. 00000001. [000] 00000
1	11000000. 10101000. 00000001. [001] 00000
2	11000000. 10101000. 00000001. [010] 00000
3	11000000. 10101000. 00000001. [011] 00000
4	11000000. 10101000. 00000001. [100] 00000
5	11000000. 10101000. 00000001. [101] 00000
6	11000000. 10101000. 00000001. [110] 00000
7	11000000. 10101000. 00000001. [111] 00000

5）新的子网掩码变成多少了？划分子网前，网络前缀是/24，点分十进制表示为 255.255.255.0，点分二进制表示为 11111111.11111111.11111111.00000000；划分子网后，网络前缀是/27，点分二进制表示为 11111111.11111111.11111111.11100000，点分十进制表示为 255.255.255.224。

6）有多少子网可供将来使用？网络位向主机位借位数是 3，则获得的子网个数是 $2^3 = 8$，由于当前网络拓扑中的网络数是 5，说明还有 3 个子网可供将来使用。

7）将各个子网的网络地址二进制将转换为十进制，并记录到地址表中，见表 3-2-3。

表 3-2-3 地址表

子网编号	网络地址/前缀	主机范围	广播地址
0	192. 168. 1. 0/27	192. 168. 1. 1 ~ 192. 168. 1. 30	192. 168. 1. 31
1	192. 168. 1. 32/27	192. 168. 1. 33 ~ 192. 168. 1. 62	192. 168. 1. 63
2	192. 168. 1. 64/27	192. 168. 1. 65 ~ 192. 168. 1. 94	192. 168. 1. 95
3	192. 168. 1. 96/27	192. 168. 1. 97 ~ 192. 168. 1. 126	192. 168. 1. 127

(续)

子网编号	网络地址/前缀	主机范围	广播地址
4	192. 168. 1. 128/27	192. 168. 1. 129 ~ 192. 168. 1. 158	192. 168. 1. 159
5	192. 168. 1. 160/27	192. 168. 1. 161 ~ 192. 168. 1. 190	192. 168. 1. 191
6	192. 168. 1. 192/27	192. 168. 1. 193 ~ 192. 168. 1. 222	192. 168. 1. 223
7	192. 168. 1. 224/27	192. 168. 1. 225 ~ 192. 168. 1. 254	192. 168. 1. 255

3.2.3　可变长子网划分

采用基本子网划分的方法使得每个子网的掩码都相同，这种固定子网掩码划分子网方法虽然比不划分子网要经济，但由于实际情况是各个子网的主机数往往不相同，使用基本子网划分的方法还是有 IP 地址浪费。更经济的方式是使用可变长子网掩码。

可变长子网掩码（Variable Length Subnet Mask，VLSM）是一种产生不同大小子网的网络分配机制。指对同一个主网络在不同的位置使用不同的子网掩码，可以更有效的分配 IP 地址。VLSM 通过改变子网掩码中 1 的个数，来划分不同大小的子网，比基本子网划分有更好的灵活性。

例如，在图 3-2-2 网络拓扑中有 4 个子网（3 个 LAN 和 1 个 WAN），每个子网的主机数不同，需要将一个网络（192. 168. 2. 0/24）分配给各个子网使用，采用 VLSM 划分子网的具体步骤如下：

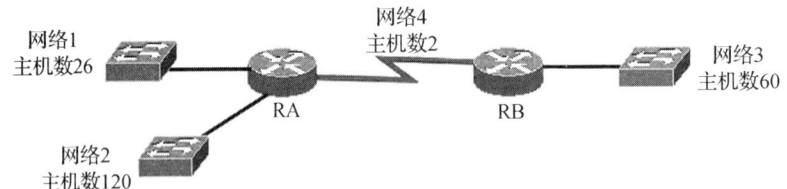

图 3-2-2　可变长子网掩码划分网络拓扑图

1）依次根据子网的主机数量从大到小排列。

2）根据需求主机数最多的网络 2，利用公式（可用主机数量 $2^n - 2 \geq 120$），获得主机位数 $n = 7$，网络位数 $32 - 7 = 25$，则该子网的网络地址和可用主机地址范围的二进制表示见表 3-2-4，其中加框位数部分为主机位数（下同）。

表 3-2-4　每个子网的网络地址的二进制表示

子网	二进制表示
网络 2	网络地址：11000000. 10101000. 00000010. 0 [0000000]
	子网掩码：11111111. 11111111. 11111111. 1 [0000000]
	最小主机地址：11000000. 10101000. 00000010. 0 [0000001]
	最大主机地址：11000000. 10101000. 00000010. 0 [1111110]
网络 3	网络地址：11000000. 10101000. 00000010. 10 [000000]
	子网掩码：11111111. 11111111. 11111111. 11 [000000]
	最小主机地址：11000000. 10101000. 00000010. 10 [000001]
	最大主机地址：11000000. 10101000. 00000010. 10 [111110]

（续）

子网	二进制表示
网络1	网络地址：11000000.10101000.00000010.110 `00000`
	子网掩码：11111111.11111111.11111111.111 `00000`
	最小主机地址：11000000.10101000.00000010.110 `00001`
	最大主机地址：11000000.10101000.00000010.110 `11110`
网络4	网络地址：11000000.10101000.00000010.111000 `00`
	子网掩码：11111111.11111111.11111111.111111 `00`
	最小主机地址：11000000.10101000.00000010.111000 `01`
	最大主机地址：11000000.10101000.00000010.111000 `10`

3）确定剩下子网中主机数最多的网络3，利用（可用主机数量 $2^n - 2 \geqslant 60$），获得主机位数 $n = 6$，网络位数 $32 - 6 = 27$，则该网络的网络地址、子网掩码和可用主机地址范围的二进制表示见表3-2-4。

4）重复步骤3，确定剩下子网中主机数最多的网络1，利用公式（可用主机数量 $2^n - 2 \geqslant 26$），获得主机位数 $n = 5$，网络位数 $32 - 5 = 27$，则该网络的网络地址、子网掩码和可用主机地址范围的二进制表示见表3-2-4。

5）重复步骤3，最后剩下网络4，仅需要2个IP地址，利用公式（可用主机数量 $2^n - 2 \geqslant 2$），获得主机位数 $n = 2$，网络位数 $32 - 2 = 30$，则该网络的网络地址、子网掩码和可用主机地址范围的二进制表示见表3-2-4。

6）最后将各个网络的网络地址，子网掩码和可用主机范围由二进制转换为十进制，填写IP地址表，见表3-2-5。

表3-2-5 VLSM 划分子网的 IP 地址表

子网	网络	主机数	网络地址	子网掩码	可用主机地址范围
0	网络2	120	192.168.2.0	255.255.255.128	192.168.2.1 ~ 192.168.2.126
1	网络3	60	192.168.2.128	255.255.255.192	192.168.2.129 ~ 192.168.2.190
2	网络1	26	192.168.2.192	255.255.255.224	192.168.2.193 ~ 192.168.2.222
3	网络4	2	192.168.2.224	255.255.255.252	192.168.2.225 ~ 192.168.2.226

3.2.4 无类域间路由

无类域间路由（Classless Inter-Domain Routing，CIDR）的基本思想是取消了IP地址分类结构，不按A、B、C来分类，而将多个地址块聚合在一起生成一个更大的网络，以包含更多的主机。CIDR支持路由聚合，能够将路由表中的许多路由条目合并成为更少的数目，可进行地址聚合，减少路由表数量。因此可以限制路由器中路由表的增大，减少路由通告。

CIDR对原来用于分配A类、B类和C类地址的有类别路由选择进程进行了重新构建。CIDR利用"网络前缀"取代原来地址结构对地址网络部分的限制。前缀长度从13到27位不等，而分类地址A类8位、B类16位、C类24位。这意味着地址块可以成群分配，前缀长度为27位时，每个/27地址群中主机数量可以少到32个，前缀长度为13位时，每个/13地址群中主机数量也可以多达50万个，在管理员能分配的地址块中，主机数量范围是 32 ~ 500 000，从而能更好地满足机构对地址的特殊需求。

采用路由聚合技术可以将多个连续的网络地址聚合成一个更大的网络地址。图3-2-3所示为8个C类网络地址在取消分类后聚合成一个超网地址的情形。路由器如果不支持CDIR技术，那么它需要保存8条这8个C类网络的路由，如果支持CDIR技术，只需要一条去往192.200.8.0/21的路由就可以了。从示意图中可以看出，要对两个或多个网络地址进行聚合，必须具有相同的高位地址比特，地址分配必须是连续的。

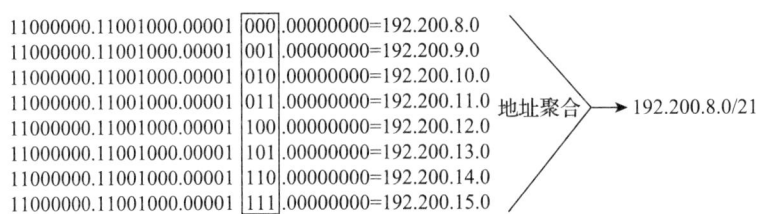

图3-2-3　地址聚合示意图

3.3　规划和测试IP地址

3.3.1　规划IP地址

在企业网络中，网络管理员负责为网络设计地址空间，应该考虑三个问题：网络中哪些设备需要IP地址？规划IP地址应该遵循什么原则？设备如何获得IP地址？

1. 需要IP地址的设备

在网络中有多种类型的设备需要IP地址，包括终端设备和中间设备。

1）终端设备：PC、服务器、IP电话、网络打印机、PDA等。

2）中间设备：路由器、防火墙等。

2. 规划IP地址的原则

合理规划地址必须遵循以下几点原则：

1）防止地址重复。

2）提供和访问控制。

3）监控安全和性能。

3. 获取IP地址的方法

网络中的主机可以通过静态方式或动态方式获取IP地址。

（1）静态地址分配

网络管理员手动给主机配置IP地址信息，包括IP地址、子网掩码和默认网关。网络管理员给基于Windows 7系统的主机手动配置IP地址的具体操作步骤如下：

1）右击桌面的"网络"图标，在弹出的快捷菜单中选择"属性"命令，打开"网络和共享中心"窗口。

2）单击某个网卡的"本地连接"图标，弹出"本地连接—状态"窗口。

3）单击"属性"按钮，再双击"Internet协议版本4（TCP/IPv4）"项，弹出"Internet协议版本4（TCP/IPv4）属性"对话框。

4）单击"使用下面的IP地址"单选按钮，然后输入IP地址、子网掩码和默认网关，如图3-3-1所示。

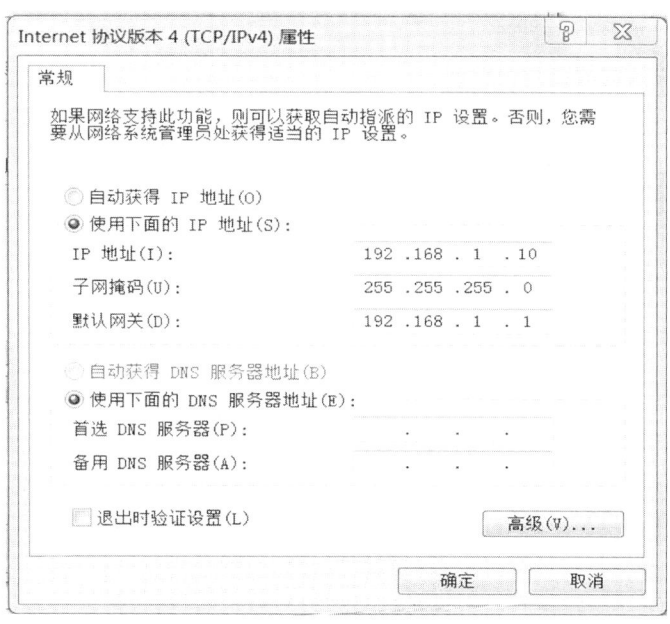

图 3-3-1　Windows 7 系统静态分配 IP 地址

（2）动态地址分配

由于采用静态分配 IP 地址的方法可能存在耗时长，地址冲突等诸多问题，那么采用动态地址分配的方法可以省事不少。

在大型网络中，网络管理员一般使用动态主机配置协议（DHCP）为终端设备动态分配 IP地址。DHCP 系统包括 DHCP 服务器和 DHCP 客户端，只要 DHCP 服务器和 DHCP 客户端之间的网络通信正常，DHCP 客户端就能自动获得 IP 地址。具体操作步骤如下：

1）配置 DHCP 服务器。网络管理员需要配置一个 DHCP 服务器，定义一个 IP 地址池，确定子网掩码、默认网关和 DNS 服务器等地址信息，以及租约时间、排除地址等信息。

2）配置 DHCP 客户端。将终端设备配置为 DHCP 客户端，例如在基于 Windows 7 系统的主机中只需选择"自动获取 IP 地址"项即可。

3）查看 DHCP 客户端的 IP 地址信息。在 DHCP 客户端，选择桌面的"开始"菜单中的"运行"命令，在文本框中输入"cmd"，打开命令提示符窗口，输入"ipconfig/all"命令，就可以查看到获取的 TCP/IP 的信息，包括 IP 地址、子网掩码、默认网关、租约时间、DNS 服务器等，如下所示。

```
C:\Users\Administrator>ipconfig/all
......
连接特定的 DNS 后缀………………………… :
描述………………………………………… : Intel(R) Centrino(R) LAN 100
物理地址…………………………………… : 78 - 92 - 9C - 22 - B5 - 12
DHCP 已启用………………………………… : 是
自动配置已启用…………………………… : 是
本地链接 IPv6 地址……………………… : fe80::dd71:b0d5:fd38:b232% 13(首选)
IPv4 地址………………………………… : 192.168.1.101(首选)
子网掩码………………………………… : 255.255.255.0
获得租约的时间………………………… : 2015 年 6 月 21 日 10:26:38
租约过期的时间………………………… : 2015 年 6 月 24 日 16:09:58
```

默认网关⋯⋯⋯⋯⋯⋯⋯⋯⋯⋯⋯⋯⋯	:192.168.1.1
DHCP 服务器⋯⋯⋯⋯⋯⋯⋯⋯⋯⋯⋯⋯	:192.168.1.1
DHCPv6 IAID⋯⋯⋯⋯⋯⋯⋯⋯⋯⋯⋯⋯	:226005660
DHCPv6 客户端 DUID⋯⋯⋯⋯⋯⋯⋯⋯	:00 -01 -00 -01 -19 -0A -CF -DC -14 -DA -E9 -C2 -
	6C -34
DNS 服务器⋯⋯⋯⋯⋯⋯⋯⋯⋯⋯⋯⋯⋯	:202.103.225.68
	202.103.224.68
TCPIP 上的 NetBIOS⋯⋯⋯⋯⋯⋯⋯⋯⋯	:已启用

⋯⋯

动态分配地址的方法可以降低网络管理员的工作负担，不会出现地址冲突问题；而且地址只能临时租用，主机关机或离开网络，该地址就会返回地址池，可供给其他主机使用。

3.3.2　测试网络连通性

如图 3-3-2 所示，当网络管理员给网络内各个主机分配 IP 地址后，需要测试各个主机之间是否连通。可以使用 ping 命令或 tracert 命令来测试网络 1 中主机 1 与网络 3 中主机 5 之间是否连通。

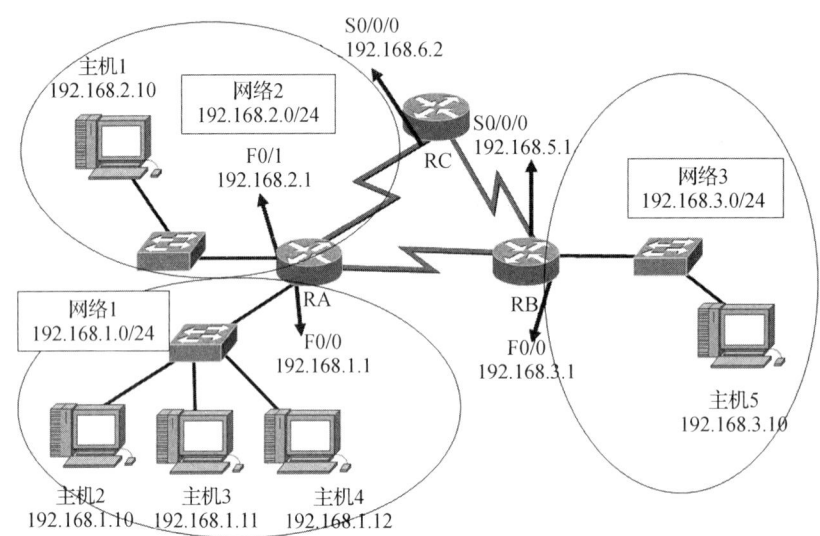

图 3-3-2　网络拓扑

ping 命令是用于测试主机之间 IP 连通性的实用命令，它发出要求指定主机地址做出响应的请求。ping 命令使用的第三层协议属于 TCP/IP 协议簇的一部分，称为 Internet 控制消息协议（ICMP）；使用的数据报称为 ICMP 回应请求。若指定地址的主机收到回应请求，便会以 ICMP 应答数据报做出响应。对于发送的每个数据包，ping 命令都要计算应答所需的时间。每次收到响应时，ping 命令都会显示从发送出命令至收到响应所经过的时间，这是衡量网络性能的一种指标，并对响应规定了超时值。如果在超时时间内没有收到响应，ping 命令会放弃尝试并显示一则消息，指出未收到响应。发送完所有请求后，会输出响应摘要，此输出包括成功率以及与目的主机之间的平均往返时间。

1. ping 127.0.0.1——测试本地 TCP/IP 协议簇

在 IPv4 主机中，127.0.0.1 被保留为环回地址，环回地址用于向自身发送信息的一个特殊地址。通过 ping 127.0.0.1 可以测试本地主机上的 TCP/IP 协议簇配置是否正常。

在主机 1 的命令提示符窗口中，输入"ping 127.0.0.1"命令，如果收到 127.0.0.1 的响应如下所示，则表示主机上的 IP 配置正确；如果收到错误消息，则表示该主机上的 TCP/IP 无法正常运行，不能与其他主机通信。解决办法可以是重新安装网卡驱动程序。

```
C:\Users\Administrator>ping 127.0.0.1
正在 Ping 127.0.0.1 具有 32 字节的数据：
来自 127.0.0.1 的回复：字节 =32 时间 <1ms TTL =64
来自 127.0.0.1 的回复：字节 =32 时间 <1ms TTL =64
来自 127.0.0.1 的回复：字节 =32 时间 <1ms TTL =64
来自 127.0.0.1 的回复：字节 =32 时间 <1ms TTL =64
127.0.0.1 的 Ping 统计信息：
     数据包：已发送 = 4,已接收 = 4,丢失 = 0(0% 丢失)，
往返行程的估计时间(以毫秒为单位)：
     最短 = 0ms,最长 = 0ms,平均 = 0ms
```

2. ping 网关——测试本地 LAN 的连通性

为了测试某个主机能否在本地 LAN 中通信，通常使用 ping 网关命令进行测试。根据测试响应结果，分析可能存在的问题。

主机 1 的网关地址是 192.168.1.1，在命令提示符窗口中输入"ping 192.168.1.1"命令，结果显示如下所示，说明 ping 通该网关，即表示主机和充当该网关的路由器接口在本地 LAN 中均运行正常。

```
C:\Users\Administrator>ping 192.168.1.1
正在 Ping 192.168.1.1 具有 32 字节的数据：
来自 192.168.1.1 的回复：字节 =32 时间 =1ms TTL =64
来自 192.168.1.1 的回复：字节 =32 时间 =1ms TTL =64
来自 192.168.1.1 的回复：字节 =32 时间 =5ms TTL =64
来自 192.168.1.1 的回复：字节 =32 时间 =5ms TTL =64
192.168.1.1 的 Ping 统计信息：
     数据包：已发送 = 4,已接收 = 4,丢失 =0(0% 丢失)，
往返行程的估计时间(以毫秒为单位)：
     最短 =1ms,最长 =5ms,平均 =3ms
```

如果该主机 ping 不通网关，但其他主机 ping 通网关，一种可能原因是该主机的网关地址有误，另一种可能原因是路由器接口完全正常，但对其采取了阻止其处理或响应 ping 请求的安全限制，也有可能是对其他主机采取了这种安全限制。如果所有主机都 ping 不通网关，可能说明充当网关的路由器接口存在问题。

3. ping 远程主机——测试与远程网络的连通性

使用 ping 命令还可以测试本地主机与远程网络的主机是否连通。木地主机可以 ping 远程网络中运行正常的主机。如果 ping 通该远程主机，这表示本地主机能够在本地网络中通信、充当本地网关的路由器运行正常，而且在本地网络和远程主机所在网络之间沿途可能经过的所有其他路由器也运行正常。

例如，为了测试主机 1 与主机 5 之间是否连通，可以在主机 1 上输入"ping 192.168.3.10"命令，结果如下所示，说明两个主机之间是连通的。

```
C:\Users\Administrator>ping 192.168.3.10
正在 Ping 192.168.1.1 具有 32 字节的数据：
来自 192.168.3.10 的回复：字节 =32 时间 =1ms TTL =64
来自 192.168.3.10 的回复：字节 =32 时间 =1ms TTL =64
```

来自 192.168.3.10 的回复：字节 =32 时间 =5ms TTL =64
来自 192.168.3.10 的回复：字节 =32 时间 =5ms TTL =64
192.168.3.10 的 Ping 统计信息：
　　数据包：已发送 =4,已接收 =4,丢失 =0(0% 丢失),
往返行程的估计时间(以毫秒为单位)：
　　最短 =1ms,最长 =5ms,平均 =3ms

值得注意的是，许多网络管理员出于安全考虑，可能限制或禁止 ICMP 数据报进入企业网络。因此，没有收到 ping 响应可能是安全限制造成的而并非出于网络无法正常运行的原因。

4. tracert 测试路径

ping 命令用于测试两台主机之间的连通性，而 tracert 命令则可以用于观察这些主机之间的路径。tracert 命令会生成路径沿途成功到达的每一跳的列表，此列表可以提供重要的验证和故障排除信息。如果数据到达目的主机，tracert 就会列出路径中每台路由器上的接口。如果数据无法到达沿途的某一跳，则会提供对 tracert 做出响应的最后一台路由器的地址。这样就指出了存在问题或安全限制的位置。

例如，使用 ping 命令可以测试出主机 1 与主机 5 之间是连通的，但是并不知道主机 1 与主机 5 之间的具体路径（是 RA—RB 链路或 RA—RC—RB 链路）。使用 tracert 命令不但可以测试主机之间是否连通，还可以测试出具体的路径，从如下显示可以看出主机 1 与主机 5 之间具体路径是 RA—RC—RB。

```
C:\Users\Administrator > >tracert 192.168.3.10
Tracing route to 192.168.3.10 over a maximum of 30 hops:

  1   31 ms     46 ms     62 ms      192.168.1.1
  2   45 ms     94 ms     63 ms      192.168.6.2
  3   17 ms     38 ms     57 ms      192.168.5.1
  4   218 ms    204 ms    218 ms     192.168.3.10
Trace complete.
```

5. 练习

网络拓扑如图 3-3-3 所示。请使用 ping 命令和 tracert 命令测试网络 1 中主机 1 和网络 2 中主机 4 之间是否连通。如果连通，请确定两个主机之间的连通路径；如果不通，请确定出现故障路由器。

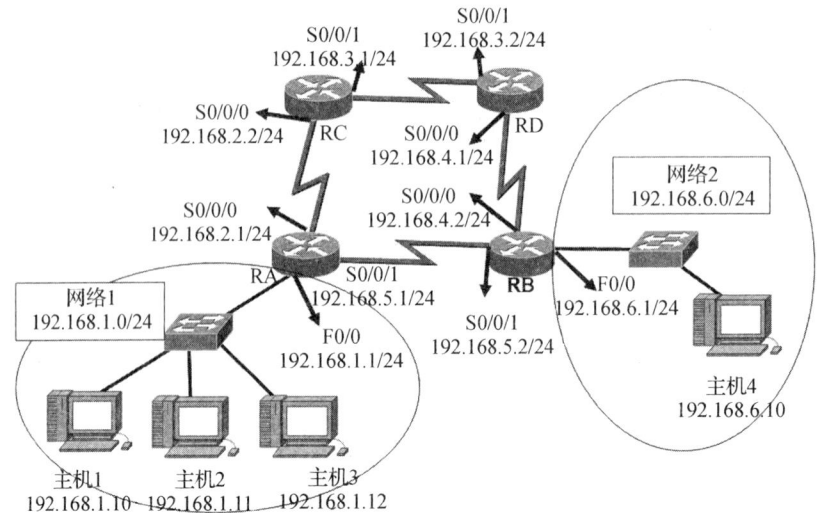

图 3-3-3　网络拓扑

3.4 IPv6

3.4.1 IPv6 简介

Internet 自 1993 年推出到现在得到了迅猛发展，网络用户数量的急剧增加使得 Internet 工程任务组（IETF）对 IPv4 网络地址耗尽的担忧不断加剧。为了解决 IP 地址不够用的问题，IETF 提出了下一代 IP 网络协议，即 IPv6。

IPv6 采用 128 位分层编址，用以提高编址能力；报头格式简化，用以改进数据包处理过程；提高对扩展和选项的支持，用以增强可扩展性和延长生命周期并改进数据包处理过程；流标签功能，作为 QoS 机制身份验证和隐私权功能，用于集成安全性。

IPv4 目前仍受到广泛使用，而且这种情形很可能在未来还将持续一段时间。不过，IPv6 还是会最终取代 IPv4，成为主要的 Internet 协议。

从 IPv4 过渡到 IPv6 不是一朝一夕可以完成的。未来 IPv4 和 IPv6 将继续共存，而该过渡预计会花费数年时间。IETF 已经创建了各种协议和工具来协助网络管理员将网络迁移到 IPv6。迁移技术可以分为以下 3 类：

1）双堆栈。如图 3-4-1 所示，双堆栈允许 IPv4 和 IPv6 在同一网络中共存，双堆栈设备同时运行 IPv4 和 IPv6 协议栈。

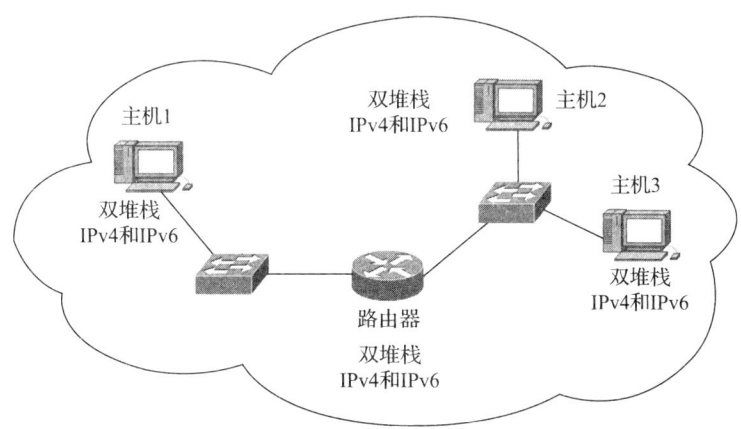

图 3-4-1　双堆栈

2）隧道。如图 3-4-2 所示，隧道是在 IPv4 网络中传输 IPv6 数据包的一种方法，IPv6 数据包与其他类型数据类似，也封装在 IPv4 数据包中。

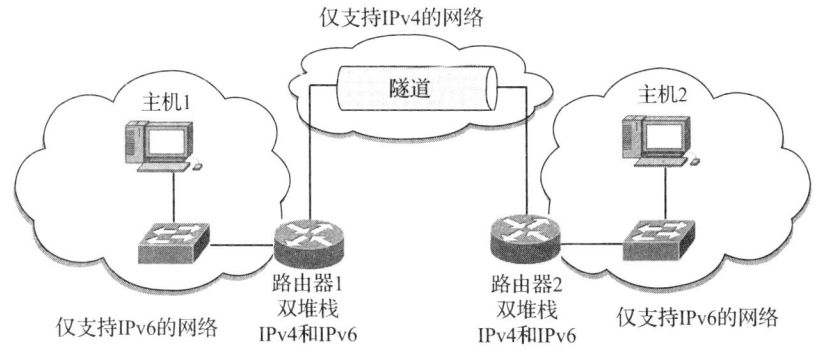

图 3-4-2　隧道

　　3）转换：如图 3-4-3 所示，与 IPv4 网络地址转换（NAT）技术类似，允许支持 IPv6 的设备与支持 IPv4 的设备进行通信，实现将 IPv6 数据包与 IPv4 数据包进行相互转换。

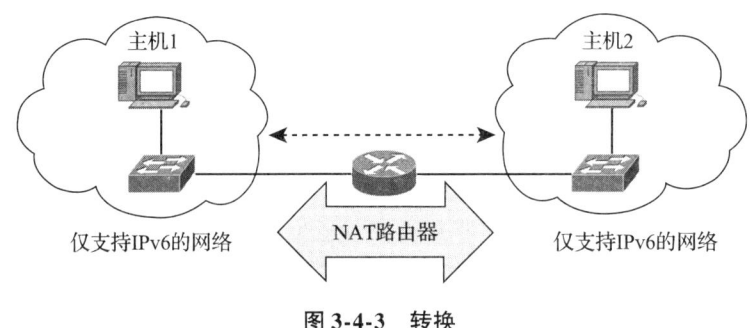

图 3-4-3　转换

3.4.2　IPv6 地址格式

　　IPv6 地址有以下两种表示格式：

　　（1）首选格式

　　IPv6 的 128 位地址按照每 16 位划分为一段，各段间用 "："隔开，共 8 段，同时每段的 16 位二进制数转换为一个 4 位十六进制数。

　　例如，一个二进制表示的 128 位 IPv6 地址

0010000000000001000001000001000000000000000000000000000000000001

0000000000000000000000000000000000000000000001000010111111111

用首选格式表示为 2001：0410：0000：0001：0000：0000：0000：45ff。

　　（2）压缩格式

　　IPv6 地址中经常含有很多的 0，有时连续几段都是 0。为了简化格式，可以将首选格式中重复的、不必要的 0 去掉。当一个或多个连续的 16 位为 0 时，可以用 "::"来表示这些 0。注意，一个 IPv6 地址中只允许出现一个 "::"，同时不能将一个段内有效的 0 压缩掉。

　　例如，将 IPv6 地址 2001：0410：0000：0001：0000：0000：0000：45ff 采用压缩格式表示为 2001：410：0：1::45ff。

3.4.3　IPv6 地址类型

　　1. IPv6 地址类型

　　IPv6 地址分为以下 3 种类型。

　　1）单播：用于唯一标识支持 IPv6 的设备上的接口。如图 3-4-4 所示，在主机 1 向主机 2 发送的 IP 数据包中，源 IPv6 地址必须是单播地址。

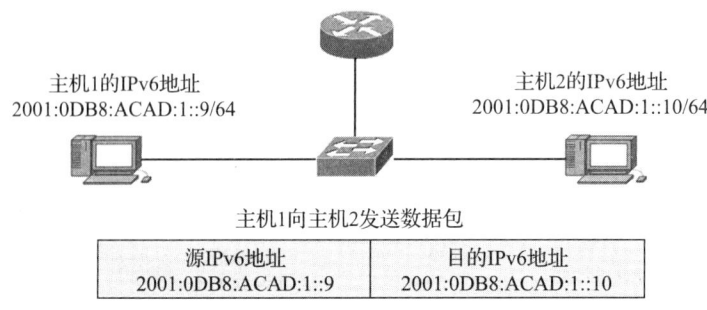

图 3-4-4　IPv6 单播地址

2）组播：用于将单个 IPv6 数据包发送到多个目的主机。如图 3-4-5 所示，在路由器接口向本网络内其他所有主机发送的 IP 数据包中，目的 IPv6 地址就是组播地址。

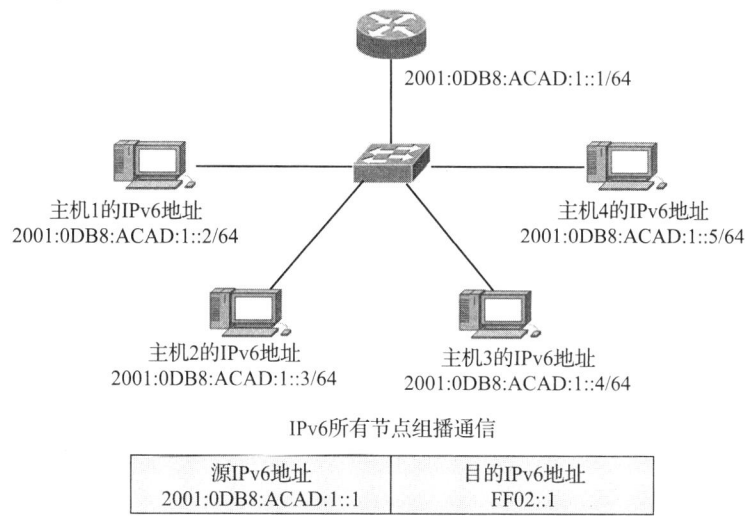

图 3-4-5　IPv6 组播地址

3）任播：可分配到多个设备的 IPv6 单播地址。发送至任播地址的数据包括路由到最近的拥有该地址的设备。

注意：IPv6 没有广播地址，IPv6 有全节点组播地址，在本质上与广播地址的效果相同。

2. IPv6 前缀长度

IPv4 地址的前缀或网络部分可以使用点分十进制子网掩码或前缀长度（斜线记法）表示，例如，IP 地址 192.168.1.10 的点分十进制子网掩码表示为 255.255.255.0，使用前缀表示为 192.168.1.10/24。

IPv6 不使用点分十进制子网掩码记法。IPv6 使用前缀长度表示地址的前缀部分。使用前缀长度表示使用 IPv6 地址/前缀长度的 IPv6 地址的网络部分。前缀长度范围为 0～128。LAN 和大多数其他网络类型的典型 IPv6 前缀长度为/64，这意味着地址前缀或网络部分的长度为 64 位，为该地址的接口 ID（主机部分）另外保留 64 位，具体如图 3-4-6 所示。

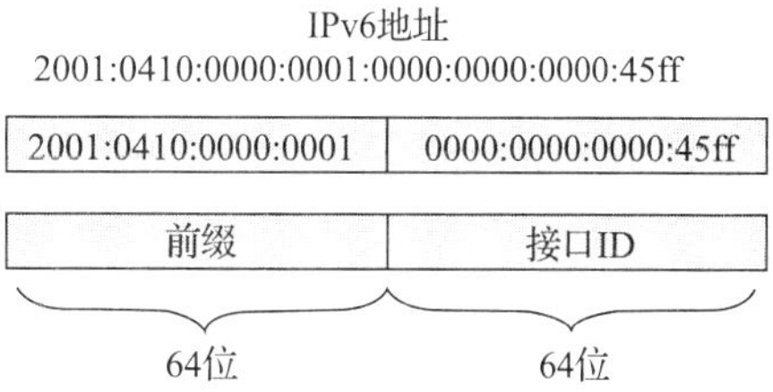

图 3-4-6　IPv6 前缀长度

3. IPv6 单播地址

IPv6 单播地址用于唯一标识支持 IPv6 的设备上的接口。发送到单播地址的数据包由该地址分配的接口接收。与 IPv4 类似，源 IPv6 地址必须是单播地址。目的 IPv6 地址可以是单播或组播地址。

IPv6 有以下 6 种单播地址：

（1）全局单播地址

全局单播地址类似于公有 IPv4 地址，具有全局唯一性，是 Internet 可路由的地址。全局单播地址可以静态配置，也可以动态分配。

例如，静态配置 IPv6 全局单播地址如图 3-4-7 所示。

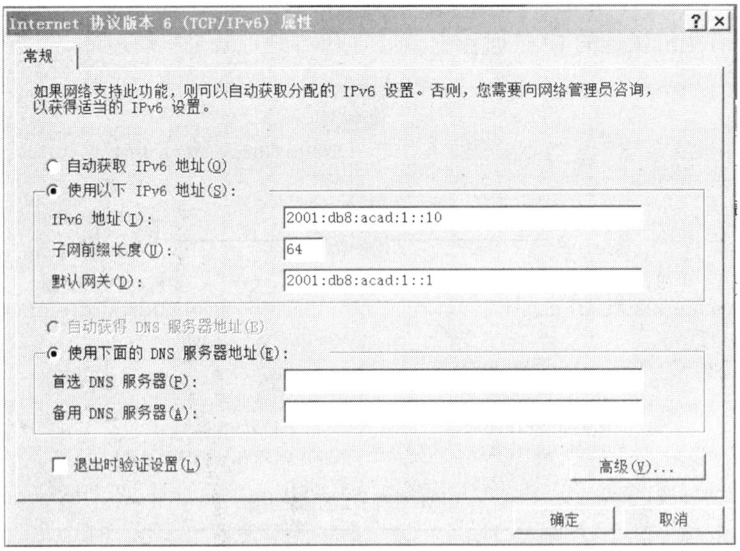

图 3-4-7　静态配置 IPv6 全局单播地址

（2）本地链路地址

本地链路地址用于与同一链路中的其他设备通信。在 IPv6 中，链路是指一个子网。本地链路地址仅限于单个链路，因为本地链路地址在该链路之外不具有可路由性，路由器不会转发具有本地链路源地址或目的地址的数据包。

（3）环回地址

IPv6 环回地址除最后一位外全为 0，使用压缩格式表示为::1/128 或简单的::1。主机使用环回地址发送数据包到其自身，环回地址不能分配给物理接口。与 IPv4 环回地址类似，通过对 IPv6 环回地址启用 ping 命令，测试本地主机的 TCP/IP 配置。

（4）未指定地址

未指定地址是全 0 地址，使用压缩格式表示为::/128 或::的。它不能分配给接口，仅可作为 IPv6 数据包的源地址。在设备尚无永久 IPv6 地址时或数据包的源地址与目的地址不相关时，未指定地址用作源地址。

（5）唯一本地地址

唯一本地地址的范围从 FC00::/7 到 FDFF::/7，IPv6 唯一本地地址与 IPv4 的私有地址有点相似。唯一本地地址在一个站点内或有限站点数之间用作本地地址。这些地址在全局 IPv6 中不具有可路由性。

（6）内嵌 IPv4 地址

IPv6 的网络虽然已经从实验阶段投入到实际使用阶段，但是经过长期的积累，IPv4 技术和支持 IPv4 的网络设备不可能立即转入到 IPv6 网络中，在一段时间内 IPv4 网络和 IPv6 网络还需要互通共存。在这种过渡时期，IPv6 地址可以采取一种内嵌 IPv4 地址的特殊表示方法。内嵌 IPv4 地址的 IPv6 地址表示方法为：IPv6 地址的第一部分使用十六进制表示，IPv4 地址部分仍然使用十进制格式的 IPv4 地址表示法。例如：

0：0：0：0：0：0：192.168.9.1 或::192.168.9.1

0：0：0：0：0：ffff：192.168.9.2 或::ffff：192.168.9.2

4. IPv6 本地链路单播地址

IPv6 本地链路地址仅允许设备与同一链路上支持 IPv6 的其他设备通信，也就是说具有源或目标本地链路地址的数据包不能在数据包的源链路之外进行路由。

与 IPv4 本地链路地址不同，IPv6 本地链路地址对网络的各个方面均具有重要意义。全局单播地址不是必需项；但是，每个支持 IPv6 的网络接口均需要有本地链路地址。如果没有手动为接口配置本地链路地址，设备会在不与 DHCP 服务器通信的情况下自动创建自己的地址。支持 IPv6 的主机会创建 IPv6 本地链路地址，即使没有为该设备分配 IPv6 全局单播地址，这允许支持 IPv6 的设备与同一子网中的其他支持 IPv6 的设备通信，包括与默认网关（路由器）通信。

IPv6 本地链路地址属于 FE80::/10 范围。/10 表示前 10 位是 1111 1110 10×× ××××。第一个十六进制数的范围是 1111 1110 10 00 0000（FE80）到 1111 1110 10 11 1111（FEBF）。

例如，图 3-4-8 所示为使用 IPv6 本地链路地址通信。

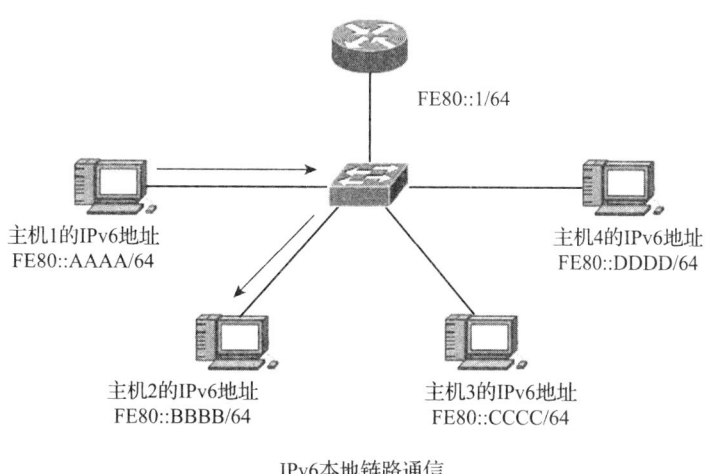

图 3-4-8　IPv6 本地链路地址通信

注意：IPv6 也使用 IPv6 本地链路地址交换消息和作为 IPv6 路由表中的下一跳地址。通常情况下，用作链路上其他设备的默认网关的是路由器的本地链路地址而不是全局单播地址。

3.5　实训：使用 ping 和 tracert 命令测试网络

1. 实训目标

使用 ping 命令和 tracert 命令验证简单 TCP/IP 网络的连通性。

2. 实训内容

根据图 3-5-1 的网络拓扑，完成如下任务：

1）使用 ping 命令验证简单 TCP/IP 网络的连通性。

2）使用 tracert 命令验证 TCP/IP 网络的连通性。

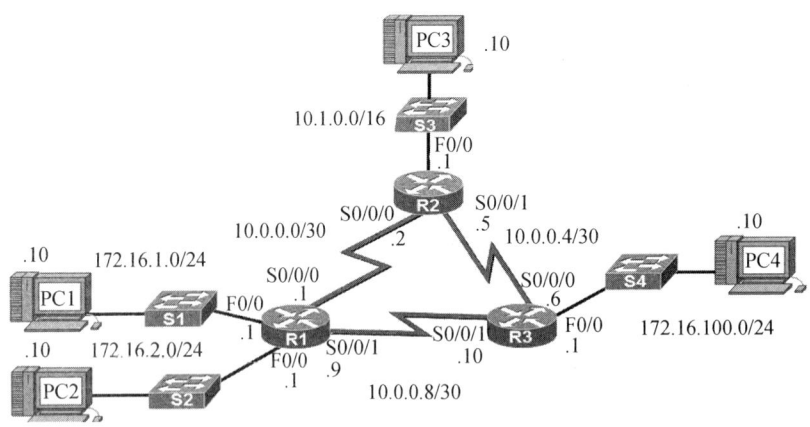

图 3-5-1　网络拓扑

3. 实训步骤

1）打开 PC1 的超级终端，用 ipconfig 命令确定该计算机的 IP 地址。记录本地 TCP/IP 网络信息的相关信息。

IP 地址：

子网掩码：

默认网关：

2）使用 ping 命令验证本地主机计算机上的 TCP/IP 网络层连通性。填写所用计算机上的 ping 命令结果。

数据包大小：

发送的数据包数量：

应答数量：

丢失的数据包数量：

最小延迟：

最大延迟：

平均延迟：

3）使用 ping 命令验证 LAN 的 TCP/IP 网络层连通性。填写所用计算机上的 ping 命令结果。

数据包大小：

发送的数据包数量：

应答数量：

丢失的数据包数量：

最小延迟：

最大延迟：

平均延迟：

4）使用 ping 命令验证与远程网络的主机 PC4 的 TCP/IP 网络层连通性。填写所用计算机上的 ping 命令结果。

数据包大小：

发送的数据包数量：

应答数量：

丢失的数据包数量：

最小延迟：

最大延迟：

平均延迟：

模块二　交换机配置与管理

第4章　认识交换机

交换机（Switch）是适应性极强的设备，常作为以太网的连接设备，根据工作时目标地址的差异，在 OSI 参考模型的分层结构中，又分为二层交换机和三层交换机。在默认情况下，如果没有特别说明，所指的交换机就是二层交换机。就最简单的作用而言，交换机可以替代集线器作为多台主机的中心连接点。就较复杂的作用而言，交换机可以连接一台或多台其他交换机，从而建立、管理和维护冗余链路以及 VLAN 连通性。不管使用方式如何，交换机都以同样的方式处理所有类型的流量。

从外观上来看，交换机与集线器基本上没有多大的区别，都是带有多个端口的长方形盒状体。

广义的交换机是一种在通信系统中完成信息交换功能的设备。交换机与集线器不同，集线器是一种共享介质的网络设备，每个端口共享带宽；而交换机是每个端口都独享交换机的一部分总带宽；这样在传输速率上对于每个端口来说就有了根本的保障。

4.1　交换机的构成

交换机相当于是一台特殊的计算机，同样有 CPU、存储介质和操作系统，只不过这些都与计算机有些差别而已。交换机也由硬件和软件两部分组成。

4.1.1　硬件部分

交换机的硬件主要包含 CPU、端口和存储介质，如图 4-1-1 所示。存储介质主要有 ROM（Read-Only Memory，只读储存器）、Flash Memory（闪存）、NVRAM（非易失性随机存储器）和 DRAM（动态随机存储器）。

图 4-1-1　交换机的硬件结构

CPU 负责执行交换机操作系统的命令和各种用户输入的命令。

交换机端口常见的有以下几种：

1）以太网端口（Ethernet），通信速率为 10Mbit/s；

2）快速以太网端口（FastEthernet），通信速率为 100Mbit/s；

3）千兆位以太网端口（GigabitEthernet），也称为吉比特以太网端口，通信速率为 1Gbit/s；

4）万兆位以太网端口（TenGigabitEthernet），通信速率为 10Gbit/s；

5）控制台端口（Console），也称管理端口，通过 Console 线与终端连接。初始配置交换机时，必须通过控制台端口。

ROM 相当于 PC 的 BIOS。交换机加电启动时，将首先运行 ROM 中的程序，以实现对交换机硬件的自检并引导启动 IOS。该存储器在系统掉电时程序不会丢失。

Flash Memory 是一种可擦写、可编程的 ROM，包含 IOS 及微代码，相当于 PC 的硬盘，但速度要快得多，可通过写入新版本的 IOS 来实现对交换机的升级。Flash Memory 中的程序在掉电时不会丢失。为防止 IOS 丢失，可以通过简单文件传输协议（Trivial File Transfer Protocol，TFTP）将 IOS 映像保存到计算机备用。

NVRAM 用于存储交换机正在运行配置（Running Config）的备份，该存储器中的内容在系统掉电时也不会丢失。交换机在启动过程中，先从 NVRAM 读入启动配置文件（Startup Config）对交换机进行初始化配置。这样，只有对交换机的配置文件进行了备份，即使断电也不会丢失配置文件，提高了可靠性。

DRAM 是一种可读写存储器，相当于 PC 的内存，其内容在系统掉电时将完全丢失。

4.1.2　软件部分

交换机的软件部分主要是 IOS（Internet Operating System，互联网操作系统）。

IOS 的优点在于命令体系比较易用，利用所提供的命令，可实现对交换机的配置和管理。IOS 具有以下特点：

1）支持通过命令行（Command-Line Interface，CLI）或 Web 界面对交换机进行配置和管理。

2）支持通过交换机的控制端口（Console）或 Telnet 会话来登录连接访问交换机。

3）提供有用户模式（User Level）和特权模式（Privileged Level）两种命令执行级别，并提供有全局配置、接口配置、子接口配置和 VLAN 数据库配置等多种级别的配置模式，以允许用户对交换机的资源进行配置。

4）用户模式仅能运行少数的命令，允许查看当前配置信息，但不能对交换机进行配置；特权模式则允许运行提供的所有命令。

5）IOS 命令不区分大小写。

6）在不引起混淆的情况下，支持命令简写。例如，enable 通常可简约表达为 en。

7）可随时使用“?”来获得命令行帮助，支持命令行编辑功能，并可将执行过的命令保存下来，供进行历史命令查询。

4.1.3　交换机启动的顺序

交换机启动时加载启动加载器。启动加载器是存储在 ROM 中的小程序，并且在交换机通电时运行。交换机的启动顺序如下：

1）执行低级 CPU 初始化。启动加载器初始化 CPU 寄存器，寄存器控制物理内存的映射位置、内存量以及内存速度。

2）执行 CPU 子系统的加电自检（POST）。

3）启动加载器测试 CPU DRAM 以及构成闪存文件系统的闪存设备部分。初始化系统主板上的闪存文件系统。

4）将默认操作系统软件映像加载到内存中，并启动交换机。

5）操作系统使用初始配置文件运行，该文件存储在交换机的 NVRAM 中。

启动加载器还可以在操作系统无法使用的情况下用于访问交换机。启动加载器有一个命令行工具，可用于在操作系统之前访问存储在 Flash Memory 中的文件。从启动加载器命令行上，可以输入命令来格式化 Flash Memory 中的文件系统，重新安装操作系统软件映像，或者在遗忘口令时进行恢复。

4.2　交换机的特性

4.2.1　交换机的外形因素

选择交换机时，需要决定是采用固定配置还是模块化配置，以及是可堆叠的交换机还是不可堆叠的。另一个考虑因素是交换机的厚度（以机架单元数表示）。这些因素有时称为交换机的外形因素。

1）固定配置交换机。顾名思义，固定配置交换机的配置是固定的，这意味着不能为该交换机增加出厂配置以外的功能或选件，即购买的型号就决定了可用的功能和选件。例如，如果购买了一款24端口的千兆位固定配置交换机，那么就无法添加更多的端口。该类型的交换机通常有不同的配置可供选择，不同之处在于所含的端口数量和端口类型。图4-2-1所示为典型的24口交换机。

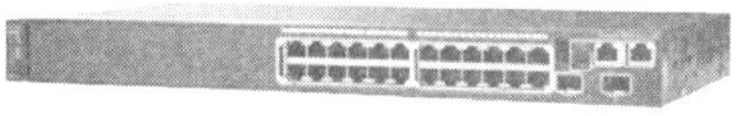

图 4-2-1　Cisco WS-2960S -24TS-S 整体外观

2）模块化交换机。模块交换机的配置较灵活，通常有不同尺寸的机箱，允许安装不同数目的模块化线路卡，如图4-2-2所示。线路卡实际上包含端口。线路卡之于交换机机箱犹如扩展卡之于PC，且机箱越大，它能支持的模块也就越多。该类型交换机有许多不同的机箱尺寸可供选择。如果购买了带有24端口线路卡的模块化交换机，则可以方便地添加24端口线路卡，使端口总数增加到48个。

3）可堆叠交换机。可堆叠交换机可以使用专用的背板电缆进行互连，背板电缆可在交换机之间提供高带宽的吞吐能力。Cisco在其交换机产品线之一中引入StackWise技术，该技术允许用户使用完全冗余的背板至多互连9台交换机。如图4-2-3所示，交换机互相堆叠，各交换机之间通过电缆以菊花链的形式互连。堆叠的交换机可以作为一台更大的交换机有效地运行。在容错和带宽可用性至关重要、模块化交换机的

图 4-2-2　Cisco WS-C6509-E 模块化配置交换机外观

实施成本又过于高昂时，可堆叠交换机是较为理想的选择。使用交叉连接技术，在某台交换机出现故障时网络可以快速恢复。可堆叠交换机使用专用的互连端口，而不使用线端口提供交换机间的连接。专用互连端口的速度通常也比使用线端口连接交换机的速度更快。

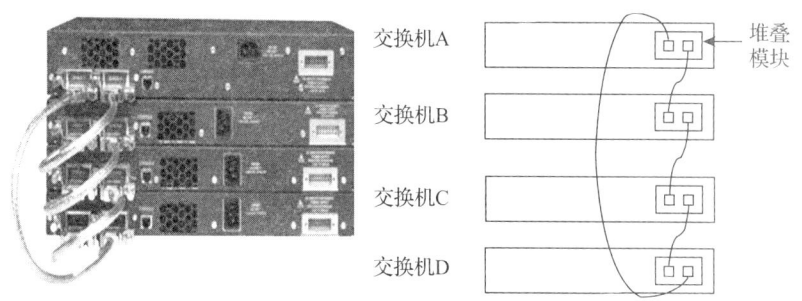

图 4-2-3　可堆叠配置交换机外观及连接示意图

4.2.2　交换机的参数

在组建网络时需要对交换机作出选择，应该考虑交换机性能参数中的端口密度、转发速率和网络带宽聚合需求的支持能力。

1）端口密度：是指一台交换机上可用的端口数。固定配置交换机通常一台设备至多支持48个端口。在空间和电源接口有限的情况下，高端口密度可以更有效地利用这些资源。如果有两台各含24个端口的交换机，则至多可以支持46台设备，因为每台交换机都至少要有一个端口用于将交换机本身连接到网络的其他部分。此外，还需要两个电源插座。但是，如果有一台48端口的交换机，则可支持47台设备，只需使用一个端口将交换机本身连接到网络的其他部分，并且只需要一个电源插座来为交换机供电。

支持数以千计的网络设备的大型企业网络需要高密度的模块化交换机来最有效地利用空间和电源接口。如果没有高密度的模块化交换机，网络可能需要大量的固定配置交换机来支持大量设备的网络访问需求。这会占用许多电源插座和大量的配线间空间。

2）转发速率：转发速率通过标定交换机每秒能够处理的数据量来定义交换机的处理能力。交换机产品线按转发速率来分类，入门级交换机的转发速率低于企业级的交换机。在选择交换机时，转发速率是需要考虑的重要因素。如果交换机的转发速率太低，则它无法支持在其所有端口之间实现全线速通信。线速是指交换机上每个端口能够达到的数据传输速率，通常为100Mbit/s 快速以太网或 1000Mbit/s 千兆以太网。例如，一台 48 端口的千兆交换机全线速运行时能够产生 48Gbit/s 的流量。如果该交换机仅支持 32Gbit/s 的转发速率，则它不能支持所有端口同时全速运行。幸运的是，接入层交换机通常不需要全线速运行，因为它们实际上会受通往分布层的上行链路的限制。这样，可以在接入层使用较便宜、性能较低的交换机，而在分布层和核心层则使用较昂贵、性能较高的交换机，不同层的转发速率有着很大的差别。

3）链路聚合：在考虑带宽聚合问题时，应确定交换机上是否有足够的端口来聚合所需的带宽。以千兆以太网端口为例，它能够承载 1Gbit/s 的流量。如果有一台 24 端口的交换机，该交换机的所有端口都能够以千兆的速度运行，则至多可以支持 24Gbit/s 的网络流量。如果该交换机通过一根网络电缆连接到网络的其他部分，则它只能以 1Gbit/s 的速度将数据转发到网络的其他部分。由于需要竞争带宽，数据的转发速度会更加缓慢。其结果是，连接到该交换机的 24 台设备中的每台设备都只有 1/24 的线速可用。线速描述的是某个连接理论上的最大数据传输速率。例如，以太网连接的线速依赖于电缆的物理属性和电子属性以及连接所用的底层协议。

链路聚合允许将 8 个交换机端口绑定在一起来共同传输数据，因此在使用千兆以太网端口时至多可以提供 8Gbit/s 的数据吞吐能力。某些企业级交换机通过增加多个万兆以太网（10GbE）上行链路可以实现很高的吞吐能力。Cisco 使用术语 EtherChannel 来描述聚合的交换机端口，将后面的章节进行具体介绍。

4.2.3 交换机的性能特点

一般讨论的交换机就是指局域网交换机，是一种数据链路层设备。

（1）隔离冲突

交换机拥有一组高带宽的背部总线，所有的端口的连线和背部总线形成一个内部交换矩阵，交换机根据 MAC 地址表知道数据的转发出口后，交换矩阵完成连接，形成入口和出口之间的虚连接链路，通过链路将数据转发出去。这条虚连接链路被这一对通信独占，不会发生冲突。

（2）独享带宽

交换机在同一时刻可进行多个端口对之间的数据转发。每个端口都可以独自享用设备全部的带宽，无须同其他设备竞争使用。如果是一台 10Mbit/s 带宽的以太网交换机，那么虚连接链路的每个方向都是 10Mbit/s 的带宽。

（3）半双工或全双工

每个交换机端口都可以在半双工或全双工模式下工作。端口处于半双工模式时，在任意指定的时间，它只能发送或接收数据，两者不能同时进行。端口处于全双工模式时，能够同时发送和接收数据，且吞吐量是半双工情况下的两倍。当交换机上两个端口在通信时，由于它们之间的通道是相对独立的，这样就不存在冲突域，网络性能也得到了很大的提高。由于交换机在多个端口的数据同时进行交换，要求交换机具有很高的背部总线带宽。如果交换机有 n 个端口，每个端口的带宽是 m bit/s，则交换机的背部总线带宽必须超过 n×m bit/s，交换机才可能实现线速交换。

4.3 交换机的数据交换方式

交换机在将数据包从源端口传送到目的端口时，通常有直通交换方式、存储转发方式和碎片丢弃方式3种。无论是直通转发还是存储转发都是一种二层的转发方式，而且它们的转发策略都是基于目的 MAC（DMAC）的，在这一点上这两种转发方式没有区别。它们之间的最大区别在于，它们何时去处理转发，也就是交换机怎样去处理数据包的接收进程和转发进程的关系。

注意：存储转发是 Cisco Catalyst 交换机中当前型号的唯一使用的转发方法。

1. 存储转发方式

存储转发方式是计算机网络领域应用最为广泛的方式。在存储转发交换中，当交换机收到帧时，它将数据存储在缓冲区中，直到收下完整的帧。存储过程期间，交换机分析帧以获得有关其目的地的信息。在此过程中，交换机还将使用以太网帧的循环冗余校验（CRC）帧尾部分来执行错误检查。

如图 4-3-1 所示，为以太网数据帧的结构图。首先交换机启动接收进程，开始收取帧，从"Preamble"字段开始，一直到最后的 CRC，当这个完整的帧收取完成之后，交换机开始启动转发进程。当收取到 CRC 字段的时候，可以进行错误的校验，交换机把已经收到的数据进行 CRC 计算。CRC 根据帧中的位数（即 1 位的数量），使用数学公式来确定收到的帧是否有错。在确认帧的完整性之后，帧将从对应的端口转发出去，并发往其目的地。当在帧中检测到错误时，交换机放弃该帧。放弃有错的帧可减少损坏的数据所耗用的带宽量。此方法可避免将损坏的帧传送给其他网段，它造成的延时最长，但是它可以对进入交换机的数据包进行错误检测，有效地改善网络性能。尤其重要的是，它可以支持不同速度的端口间的转换，保持高速端口与低速端口间的协同工作。

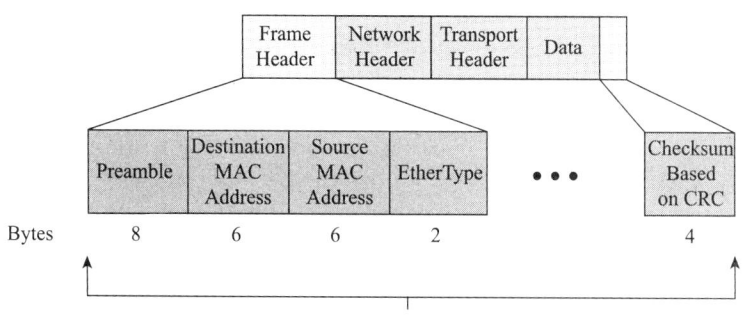

图 4-3-1 以太网帧结构

2. 直通交换方式

在直通交换中，交换机在收到数据时立即处理数据，即使传输尚未完成。交换机只缓冲帧的一部分，缓冲的量仅足以读取目的 MAC 地址，以便确定转发数据时应使用的端口。如图 4-3-2 所示，目的 MAC 地址位于帧中前导码后面的前 6 个字节。交换机在其交换表中查找目的 MAC 地址，确定外发接口端口，然后通过指定的交换机端口将帧转发到其目的地。交换机对该帧不执行任何错误检查。由于交换机不必等待完全缓冲整个帧，且不执行任何错误检查，因此直通交换比存储转发交换更快。但是，因为交换机不执行任何错误检查，因此它会在网络中转发损坏的帧。转发损坏的帧时，这些帧会耗用带宽。目的网卡最终将放弃损坏的帧。另外，直通式不能在两个不同速率的端口之间进行转发。

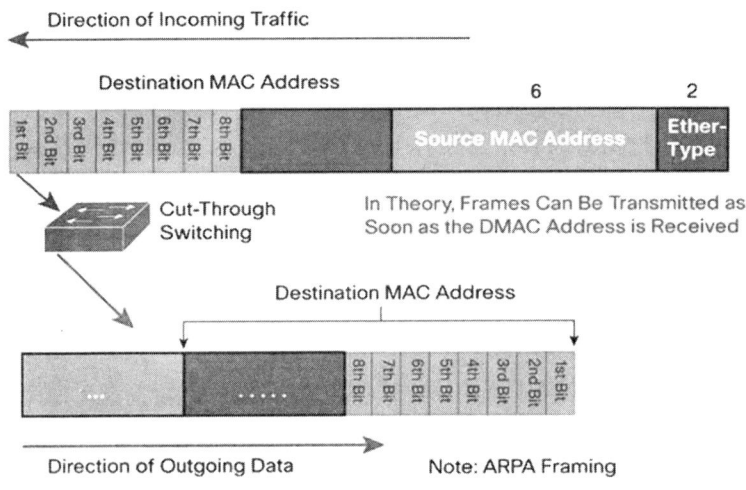

图 4-3-2　直接转发方式只读取前 **14Byte** 即转发

3．碎片丢弃方式

在碎片式交换中，交换机在转发之前存储帧的前 64 个字节。可以将碎片交换视为存储转发交换和直通交换之间的折中。碎片交换只存储帧的前 64 个字节的原因是，大部分网络错误和冲突都发生在前 64 个字节。碎片交换在转发帧之前对帧的前 64 个字节执行小错误检查以确保没有发生过冲突，并且尝试通过这种方法来增强直通交换功能。碎片交换是存储转发交换的高延时和高完整性与直通交换的低延时和弱完整性之间的折中。

以上 3 种交换方式中，存储转发方式的延时最高，而直通交换方式延时最低，碎片丢弃方式的延时则介于两者之间。碎片丢弃方式适用于容易发生冲突的环境。在构建良好的交换网络中，冲突并不是问题，因此，一般会选用快速转发方式。现在，大多数 Cisco LAN 交换机都采用存储转发方式进行交换，这是因为随着新技术的涌现以及处理速度的提升，交换机如今能以接近直通交换式的速度来存储和处理帧，而且还不存在转发错误问题。此外，许多比较高端的技术（例如多层交换）也要求使用存储转发方式。

4.4　交换机初始配置

4.4.1　交换机的连接

案例情境：某人在一个单位里负责计算机和网络的维护工作。单位刚刚购置了一批新的交换机，要求对交换机进行配置，需要做的第一件事情是什么呢？

解决方案：如果交换机从未被设置过，可以选择带外管理方式对交换机进行初始化设置。所以要做的第一件事情就是通过 Console 口连接交换机。

具体步骤：

1）通过 Console 口连接交换机。对于首次配置交换机，必须采用该方式。交换机一般都提供有一个名为 Console 的控制台端口（或称管理端口），该端口采用 RJ-45 接头，可实现对交换机的本地配置。同时交换机一般都随机配送了一根控制线，它的一端是 RJ-45 接头，用于连接交换机的控制台端口；另一端提供了 DB-9（针）和 DB-25（针）串行接口插头，用于连接 PC 的 COM1 或 COM2 串行接口。Cisco 的控制线两端均是 RJ-45 接头，但配送有 RJ-45 到 DB-9 和 RJ-45 到 DB-25 的转接头。如图 4-4-1 所示，使用控制线将计算机和交换机进行连接。

2）使用超级终端登录交换机。配置交换机时，一般都通过计算机运行终端仿真程序，如 Windows 操作系统提供的超级终端。在计算机上运行超级终端程序，即可实现将计算机变成交换机的一个终端，从而实现对交换机的访问和配置。

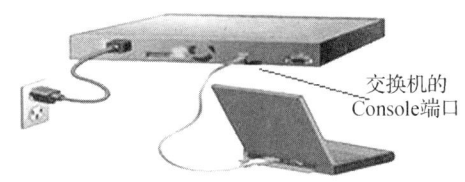

图 4-4-1　交换机与计算机相连

在计算机系统中，选择"开始"→"程序"→"附件"→"通讯"→"超级终端"命令，即可启用超级终端程序（Windows 系统一般都默认安装了超级终端程序，若没有可利用控制面板中的"添加/删除程序"来安装）。

首次启动超级终端时，会要求输入所在地区的电话区号，输入后将显示图 4-4-2 所示的连接创建对话框，在"名称"文本框中输入该连接的名称，并选择所使用的示意图标，然后单击"确定"按钮。

此时将弹出对话框要求选择连接使用的 COM 端口，根据实际连接使用的端口进行选择，比如 COM1，然后单击"确定"按钮，如图 4-4-3 所示。

图 4-4-2　超级终端连接创建对话框　　　　图 4-4-3　设置 COM1 端口的属性

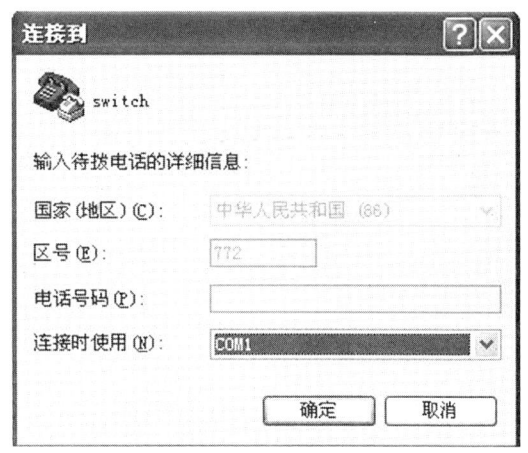

交换机控制台端口默认的通信波特率为 9600bit/s，因此需将 COM 端口的通信波特率设置为 9600，数据位为 8，停止位为 1，数据流量控制选择无。也可直接单击"还原为默认值"按钮来进行自动设置，如图 4-4-4 所示。

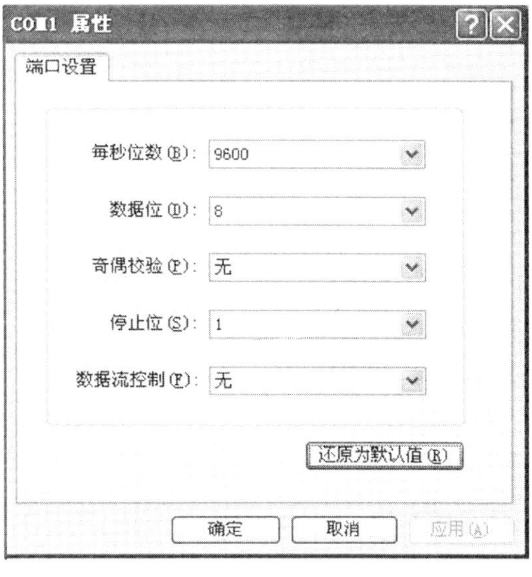

设置好后，单击"确定"按钮，此时就开始连接登录交换机了。对于启动超级终端连接才打开交换机电源的，超级终端界面会显示交换机完整的启动信息，包括 IOS 版本号、处理器型号、内存大小、引导的 IOS 文件等。

对于首次配置的交换机，由于没有设置登录密码，因此不用输入登录密码就可连接成功。在交换机启动过程中，超级终端会提示是否以对话方式进行初始化配置"Would you like to enter the initial configuration dialog? ［yes/no］："。如果选择"N"，则进入命令行模式。如果选择"Y"，则以

图 4-4-4　设置波特率属性

对话的方式在询问过程中配置一些初始配置参数。对话方式主要配置管理 IP 地址、子网掩码、跨网管理需要的网关地址、主机名和各种认证口令、特权口令等。对话结束后显示"Press

RETURN to get started!"，提示按键盘的 < Enter > 键就可以进入用户 User 模式，如图 4-4-5 所示。

　　补充：使用命令管理方式登录交换机。若交换机已经被初始化设置，例如已设置了交换机的管理 IP 地址和登录密码后，就可通过 Telnet 会话来连接登录交换机，从而实现对交换机的远程配置。具体方法是在系统中选择"开始"→"运行"命令，输入"cmd"命令，然后在命令提示符窗口中输入"telnet 交换机 IP 地址"命令来登录连接交换机。

　　假设交换机的管理 IP 地址为 192.168.168.3，利用网线将交换机接入网络，然后在命令提示符窗口中输入命令"telnet 192.168.168.3"，此时将要求用户输入 Telnet 登录密码，注意密码输入时不会显示。校验成功后，即可登录交换机，出现交换机的命令行提示符，进而使用各种配置命令来管理交换机，如图 4-4-6 所示。

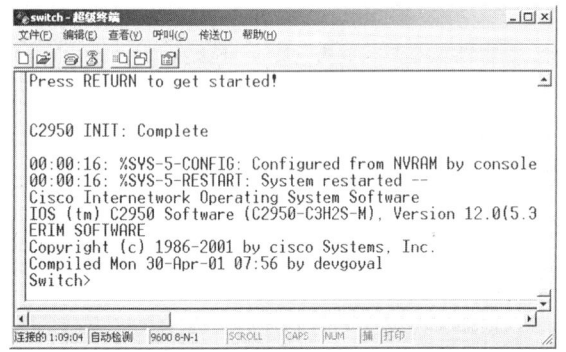
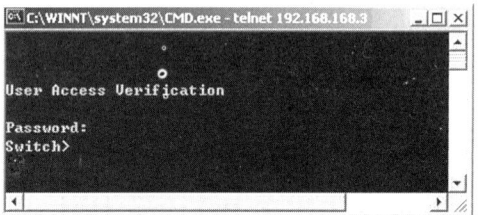

图 4-4-5　连接成功后的超级终端　　　　　　图 4-4-6　使用 telnet 命令登录交换机

　　若要退出对交换机的登录连接，执行 exit 命令（对于华为交换机，则执行 quit 命令）。

4.4.2　交换机的基本配置

　　案例情境：成功连接并登录到交换机后，首要任务就是对交换机进行一些最基本的配置，应该具体做哪些事情呢？

　　解决方案：交换机的基本配置一般包括配置主机名、登录密码、管理地址、保存信息等。本例以初始配置一台 2950 交换机为例，设置管理 IP 地址为 192.168.1.1/24，默认网关为 192.168.1.254，交换机名为 S1，交换机普通密码为 aa，安全加密密码为 cisco。同时，为交换机 5 个远程登录线程，并设远程登录密码为 ss，最后保存配置文件。交换机基本配置命令见表 4-4-1。

表 4-4-1　交换机基本配置命令

功能	命令语法
用户模式	Switch > enable
特权模式	Switch#config t
全局模式	Switch (config)#
命名交换机	Switch (config)#hostname name
设置口令	Switch (config)#enable secret password Switch (config)#enable password password Switch (config)#line console 0 Switch (config-line)#password password Switch (config-line)#login

（续）

功能	命令语法
配置远程虚拟登录进程	Switch（config）#line vty 0 4 Switch（config-line）#password password Switch（config-line）#login
配置管理地址	Switch（config）#int vlan 1 Switch（config-if）#ip address address-mask Switch（config-if）#no shutdown
配置默认网关	Switch（config）#ip default-gateway address
保存配置文件更改	Switch#copy running-config startup-config
检查 show 命令的输出	Switch#show running-config Switch#show vlan brief Switch#show interface Switch#show mac-address-table Switch#show version

具体步骤：

1）交换机的各种模式及模式之间的转换。

① 用户 User 模式。通过 Console 端口的连接，或者通过接入认证，可以进入用户模式。在 CLI 界面中，用户模式的提示符为"Switch >"。在用户模式下，不能修改交换机的配置，但允许用户使用部分监测命令，查看交换机的各种状态。要了解交换机有哪些可以执行的命令，在用户模式提示符输入帮助"?"即可罗列出来，如图 4-4-7 所示。

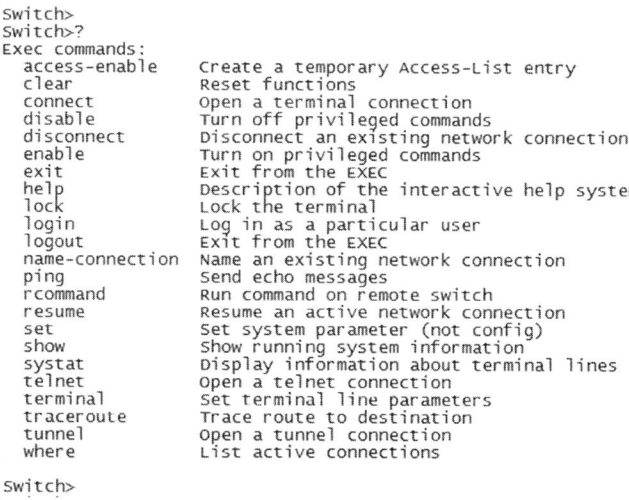

图 4-4-7　在用户模式下使用帮助"?"

② 特权 Privilege 模式。对交换机进行配置，必须从用户模式进入特权模式，只有经过特权用户认证的特权用户才能进入特权模式。在特权模式下，可以使用交换机的所有命令。初始配置时，在用户模式下通过执行 enable 命令，就可以进入特权模式，提示符为"Switch#"。

Switch > enable

```
Switch#
```

要从特权模式返回到用户模式，在特权模式输入 exit 命令。

```
Switch#exit
Switch >
```

③ 全局配置模式。在特权模式下输入 configure terminal 命令，就进入到全局配置模式，提示符为 "Switch（config)#"，在这个模式下，可以对交换机的全局参数进行设置，如交换机命名、用户模式进入特权模式的密码、路由设置、VLAN 设置、跨网默认网关设置等。

```
Switch#configure terminal
Switch(config)#
```

④ 其他模式。在全局配置模式下，可以进入其他模式，如接口（Interface）配置模式、线程（Line）配置模式和 VLAN 配置模式。

接口（Interface）配置模式的提示符为 "Switch(config-if)#"，这个模式仅对具体接口的参数进行配置。

线程（Line）配置模式的提示符为 "Switch(config-line)#"。配置从 Console 端口接入、从虚拟终端 VTY 远程接入交换机的用户认证密码等，都是在相应的接入线路上进行设置的。

VLAN 配置模式的提示符为 "Switch(config-vlan)#"，这个模式下可以对 VLAN 进行设置，但一般推荐使用 VLAN 的数据库模式配置 VLAN 的参数。

⑤ VLAN 数据库模式。在特权模式下输入 vlan database 命令，就进入了 VLAN 数据库模式，提示符为 "Switch(vlan)#"，在这个模式下可以创建 VLAN、删除 VLAN 及为 VLAN 命名等。

```
Switch#vlan database
Switch(vlan)#
```

⑥ 模式之间的切换。模式之间进行切换时，从下一级模式返回到上一级模式使用 exit 命令，在其他模式要直接返回到特权模式可以使用 end 命令。各模式之间的关系如图 4-4-8 所示。

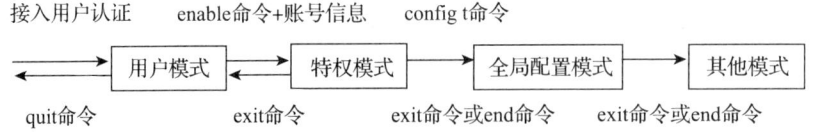

图 4-4-8　模式之间的关系

2）使用命令配置交换机。

① 配置主机名。

```
Switch > enable        //从用户模式进入特权模式
Switch#config  terminal      //进入全局配置模式
Switch(config)#hostname S1      //配置交换机的主机名为 S1
```

② 配置密码。

```
S1(config)#enable secret cisco      // 设置安全密码为 cisco
S1(config)#enable password aa      // 设置普通密码为 aa
S1(config)#line vty 0 4          // 设置虚拟终端个数为 5
S1(config - line)#password ss      // 设置密码为 ss
S1(config - line)#login              // 允许登录
```

③ 配置管理地址。

```
S1(config)#int vlan 1
S1(config-if)#ip address 192.168.1.1 255.255.255.0        //配置 IP 地址
S1(config-if)#no shutdown
S1(config)#ip default-gateway 192.168.1.254        //配置网关地址
```

以上在 VLAN1 接口上配置了管理地址，接在 VLAN1 上的计算机可以直接 telnet 该地址。

④ 接口基本配置。

```
S1(config)#int f0/1        //f0/1 是指交换机的 0 号模块上第 1 个快速以太网端口
S1(config-if)#duplex {full/half/auto}        //配置链路模式,只选一项
S1(config-if)#speed {10/100/1000/auto}        //设置端口速度,只选一项
S1(config-if)#end        //返回命令
```

⑤ 保存配置。

```
S1#copy running-config startup-config        //保存配置文件
```

或者

```
S1#write
```

最后按 < Enter > 键确认保存。

⑥ 查看配置信息。

```
S1#show running-config        //显示当前正在运行的配置
S1#show startup-config        //显示保存在 NVRAM 中的启动配置
```

⑦ 离开特权模式。

```
S1#exit        //返回用户模式
```

或者

```
S1#disable
```

⑧ 重新进入特权模式。

```
S1 >enable
Password:        //输入用户密码,密码输入时不显示,输入完毕按 < Enter > 键
S1#        //重新进入特权模式
```

⑨ 重新启动交换机。

```
S1#reload
```

4.5　交换机的工作原理

4.5.1　CSMA/CD 访问机制

以太网（Ethernet）是当今局域网最通用的通信协议标准，符合 IEEE 802.3 标准，为带冲突检测的载波侦听多路访问（CSMA/CD）机制，以广播方式发送消息。当它要向某节点发送数据时，不是直接把数据发送到目的节点，而是把数据包发送到与设备相连的所有节点。以太网的节点都可以看到在网络中发送的所有信息，因此，以太网是一种广播网络，如图4-5-1 所示。

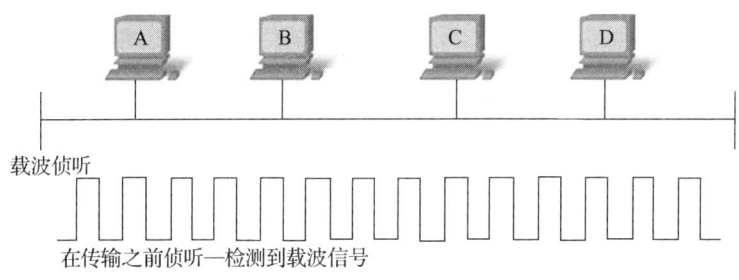

图 4-5-1　以太网载波侦听多路访问示意图

CSMA/CD 中的载波侦听是指网络各工作节点在发送数据前都要侦听总线上有没有数据传输。若有数据传输（总线忙）则等待，不发送数据；若没有数据传输（总线闲），立即发送准备好的数据。多路访问是指网络上所有节点收发数据共同使用同一条总线，且发送数据是广播式的。冲突是指网络中有两个或者两个以上的工作节点同时发送数据时，会在总线上产生信号的混合，工作节点无法识别真正的数据。有时候数据冲突也称为碰撞。为了减少冲突产生的影响，工作节点在发送数据过程需要不停地检测自己发送的数据有没有与其他节点的数据发送冲突，这就是冲突检测。

CSMA/CD 的工作原理可以概括为：先听后发，边听边发；一旦冲突，立即停发；等待时机，然后再发。这里的"听"、即侦听、检测；"发"，即发送数据。CSMA/CD 工作流程如图4-5-2 所示，可归纳为以下步骤：

1）如果媒体信道空闲，则可进行发送。

2）如果媒体信道有载波（忙），则延时随机一段时间对信道进行侦听；一旦发现空闲，便立即发送。

3）如果在发送过程中检测的碰撞，则停止自己的正常发送，转而发送一短暂的干扰信号，强化碰撞信号，使 LAN 上所有站都能知道出现了碰撞。

4）发送了干扰信号后，退避一随机时间，重新尝试发送。

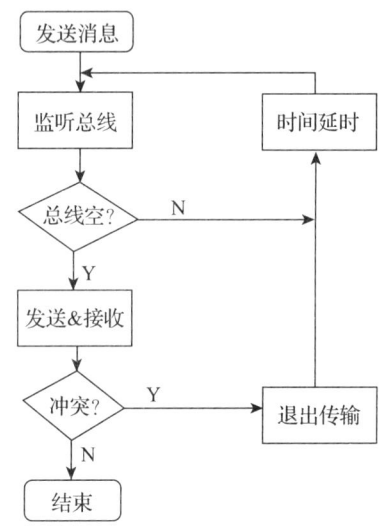

图 4-5-2　CSMA/CD 工作流程

4.5.2　MAC 地址

起初，以太网是作为总线拓扑的一部分而实现的，每台网络设备都连接到同一个共享介质。在流量小的网络或小型网络中，这是可以接受的部署，因为当时需要解决的主要问题如何标识每台设备。信号可以发送到每台设备，但每台设备如何标识自己就是报文的预定接收方呢？

为协助确定以太网中的源地址和目的地址，创建了称为介质访问控制（Media Access Control, MAC）地址的唯一标识符。

MAC 地址，或称为 MAC 位址、硬件地址，是用来定义网络设备的地址。MAC 地址为 6 个字节，即 48 位，一般以 16 进制表示，如 50-E5-49-30-E4-B6。全球的网卡生产厂商按照购买的 MAC 地址范围制造网卡，因此不会有两块相同 MAC 地址的网卡。这样，MAC 地址就可用做唯一标识设备的地址。MAC 地址中的 0～23 位是组织唯一标识符，是识别 LAN 节点的标志，24～47 位是厂家自己分配的，其中第 40 位是组播地址标志位。

MAC 地址通常称为烧录地址（BIA），因为它被烧录到网卡的 ROM（只读存储器）中。这意味着该地址会永久编码到 ROM 芯片中，软件无法更改。但是，当计算机启动时，网卡会将该地址复制到 RAM 中。在检查帧时，将使用 RAM 中的地址作为源地址与目的地址进行比对。网卡使用 MAC 地址来确定报文是否应该发送到上层进行处理。

因此，称 MAC 地址是固化在网卡内部用于唯一确定网卡身份的标志，是网卡在生产时被永久写入芯片的固定值。在 OSI 参考模型中，第三层网络层负责 IP 地址，第二层数据链路层负责 MAC 地址。

连接在交换机端口上的主机通过地址解析协议（ARP）相互查询对方网卡的 MAC 地址，以便进行相互间的数据帧的传输。

查看计算机的 MAC 地址的工具是 ipconfig /all 命令。在计算机系统中选择"开始"→"运行"命令，在"打开"文本框内输入"cmd"后按 < Enter > 键，如图 4-5-3 所示，打开命令提示符窗口，输入 ipconfig /all 命令，即可显示计算机的 MAC 地址，如图 4-5-4 所示。

图 4-5-3　"运行"对话框

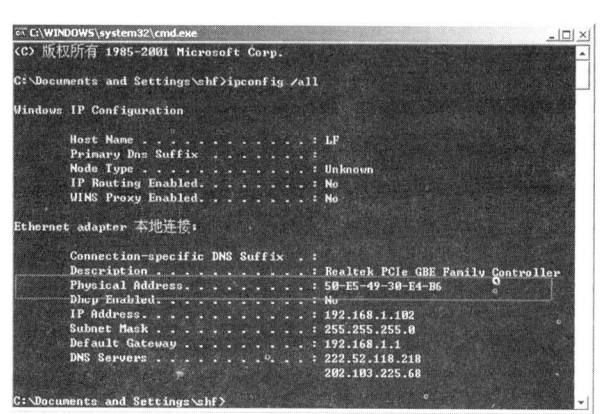

图 4-5-4　显示计算机的 MAC 地址

4.5.3　数据交换过程

交换机分析端口进行的数据帧，根据数据帧的目的地址，使用 MAC 地址表来确定如何在端口间转发流量。交换机根据数据帧的目的 MAC 地址，通过查询 MAC 地址表，决定将数据帧转发到哪个端口，然后在两个端口之间建立虚连接链路，提供一条传输通道，将帧直接转发到那个目的站点所在的端口，完成帧交换。交换机一般采用专用的 ASIC 芯片来处理数据帧，因此交换速度可以做到非常快。

图 4-5-5 所示为一个包含静态和动态 MAC 地址的示例 MAC 地址表，该表来自于 show mac-address-table 命令的输出。其中 Fa0/9 端口为静态 MAC 地址，Fa0/13 为动态 MAC 地址。

动态地址是交换机获得的源 MAC 地址，如果 MAC 地址表内的条目在一定时间段内没有使用，则交换机会删除该条目。这一时间段称为老化计时器；删除条目的操作称为"老化更新"。可以更改 MAC 地址的老化时间设置，默认时间为 300s。老化时间设置得过短可能造成地址过早从表中移除，其后果是当交换机收到目的地未知的数据包时，将把该数据包泛洪发送到与接收端口处于同一个 LAN（或 VLAN）中的所有端口。

```
Switch#show mac-address-table
              Mac Address Table
-------------------------------------------

Vlan    Mac Address       Type        Ports
----    -----------       ----        -----
All     0100.0ccc.cccc    STATIC      CPU
All     0100.0ccc.cccd    STATIC      CPU
All     0180.c200.0000    STATIC      CPU
All     0180.c200.0001    STATIC      CPU
All     0180.c200.0002    STATIC      CPU
All     0180.c200.0003    STATIC      CPU
All     0180.c200.0004    STATIC      CPU
All     0180.c200.0005    STATIC      CPU
All     0180.c200.0006    STATIC      CPU
All     0180.c200.0007    STATIC      CPU
All     0180.c200.0008    STATIC      CPU
All     0180.c200.0009    STATIC      CPU
All     0180.c200.000a    STATIC      CPU
All     0180.c200.000b    STATIC      CPU
All     0180.c200.000c    STATIC      CPU
All     0180.c200.000d    STATIC      CPU
All     0180.c200.000e    STATIC      CPU
All     0180.c200.000f    STATIC      CPU
All     0180.c200.0010    STATIC      CPU
All     ffff.ffff.ffff    STATIC      CPU
1       0023.247c.a920    STATIC      Fa0/9
1       0023.247c.a960    DYNAMIC     Fa0/13
Total Mac Addresses for this criterion: 22
Switch#
```

图 4-5-5　显示交换机 MAC 地址表信息

这种不必要的泛洪可能影响性能。而将老化时间设置得过长可能造成地址表填满无用地址，将妨碍交换机获得新地址，这同样可能造成泛洪。

交换机获得在每一个端口上收到的每个帧的源 MAC 地址，然后将源 MAC 地址及其关联的端口号添加到 MAC 地址表中，并通过这种方式提供动态寻址。当网络中增加或减少了计算机时，交换机将更新 MAC 地址表，添加新的条目，同时让那些当前未使用的地址老化。

网络管理员可以为某些端口专门分配静态 MAC 地址。静态地址不会老化，并且交换机总是知道应从哪个端口发出目的地为特定 MAC 地址的流量。因此，不需要重新获知或刷新 MAC 地址连接到哪个端口。实施静态 MAC 地址的原因之一是便于网络管理员完全控制对网络的访问，只有那些网络管理员知道的设备才能连接到网络。

4.6　交换机端口安全配置

未提供端口安全的交换机将让攻击者连接到系统上未使用的已启用端口，并执行信息收集或攻击。所以，在部署交换机之前，应保护所有交换机端口或接口。端口安全限制端口上所允许的有效 MAC 地址的数量。如果为安全端口分配了安全 MAC 地址，那么当数据包的源地址不是已定义地址组中的地址时，端口不会转发这些数据包。

如果将安全 MAC 地址的数量限制为一个，并为该端口只分配一个安全 MAC 地址，那么连接该端口的计算机将确保获得端口的全部带宽，并且只有地址为该特定安全 MAC 地址的计算机才能成功连接到该交换机端口。

如果端口已配置为安全端口，并且安全 MAC 地址的数量已达到最大值，那么当尝试访问该端口的工作站的 MAC 地址不同于任何已确定的安全 MAC 地址时，则会发生安全违规。根据出现违规时要采取的操作，可以将接口配置为保护、限制、关闭这 3 种违规模式之一。

常用的交换机端口安全配置命令有以下几个：

1）设置某端口的安全性。

```
Switch(config-if)#switchport port-security        //在端口配置模式下设置
```

2）给端口设置安全 MAC 地址。

```
Switch(config-if)#switchport port-security mac-address <MAC 地址 >
```

例如，要设置端口的安全 MAC 地址为 50-E5-49-30-E4-B6 命令如下：

```
Switch(config-if)#switchport port-security mac-address 50e5.4930.e4b6
```

3）设置端口允许通过的最多 MAC 地址的数量。

```
Switch(config-if)#switchport port-security maximum <允许的最多 MAC 地址数量 >
```

一个端口可以有 1～132 个安全 MAC 地址。如果手工设置的安全 MAC 地址数没有达到允许的最大 MAC 地址数，其他的安全 MAC 地址可以通过交换机动态学习到。

4）设置端口发生安全违规时的措施。

```
Switch(config-if)#switchport port-security violation {shutdown|restrict|protect}
```

如果交换机端口出现了违反端口安全性设置的情况，该命令可以设置端口采取措施处理进出的数据流量。

保护（protect）：当安全 MAC 地址的数量达到端口允许的限制时，带有未知源地址的数据包将被丢弃，直至网络管理员移除足够数量的安全 MAC 地址或增加允许的最大地址数。在此模式下，不会得到发生安全违规的通知。

限制（restrict）：当安全 MAC 地址的数量达到端口允许的限制时，带有未知源地址的数据包将被丢弃，直至网络管理员移除足够数量的安全 MAC 地址或增加允许的最大地址数。在此模式下，会得到发生安全违规的通知。具体而言就是，将有 SNMP 陷阱发出、syslog 消息记入日志以及违规计数器的计数增加。

关闭（shutdown）：在此模式下，端口安全违规将造成接口立即变为错误禁用（error-disabled）状态，并关闭端口 LED。该模式还会发送 SNMP 陷阱、将 syslog 消息记入日志以及增加违规计数器的计数。当安全端口处于错误禁用状态时，先输入 shutdown 再输入 no shutdown 接口配置命令可使其脱离此状态。此模式为默认模式。

5）显示交换机或指定接口的端口安全设置。为交换机配置端口安全之后，需要验证配置是否正确。需要检查每一个接口以确保端口安全都已设置正确，还必须确保配置的静态 MAC 地址也都正确。

```
Switch#show port-security [interface interface-id]
```

其输出将显示以下内容：

① 每个接口允许的安全 MAC 地址的最大数量。

② 接口上现有的安全 MAC 地址的数量。

③ 已经发生的安全违规的次数。

④ 违规模式。

6）验证安全 MAC 地址。

```
Switch(config-if)#show port-security [interface interface-id] address
```

显示所有交换机接口或某个指定接口上配置的所有安全 MAC 地址，并附带每个地址的老化信息。

案例情境： 如图 4-6-1 所示，一般企业和网络用户都希望采用多台交换机互连的方式实现多个主机的共享上网。但是对于网络管理员来说，无法识别非法用户的接入。

解决方案： 进行静态端口的设置，只允许特定的端口访问敏感主机。

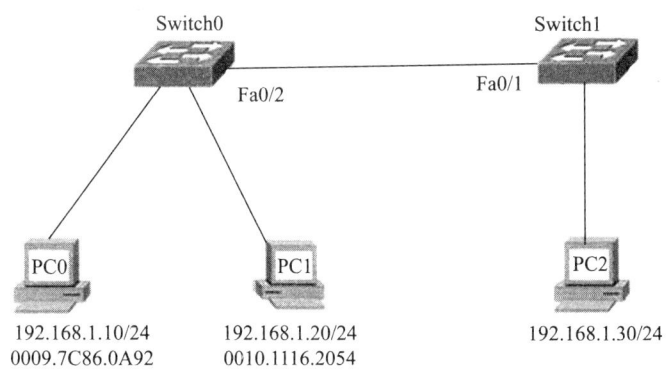

图 4-6-1　网络拓扑结构图

规划局域网中的计算机配置 192.168.1.0/24 网段的 IP 地址。图 4-6-1 标出了每台计算机的具体 IP 地址，两台交换机的名称分别为 Switch0 和 Switch1。设计交换机 Switch1 的 Fa0/1 端口只允许 PC1 的访问。

具体步骤：

1）配置计算机的 IP 地址。由于所有计算机都工作在同一网段，因此可以不配置网关地址。

2）查看交换机的 MAC 地址表。

```
Switch1#show mac-address-table
```

```
              Mac Address Table
-------------------------------------------------
  Vlan    Mac Address        Type        Ports
  ----    -----------        --------    -----

    1     0040.0bd9.5701     DYNAMIC     Fa0/1
```

这时，交换机的 MAC 地址表只有一个交换机 Switch0 的 Fa0/2 端口的动态 MAC 地址。

3）验证网络的连通性。在 PC 上使用 CMD 命令执行 ping 操作，验证 PC2 可以 ping 通 PC0 和 PC1，然后再查看交换机 Switch1 当前的 MAC 地址表。

```
Switch1#show mac-address-table
```

```
              Mac Address Table
-------------------------------------------------
  Vlan    Mac Address        Type        Ports
  ----    -----------        --------    -----

    1     0001.c7a6.4254     DYNAMIC     Fa0/6
    1     0009.7c86.0a92     DYNAMIC     Fa0/1
    1     0010.1116.2054     DYNAMIC     Fa0/1
    1     0040.0bd9.5701     DYNAMIC     Fa0/1
```

显然，交换机 Switch1 当前的 MAC 地址表中已经动态学习到了所有计算机的 MAC 地址。

4）在交换机 Switch1 上配置 Fa0/1 的端口安全功能。

```
Switch1>enable
Switch1#config t
Switch1(config)#int fa0/1
Switch1(config-if)#shutdown
Switch1(config-if)#switchport mode access
Switch1(config-if)#switchport port-security
Switch1(config-if)#switchport port-security maximum 1
Switch1(config-if)#switchport port-security violation protect
Switch1(config-if)#switchport port-security mac-address 0010.1116.2054
Switch1(config-if)#no shutdown
```

5）在配置完交换机端口安全后，这时让 PC2 执行 ping 命令，就发现 PC2 只能与 PC1 通信，而不能与 PC0 通信了。再查看交换机 Switch1 当前的 MAC 地址表有什么变化。

```
Switch1#show mac-address-table
```

```
              Mac Address Table
-------------------------------------------------
  Vlan    Mac Address        Type        Ports
  ----    -----------        --------    -----

    1     0001.c7a6.4254     DYNAMIC     Fa0/6
    1     0010.1116.2054     STATIC      Fa0/1
```

交换机 Switch1 当前的 MAC 地址表中只有 PC1 和 PC2，并且交换机的 Fa0/1 端口的 MAC 地址记录变成静态，其意味就是这个端口只允许通过指定的 MAC 地址设备的数据包。这时，交换机 Switch1 其他端口的 MAC 地址记录都是动态学习状态，因此，没有受到任何限制。

6）显示交换机 Switch1 指定端口的端口安全性设置。

```
Switch1#show port-security int fa0/1
Port Security                 :Enabled
Port Status                   :Secure-up          //是否启用了端口安全
Violation Mode                :Protect            //违反安全规定的措施
Aging Time                    :0 mins
Aging Type                    :Absolute
SecureStatic Address Aging    :Disabled
Maximum MAC Addresses         :1                   //本端口允许的安全 MAC 地址的最大数量
Total MAC Addresses           :1                   //本端口上现有的安全 MAC 地址的数量
Configured MAC Addresses      :1
Sticky MAC Addresses          :0
Last Source Address:Vlan      :0040.0DB9.5701:1
Security Violation Count      :0                   //本端口已经发生的安全违规的数量
```

4.7 实训：交换机端口安全配置

1. 实训目的

1）熟悉控制线的连接方法。

2）会用带 RJ-45 接头的网线将计算机连接到交换机上。

3）掌握各种模式的转换方法。

4）熟悉命令的简写（用 < Tab > 键补全）。

5）了解每种模式下有哪些命令。

6）掌握交换机端口安全配置的应用。

2. 实训内容

如图 4-7-1 所示，用一根交叉网线将交换机 Switch0 和交换机 Switch1 的 Fa0/1 端口相连接起来，用直通网线将 PC0、PC1、PC2 分别连接到 Switch0 的 Fa0/2、Fa0/9、Fa0/16 端口，用直通网线将 PC3 连接到 Switch1 的 Fa0/4 端口。使用反转电缆和一个 RJ-45 转 DB-9 适配器将 PC0 的 COM1 口连接到 Switch0 的 Console 口，再使用反转电缆和一个 RJ-45 转 DB-9 适配器将 PC3 的 COM1 口连接到 Switch1 的 Console 口。根据表 4-7-1 配置计算机 IP 信息。

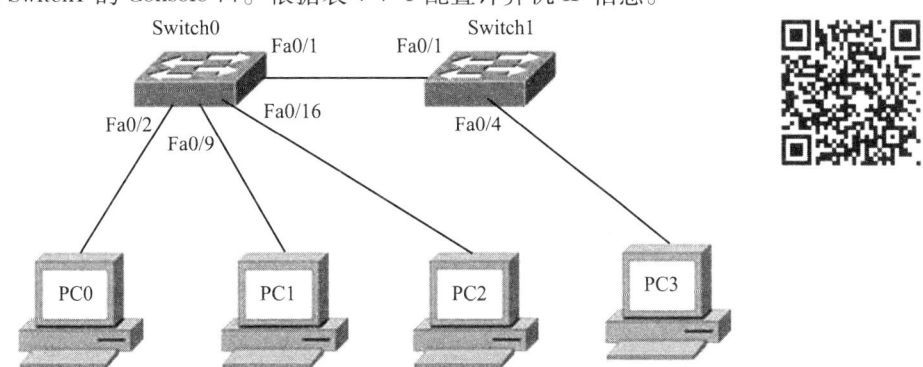

图 4-7-1 网络拓扑图

表 4-7-1　计算机的连接信息

设备	连接端口	IP 地址
PC0	S1：Fa0/2	192. 168. 1. 10/24
PC1	S1：Fa0/9	192. 168. 1. 20/24
PC2	S1：Fa0/16	192. 168. 1. 30/24
PC3	S2：Fa0/4	192. 168. 1. 40/24

3. 实训步骤

1）在计算机 PC0 通过超级终端模式进入交换机的进行配置，将交换机 Switch0 改名为 S1，注意交换机不同模式之间的切换。用相同的方法通过 PC3 将 Switch1 改名为 S2。

2）设计交换机 S2 的端口安全，使得 Fa0/1 端口只允许 Pc0、PC1 通过（禁止其他用户数据包通过）。请思考端口发生安全违规时的措施应选择哪项？

3）检查并验证。

第5章　VLAN技术

传统意义的局域网一般以终端物理位置的覆盖范围来进行划分的,全网属于一个广播域(目标MAC地址全部为1的帧(广播帧)所能传递到的范围,即能够直接通信的范围),极易引起广播碰撞和广播风暴等问题,造成网络带宽资源的浪费。同时,网络所有用户都可以监听到服务器以及其他设备端口发出的数据包,当网络内用户受到蠕虫病毒发起的泛洪广播攻击,将会很快占用网络的带宽,导致网络阻塞和瘫痪。

通常情况下,使用二层交换机的局域网只能构建单一的广播域。为了限制广播流量,提高网络的安全性,便于网络建设与管理,通常会在某个局域网中划分多个虚拟局域网(Virtual Local Area Network,VLAN),根据需求将相关的计算机划分到一个虚拟局域网中,每个虚拟局域网具备一个独立的局域网的性质。

5.1　VLAN简介

VLAN是在一个物理网络上划分出来的逻辑网络,不受网络用户的物理位置限制而根据用户需求进行网络分段。VLAN把一个局域网从逻辑上划分成互相独立的局域网,能够为局域网解决冲突域、广播域、带宽问题。划分后的VLAN具有局域网的所有特征,一个VLAN内的广播和单播流量不会转发到其他VLAN中,从而可以控制网络的广播流量、提高网络的安全性。

首先,在一台未设置任何VLAN的二层交换机上,任何广播帧都会被转发给除接收端口外的所有其他端口。例如,在图5-1-1所示网络中,计算机A发送广播信息后,会被转发给端口2~4。

这时,如果在交换机上生成两个VLAN:VLAN10和VLAN20,同时设置端口1、2属于VLAN10,端口3、4属于VLAN20。再从A发出广播帧的话,交换机就只会把它转发给同属于一个VLAN的其他端口——也就是同属于VLAN10的端口2,不会再转发给属于VLAN20的端口。同样,C发送广播信息时,只会被转发给其他属于VLAN20的端口,不会被转发给属于VLAN10的端口,如图5-1-2所示。

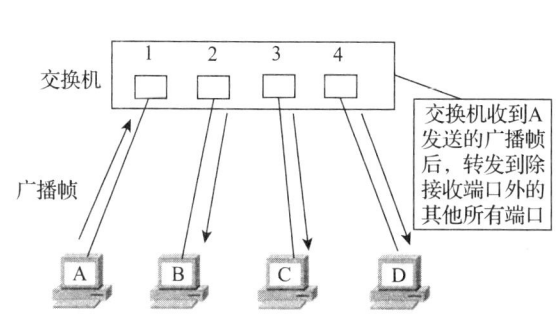

图5-1-1　以太网广播发送数据帧

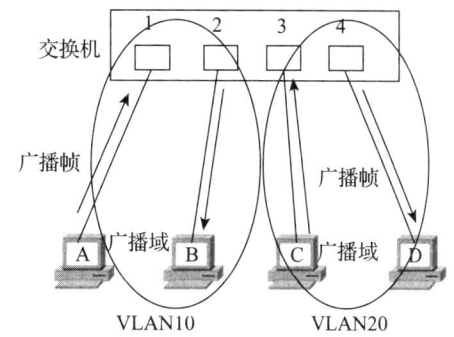

图5-1-2　不同广播帧只在限定的广播域中发送

就这样,VLAN通过限制广播帧转发的范围分割了广播域。如果想要更为直观地描述VLAN,可以把它理解为将一台交换机在逻辑上分割成了数台交换机。在一台交换机上生成两个

VLAN，也可以看作是将一台交换机换做两台虚拟的交换机，如图 5-1-3 所示。

在两个 VLAN 之外生成新的 VLAN 时，可以想象成又添加了新的交换机。但是，VLAN 生成的逻辑上的交换机是互不相通的。因此，在交换机上设置 VLAN 后，如果未做其他处理，VLAN 间是无法通信的。

随着 VLAN 技术的应用，网络管理员可以根据实际应用需求，基于某一条件，把同一物理局域网内的不同用户逻辑地划分到不同的广播域。由于它是从逻辑上划分，所以同一 VLAN 内的各个终端可以位于不同物理范围，而同一物理范围的终端也可以划分到不同 VLAN 中。VLAN 的技术标准是 IEEE 802.1q 协议，最多支持 250 个 VLAN。

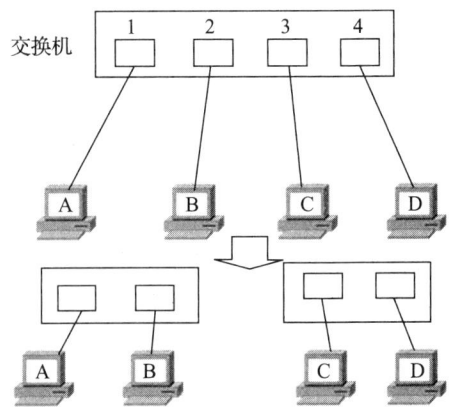

图 5-1-3　应用 VLAN 逻辑分割交换机

5.1.1　VLAN 的优越性

用户效率和网络适应性是企业发展与成功的关键要素。采用 VLAN 技术能让网络以更加灵活的方式对业务目标予以支持。使用 VLAN 主要有以下几个优点：

1）安全。含有敏感数据的用户组可与网络的其余部分隔离，从而降低泄露机密信息的可能性，可有效防止外界的访问。

2）成本降低。成本高昂的网络升级需求减少，现有带宽和上行链路的利用率更高，因此可节约成本。

3）性能提高。将第二层平面网络划分为多个逻辑工作组（广播域）可以减少网络上不必要的流量并提高性能。

4）广播风暴防范。将网络划分为多个 VLAN 可减少参与广播风暴的设备数量。在第 4 章讨论过，LAN 划分可以防止广播风暴波及整个网络。

5）便于网络管理。VLAN 为管理网络带来了方便，因为有相似网络需求的用户将共享同一个 VLAN。当网络管理员为特定 VLAN 设置新的交换机时，之前为该 VLAN 配置的所有策略和规程均会在指定新交换机端口后应用到端口上。另外，通过为 VLAN 设置一个适当的名称，很容易就知道该 VLAN 的功能。

6）简化项目管理或应用管理。VLAN 将用户和网络设备聚合到一起，以支持商业需求或地域上的需求。通过职能划分，项目管理或特殊应用的处理都变得十分方便，例如可以轻松管理教师的电子教学开发平台。此外，也很容易确定升级网络服务的影响范围。

5.1.2　VLAN ID 的范围

VLAN 对广播域的划分是通过交换机软件完成的，它通过对用户分类来规划自己的用户群，如按部门、管理权限等来进行 VLAN 的划分。划分 VLAN 时能够超越物理位置的界限，实现真正意义上的逻辑分组。在划分 VLAN 的交换机上，每个交换机的端口都被赋予一个 VLAN ID，只有相同 VLAN ID 的用户才同属于一个独立的广播域。数据广播被限制在各种的 VLAN 中，因此 VLAN 能够最大限度地控制广播的影响范围，降低共享介质所造成的安全隐患。

VLAN ID 的范围包括标准 VLAN 和扩展 VLAN。

（1）标准的 VLAN ID

标准的 VLAN ID 用于中小型商业网络和企业网络。VLAN ID 范围为 1 ~ 1005。1002 ~ 1005 的 ID 保留供令牌环 VLAN 和 FDDI VLAN 使用。ID 1 和 ID 1002 ~ 1005 是自动创建的，不能删

除。随着本章内容的展开，将更深入地介绍 VLAN 1。

配置存储在名为 vlan. dat 的 VLAN 数据库文件中，vlan. dat 文件则位于交换机的闪存中。

用于管理交换机之间 VLAN 配置的 VLAN 中继协议（VTP）只能识别普通范围的 VLAN，并将它们存储到 VLAN 数据库文件中。

（2）扩展的 VLAN ID

扩展的 VLAN ID 可让服务提供商扩展自己的基础架构以适应更多的客户。某些跨国企业的规模很大，从而需要使用扩展范围的 VLAN ID。

扩展 VLAN ID 范围为 1006 ~ 4094。支持的 VLAN 功能比标准的 VLAN 更少。扩展的 VLAN ID 保存在运行配置文件中。如果运用 VTP 则无法识别扩展的 VLAN。

一台 Cisco Catalyst 2960 交换机可支持最多 255 个普通范围与扩展范围的 VLAN，但是配置的 VLAN 数量的多少会影响交换机硬件的性能。由于企业网络可能需要含有大量端口的交换机，因此 Cisco 开发了企业级的交换机，这种交换机可以级联或堆叠在一起，建立起由 9 台独立交换机组成的交换单元。每台独立的交换机可以有 48 个端口，因此这样的交换单元总共有 432 个端口。在这种情况下，每台交换机限制为 255 个 VLAN 可能使某些企业客户受到约束。

5.1.3　常见 VLAN 术语

（1）数据 VLAN

数据 VLAN 只传送用户产生的流量。VLAN 也可以传送语音流量或用于传送管理交换机的流量，但这种流量可以从数据 VLAN 隔离开。一般会将语音流量和管理流量与数据流量分开。为了强调用户数据与交换机管理控制数据和语音流量分隔开这一点，使用了一个特别的术语——数据 VLAN 来标识这种只传送用户数据的 VLAN。数据 VLAN 有时也称为用户 VLAN。

（2）默认 VLAN

在交换机初始启动之后，交换机的所有端口即加入到默认 VLAN 中。让所有这些交换机端口参与默认 VLAN 会使这些端口全部位于同一个广播域中。这样一来，连接到交换机任何端口的任何设备都能与连接到其他端口的其他设备通信。Cisco 交换机的默认 VLAN 是 VLAN1。VLAN1 具有 VLAN 的所有功能，但是不能对它进行重命名，也不能删除。默认情况下，第二层的控制流量（如 CDP 流量和生成树协议流量）与 VLAN1 相关。

注意：有些网络管理员使用术语"默认 VLAN"表示除 VLAN1 以外的另一个 VLAN，这个 VLAN 由网络管理员自己定义，所有未使用的端口都一律分配到这一 VLAN。如果是这种情况，VLAN1 的唯一作用则是处理网络第二层的控制流量。

（3）本征 VLAN

本征 VLAN 分配给 802. 1q 中继端口。802. 1q 中继端口支持来自多个 VLAN 的流量（有标记流量），也支持来自 VLAN 以外的流量（无标记流量）。802. 1q 中继端口会将无标记流量发送到本征 VLAN。如果交换机端口配置了本征 VLAN，则连接到该端口的计算机将产生无标记流量。本征 VLAN 在 IEEE 802. 1q 规范中说明，其作用是维护无标记流量的向下兼容性，这种流量在传统 LAN 方案中十分常见。本征 VLAN 的目的是充当中继链路两端的公共标识。最佳做法是使用 VLAN1 以外的 VLAN 作为本征 VLAN。

（4）管理 VLAN

管理 VLAN 是配置用于访问交换机管理功能的 VLAN。如果没有主动定义一个唯一的 VLAN 作为管理 VLAN，则 VLAN1 会默认充当管理 VLAN。需要为管理 VLAN 分配 IP 地址和子网掩码。交换机可通过 HTTP、Telnet、SSH 或 SNMP 进行管理。Cisco 交换机的出厂配置是将 VLAN1 作为默认管理 VLAN。

5.1.4 VLAN 的划分

VLAN 的划分技术包括静态 VLAN 和动态 VLAN。静态 VLAN 就是明确地指定交换机的端口分别属于哪个 VLAN，动态 VLAN 就是根据交换机端口所连接的用户的情况来决定属于哪个 VLAN。

（1）静态 VLAN

基于端口划分的 VLAN 属于静态 VLAN，这是一种最简单的 VLAN 创建方法，既可以把同一交换机的不同物理端口划分为一个虚拟局域网，也可以把不同交换机的物理端口划分为同一虚拟局域网。基于端口的划分方法是最常用的一种 VLAN 划分方法，目前绝大多数交换机都提供这种 VLAN 划分方式。一台没有划分 VLAN 的交换机，所有的端口都属于默认 VLAN。基于端口划分 VLAN 时，每个端口只能属于一个 VLAN，如图 5-1-4 所示。

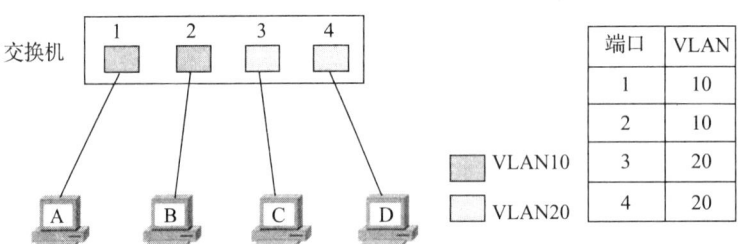

图 5-1-4 基于端口划分 VLAN

由于基于端口的 VLAN 划分需要一个个端口地指定，因此当网络中的用户终端数目超过一定数字（比如数百台）后，设定操作就会变得繁杂无比。并且，用户每次变更所连端口，都必须同时更改该端口所属 VLAN 的设定——这显然不适合那些需要频繁改变拓扑结构的网络。如果只是对于几台交换机的小型局域网配置，静态 VLAN 划分仍然较为方便。

（2）动态 VLAN

基于 MAC 地址划分的 VLAN 属于动态 VLAN，是根据 MAC 地址分成若干个虚拟局域网。它实行的机制就是每一块网卡都对应唯一的 MAC 地址，VLAN 交换机跟踪属于某个 VLAN 的 MAC 地址。这种方式划分的 VLAN 允许网络用户从一个物理位置移动到另一物理位置时，自动保留其所属的 VLAN 的身份。

这种划分方式的最大优点在于当用户物理位置移动时，即从一台交换机换到另外一台交换机时，不需要重新配置 VLAN，它是基于用户，而不是基于交换机端口的。缺点在于初始规划 VLAN 时，必须添加所有用户的 MAC 地址，当网络用户较多时工作量很大。而且如果计算机交换了网卡，还是需要更改设定。因此这种划分方式通常适用于小型局域网，如图 5-1-5 所示。

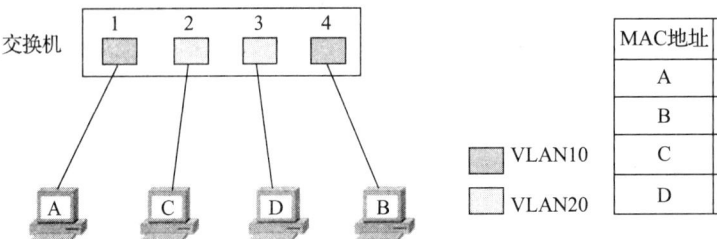

图 5-1-5 基于 MAC 地址划分 VLAN

（3）基于协议划分

基于网络层协议划分的 VLAN 也属于动态 VLAN，可划分为 IP、IPX、DECnet、AppleTalk 和 Banyan 等 VLAN 网络。这对于针对具体应用和服务来管理用户非常方便，而且，用户可以在网络内部自由移动而不改变其 VLAN 身份。

如根据计算机的 IP 地址来决定端口所属的 VLAN，也称基于子网的 VLAN。不像基于 MAC 地址的 VLAN，即使计算机因为交换了网卡或是其他原因导致 MAC 地址改变，只要它的 IP 地址不变，就仍可以加入原先设定的 VLAN。

因此，与基于 MAC 地址的 VLAN 相比，能够更为简便地改变网络结构。IP 地址是 OSI 参考模型中第三层的地址，所以可以理解为基于子网的 VLAN 是一种在 OSI 的第三层设置访问链接的方法。一般路由器与三层交换机都使用基于子网的方法划分 VLAN，如图 5-1-6 所示。

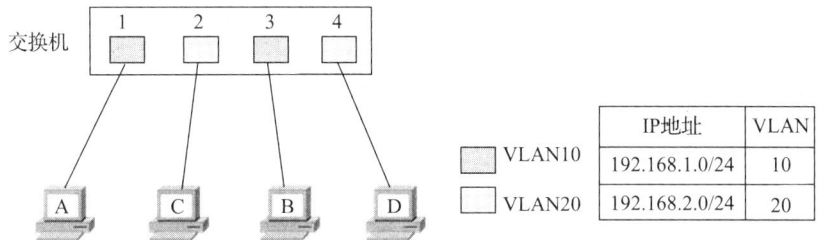

图 5-1-6　基于 IP 地址划分 VLAN

另外还有基于用户的 VLAN，是根据交换机各端口所连的计算机上登录的用户，来决定该端口属于哪个 VLAN。这里的用户识别信息，一般是计算机操作系统登录的用户，比如可以是 Windows 域中使用的用户名。这些用户名信息，属于 OSI 参考模型第四层以上的信息。一般来说，决定端口所属 VLAN 时利用的信息在 OSI 中的层面越高，就越适用于构建灵活多变的网络。

目前来说，对于 VLAN 的划分，基于端口的 VLAN 和基于子网的 VLAN 应用较为广泛，而基于 MAC 地址和基于用户的 VLAN 一般作为辅助性配置使用。

5.2　Trunk 和 VTP

由于 VLAN 的设置通常按逻辑功能而非物理位置进行，同一 VLAN 上的计算机有可能连接在一台交换机上，也可能连接到多台交换机上。通常，配置了单个 VLAN 的交换机端口称为接入端口，而负责传输多个 VLAN 信息的端口称为中继端口。那么，怎样才能使得同一 VLAN 内的计算机完成正确地识别并进行 VLAN 的内部通信？在这里，通过 VLAN 中继来解决。

5.2.1　VLAN 中继

VLAN 中继（Trunk Link）是两台网络设备之间的点对点链路，负责在单条链路上传输多个 VLAN 的流量。VLAN 中继不属于某个具体的 VLAN，而是作为交换机之间传输 VLAN 信息的管道。

Trunk 是端口汇聚的意思（也称为端口捆绑、端口聚集或链路聚集），就是通过配置软件的设置，将两个或多个物理端口组合在一起成为一条逻辑的路径从而增加在交换机和网络节点之间的带宽，将属于这几个端口的带宽合并，给端口提供一个几倍于独立端口的独享的高带宽。Trunk 是一种封装技术，它是一条点到点的链路，链路的两端可以都是交换机，也可以是交换机和路由器，还可以是主机和交换机或路由器。

Trunk 是在交换机和网络设备之间比较经济的增加带宽的方法，如服务器、路由器、工作站或其他交换机。这种增加带宽的方法在当单一交换机和节点之间连接不能满足负荷时是比较有效的。

目前，常用的支持 VLAN 中继的网络技术有两种：一种是 Cisco 自有标准 ISL（Inter-Switch Link），其主要适用于快速以太网和千兆以太网的连接，应用于交换机端口、路由器端口以及服务器接口类设备的配置；另一种是 IEEE 802.1q 协议，该标准是由 IEEE 制定的通用连接标准，它在每个数据帧中的特定字段设置一个标识，从而进行 VLAN 的识别。IEEE 802.1q 属于通用型标准，因而被许多厂商广泛采纳，国产交换机多采用此标准。

当 Cisco 交换机与其他厂商交换机相连时，不能采用 ISL 标准，只能使用 IEEE 802.1q 标准。

IEEE 802.1q 中继端口同时支持有标记流量和无标记流量。802.1q 中继端口分配有默认的 PVID，所有的无标记流量都在端口默认 PVID 上传输。所有无标记流量以及 VLAN ID 为空的有标记流量都被视为属于端口默认 PVID。如果数据包的 VLAN ID 等于传出端口的默认 PVID，则该数据包将作为无标记流量发送。所有其他的流量则会附加 VLAN 标记后发送。

在 ISL 中继端口上，所有收到的数据包都应该封装有 ISL 帧头，并且所有发送的数据包也都有 ISL 帧头。从 ISL 中继端口收到的本征帧（无标记帧）会被丢弃。ISL 是不再建议使用的一种中继端口模式，许多 Cisco 交换机也不再支持该模式。

5.2.2　VLAN 中继协议

当网络为大型网络时，VLAN 管理的难度变得更大。如果能有一种方法可以使交换机自行获知 VLAN 和中继，将会极大地降低网络管理员手工配置的麻烦。Cisco 开发了一种主要用于管理在同一个域的网络范围内 VLAN 的创建、删除和同步等工作的技术，即 VLAN 中继协议（VLAN Trunk Protocol，VTP），也称为 VLAN 干道协议。

VTP 用来管理和配置整个 VLAN 交换网络。它允许网络管理员配置交换机，VTP 服务器会向整个交换网络中启用 VTP 的交换机分发和同步 VLAN 信息，从而最大限度减少由错误配置和配置不一致而导致的问题。交换机可以配置为 VTP 服务器或 VTP 客户端。VTP 仅获知标准 VLAN（VLAN ID 为 1～1005）。VTP 不支持此范围以外的扩展 VLAN（即 ID 大于 1005 的 VLAN）。每个 VTP 域可以管理多个 VLAN，域中所有交换机通过 VTP 通告共享 VLAN 配置的详细信息。VTP 具有以下两个优点：

1）保持 VLAN 配置的一致性（VTP 负责在 VTP 域内同步 VLAN 信息）。

2）提供从一个交换机在整个管理域中增加虚拟局域网的方法。

要使用 VTP 就必须为每台交换机指定 VTP 域名，要求如下：

1）域内每台交换机都必须使用相同的 VTP 域名。

2）Catalyst 交换机必须是相邻的。

3）必须启用了中继。

VTP 有 3 种模式：服务器（Server）模式、客户端（Client）模式和透明（Transparent）模式。交换机可以工作在任意一种模式下，但同一时间只能处于其中一种模式。

VTP 服务器：向相同 VTP 域中其他启用 VTP 的交换机通告 VTP 域的 VLAN 信息。VTP 服务器将整个域的 VLAN 信息存储在 NVRAM 中。域的 VLAN 即是在此服务器上创建、删除或重命名。Cisco 交换机在默认状态下设置为 VTP 服务器模式。

VTP 客户端：与 VTP 服务器的工作方式相同，但不可以在 VTP 客户端上创建、更改或删除 VLAN。VTP 客户端仅在交换机工作时储存整个域的 VLAN 信息。重置交换机会删除这些 VLAN 信息。必须经过配置，交换机才能处于 VTP 客户端模式。

VTP 透明：将 VTP 通告转发到 VTP 客户端和 VTP 服务器。透明交换机不参与 VTP。在透明交换机上创建、重命名或删除的 VLAN 仅对该交换机有效。

使用 VTP 时，加入 VTP 域的每台交换机在其中继端口上通告相关信息：管理域的名称、版本号（V1 或 V2）、配置修改编号（0 ~ 4294967295）、MD5 摘要、更新者身份等。

5.3　VLAN 配置命令

5.3.1　基于端口划分 VLAN

目前的交换机基本上都支持 VLAN 划分，但不同系列的交换机所支持的 VLAN 的数目有所不同。新交换机默认情况下有 VLAN1、VLAN1002、VLAN1003、VLAN1004 和 VLAN1005 这 5 个 VLAN，所有的交换机端口默认情况下都属于 VLAN1，VLAN1 同时也称为本征 VLAN（Native VLAN），生成树协议（STP）的桥接协议数据单元（BPDU）、VLAN ID 的信息等都通过 Native VLAN 传输。默认 VLAN 不能被删除。查看 VLAN 的信息可以通过 show vlan 命令。

基于端口划分 VLAN 是最常应用的 VLAN 划分方法，分为两步：创建 VLAN；将交换机端口加入到 VLAN 中。

（1）创建 VLAN

创建 VLAN 可以在全局配置模式下创建，也可以在 VLAN 数据库模式下创建。一般建议使用全局模式。

1）在全局模式下创建和删除 VLAN。

```
Switch#configure terminal                //从特权执行模式切换到全局配置模式。
Switch(config)#vlan vlan-id     //创建 VLAN。vlan-id 是要创建的 VLAN 的编号。
Switch(config-vlan)#name vlan-name //(可选)指定唯一的 VLAN 名称来标识 VLAN。如果没有
输入名称,则默认为在"VLAN"后面添加几个零,再加上 VLAN 号,例如 VLAN0020
Switch(config-vlan)#end //返回特权执行模式
```

在配置标准 VLAN 时，配置细节会自动存储在交换机闪存内一个名为 vlan. dat 的文件中。可以使用 show vlan brief 命令来显示 vlan. dat 文件的内容。

```
Switch#show vlan brief                //在特权执行模式下查看 VLAN 的配置信息
```

如果创建的 VLAN 不再使用，可以在全局配置模式下删除。

```
Switch(config)#no vlan vlan-id      //在全局配置模式下删除编号为 vlan-id 的 VLAN
```

案例情境：某公司建立了一小型局域网，包含财务部、销售部和办公室 3 个部门，公司领导要求各部门内部主机有一些业务可以相互访问，但部门之间为了安全完全禁止互访。

解决方案：先将交换机划分 3 个 VLAN，使财务部、销售部和办公室各个部门的主机在相同的 VLAN 中，部门之间在不同的 VLAN 内。这样在同一个 VLAN 内的主机能够相互访问，不同 VLAN 之间的主机不能相互访问，达到公司要求。3 个部门 VLAN 划分如下：

① 财务部在 VLAN10 中，VLAN10 包括交换机的 Fa0/1 ~ Fa0/8 端口。

② 销售部在 VLAN20 中，VLAN20 包括交换机的 Fa0/9 ~ Fa0/18 端口。

③ 办公室在 VLAN30 中，VLAN30 包括交换机的 Fa0/19 ~ Fa0/24 端口。

```
Switch#configure terminal
Switch(config )#vlan 10
Switch(config-vlan)#name account
Switch(config-vlan)#exit
Switch(config)#vlan 20
Switch(config-vlan)#name sales
```

```
Switch(config-vlan)#exit
Switch(config)#vlan 30
Switch(config-vlan)#name offices
Switch(config-vlan)#exit
Switch(config)#exit
Switch#
```

2）在 VLAN 数据库模式下创建和删除 VLAN。在 VLAN 数据库模式下可以创建和删除 VLAN，并可以在创建 VLAN 的同时给 VLAN 命名。命令语法如下：

```
Switch#vlan database                    //进入 VLAN 数据库模式
Switch(vlan)#vlan vlan-id name vlan-name    //创建 VLAN 并命名，其中 vlan-id 为创建的
VLAN 的编号，vlan-name 为创建的 VLAN 的定义命名
Switch(vlan)#no vlan vlan-id            //删除编号为 vlan-id 的 VLAN
```

VLAN 数据库模式配置如图 5-3-1 所示。

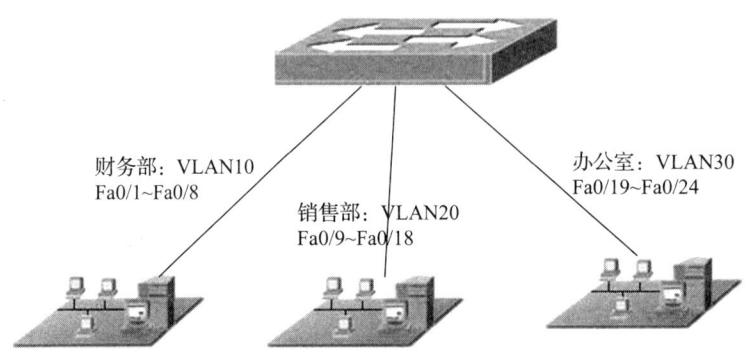

图 5-3-1　基于端口的 VLAN 划分

```
Switch#vlan database
Switch(vlan)#vlan 10 name account
Switch(vlan)#vlan 20 name sales
Switch(vlan)#vlan 30 name offices
Switch(vlan)#
```

可以多创建一个 VLAN40 然后删除。

```
Switch(vlan)#vlan 40 name overflow   //创建一个命名为 overflow 的 VLAN40
Switch(vlan)#no vlan 40               //删除 VLAN40
```

此时用 show vlan 的相关命令可以查看 VLAN 的配置情况。

```
Switch#show vlan     //显示所有 VLAN 的编号以及名称的详细表
Switch#show vlan B        //显示摘要列表
Switch#show vlan id vlan-id    //根据 ID 号显示具体的 VLAN 信息
Switch#show vlan name vlan-name        //根据名称显示具体的 VLAN 信息
Switch#show vlan
VLAN Name                        Status   Ports
- - - - - - - - - - - - - - - - - - - - - - - - - - - - - - - - - - - - -
1    default                     active   Fa0/1, Fa0/2, Fa0/3, Fa0/4
                                          Fa0/5, Fa0/6, Fa0/7, Fa0/8
                                          Fa0/9, Fa0/10, Fa0/11, Fa0/12
```

```
                                    Fa0/13，Fa0/14，Fa0/15，Fa0/16
                                    Fa0/17，Fa0/18，Fa0/19，Fa0/20
                                    Fa0/21，Fa0/22，Fa0/23，Fa0/24
                                    Gig1/1，Gig1/2
10    account                       active
20    sales                         active
30    offices                       active
1002 fddi-default                   active
1003 token-ring-default             active
1004 fddinet-default                active
1005 trnet-default                  active
Switch#
```

注意：交换机不推荐在特权模式下进入 VLAN 数据库模式创建和删除 VLAN，推荐在全局配置模式下进行配置。

（2）将交换机端口加入到 VLAN 中

基于端口划分 VLAN 就是将交换机的端口分配到不同的 VLAN。默认情况下，所有的端口都属于 VLAN 1。

```
Switch#configure terminal     //从特权模式进入全局配置模式
Switch(config )#interface interface-type          //从全局配置模式进入端口配置模式
Switch(config-if)#switchport mode access          //将端口设置为接入模式
Switch(config-if)#switchport access vlan vlan-id    //将端口添加到指定 vlan-id 的
VLAN 中
Switch(config-if)#
```

在本案例中，将交换机端口添加到 VLAN 的配置如下：

```
Switch#configure terminal     //从特权模式进入全局配置模式
Switch(config)#interface fa0/1          //从全局配置模式进入端口 Fa0/1 的配置模式
Switch(config-if)#switchport mode access      //将端口 Fa0/1 设置为接入模式
Switch(config-if)#switchport access vlan 10      //将端口 Fa0/1 添加到 VLAN10
Switch(config-if)#exit                //从端口配置模式返回全局配置模式
Switch(config)#interface range fa0/2-8          //从全局配置模式进入端口 Fa0/2 ~ Fa0/8
批量处理模式
Switch(config-if-range)#switchport access vlan 10     //将端口 Fa0/2 ~ Fa0/8 批量添加
到 VLAN10。
Switch(config)#interface range fa0/9-18              //进入端口 Fa0/9 ~ Fa0/18 批量处理
模式
Switch(config-if-range)#switchport access vlan 20     //将端口 Fa0/9 ~ Fa0/18 批量添加
到 VLAN20
Switch(config)#interface range fa0/19-24            //进入端口 Fa0 /19 ~ Fa0/24 批量处
理模式
Switch(config-if-range)#switchport access vlan 30     //将端口 Fa0/19 ~ Fa0/24 批量添
加到 VLAN30
```

此时再通过 show vlan 命令查看 VLAN 数据库的信息，就会发现默认 VLAN1 的端口都分别属于了 VLAN10、VLAN 20 和 VLAN 30 了。

```
Swith#show vlan b
VLAN Name                        Status    Ports
```

```
- - - - - - - - - - - - - - - - - - - - - - - - - - - - - - - - - - - - -
1     default                    active      Gig1/1, Gig1/2
10    account                    active      Fa0/1, Fa0/2, Fa0/3, Fa0/4
                                             Fa0/5, Fa0/6, Fa0/7, Fa0/8
20    sales                      active      Fa0/9, Fa0/10, Fa0/11, Fa0/12
                                             Fa0/13, Fa0/14, Fa0/15, Fa0/16
                                             Fa0/17, Fa0/18
30    offices                    active      Fa0/19, Fa0/20, Fa0/21, Fa0/22
                                             Fa0/23, Fa0/24
1002 fddi-default                active
1003 token-ring-default          active
1004 fddinet-default             active
1005 trnet-default               active
```

如果要取消端口与特定 VLAN 的关联，则进入相应的端口配置模式进行。例如，取消端口 Fa0/1 与 VLAN10 的关联：

```
Switch(config)#interface fa0/1
Switch(config-if)#no switchport access vlan 10
Switch(config-if)#end
Switch#
```

这时如果再用 show vlan 进行查看 VLAN 数据库的信息，就会发现 Fa0/1 又添加回到 VLAN1 中。

```
Switch#show vlan b
VLAN Name                        Status     Ports
- - - - - - - - - - - - - - - - - - - - - - - - - - - - - - - - - - - - -
1     default                    active     Fa0/1, Gig1/1, Gig1/2
10    account                    active     Fa0/2, Fa0/3, Fa0/4, Fa0/5
                                            Fa0/6, Fa0/7, Fa0/8
20    sales                      active     Fa0/9, Fa0/10, Fa0/11, Fa0/12
                                            Fa0/13, Fa0/14, Fa0/15, Fa0/16
                                            Fa0/17, Fa0/18
30    offices                    active     Fa0/19, Fa0/20, Fa0/21, Fa0/22
                                            Fa0/23, Fa0/24
1002 fddi-default                active
1003 token-ring-default          active
1004 fddinet-default             active
1005 trnet-default               active
Switch#
```

注意：删除 VLAN 之前，务必先将所有的成员端口重新分配给其他 VLAN。在删除 VLAN 后，任何未转移到活动 VLAN 的端口都将无法与其他站点通信。

5.3.2　配置 VLAN 中继

在规划企业级网络时，很有可能会遇到隶属于同一部门的用户分散在同一座建筑物中的不同楼层中，这时可能就需要跨越多台交换机的多个端口划分 VLAN，如图 5-3-2 所示。

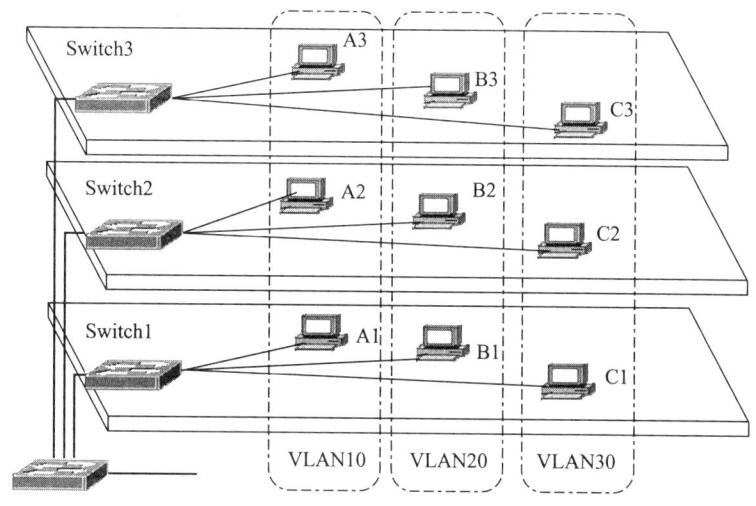

图 5-3-2　跨交换机的 VLAN

当 VLAN 成员分布在多台交换机的端口上时，VLAN 内的主机彼此间应如何自由通信呢？最简单的解决方法是每个 VLAN 都在交换机 Switch1、Switch2 和 Switch3 上拿出一个端口，用于将交换机级联起来，专门用于提供该 VLAN 内的主机跨交换机相互通信。

这种方法虽然解决了 VLAN 内主机间的跨交换机通信，但每增加一个 VLAN，就需要在交换机间添加一条互联链路，并且还要额外占用交换机端口，扩展性和管理效率都很差。

为了避免这种低效率的连接方式和对交换机端口的浪费占用，人们想办法让交换机间的互联链路汇聚到一条链路上，再让该链路允许各个 VLAN 的通信流经过，这样就可解决对交换机端口的额外占用。这条用于实现各 VLAN 在交换机间通信的链路，称为交换机的汇聚链接（Trunk Link）或主干链路。用于提供汇聚链路的端口称为汇聚端口。

在端口配置模式下配置 Trunk（汇聚端口）的命令语法如下：

```
Switch(config-if)#switchport mode trunk
```

多个 VLAN 的数据流量在交换机之间进行传输时，交换机之间的级联链路必须采用 Trunk 链路，链路两端的交换机端口必须设置为 Trunk 模式。

那么，不同的 VLAN 的数据在 Trunk 传输是怎样区分的呢？Trunk 链路承载了多个 VLAN 的数据流量，为了区别数据帧的不同 VLAN ID，需要对 Trunk 链路上的数据帧进行标记（Tag），这个交换机就可以根据标记，将不同 VLAN 的数据帧发送到相应的 VLAN。

根据交换机处理数据帧的不同，可以将交换机的端口分为以下两类。

1）Access 端口：只能传送标准以太网帧的端口，一般是指那些连接不支持 VLAN 技术的端设备的接口，这些端口接收到的数据帧都不包含 VLAN 标签，而向外发送数据帧时，必须保证数据帧中不包含 VLAN 标签。

2）Trunk 端口：既可以传送有 VLAN 标签的数据帧也可以传送标准以太网帧的端口，一般是指那些连接支持 VLAN 技术的网络设备（如交换机）的端口，这些端口接收到的数据帧一般都包含 VLAN 标签（数据帧 VLAN ID 和端口默认 VLAN ID 相同除外），而向外发送数据帧时，必须保证接收端能够区分不同 VLAN 的数据帧，故常常需要添加 VLAN 标签（数据帧 VLAN ID 和端口默认 VLAN ID 相同除外）。

默认情况下，Trunk 链路允许所有 VLAN 的流量通过，但是，有时候交换机有多条 Trunk 链路，VLAN 信息需要分流。可采用手工静态指定或动态自动判断两种方式来设置允许通过 Trunk 链路的 VLAN 流量。

可以手工静态地从 Trunk 链路中删除或添加允许通过的 VLAN。

（1）设置不允许通过 Trunk 链路的 VLAN

在配置前，首先应使用 interface 配置命令选中 Trunk 链路端口，然后再从 Trunk 链路中删除指定的 VLAN，即不允许这些 VLAN 的通信流量通过 Trunk 链路。配置命令如下：

```
Switch(config)#interface type mod/port
Switch(config-if)#switchport trunk allowed vlan remove vlanlist
```

其中，vlanlist 表示要添加的 VLAN 号列表，各 VLAN 之间用逗号进行分隔。

例如，从交换机的端口 2 是 trunk 链路端口，现要将 VLAN2 和 VLAN5 从 Trunk 链路中删除，则配置命令如下：

```
Switch(config)#interface fa0/2
Switch(config-if)#switchport trunk allowed vlan remove 2,5
```

若要在 trunk 链路中删除 100～200 号 VLAN 的流量，则配置命令如下：

```
Switch(config-if)#switchport trunk allowed vlan remove 100-200
```

（2）设置允许通过 Trunk 链路的 VLAN

配置命令如下：

```
Switch(config)#interface type mod/port
Switch(config-if)#switchport trunk allowed vlan add vlanlist
```

其中，vlanlist 表示要添加的 VLAN 号列表，各 VLAN 之间用逗号进行分隔。

例如，从交换机的端口 2 是 Trunk 链路端口，现要添加允许 VLAN2 和 VLAN5 的通信流量通过，则配置命令如下：

```
Switch(config)#interface fa0/2
Switch(config-if)#switchport trunk allowed vlan add 2,5
```

若要配置 Trunk 链路仅允许 VLAN2、VLAN5 和 VLAN7 通过，则配置命令如下：

```
Switch(config)#interface fa0/2
Switch(config-if)#switchport trunk allowed vlan remove 2-1001
Switch(config-if)#switchport trunk allowed vlan add 2,5,7
```

若要设置允许所有的 VLAN 通过 Trunk 链路，则配置命令如下：

```
Switch(config-if)#switchport trunk allowed vlan all
```

如前一个案例中如果要求在两台交换机上实现，如图 5-3-3 所示。

1）配置 Switch1 的 VLAN 划分。

```
Switch# configure terminal
Switch(config)#interface range fa0/2-8
```

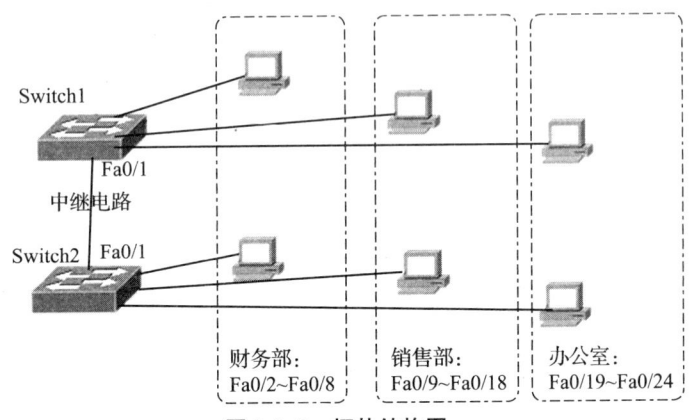

图 5-3-3　拓扑结构图

```
Switch(config-range-if)#switchport access vlan 10
Switch(config)#interface range fa0/9-18
Switch(config-if-range)#switchport access vlan 20
Switch(config)#interface range fa0/19-24
Switch(config-if-range)#switchport access vlan 30
Switch(config-if-range)#end
```

2）配置 Switch1 的 Fa0/1 为 Trunk 口。

```
Switch# configure terminal
Switch(config)#interface fa0/1
Switch(config-if)#switchport mode trunk
```

3）配置 Switch2 与 Switch1 相同，不再赘述。

5.3.3　基于 VTP 的交换机配置 VLAN 信息

VTP 是第二层信息传送协议，主要控制网络内具有相同 VTP 域名的交换机的 VLAN 的添加、删除和重命名。因此，域内的交换机必须使用相同的 VTP 域名，在交换机与交换机之间不能连接其他设备，而且所有交换机中都要启用 Trunk。域内的 VTP 服务器通过 VLAN1 向特定的组播地址发送 VTP 消息，来通告 VTP 服务器的 VLAN 配置情况，域内的其他服务器和 VTP 客户端接收通过统一自己的 VLAN 信息。

（1）配置 VTP 管理域

Cisco 交换机配置 VTP 管理域也可以在全局配置模式下和 VLAN 数据库模式两种模式下进行，语法命令如下：

```
Switch(config)#vtp domain domain-name
```

或

```
Switch(vlan)#vtp domain domain-name
```

其中，domain-name 代表要创建的 VLAN 管理域名。域名是区分大小写的，并且域名不能隔离广播域，仅仅是用于同步 VLAN 配置信息。一台交换机只能属于一个管理域，相同域名的交换机之间才能共享 VLAN 信息。

前面介绍过 VTP 有服务器（Server）、客户端（Client）和透明（Transparent）3 种工作模式，运行 VTP 的交换机必须设置某一种模式。Cisco 交换机默认为 VTP 的 Server 模式。语法命令如下：

```
Switch(config)#vtp mode server|client|transparent
```

或

```
Switch(vlan)#vtp server|
client|transparent
```

Cisco 不推荐在 VLAN 数据库模式下配置。

如前一个案例中如果要求在两台交换机上配置相同的 3 个 VLAN，通过配置 VTP 来管理 VLAN 信息，如图 5-3-4 所示。

1）为了管理公共 VLAN，

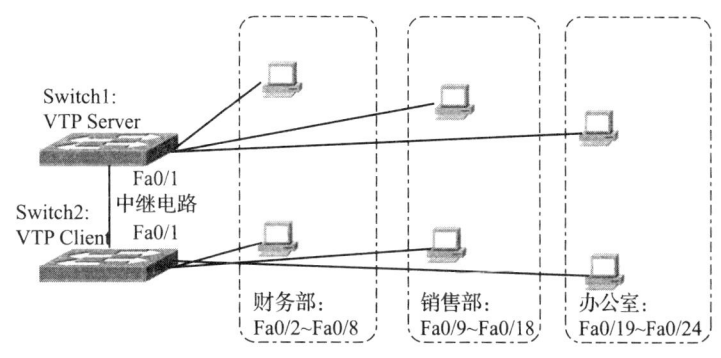

图 5-3-4　通过 VTP 配置 VLAN

需要在交换机 Switch1 上配置 VTP 域名。

```
Switch1# configure terminal
Switch1(config)#vtp domain mm           //在交换机 Switch1 建立域名为 mm 的 VTP 域
Switch1(config)#exit                    //默认情况下,交换机均为 VTP Server 模式
```

用命令 show vtp status 查看当前 Switch1 的 VTP 信息。

```
Switch1#show vtp status
VTP Version                     : 2
Configuration Revision          : 0
Maximum VLANs supported locally : 255
Number of existing VLANs        : 5
VTP Operating Mode              : Server
VTP Domain Name                 : mm
VTP Pruning Mode                : Disabled
VTP V2 Mode                     : Disabled
VTP Traps Generation            : Disabled
MD5 digest                      : 0xE1 0x08 0x48 0x75 0xFE 0x07 0xE9 0xFE
Configuration last modified by 0.0.0.0 at 0-0-00 00:00:00
Local updater ID is 0.0.0.0 (no valid interface found)
```

2）为 Switch2 设置 VTP 域名和工作模式。

```
Switch2# configure terminal
Switch2(config)#vtp domain mm           //在交换机 Switch2 建立域名为 mm 的 VTP 域
Switch2(config)#vtp mode client         //在交换机 Switch2 修改工作模式为 Client
Switch2(config)exit
```

由于 VTP 域 mm 只有交换机 Switch1 工作在 VTP 服务器模式, 所以只能在 Switch1 上创建 VLAN。

```
Switch1#configure terminal
Switch1(config )#vlan 10
Switch1(config-vlan)#name account
Switch1(config-vlan)#exit
Switch1(config)#vlan 20
Switch1(config-vlan)#name sales
Switch1(config-vlan)#exit
Switch1(config)#vlan 30
Switch1(config-vlan)#name offices
Switch1(config-vlan)#exit
Switch1(config)#
```

3）查看 Switch1 创建的 VLAN 后的最新 VLAN 信息, 结果表明 3 个 VLAN 已经创建好。

```
Switch1#show vlan
VLAN Name                       Status    Ports
- - - - - - - - - - - - - - - - - - - - - - - - - - - - - - - - - - - - -
1    default                .   active    Fa0/1, Fa0/2, Fa0/3, Fa0/4
                                          Fa0/5, Fa0/6, Fa0/7, Fa0/8
                                          Fa0/9, Fa0/10, Fa0/11, Fa0/12
                                          Fa0/13, Fa0/14, Fa0/15, Fa0/16
```

```
                                          Fa0/17，Fa0/18，Fa0/19，Fa0/20
                                          Fa0/21，Fa0/22，Fa0/23，Fa0/24
                                          Gig1/1，Gig1/2
10   account                  active
20   sales                    active
30   offices                  active
1002 fddi-default             act/unsup
1003 token-ring-default       act/unsup
1004 fddinet-default          act/unsup
1005 trnet-default            act/unsup

VLAN Type  SAID    MTU   Parent RingNo BridgeNo Stp  BrdgMode Trans1 Trans2
- - - - - - - - - - - - - - - - - - - - - - - - - - - - - - - - - - - - - - -
1    enet  100001  1500  -      -      -        -    -        0      0
10   enet  100010  1500  -      -      -        -    -        0      0
20   enet  100020  1500  -      -      -        -    -        0      0
30   enet  100030  1500  -      -      -        -    -        0      0
1002 fddi  101002  1500  -      -      -        -    -        0      0
1003 tr    101003  1500  -      -      -        -    -        0      0
1004 fdnet 101004  1500  -      -      -        ieee -        0      0
1005 trnet 101005  1500  -      -      -        ibm  -        0      0

Remote SPAN VLANs
- - - - - - - - - - - - - - - - - - - - - - - - - - - - - - - - - - - - - - -


Primary Secondary Type         Ports
- - - - - - - - - - - - - - - - - - - - - - - - - - - - - - - - - - - - - - -
```

查看 Switch2 此时的 VLAN 信息，结果显示只有默认的 VLAN，Switch1 所创建的 VLAN 信息并没有传播到 Switch2。这是因为交换机的级联口没有配置 VLAN 中继，Switch1 的 VLAN 信息无法及时传播到 Switch2 中。

```
Switch2#show vlan brief
VLAN Name                     Status  Ports
- - - - - - - - - - - - - - - - - - - - - - - - - - - - - - - - - - - - - - -
1    default                  active  Fa0/1，Fa0/2，Fa0/3，Fa0/4
                                      Fa0/5，Fa0/6，Fa0/7，Fa0/8
                                      Fa0/9，Fa0/10，Fa0/11，Fa0/12
                                      Fa0/13，Fa0/14，Fa0/15，Fa0/16
                                      Fa0/17，Fa0/18，Fa0/19，Fa0/20
                                      Fa0/21，Fa0/22，Fa0/23，Fa0/24
                                      Gig1/1，Gig1/2
1002 fddi-default             active
1003 token-ring-default       active
1004 fddinet-default          active
1005 trnet-default            active
```

（2）配置交换机 Trunk 口

```
Switch1#configure terminal
Switch1(config)#int fa0/1
Switch1(config-if)#switchport mode trunk    //配置交换机 Switch1 的级联口为 Trunk 模式
```

```
Switch2#configure terminal
Switch2(config )#int fa0/1
Switch2(config-if)#switchport mode trunk      //配置交换机 Switch2 的级联口为 Trunk 模式
```

交换机级联口配置为 VLAN 中继模式后，Switch1 上的 VLAN 信息就可以及时传播到 Switch2 了。再查看 Switch2 的 VLAN 信息。

```
Switch2#show vlan
VLAN Name                        Status    Ports
- - - - - - - - - - - - - - - - - - - - - - - - - - - - - - - - - - - - - - - - -
- - - - - - - - - - - - - - - - - - - - - - - - - - -
1    default                     active    Fa0/2, Fa0/3, Fa0/4, Fa0/5
                                           Fa0/6, Fa0/7, Fa0/8, Fa0/9
                                           Fa0/10, Fa0/11, Fa0/12, Fa0/13
                                           Fa0/14, Fa0/15, Fa0/16, Fa0/17
                                           Fa0/18, Fa0/19, Fa0/20, Fa0/21
                                           Fa0/22, Fa0/23, Fa0/24, Gig1/1
                                           Gig1/2
10   account                     active
20   sales                       active
30   offices                     active
1002 fddi-default                active
1003 token-ring-default          active
1004 fddinet-default             active
1005 trnet-default               active
```

5.4 实训：交换机的 VLAN 配置

5.4.1 单台交换机划分 VLAN

1. 实训目标

学校实验楼中有两个实验室位于同一楼层，一个是计算机软件实验室，一个是多媒体实验室，两个实验室的信息端口都连接在一台交换机上，如图 5-4-1 所示。学校已经为实验室分配了固定的地址段，要求两个实验室的 VLAN 相对独立。

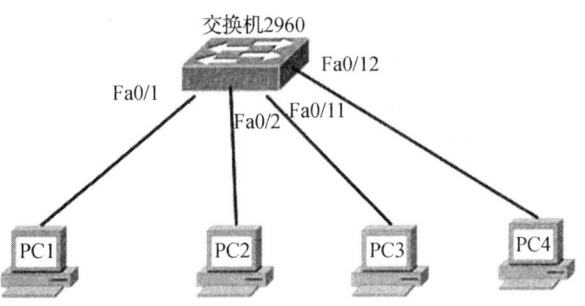

图 5-4-1　单台交换机划分 VLAN

2. 实训内容

给交换机划分两个 VLAN，一个实验室一个 VLAN，计算机配置信息见表 5-4-1。

表 5-4-1　计算机配置信息

计算机名	IP 地址	连接的端口	VLAN ID
PC1	192.168.1.1/24	2	10
PC2	192.168.1.2/24	3	10
PC3	192.168.2.3/24	12	20
PC4	192.168.2.4/24	13	20

3. 实训步骤

单击交换机，打开交换机的配置窗口，单击配置窗口的 CLI 选项，在此输入交换机配置命令。

1）命名交换机。

```
Switch > enable        //从用户模式切换到特权模式
Switch#conf t          //从特权模式进入到全局配置模式
Switch(config)#hostname 2960    //修改交换机名为 2960
2960(config)#exit
```

2）创建 VLAN。

```
2960#config t          //进入全局配置模式
2960(config)#vlan 10        //创建 VLAN 10
2960(config-vlan)# name Lab1      //将 VLAN 10 命名为 Lab1
2960(config-vlan)# vlan 20       //创建 VLAN 20
2960(config-vlan)# name Lab2      //将 VLAN 20 命名为 Lab2
2960(config-vlan)#exit             //退出 VLAN 设置
```

3）把交换机端口分配给 VLAN。

```
2960#conf  t
2960(config)#int range fa0/1-10     //进入端口 Fa0/1 ~ Fa0/10 配置
2960(config-if-range)#switchport mode access      //当前端口模式改为 access
2960(config-if-range)#switchport access vlan 10     //当前端口加入到 VLAN10
2960(config-if-range)#int range fa0/11-20      //进入端口 Fa0/11 ~ Fa0/20 配置
2960(config-if-range)#switchport mode access
2960(config-if-range)#switchport access vlan 20     //将当前端口加入到 VLAN10
2960#show vlan
```

检测：使用 show 命令看到有多少个 VLAN？交换机的 Fa0/ 1 ~ Fa0/ 24 端口分别属于哪些 VLAN？

4）配置计算机 IP 地址，并测试连通性。根据网络拓扑图及计算机网络参数表格，给各 PC 分别分配好 IP 地址，使用 ping 命令测试各 PC 之间是否连通：PC0 和 PC1 是否连通？PC2 和 PC3 是否连通？PC0 和 PC2 是否连通？PC1 和 PC3 是否连通？

5）保存配置。

```
2960#copy running-config startup-config      //按 < Enter >键确认保存
2960#show running-config
```

检测：使用 show 命令查看到交换机的什么信息？

5.4.2　两台交换机划分 VLAN

1. 实训目标

学校的宿舍区分为教师区和学生区，为了方便，学生区可以共享，教师区可以共享，但学生区和教师区必须隔离开不能互访，即学生区和教师区的计算机连接在两个不同的交换机上，如图 5-4-2 所示。

2. 实训内容

在不同的交换机上划分对应的 VLAN，使交换机某些端口属于学生区，某些端口

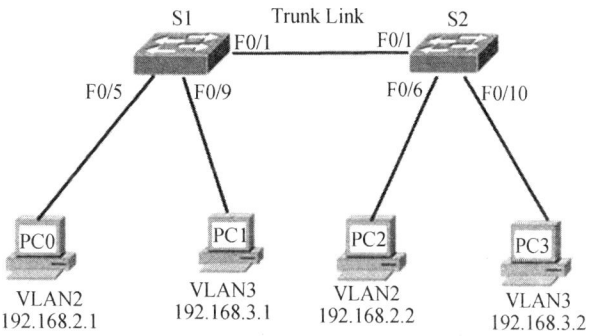

图 5-4-2　两台交换机划分 VLAN

属于教师区，这样就能保证它们之间的数据互不干扰，也不影响各自的通信效率。同时不同交换机的同一 VLAN 中计算机要互访，需要设置 Trunk 计算机网络信息见表 5-4-2。

表 5-4-2　计算机网络信息

计算机名	IP 地址	连接端口	VLAN ID
PC0	192. 168. 2. 1/24	S1：F0/5	2
PC1	192. 168. 3. 1/24	S1：F0/9	3
PC2	192. 168. 2. 2/24	S2：F0/6	2
PC3	192. 168. 3. 2/24	S2：F0/10	3

3. 实训步骤

1）创建 VLAN。

```
switch > enable
Switch#conf t
Switch(config)#hostname S1
S1(config)#exit
S1#vlan database                //进入到 VLAN 的配置模式
S1(vlan)#vlan 2 name vlan2       //创建 VLAN,2 就是 VLAN 的编号,编号可以从 1～1001,vlan2
就是该 VLAN 的名字
S1(vlan)#vlan 3 name vlan3
S1(vlan)#exit
```

2）把端口划分到 VLAN 中。

```
S1#configure terminal
S1(config)#interface f0/1
S1(config-if)#switch mode access      //把交换机端口模式改为 access,说明该端口是用来连接
计算机,不是用于 Trunk
S1(config-if)#switch access vlan 2    //把该端口 F0/1 划分到 VLAN2 中
S1(config-if)#exit
S1(config)#interface range f0/2-8     //将多个接口划分到同一 VLAN 下,可以采用"–"的方式
S1(config-if-range)#switch mode access
S1(config-if-range)#switch access vlan 2
S1(config-if-range)#exit
S1(config)#interface range f0/9-15
S1(config-if-range)#switch mode access
S1(config-if-range)#switch access vlan 3
```

3）查看 VLAN。

```
S1(config-if)#end
S1#show vlan
S1#copy running-config startup-config      //保存设置
```

用同样的方法设置另一台交换机，主机名为 S2，端口划分类似 S1。

检测：S1 有多少个 VLAN？S1 的 F0/6、F0/10 端口分别属于哪个 VLAN？S2 有多少个 VLAN？S2 的 F0/6、F0/10 端口分别属于哪个 VLAN？

4）交换机间同一 VLAN 的互访。

```
S1(config)#int f0/1
```

```
S1(config-if)# switchport mode trunk
```

用同样的方法设置 S2。

注意：对于交换机而言，Trunk 必须成对出现才有效。

5）配置计算机 IP 地址，并测试连通性。使用 ping 命令测试各 PC 之间是否连通：PC0 和 PC1 是否连通? PC2 和 PC3 是否连通? PC0 和 PC2 是否连通? PC1 和 PC3 是否连通?

6）保存配置。

```
S1#copy running-config startup-config        //按 <Enter>键确认保存
```

用同样的方法设置 S2、S3。

5.4.3　3 台交换机划分 VLAN

1. 实训目标

案例情景同前，但要求学生区和教师区的计算机分别连在 3 台交换机上，如图 5-4-3 所示。

2. 实训内容

如果有 3 个二层交换机，同一 VLAN 中计算机要互访，除了设置 Trunk 外，将交换机设置成一个 VTP 域，利用 VTP 域的管理来实现 3 个交换机 VLAN 的更新。设置一台交换机作为 VTP 服务器，创建和更新 VLAN，其他交换机通过 VTP 协议统一 VLAN 数据库，可以避免重复创建相同 VLAN 的麻烦。计算机配置信息见表 5-4-3。

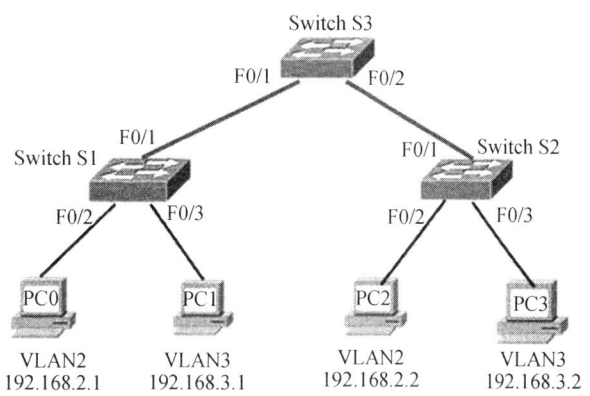

图 5-4-3　3 台交换机划分 VLAN

表 5-4-3　计算机配置信息

计算机名	IP 地址	连接端口	VLAN ID
PC0	192. 168. 2. 1/24	S1：F0/2	2
PC1	192. 168. 3. 1/24	S1：F0/3	3
PC2	192. 168. 2. 2/24	S2：F0/2	2
PC3	192. 168. 3. 2/24	S2：F0/3	3

3. 实训步骤

1）在交换机 S3 配置 VTP。

```
Switch >enable
Switch#
Switch# configure terminal
Switch#hostname S3              //将交换机名修改为 S3
S3(config)#vtp domain mm        //在交换机 Switch1 建立域名为 mm 的 VTP 域
S3(config)# exit               //默认情况下,交换机均为 VTP Server 模式
```

在交换机 S1 上设置 VTP 的域名和工作模式。

```
Switch >enable
Switch#
Switch# configure terminal
```

```
Switch#hostname S1                //将交换机名修改为 S1
S1(config)#vtp domain mm          //在交换机 S1 建立与 S3 相同的 VTP 域名 mm
S1(config)#VTP mode client        //默认情况下,交换机均为 VTP Server 模式,需修改为 Client 模式
S1(config)#exit
```

可以按照同样的命令设置交换机 S2 的 VTP 相关参数。

2）创建 VLAN。由于当前网络只有 S3 为 VTP 服务器模式，所以只在 S3 上创建 VLAN。

```
S3#conf t
S3(config)#vlan 2
S3(config-vlan)#name vlan2
S3(config-vlan)#vlan 3
S3(config-vlan)#name vlan3
S3(config-vlan)#exit
```

3）配置各个交换机 Trunk 口。

① 配置交换机 S3 的 Trunk 口。

```
S3#conf t
S3(config)#interface f0/1
S3(config-if)#switchport mode trunk      //将交换机 S3 与交换机 S1 相连接的 F0/1 端口设置
为 Trunk
S3(config-if)#interface f0/2
S3(config-if)#switchport mode trunk      //将交换机 S3 与交换机 S2 相连接的 F0/2 端口设置
为 Trunk
S3(config-if)#end
S3#
```

② 配置交换机 S1 的 Trunk 口。

```
S1#conf t
S1(config)#interface f0/1
S1(config-if)#switchport mode trunk      //将交换机 S1 与交换机 S3 相连接的 F0/1 端口设置
为 Trunk
S1(config-if)#end
S1#
```

③ 配置交换机 S2 的 Trunk 口。

```
S2#conf t
S2(config)#interface f0/1
S2(config-if)#switchport mode trunk      //将交换机 S2 与交换机 S3 相连接的 F0/1 端口设置
为 Trunk
S2(config-if)#end
S2#
```

给所有交换机的级联口配置 VLAN 中继后，S3 的 VLAN 信息就可以传播到 S1 和 S2。分别在交换机 S1 和 S2 上用命令 show vlan 查看 VLAN 信息。

4）划分 VLAN。

① 设置交换机 S1。

```
s1#conf t
s1(config)#int f0/2
```

```
s1(config-if)#switchport access vlan 2
s1(config-if)#int f0/3
s1(config-if)#switchport access vlan 3
s1(config-if)#end
```

② 用同样的方法设置 S2。

5）测试连通性。使用 ping 命令测试各 PC 之间是否连通：PC1 和 PC2 是否连通？PC3 和 PC4 是否连通？PC1 和 PC3 是否连通？PC2 和 PC4 是否连通？

6）保存配置。

```
S1#copy running-config startup-config        //按<Enter>键确认保存
```

用同样的方法保存 S2 和 S3 的配置。

第6章 生成树协议与链路聚合

6.1 生成树协议的基本知识

6.1.1 网络冗余和广播风暴

为了提高网络的可靠性，在设计网络架构时通常采用网络冗余功能来实现。第二层冗余功能通过添加设备和电缆来实现备用网络路径，从而提升网络的可靠性。当有多条网络路径可用于数据传输时，即使一条路径失效，也不会影响网络上设备的连通性。

当网络中的两台设备之间存在多条路径时，则可能出现第二层环路。与通过路由器传递的IP数据包不同，以太网帧不含生存时间（TTL）字段。因此，如果交换网络中的帧没有正确终止，它们就会在交换机之间无休止的传输，直到链路断开或环路解除为止。广播帧会从除源端口之外的所有交换机端口转发出去，这就确保了广播域中的所有设备都能收到该帧。如果可转发该帧的路径不止一条，可能会导致网络中的无尽循环。

环路会导致参与环路的所有交换机上CPU负载过高。由于环路中所有交换机之间不断相互发送相同的帧，交换机的CPU不得不处理大量的数据，这会使交换机无法高效处理其收到的正常流量。被卷入网络环路的主机无法被网络中的其他主机访问。由于MAC地址表不断使用广播帧的内容更新，交换机不知道究竟使用哪个端口才能将单播帧转发到最终目的地，结果造成单播帧也在网络中不断循环。随着在网络中循环的帧越来越多，导致所有可用带宽都被耗尽，便形成了广播风暴，交换机性能能因此急剧下降，并会导致业务中断。如图6-1-1所示，PC1首先发出普通的二层广播数据帧（如ARP请求），因为这是二层的广播数据帧，两个交换机X和Y都会从端口Fa0/1收到由PC1发出的二层广播数据帧，交换机收到二层广播数据帧会从其他所有端口泛洪出去（不包括Fa0/1），即交换机X和Y都会从端口Fa0/2转发该广播，同样的两个交换机收到了复制的广播帧但却来自不同的端口，接下网桥X和Y再次做相同的工作，复制并转发广播帧，如此下去，数据帧就在环路中不断循环，更糟糕的是每次成功的包发送都会导致网络中出现两个复制新数据帧，导致广播帧大量占用链路带宽，主机与主机间无法正常通信。

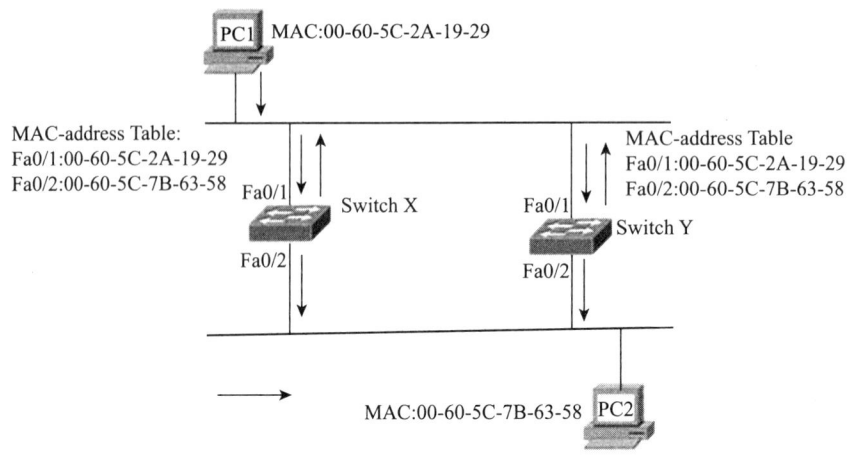

图6-1-1 冗余链路产生的问题——广播风暴

冗余功能是提高网络拓扑可靠性的关键要素，但是在网络中配置多条路径有可能导致环路，而环路网络中不可避免地会产生广播风暴。可使用生成树协议（Spanning Tree Protocol，STP）来防止环路。但是，如果架设冗余拓扑时没有采用 STP，就可能意外生成环路。STP 的主要思想就是当网络中存在多条链路时，只允许一条主链路激活，故意阻塞可能导致环路的冗余路径，确保整个网络到达所有目的地都只有一条逻辑路径。如果主链路因为故障中断，则在其余链路中选择一个新的主链路到达目的地。

6.1.2　生成树协议的工作原理

STP 是一种用来在交换网络中禁用冗余链路的机制。STP 能够提供网络稳定可靠所必需的冗余功能，但又不会造成交换环路。STP 使用生成树算法（STA）计算网络中的哪些交换机端口应配置为阻塞才能防止环路形成。STA 会将一台交换机指定为根桥，然后将其用作所有路径计算的参考点。所有参与 STP 的交换机互相交换 BPDU（网桥协议数据单元），以确定网络中哪台交换机的网桥 ID（BID）最小。BID 最小的交换机将自动成为 STA 计算中的根桥。

BPDU 是运行 STP 的交换机之间交换的消息帧。每个 BPDU 都包含一个 BID，用于标识发送该 BPDU 的交换机。BID 内含有优先级值、发送方交换机的 MAC 地址以及可选的扩展系统 ID，BID 值的大小由这 3 个字段共同决定。其工作的过程如下：

1）通过比较网桥/交换机优先级选取根网桥/交换机（给定广播域内只有一个根网桥/交换机）。

2）其余的非根网桥/交换机只有一个通向根网桥/交换机的端口，称为根端口。

3）每个网段只有一个指定端口。

4）根网桥/交换机所有的连接端口均为指定端口。阻塞非根、非指定端口。

选举根桥的原则是：根桥必须具有最低的优先权 ID 和 MAC 地址。Cisco 交换机默认的优先权 ID 值为 32768，优先权 ID 的范围是 1～65536，值越小优先级越高。在优先权数值相同的情况下，由 MAC 地址大小来决定 BID，哪个 MAC 地址值低就将其作为根设备。

确定根桥后，STA 会计算到根桥的最短路径。每台交换机都使用 STA 来确定要阻塞的端口。当 STA 为广播域中的所有目的地确定到达根桥的最佳路径时，网络中的所有流量都会停止转发。STA 在确定要开放的路径时，会同时考虑路径开销和端口开销。路径开销是根据端口开销值计算出来的，而端口开销值与给定路径上的每个交换机端口的端口速度相关联。端口开销值的总和决定了到达根桥的路径总开销。如果可供选择的路径不止一条，STA 会选择路径开销最低的路径。STA 确定了哪些路径要保留为可用之后，它会将交换机端口配置为不同的端口角色。端口角色描述了网络中端口与根桥的关系，以及端口是否能转发流量。

1）根端口：最靠近根桥的交换机端口，其到底根桥的开销最小。根端口存在于非根桥上，该端口具有到根桥的最佳路径。根端口向根桥转发流量，可以使用所接收帧的源 MAC 地址填充 MAC 表。一台交换机只能有一个根端口。

2）指定端口：也称转发端口，网络中获准转发流量的、除根端口之外的所有端口。指定端口存在于根桥和非根桥上。根桥上的所有交换机端口都是指定端口。而对于非根桥，指定端口是指根据需要接收帧或向根桥转发帧的交换机端口。一个网段只能有一个指定端口。如果同一网段上有多台交换机，则会通过选举过程来确定指定交换机，对应的交换机端口即开始为该网段转发帧。指定端口可以填充 MAC 表。

3）非指定端口：为防止环路而被置于阻塞状态的所有端口。此类端口不会转发数据帧，也不会使用源地址填充 MAC 地址表。非指定端口不是根端口或指定端口。在某些 STP 的变体中，非指定端口称为替换端口。

如图 6-1-2 所示，三层交换机 SW1、二层交换机 S1、S2 和 S3 构成的环形结构网络，在一开始进行根桥选举时，由于各交换机的默认优先级都是 32768，因此 BID 的值由各交换机的 MAC 地址决定，二层交换机 S2 的 MAC 地址最小，因此选举为根桥。

根端口：在图 6-1-2 中，交换机 S1 的根端口是 Fa0/2，该端口位于交换机 S2 与 S1 之间的中继链路上；交换机 S3 的根端口是 Fa0/2，该端口位于交换机 S2 与 S3 之间的中继链路上；交换机 SW1 的根端口是 Fa0/1，该端口位于交换机 SW1 与 S3 之间的中继链路上。

指定端口（转发端口）：交换机 S2 为根桥，因此交换机 S2 的 Fa0/1 和 Fa0/2 都是指定端口；交换机 S1 的 Fa0/1 和交换机 S3 的 Fa0/1 也是指定端口。

非指定端口：为了防止环路，STA 将交换机 SW1 上的端口 F0/2 配置为非指定端口；交换机 SW1 上的 F0/2 端口处于阻塞状态。

图 6-1-2 通过 STP 得到的等效图如图 6-1-3 所示，从中可以看到三层交换机 SW1 没有处在核心地位，无法发挥其核心交换机的功能。

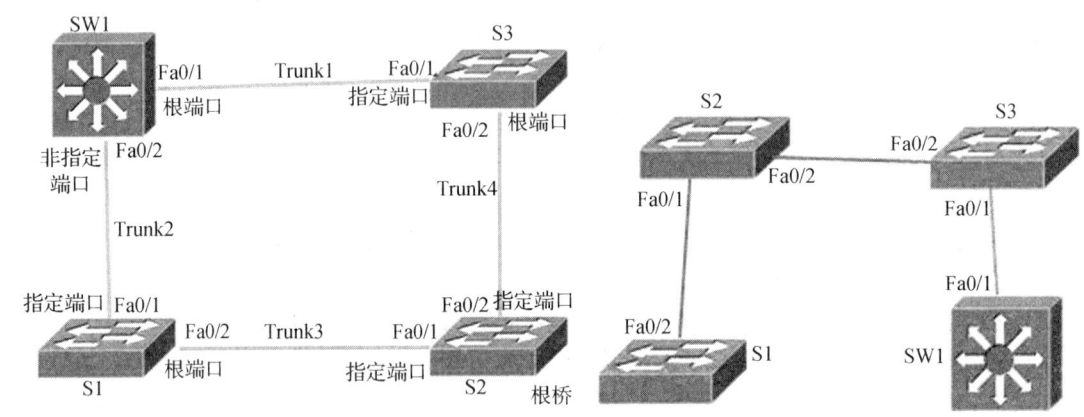

图 6-1-2　存在环路的网络　　　　　　　　图 6-1-3　存在环路的网络等效图

根据 STP 生成根桥的原理，设备的优先权值在选举根桥过程中举足轻重的作用。为此，修改三层交换机的优先权可以改变在默认优先权的情况下依据 MAC 地址选举的状况。

6.2　生成树协议的配置命令

6.2.1　查看当前生成树协议运行的信息

```
Switch#show spanning-tree
```

在特权模式下查看交换机的 STP 信息，可知当前网络根桥的 MAC 地址和端口号等重要信息。

例如，查看图 6-1-2 中三层交换机 SW1 的 STP 信息。

```
SW1#show spanning-tree
VLAN0001
Spanning tree enabled protocol ieee
Root ID    Priority    32769
           Address     0002.1776.741A
           Cost        19
           Port        2(FastEthernet0/2)
           Hello Time  2 sec  Max Age  20 sec  Forward Delay  15 sec
```

```
Bridge ID  Priority    32769  (priority 32768 sys-id-ext 1)
           Address     00E0.B095.7B74
           Hello Time  2 sec  Max Age 20 sec  Forward Delay 15 sec
           Aging Time  20

Interface         Role  Sts  Cost      Prio.Nbr    Type
- - - - - - - - - - - - - - - - - - - - - - - - - - - - - - - - - -
Fa0/1             Altn  BLK  19        128.1       P2p
Fa0/2             Root  FWD  19        128.2       P2p
```

6.2.2　启用、关闭生成树协议

生成树协议默认为开启状态。一般来说,即使网络中无环路也要开启生成树协议,防止误操作或者网线短路等情况发生,造成不必要的网络故障。

在全局配置模式下开启生成树协议的命令如下:

```
Switch#config terminal
Switch(config)#spanning-tree enable
```

在全局配置模式下关闭生成树协议的命令如下:

```
Switch#config terminal
Switch(config)#spanning-tree disenable
```

6.2.3　修改设备的优先权,合理选举和维护一个根网桥

```
Switch(config)#spanning-tree vlan 1 priority priority
```

例如,修改图 6-1-2 三层交换机 SW1 的优先权值为 4096。

```
SW1(config)#spanning-tree vlan 1 priority 4096
```

改变优先权值之后,网络会重新运行 STP,重新选举根桥。收敛后,可以查看三层交换机 SW 的 STP 信息。

此时查看三层交换机 SW1 的 STP 信息,会发现这个时候三层交换机成为了根桥。

```
SW1#show spanning-tree
VLAN0001
Spanning tree enabled protocol ieee
Root ID    Priority    4097
           Address     0002.1776.741A
           Cost        19
           This bridge is the root
           Hello Time  2 sec   Max Age  20 sec  Forward Delay  15 sec

Bridge ID  Priority    4097  (priority 4096 sys-id-ext 1)
           Address     00E0.B095.7B74
           Hello Time  2 sec   Max Age  20 sec  Forward Delay  15 sec
           Aging Time  20

Interface         Role  Sts  Cost      Prio.Nbr    Type
- - - - - - - - - - - - - - - - - - - - - - - - - - - - - - - - - -
Fa0/1             Desg  LSN  19        128.1       P2p
Fa0/2             Desg  FWD  19        128.2       P2p
```

图 6-2-1 所示的新树形结构拓扑图中，可以看到三层交换机 SW1 发挥其核心交换机的功能。

6.2.4　指定根桥

除了修改交换机的优先权值可以改变 STP 的选举，另外还可以直接指定根桥。

```
Switch(config)#spanning-tree vlan 1 root
primary
```

例如，指定图 6-2-1 三层交换机 SW1 为根桥。

```
SW1（config）# spanning- tree vlan 1
root primary
```

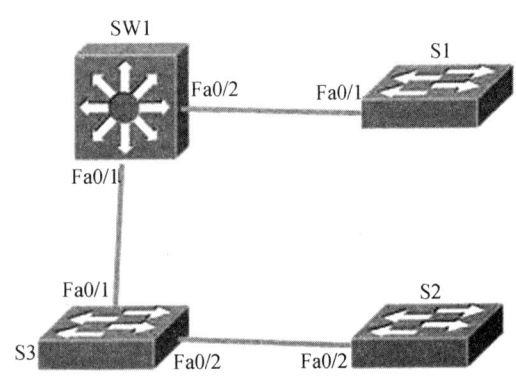

图 6-2-1　存在环路的网络等效图

待 STP 选举结束后，查看三层交换机 SW1 的 STP 状态。

```
SW1#show spanning-tree
VLAN0001
Spanning tree enabled protocol ieee
Root ID    Priority    24577
           Address     00E0.B095.7B74
           This bridge is the root
           Hello Time  2 sec  Max Age  20 sec  Forward Delay  15 sec

Bridge ID  Priority    24577   (priority 24576 sys-id-ext 1)
           Address     00E0.B095.7B74
           Hello Time  2 sec   Max Age  20 sec   Forward Delay  15 sec
           Aging Time  20

Interface        Role   Sts   Cost    Prio.Nbr    Type
- - - - - - - - - - - - - - - - - - - - - - - - - - - - - - - - - - - - - - -
Fa0/1            Desg   LSN   19      128.1       P2p
Fa0/2            Desg   FWD   19      128.2       P2p
```

可以看到三层交换机 SW1 的优先权值被修改为 24577，成为新的根桥。因此可以发现，其实指定根桥的命令实质上就是修改该设备的优先权值。

6.3　链路聚合

在一般网络构建中，交换机之间如果存在物理环路，将会通过 STP 计算来阻塞一些端口，在逻辑上形成无环路网络。而在网络的核心交换机之间常有这样的需要，即希望两条链路能够负载均衡，提高链路带宽，并能够互相备份。在 STP 下，只有一条主链路处于通信状态，其他链路为处于阻塞状态的备份链路。这样虽然能起到容错和备份的作用，但是多条链路不能同时使用，无法提供两台交换机间通信的带宽。

链路聚合也称端口聚合，指将多个物理端口绑定为一个聚合端口，使其工作起来就像一个通道一样。将多个物理链路捆绑在一起后，不但提升了整个网络的带宽，而且数据还可以同时通过被绑定的多个物理链路传输，具有链路冗余的作用，在网络出现故障或其他原因断开其中一条或多条链路时，剩下的链路还可以工作。链路聚合使用负载分担机制均衡使用多条平行的物理链路。可以基于源端口、源 MAC 地址与目的 MAC 流等几种算法在多条物理链路上进行负载均衡。

链路聚合将两台交换机间的多条平行物理链路捆绑为一条大带宽的逻辑链路。如两台交换机间有 4 条 100Mbit/s 链路，捆绑后认为两台交换机间存在一条单向 400Mbit/s，双向 800Mbit/s 带宽的逻辑链路。并且聚合链路在生成树环境中被认为是一条逻辑链路。链路聚合要求被捆绑的物理链路具有相同的特性，如带宽、双工方式等，如果是访问（Access）端口，应属于相同的 VLAN，如图 6-3-1 所示。

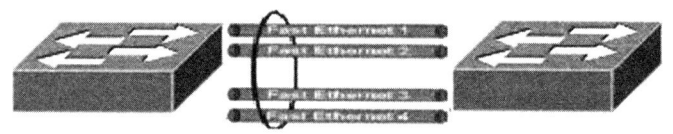

图 6-3-1　网络拓扑结构图

1. 链路聚合的优点

链路聚合通过将多个物理链路捆绑为一个逻辑链路增加了带宽并增加了可靠性。对于两个交换机之间多条平行链路，不使用链路聚合，STP 将保留一条链路而阻塞其余链路，不能充分利用设备的端口处理能力与物理链路。如果使用链路聚合技术，STP 看到的是交换机之间一条大带宽的逻辑链路。使用链路聚合可以充分利用所有设备的端口处理能力与物理链路，流量在多条平行物理链路间进行负载均衡。当有一条链路出现故障，流量会自动在剩下链路间重新分配。并且这种故障切换所用的时间是毫秒（μs）级的，远快于 STP 的切换时间，对大部分应用都不会造成影响。

2. LACP

LACP（Link Aggregation Control Protocol，链路汇聚控制协议）是一种实现链路动态汇聚的协议，使用 LACPDU 与对端交换信息。

LACP 模式包含以下几种形式。

1）ON（开启）：强制端口形成 EtherChannel，如果希望 EtherChannel 能正确工作，那么链路的另一侧也必须处于 ON 模式。

2）OFF（关闭）：使端口不能形成 EtherChannel。这种模式下端口不会形成 EtherChannel。

3）Passive（被动）：使端口进入被动协商状态，如果能从对端接收到 LACP 数据包，那么就形成 EtherChannel。这种模式不会主动发起 EtherChannel 协商。这种模式是默认的模式。

4）Active（主动）：使端口进入主动协商状态，被配置的端口主动发送 LACP 数据名以发起能形成 EtherChannel 的协商。一般推荐使用这种模式。

3. 链路聚合端口需注意的问题

1）端口均为全双工模式。

2）端口速率相同。

3）端口的类型必须一样，比如同为以太口或同为光纤口。

4）端口同为 Access 端口并且属于同一个 VLAN 或同为 Trunk 端口。

5）如果端口为 Trunk 端口，则其 Allowed VLAN 和 Native VLAN 属性也应该相同。

4. 常用的链路聚合配置命令

（1）创建端口通道组号

```
Switch>enable
Switch#conf t
Switch(config)#interface port-channel ID
```

创建一个聚合端口的 Port-channel ID，二层交换机的组号范围是 1~6，三层交换机的组号范围是 1~48。例如，设置聚合端口 ID 为 1：

```
Switch(config)#interface port-channel 1
```

此时可以进入该模式配置一些端口参数。

```
Switch(config-if)#?
  cdp               Global CDP configuration subcommands
  channel-group     Etherchannel/port bundling configuration
  channel-protocol  Select the channel protocol (LACP, PAgP)
  description       Interface specific description
  duplex            Configure duplex operation.
  exit              Exit from interface configuration mode
  mac-address       Manually set interface MAC address
  mdix              Set Media Dependent Interface with Crossover
  mls               mls interface commands
  no                Negate a command or set its defaults
  shutdown          Shutdown the selected interface
  spanning-tree     Spanning Tree Subsystem
  speed             Configure speed operation.
  storm-control     storm configuration
  switchport        Set switching mode characteristics
  tx-ring-limit     Configure PA level transmit ring limit
```

（2）设置聚合通道

```
Switch(config-if)#channel-group 1 mode {auto|active|desirable|on|passive}
```

其中，auto 为默认值，表示交换机被动形成一个聚合通道；active 为启动端口的 LACP，并设置为 Active 模式；passive 为启动端口的 LACP，并且设置为 Passive 模式；on 为强制端口加入 Port Channel，不启动 LACP；Desirable 表示交换机主动形成一个聚合通道。

（3）配置聚合通道负载平衡

```
Switch(config)#port-channel load-balance {dst-ip|dst-mac|src-dst-ip|src-dst-mac|src-ip|src-mac}
```

其中，dst-ip 为基于目的 IP 地址的负载平衡方式；dst-mac 为基于目的 MAC 地址的负载平衡方式；src-ip 为基于源 IP 地址的负载平衡方式；src-mac 为基于源 MAC 地址的负载平衡方式；src-dst-ip 为基于源或目的 IP 地址的负载平衡方式；src-dst-mac 为基于源或目的 MAC 地址的负载平衡方式。

（4）查看通道状态

```
Switch#show interfaces ethernetchannel
```

（5）查看通道汇总信息

```
Switch#show etherchannel summary
```

5. 配置聚合链路提高通信带宽

案例情境：某校园网通过两台 3560 交换机实现各部门的路由和交换。由于存在大量跨交换机转发的数据流量，需要提高两台交换机间的链路带宽，并提供冗余保护。

解决方案：将两台 3560 交换机的两个 GE 端口连接起来，聚合成一条逻辑链路，从而增大交换机间的链路带宽，两条链路间能够相互冗余备份，其中任意一条链路断开，不会影响其他链路的正常数据转发。物理链路间采用基于目的 MAC 地址的负载平衡方式。网络拓扑图如 6-3-2 所示。

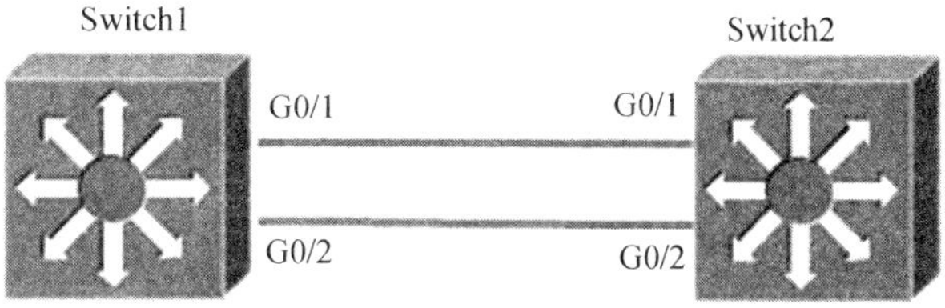

具体步骤：

（1）查看交换机的 STP 信息

查看交换机 Switch1 的 STP 信息。

图 6-3-2　网络拓扑结构图

```
Switch1#show spanning-tree
VLAN0001
Spanning tree enabled protocol ieee
Root ID    Priority    32769
           Address     0090.2B4A.4B98
           Cost        4
           Port        25(GigabitEthernet0/1)
           Hello Time  2 sec   Max Age  20 sec   Forward Delay  15 sec

Bridge ID  Priority    32769  (priority 32768 sys-id-ext 1)
           Address     00E0.F99D.0CB0
           Hello Time  2 sec   Max Age  20 sec   Forward Delay  15 sec
           Aging Time  20

Interface        Role  Sts  Cost      Prio.Nbr  Type
---------------------------------------------------------------
G0/1             Root  FWD  4         128.25    P2p
G0/2             Altn  BLK  4         128.26    P2p
```

查看交换机 Switch2 的 STP 信息。

```
Switch2#show spanning-tree
VLAN0001
Spanning tree enabled protocol ieee
Root ID    Priority    32769
           Address     0090.2B4A.4B98
           This bridge is the root
           Hello Time  2 sec   Max Age  20 sec   Forward Delay  15 sec

Bridge ID  Priority    32769  (priority 32768 sys-id-ext 1)
           Address     0090.2B4A.4B98
           Hello Time  2 sec   Max Age  20 sec   Forward Delay  15 sec
           Aging Time  20

Interface        Role  Sts  Cost      Prio.Nbr  Type
---------------------------------------------------------------
---------------------------------------------------------------
G0/1             Desg  FWD  4         128.25    P2p
G0/2             Desg  FWD  4         128.26    P2p
```

从两台交换机的 STP 信息可以看到：交换机 Switch1 不是根桥，它的 G0/1 端口是根端口，而 G0/2 端口处于阻塞状态；交换机 Switch2 是根桥，它的 G0/1 和 G0/2 都处于转发状态。虽然有交换机 Switch1 和 Switch2 之间有两条物理链路，但实际通信时，只有一条 GE 链路起作用。

（2）创建聚合通道

在交换机 Switch1 上创建 Port-channel ID 为 10 的聚合通道。

```
Switch1#conf t
Switch1(config)#interface port-channel 10
```

用同样的命令在交换机 Switch2 上创建 Port-channel ID 与 Switch1 一样的聚合通道。

```
Switch2#conf t
Switch2(config)#interface port-channel 10
```

（3）配置通道属性

创建了通道 ID 后，要将交换机建立通道的端口加入到该通道中。

加入 Switch1 的 G0/1 和 G0/2 端口。

```
Switch1#(config)#int g0/1
Switch1(config-if)# channel-group 10 mode on
Switch1#(config-if)#int g0/2
Switch1(config-if)# channel-group 10 mode on
Switch1(config-if)#exit
```

加入 Switch2 的 G0/1 和 G0/2 端口。

```
Switch2#(config)#int g0/1
Switch2(config-if)# channel-group 10 mode on
Switch2#(config-if)#int g0/2
Switch2(config-if)# channel-group 10 mode on
Switch2(config-if)#exit
```

（4）配置链路负载平衡方式

配置交换机 Switch1 的负载平衡方式。

```
Switch1(config)# port-channel load-balance dst-mac
```

配置交换机 Switch2 的负载平衡方式。

```
Switch2(config)# port-channel load-balance dst-mac
```

（5）查看交换机 Switch1 上的通道汇总信息

```
Switch1# show etherchannel summary
Flags：D - down           P - in port-channel
       I - stand-alone    s - suspended
       H - Hot-standby (LACP only)
       R - Layer3         S - Layer2
       U - in use         f - failed to allocate aggregator
       u - unsuitable for bundling
       w - waiting to be aggregated
       d - default port
Number of channel-groups in use：1
Number of aggregators：1

Group  Port-channel         Protocol           Ports
------+-------------------+-------------+-----------------
10     Po10(SU)             -             G0/1(P)                    G0/2(P)
```

再次查看交换机 Switch1 上的 STP 信息，这是可以看到端口信息为刚创建的通道逻辑端口，且为根端口。

```
Switch1# show spanning-tree
VLAN0001
Spanning tree enabled protocol ieee
Root ID    Priority    32769
           Address     0090.2B4A.4B98
           Cost        3
           Port        27(Port-channel 10)
           Hello Time  2 sec    Max Age  20 sec    Forward Delay  15 sec
Bridge ID  Priority    32769  (priority 32768 sys-id-ext 1)
           Address     00E0.F99D.0CB0
           Hello Time  2 sec    Max Age  20 sec    Forward Delay  15 sec
           Aging Time  20
Interface          Role  Sts  Cost      Prio.Nbr  Type
- - - - - - - - - - - - - - - - - - - - - - - - - - - - - - - - - - - - - - -
Po10               Root  FWD  3         128.27    Shr
```

6.4　实训：交换机流量控制

1. 实训目的

1）了解生成树的工作原理。

2）掌握 STP 树的控制方法。

3）掌握交换机链路汇聚设置。

4）检查并测试配置。

2. 实训内容

如图 6-4-1 和表 6-4-1 所示，某公司有两台 3560 交换机作为公司网络的核心交换机与 Internet 相连，其中 S3560-1 与公司内部的其他两台交换机 Switch0 和 Switch1 相连接，S3560-2 与公司服务器相连接。为了提高核心交换机之间的通信带宽，将两台 3560 交换机的两个千兆以太端口互连构建一个汇聚通道，物理链路间采用基于目的 MAC 地址的负载均衡方式。

通过 STP 修理，确保交换机 S3560-1 在与 Switch0 和 Switch1 相连接时处于核心地位。

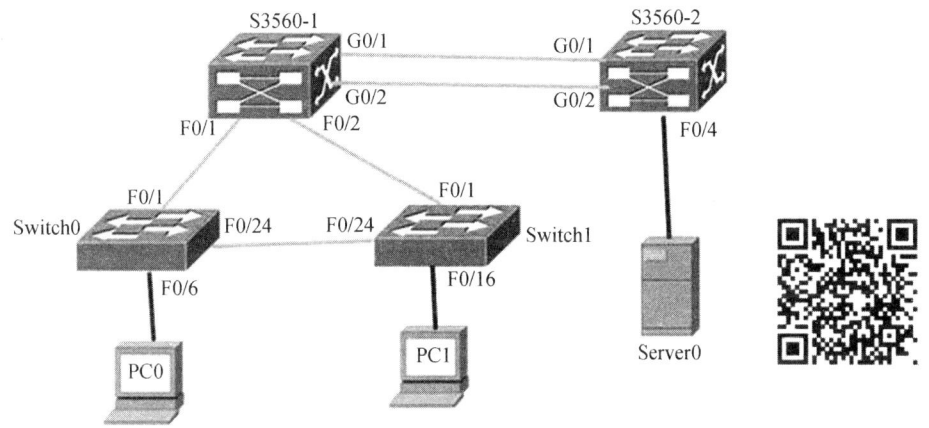

图 6-4-1　网络拓扑图

表 6-4-1　网络信息表

设备名		IP 地址	连接端口	网关
PC0		192. 168. 1. 10/24	Switch0：F0/6	192. 168. 1. 1/24
PC1		192. 168. 1. 20/24	Switch1：F0/16	192. 168. 1. 1/24
Server0		192. 168. 1. 254/24	S3560-2：F0/4	192. 168. 1. 1/24
S3560-1	G0/1	/	S3560-2：G0/1	/
	G0/2	/	S3560-2：G0/2	/
	F0/1	/	Switch0：F0/1	/
	F0/2	/	Switch1：F0/1	/
S3560-2	G0/1	/	S3560-1：G0/1	/
	G0/2	/	S3560-1：G0/2	/
	F0/4	/	Server0	/
Switch0	F0/1	/	S3560-1	/
	F0/6	/	PC0	/
	F0/24	/	Switch1：F0/24	/
Switch1	F0/16	/	PC1	/
	F0/24	/	Switch0：F0/24	/
	F0/1	/	S3560-1：F0/2	/

3. 实训步骤

1）根据图 6-4-1 所示连接网络设备，并把相应的设备改名。

2）在交换机 S3560-1 上创建号码为 40 的聚合通道，并把千兆以太端口 G0/1 和 G0/2 加入到聚合通道。同理，在交换机 S3560-2 上创建号码为 40 的聚合通道，并把千兆以太端口 G0/1 和 G0/2 加入到聚合通道。

3）配置交换机 S3560-1 的负载平衡方式：基于目的 MAC 地址。

4）在交换机 S3560-1 上查看 STP 信息，如果 S3560-1 不是根桥，指定 S3560-1 为根桥。

第7章　三层交换机

三层交换机就是具有部分路由器功能的交换机，其最重要的目的是加快大型局域网内部的数据交换，所具有的路由功能也是为这目的服务的，能够做到一次路由、多次转发。对于数据包转发等规律性的过程由硬件高速实现，而对于路由信息更新、路由表维护、路由计算、路由确定等功能，由软件实现。三层交换技术就是二层交换技术 + 三层转发技术。传统交换技术是在 OSI 参考模型的第二层——数据链路层进行操作的，而三层交换技术是在该模型中的第三层实现了数据包的高速转发，既可实现网络路由功能，又可根据不同网络状况做到最优网络性能。

7.1　三层交换机的基础知识

构建局域网时，出于安全和管理方便的考虑，主要是为了减小广播风暴的危害，必须把大型局域网按功能或地域等因素规划成一个个小的局域网。VLAN 技术在网络中得以大量应用，而各个不同 VLAN 间的通信都要经过路由器来完成转发。随着网间互访的不断增加，单纯使用路由器来实现网间访问，不但由于端口数量有限，而且路由速度较慢，从而限制了网络的规模和访问速度。基于这种情况三层交换机便应运而生，在实际应用过程中，典型的做法是：处于同一个局域网中的各个子网的互连以及局域网中 VLAN 间的路由，用三层交换机来代替路由器，而只有局域网与公网互连之间要实现跨地域的网络访问时，才通过专业路由器。

三层交换机是指具备了三层路由功能的交换机，接口类型简单，可以实现三层寻址的分组转发。它拥有很强二层包处理能力，非常适用于大型局域网内的数据路由与交换，既可以工作在协议第三层替代或部分完成传统路由器的功能，同时又具有几乎第二层交换的速度。每个三层接口都定义了一个单独的广播域。在为接口配置好 IP（设置 IP 地址）后，该接口就成为连接该接口的同一个广播域内其他设备和主机的网关。

二层交换机使用的是 MAC 地址交换表，而三层交换机使用的是基于 IP 地址的交换表。二层交换是基于 MAC 寻址，三层交换则是转发基于第三层地址的业务流；除了必要的路由决定过程外，大部分数据转发过程由二层交换处理，提高了数据包转发的效率。三层交换机通过使用硬件交换机构实现了 IP 的路由功能，其优化的路由软件使得路由过程效率提高，解决了传统路由器软件路由的速度问题。因此可以说，三层交换机具有"路由器的功能，交换机的性能"。

7.2　三层交换机的配置命令

（1）设置交换机当前端口为二层端口

```
Switch# configure terminal
Switch(config)#interface type mode/port        //选择物理端口
```

例如，选择交换机 Fa0/1，则命令如下：

```
Switch(config)#inter fa0/1
Switch(config-if)#switchport
```

（2）设置交换机当前端口为三层端口

```
Switch(config-if)#no switchport
```

（3）为三层端口配置 IP 地址

```
Switch(config-if)#no switchport
Switch(config-if)#ip address address netmask
```

例如，为三层端口配置 IP 地址为 192.168.1.10/24，则配置命令如下：

```
Switch(config-if) ip address 192.168.1.10  255.255.255.0
```

（4）查看路由表

```
Switch#show ip route
```

当交换机配置了三层端口的 IP 地址后，三层交换机会生成一个包含直连 IP 网络信息的路由表项。

（5）启动三层交换机路由功能

```
Switch(config)#ip routing
```

7.3　三层交换机实现路由功能

一些企业网中，将每个部门划分一个网段，不同部门间通过三层交换机互连实现通信。如图 7-3-1 所示，一共有 3 个网段，其中 10.65.0.0/16 网段作为服务器部分，10.66.0.0/16 和 10.67.0.0/16 网段为两个工作组。企业网通过三层交换机 Switch3560 将各网段连接起来，工作组用户可以访问服务器数据。

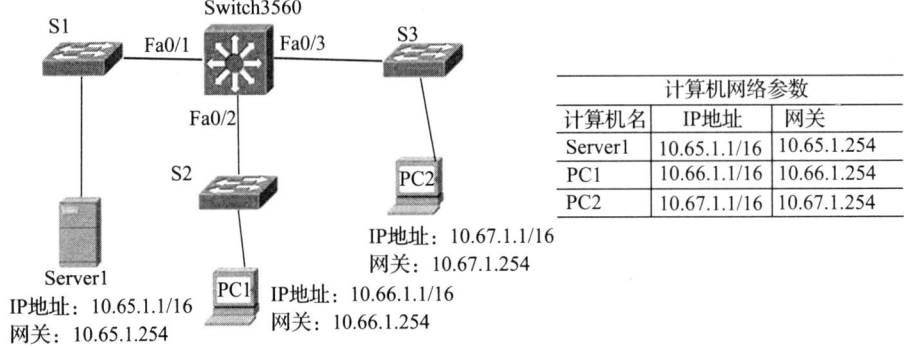

计算机网络参数		
计算机名	IP地址	网关
Server1	10.65.1.1/16	10.65.1.254
PC1	10.66.1.1/16	10.66.1.254
PC2	10.67.1.1/16	10.67.1.254

图 7-3-1　网络拓扑结构图

（1）查看和配置三层交换机 Switch3560 端口

默认情况下，三层交换机的所有端口启动的端口模式为二层端口。可通过查看 Switch3560 的端口 Fa0/1 的子命令来查看是否有配置三层交换机端口的相关命令。

```
Switch3560 >enable
Switch3560#conf t
Switch3560(config)#int fa0/1
Switch3560(config-if)#?
cdp                 Global CDP configuration subcommands
channel-group       Etherchannel/port bundling configuration
channel-protocol    Select the channel protocol (LACP, PAgP)
description         Interface specific description
duplex              Configure duplex operation
exit                Exit from interface configuration mode
```

```
mac-address          Manually set interface MAC address
mdix                 Set Media Dependent Interface with Crossover
mls                  mls interface commands
no                   Negate a command or set its defaults
power                Power configuration
shutdown             Shutdown the selected interface
spanning-tree        Spanning Tree Subsystem
speed                Configure speed operation
storm-control        storm configuration
witchport            Set switching mode characteristics
```

把交换机 Switch3560 的 Fa0/1 端口启用三层功能，再查看 Switch3560 的端口 Fa0/1 下的子命令，可找到配置三层地址的相关命令。

```
Switch3560(config-if)#no switchport          //启用交换机三层功能
Switch3560(config-if)#?
arp                  Set arp type (arpa, probe, snap) or timeout
bandwidth            Set bandwidth informational parametcr
cdp                  CDP interface subcommands
channel-group        Etherchannel/port bundling configuration
channel-protocol     Select the channel protocol (LACP, PAgP)
crypto               Encryption/Decryption commands
custom-queue-list    Assign a custom queue list to an interface
delay                Specify interface throughput delay
description          Interface specific description
duplex               Configure duplex operation
exit                 Exit from interface configuration mode
fair-queue           Enable Fair Queuing on an Interface
hold-queue           Set hold queue depth
ip                   Interface Internet Protocol config commands
ipv6                 IPv6 interface subcommands
mac-address          Manually set interface MAC address
mdix                 Set Media Dependent Interface with Crossover
mtu                  Set the interface Maximum Transmission Unit (MTU)
no                   Negate a command or set its defaults
power                Power configuration
pppoe                pppoe interface subcommands
priority-group       Assign a priority group to an interface
service-policy       Configure QoS Service Policy
shutdown             Shutdown the selected interface
speed                Configure speed operation
switchport           Set switching mode characteristics
tx-ring-limit        Configure PA level transmit ring limit
zone-member          Apply zone name
Switch3560(config-if)#ip address 10.65.1.254 255.255.0.0   //将 Switch3560 的 Fa0/1
端口设置为 Server1 的网关 IP
Switch3560(config-if)#no shutdown
Switch3560(config-if)#int range fa0/2-3
Switch3560(config-if-range)#no switchport       //启动 Switch3560 的 Fa0/2、Fa0/3 端口
```

的三层模式

```
Switch3560(config-if-range)#int fa0/2
Switch3560(config-if)#ip address 10.66.1.254 255.255.0.0    //将 Switch3560 的 Fa0/2
端口设置为 PC1 的网关 IP
Switch3560(config-if)#no shutdown
Switch3560(config-if-range)#int fa0/3
Switch3560(config-if)#ip address 10.67.1.254 255.255.0.0    //将 Switch3560 的 Fa0/3
端口设置为 PC2 的网关 IP
Switch3560(config-if)#no shutdown
```

（2）查看路由表

```
Switch3560#show ip route
Codes: C - connected, S - static, I - IGRP, R - RIP, M - mobile, B - BGP
       D - EIGRP, EX - EIGRP external, O - OSPF, IA - OSPF inter area
       N1 - OSPF NSSA external type 1, N2 - OSPF NSSA external type 2
       E1 - OSPF external type 1, E2 - OSPF external type 2, E - EGP
       i - IS-IS, L1 - IS-IS level-1, L2 - IS-IS level-2, ia - IS-IS inter area
       * - candidate default, U - per-user static route, o - ODR
       P - periodic downloaded static route

         Gateway of last resort is not set

       10.0.0.0/16 is subnetted, 3 subnets
C        10.65.0.0 is directly connected, FastEthernet0/1
C        10.66.0.0 is directly connected, FastEthernet0/2
C        10.67.0.0 is directly connected, FastEthernet0/3
```

（3）测试连通性

根据计算机网络信息表格，给 Server1、PC1 和 PC2 配置好相应的 IP 地址，然后用 ping 命令测试 PC1 和 PC2 与 Server1 的连通性。

7.4　实训：配置三层交换机实现 VLAN 间通信

1. 实训目标

很多企业内部网络通常以不同部门为单位划分虚拟局域网来限制广播域，以提高网络安全性。利用三层交换机的路由功能，可以实现各个 VLAN 间的通信需求。在本实训中，三层交换机不需要启动端口的三层功能，与每个 VLAN 相连接的端口也能传输不同网段的数据包。

2. 实训内容

如图 7-4-1 和表 7-4-1 所示，在一个校园网中，教务处与办公室被划分在不同的 VLAN 中，但有时需要共享数据。不同 VLAN 之间是不能直接互通的，如果需要互访则需要路由。可以使用三层交换机实现 VLAN 间的路由功能。

不同 VLAN 之间的流量不能直接跨越 VLAN 的边界，需要使用路由，通过路由将报文从一个 VLAN 转发到另外一个 VLAN。二层交换机和路由器在功能上的集成构成了三层交换机，三层交换机在功能上实现了 VLAN 的划分、VLAN 内部的二层交换和 VLAN 间路由的功能。

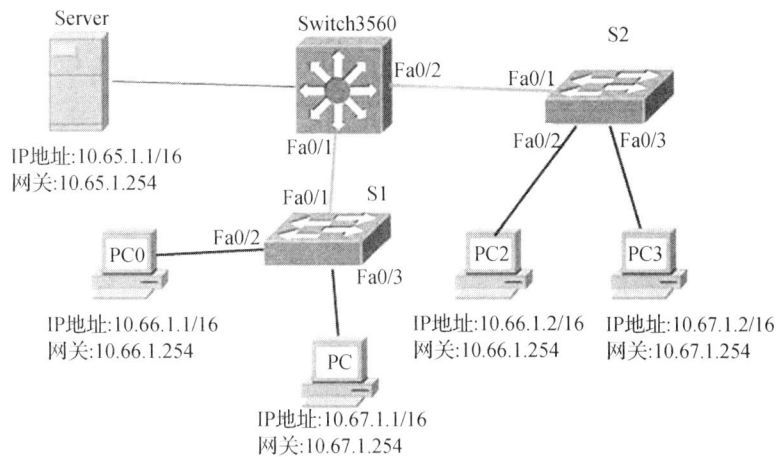

图 7-4-1　网络拓扑结构图

表 7-4-1　计算机网络参数信息

计算机名	IP 地址	网关	VLAN ID	连接交换机端口
Server	10. 65. 1. 1/16	10. 65. 1. 254/16	2	Switch3560：Fa0/24
PC0	10. 66. 1. 1/16	10. 66. 1. 254/16	3	S1：Fa0/2
PC1	10. 67. 1. 1/16	10. 67. 1. 254/16	4	S1：Fa0/3
PC2	10. 66. 1. 2/16	10. 661. 254/16	3	S2：Fa0/2
PC3	10. 67. 2. 2/16	10. 67. 1. 254/16	4	S2：Fa0/3

3. 实训步骤

（1）配置 VTP 信息和创建 VLAN

```
Switch3560 >enable
Switch3560#
Switch3560# configure terminal
Switch3560(config)#hostname 3560          //将交换机名修改为 3560
3560(config)#vtp domain mm                //在交换机 Switch3560 建立域名为 mm 的 VTP 域
3560(config)#vlan 2
3560(config-vlan)#name server             //创建 VLAN 2 并命名为 Server
3560(config-vlan)#vlan 3
3560(config-vlan)#nam teach               //创建 VLAN3 并命名为 teach
3560(config-vlan)#vlan 4
3560(config-vlan)#nam office              //创建 VLAN4 并命名为 office
```

在交换机 S1 上设置 VTP 的域名和工作模式。

```
Switch >enable
Switch#
Switch# configure terminal
Switch(config)#hostname S1                //将交换机名修改为 S1
S1(config)#vtp domain mm                  //在交换机 S1 建立与 S3 相同的 VTP 域名 mm
S1(config)#VTP mode client                //默认情况下,交换机均为 VTP Server 模式,需修改为 Client 模式
S1(config)#exit
```

可以按照同样的命令设置交换机 S2 的 VTP 相关参数。

（2）配置交换机 Trunk 口

分别将 S1 与三层交换机 Switch3560 相连接的端口 Fa0/1 设置为 Trunk 模式。

```
S1#config    t
S1(config)#int fa0/1
S1(config-if)#switchport mode trunk    /将交换机 S1 的端口 Fa0/1 修改为 Trunk 模式
```

将 S2 与三层交换机 Switch3560 相连接的端口 Fa0/ 1 设置为 Trunk 模式。

```
S2#config    t
S2(config)#int fa0/1
S2(config-if)#switchport mode trunk    /将交换机 S2 的端口 Fa0/1 修改为 Trunk 模式
```

将三层交换机 Switch3560 的 Fa0/1 端口设置为 Trunk 模式。

```
3560(config-if)#switchport trunk encapsulation dot1q
3560(config-if)#switchport mode trunk    //先配置封装,再设置 Trunk
```

注意：三层交换机的端口只有二层端口和三层端口两种模式，要配置端口的 Trunk 模式需要先封装 802.1q 协议。Fa0/ 2 端口的设置相同。

此时查看 S1 和 S2，可发现在 Switch3560 上创建的 VLAN 信息。

```
S1#show vlan
VLAN Name                         Status    Ports
- - - - - - - - - - - - - - - - - - - - - - - - - - - - - - - - - - - - - - - - - -
1    default                      active    Fa0/2, Fa0/3, Fa0/4, Fa0/5
                                            Fa0/6, Fa0/7, Fa0/8, Fa0/9
                                            Fa0/10, Fa0/11, Fa0/12, Fa0/13
                                            Fa0/14, Fa0/15, Fa0/16, Fa0/17
                                            Fa0/18, Fa0/19, Fa0/20, Fa0/21
                                            Fa0/22, Fa0/23, Fa0/24, Gig1/1
                                            Gig1/2
2    server                       active
3    teach                        active
4    office                       active
1002 fddi-default                 act/unsup
1003 token-ring-default           act/unsup
1004 fddinet-default              act/unsup
1005 trnet-default                act/unsup
```

VLAN	Type	SAID	MTU	Parent	RingNo	BridgeNo	Stp	BrdgMode	Trans1	Trans2
1	enet	100001	1500	–	–	–	–	–	0	0
2	enet	100002	1500	–	–	–	–	–	0	0
3	enet	100003	1500	–	–	–	–	–	0	0
4	enet	100004	1500	–	–	–	–	–	0	0
1002	fddi	101002	1500	–	–	–	–	–	0	0
1003	tr	101003	1500	–	–	–	–	–	0	0
1004	fdnet	101004	1500	–	–	–	ieee	–	0	0
1005	trnet	101005	1500	–	–	–	ibm	–	0	0

```
Remote SPAN VLANs
- - - - - - - - - - - - - - - - - - - - - - - - - - - - - - - - - - - - - - - - - -

Primary Secondary Type           Ports
```

- -

（3）划分 VLAN

交换机 Switch3560 上只有 VLAN2，其他没有的 VLAN 就不需要划分了。

```
3560#conf t
3560(config)#int fa0/24
3560(config-if)#switchport mode access
3560(config-if)#switchport access vlan 2
3560(config-if)#end
3560#show vlan        //查看 Switch3560 的 VLAN 信息
VLAN Name                          Status    Ports
```

- -

```
1    default                       active    Fa0/2, Fa0/3, Fa0/4, Fa0/5
                                             Fa0/6, Fa0/7, Fa0/8, Fa0/9
                                             Fa0/10, Fa0/11, Fa0/12, Fa0/13
                                             Fa0/14, Fa0/15, Fa0/16, Fa0/17
                                             Fa0/18, Fa0/19, Fa0/20, Fa0/21
                                             Fa0/22, Fa0/23, Gig0/1, Gig0/2
2    server                        active    Fa0/24
3    teach                         active
4    office                        active
1002 fddi-default                  act/unsup
1003 token-ring-default            act/unsup
1004 fddinet-default               act/unsup
1005 trnet-default                 act/unsup
```

VLAN	Type	SAID	MTU	Parent	RingNo	BridgeNo	Stp	BrdgMode	Trans1	Trans2
1	enet	100001	1500	–	–	–	–	–	0	0
2	enet	100002	1500	–	–	–	–	–	0	0
3	enet	100003	1500	–	–	–	–	–	0	0
4	enet	100004	1500	–	–	–	–	–	0	0
1002	fddi	101002	1500	–	–	–	–	–	0	0
1003	tr	101003	1500	–	–	–	–	–	0	0
1004	fdnet	101004	1500	–	–	–	ieee	–	0	0
1005	trnet	101005	1500	–	–	–	ibm	–	0	0

```
Remote SPAN VLANs
```

- -

```
Primary Secondary Type            Ports
```

- -

交换机 S1 上有 VLAN2 和 VLAN3，将计算机相连接的端口划分到相应的 VLAN 中。

```
S1#conf t
S1(config)#int fa0/2
S1(config-if)#swit access vlan 3
S1(config-if)#int fa0/3
S1(config-if)#swit access vlan 4
S1(config-if)#end
S1#show vlan brief        //查看 S1 的主要 VLAN 信息
VLAN Name                          Status    Ports
```

```
- - - - - - - - - - - - - - - - - - - - - - - - - - - - - - - - - - - - - - -
1    default                       active    Fa0/4, Fa0/5, Fa0/6, Fa0/7
                                             Fa0/8, Fa0/9, Fa0/10, Fa0/11
                                             Fa0/12, Fa0/13, Fa0/14, Fa0/15
                                             Fa0/16, Fa0/17, Fa0/18, Fa0/19
                                             Fa0/20, Fa0/21, Fa0/22, Fa0/23
                                             Fa0/24, Gig1/1, Gig1/2
2    server                        active
3    teach                         active    Fa0/2
4    office                        active    Fa0/3
1002 fddi-default                  active
1003 token-ring-default            active
1004 fddinet-default               active
1005 trnet-default                 active
```

交换机 S2 所接计算机跟 S1 一样，端口的划分也与 S1 相同，用同样的命令可以设置 S2。

（4）通过配置虚拟端口 IP 地址，作为各个 VLAN 的网关

Switch3560 上与其他交换机连接的端口如果设置为三层端口，只能设置一个 IP 地址，就不能传输多个 VLAN 的数据。因此，Switch3560 上不开启端口的三层功能，而是启用虚拟端口作为相应 VLAN 的网关。

```
3560#conf t
3560(config)#int vlan 2
3560(config-if)#ip address 10.65.1.254 255.255.0.0
3560(config-if)#int vlan 3
3560(config-if)#ip address 10.66.1.254 255.255.0.0
3560(config-if)#int vlan 4
3560(config-if)#ip address 10.67.1.254 255.255.0.0
3560(config-if)#end
```

查看三层交换机上的路由信息，同时检查配置是否有错误。如果路由表项不等于 3 条，或者配置的路由表项与 3 个 VLAN 的网段不符，那么要认真检查配置网关是否正确。

```
3560#show ip route
Codes: C - connected, S - static, I - IGRP, R - RIP, M - mobile, B - BGP
       D - EIGRP, EX - EIGRP external, O - OSPF, IA - OSPF inter area
       N1 - OSPF NSSA external type 1, N2 - OSPF NSSA external type 2
       E1 - OSPF external type 1, E2 - OSPF external type 2, E - EGP
       i - IS-IS, L1 - IS-IS level-1, L2 - IS-IS level-2, ia - IS-IS inter area
       * - candidate default, U - per-user static route, o - ODR
       P - periodic downloaded static route

Gateway of last resort is not set

     10.0.0.0/16 is subnetted, 3 subnets
C       10.65.0.0 is directly connected, Vlan2
C       10.66.0.0 is directly connected, Vlan3
C       10.67.0.0 is directly connected, Vlan4
```

（5）保存配置

```
3560#copy running-config startup-config
```

按 <Enter> 键确认保存，用同样的方法设置 S1 和 S2。

第8章 交换机综合实训

8.1 实训1：组建虚拟局域网

1. 实训目标

1）根据拓扑图进行网络布线。

2）在交换机上执行基本配置任务。

3）配置并分配 VLAN。

4）测试并检验配置。

2. 实训内容

网络管理员负责网络的维护和管理工作。为保证对不同职能部门管理的方便性、安全性和整体网络运行的稳定性，要求网络管理员将网络划分为 3 个 VLAN。其中财务部划分为 VLAN10，IP 地址为 192.168.10.0/24；市场部划分为 VLAN20，IP 地址为 192.168.20.0/24，工程部划分为 VLAN30，IP 地址为 192.168.30.0/24。该企业共有 4 台楼层交换机，每个部门的用户不固定在某一层楼。如图 8-1-1 所示。

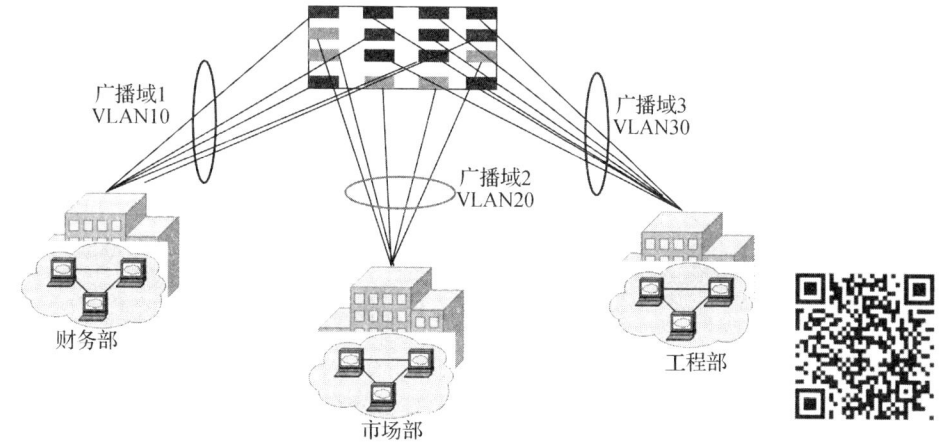

图 8-1-1　网络拓扑图

8.2 实训2：建立一个小型企业局域网

1. 实训内容

网络设备见表 8-2-1。

表 8-2-1　网络设备

设备	Multilayer Switch0	Multilayer Switch1	Switch0	Switch1	Switch2	Switch3
名称	SW1	SW2	S0	S1	S2	S3
密码						密文密码：aa 明文密码：a3

（续）

设备	Multilayer Switch0	Multilayer Switch1	Switch0	Switch1	Switch2	Switch3
VTP 域名	ceyan		ceyan	ceyan	ceyan	
VTP 模式	Server		Client	Client	Client	
VLAN 名称	VLAN10：Vlana10 VLAN20：Vlana20		同 SW1	同 SW1	同 SW1	
连接端口	G0/1：SW2 的 G0/1 G0/2：SW2 的 G0/2 F0/24：S1 的 F0/24	G0/1：SW2 的 G0/1 G0/2：SW2 的 G0/2 F0/1：S3 的 F0/1	F0/1：S1 的 F0/1 F0/6：PC0 F0/16：PC1	F0/1：S0 的 F0/1 F0/24：SW1 的 F0/24 F0/2：S2 的 F0/2 F0/9：PC2 F0/18：PC3	F0/2：S1 的 F0/2 F0/4：PC4 F0/14：PC5 F0/21：PC6	F0/1：SW2 的 F0/1 F0/8：PC7

网络拓如图 8-2-1 所示。

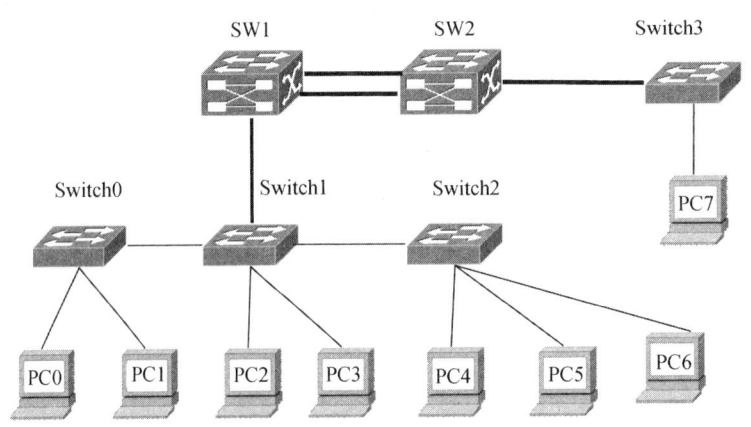

图 8-2-1　网络拓扑图

配置计算机见表 8-2-2。

表 8-2-2　配置计算机

设备名	连接端口	IP 地址	掩码
PC0	S0：F0/6	192.168.1.10	255.255.255.0
PC1	S0：F0/16	192.168.2.10	255.255.255.0
PC2	S1：F0/9	192.168.1.20	255.255.255.0
PC3	S1：F0/18	192.168.2.20	255.255.255.0
PC4	S2：F0/4	192.168.2.30	255.255.255.0
PC5	S2：F0/14	192.168.1.30	255.255.255.0
PC6	S2：F0/21	192.168.1.40	255.255.255.0
PC7	S3：F0/8	192.168.1.50	255.255.255.0

2．实训步骤

1）为两台 3560 交换机修改用户名，Multilayer Switch0 修改为 SW1，Multilayer Switch1 修改为 SW2，并用两台三层交换机的千兆以太网口 G0/1 和 G0/2 建立以太通道，以太通道号为 20。

2）为 3 台 2960 交换机修改用户名，其中 Switch0 修改为 S0，Switch1 修改为 S1，Switch2 修改为 S2。

3）为 SW1、S0、S1、S2 建立一个公共的 VTP 域，VTP 域名为 ceyan，其中 SW1 的 VTP 工作模式为 Server，S0、S1、S2 的 VTP 工作模式都为 Client。在 SW1 上建立 VLAN10，命名为 Vlana10，建立 VLAN20，命名为 Vlana20。

4）将交换机 S0 的 F0/1 端口设置为 Trunk 模式，将交换机 S1 的 F0/1、F0/2，F0/24 设置为 Trunk 模式，将交换机 S2 的 F0/2 端口设置为 Trunk 模式。

5）将交换机 S0 上的 F0/2 至 F0/10 端口添加到 VLAN 10，F0/11 至 F0/20 端口添加到 VLAN20；将交换机 S1 上的 F0/3 至 F0/10 添加到 VLAN10，F0/11 至 F0/20 端口添加到 VLAN20；将交换机 S2 上的 F0/11 至 F0/20 端口添加到 VLAN10，F0/1，F0/3 至 F0/10 添加到 VLAN20。

6）为交换机 Switch3 改名为 S3，设置 S3 的明文密码为 a3，密文密码为 aa。

7）在 S3 上设置端口安全，使得只有 PC6 的数据包可以通过 S3 的 F0/1 端口。

8）修改 STP，指定 SW1 成为根交换机。

9）配置 SW1 为 VLAN10、VLAN20 的网关。

模块三 路由器配置与管理

第9章 认识路由器

路由器是一种多端口设备，各种端口用来连接各种各样的网络，其任务是转发分组。也就是说，路由器某个输入端口收到的分组，按照分组要去的目的地（即目的网络），将该分组从某个合适的输出端口转发给下一跳路由器。下一跳路由器也按照这种方法处理分组，直到该分组到达目的地为止。图9-1-1所示为一种典型的路由器结构。

图9-1-1 Cisco 1841 路由器正反两面的结构

路由器其实也是计算机，它的组成结构类似于任何其他计算机。第一台路由器是一台接口信息处理机（IMP），出现在美国国防部高级研究计划署网络（ARPAnet）中。IMP是一台Honeywell 316 小型计算机，1969 年 8 月 30 日，ARPAnet 在它的支持下开始运作。

9.1 路由器的组件

路由器中含有许多其他计算机中常见的硬件和软件组件。

（1）CPU

CPU 执行操作系统指令，如系统初始化、路由功能和交换功能。

（2）RAM

RAM 存储 CPU 所需执行的指令和数据。它是易失性存储器，如果路由器断电或重新启动，RAM 中的内容就会丢失。RAM 用于存储以下组件：

1）操作系统。启动时，操作系统（如 Cisco IOS）会复制到 RAM 中。

2）运行配置文件。这是存储路由器 IOS 当前所用的配置命令的配置文件。除几个特例外，路由器上配置的所有命令均保存于运行配置文件，此文件也称为 Running-config。

3）IP 路由表。此文件存储着直连网络以及远程网络的相关信息，用于确定转发数据包的最佳路径。

4）ARP 缓存。此缓存包含 IPv4 地址到 MAC 地址的映射，类似于 PC 上的 ARP 缓存。ARP 缓存用在有 LAN 接口（如以太网接口）的路由器上。

5）数据包缓冲区。数据包到达接口之后以及从接口送出之前，都会暂时存储在缓冲区中。

（3）ROM

ROM 是一种永久性存储器。Cisco 设备使用 ROM 来存储以下组件：

1）Bootstrap 指令。

2）基本诊断软件。

3）精简版 IOS。

ROM 使用的是固件，即内嵌于集成电路中的软件。固件包含一般不需要修改或升级的软件，如启动指令。许多类似功能（包括 ROM 监控软件）将在后续课程讨论。如果路由器断电或重新启动，ROM 中的内容不会丢失。

（4）Flash Memory

Flash Memory（闪存）是非易失性计算机存储器，可以电子的方式存储和擦除。闪存用作操作系统 Cisco IOS 的永久性存储器。在大多数 Cisco 路由器型号中，IOS 是永久性存储在闪存中的，在启动过程中才复制到 RAM，然后再由 CPU 执行。

如果路由器断电或重新启动，闪存中的内容不会丢失。

（5）NVRAM

NVRAM（非易失性 RAM）在电源关闭后不会丢失信息。这与大多数普通 RAM（如 DRAM）不同，后者需要持续的电源才能保持信息。NVRAM 被 Cisco IOS 用作存储启动配置文件（Startup-config）的永久性存储器。所有配置更改都存储于 RAM 的 Running-config 文件中（有几个特例除外），并由 IOS 立即执行。要保存这些更改以防路由器重新启动或断电，必须将 Running-config 复制到 NVRAM，并在其中存储为 Startup-config 文件。即使路由器重新启动或断电，NVRAM 也不会丢失其内容。

（6）操作系统

Cisco 路由器中的操作系统叫作互联网操作系统（Internetwork Operating System，IOS）。

与计算机上的操作系统一样，Cisco IOS 会管理路由器的硬件和软件资源，包括存储器分配、进程、安全性和文件系统。Cisco IOS 属于多任务操作系统，集成了路由、交换、网际网络及电信等功能。

虽然许多路由器中的 Cisco IOS 看似相同，但实际却是不同类型的 IOS 映像。IOS 映像是一种包含相应路由器完整 IOS 的文件。Cisco 根据路由器型号和 IOS 内部的功能，创建了许多不同类型的 IOS 映像。通常，IOS 内部的功能越多，IOS 映像就越大，因此就需要越多的闪存和 RAM 来存储和加载 IOS。例如，某些功能包括了运行 IPv6 的能力，或者能让路由器执行 NAT（网络地址转换）。

与其他操作系统一样，Cisco IOS 也有自己的用户界面。尽管有些路由器提供图形用户界面（GUI），但命令行界面（CLI）是配置 Cisco 路由器的最常用方法。

路由器启动时，NVRAM 中的 Startup-config 文件会复制到 RAM，并存储为 Running-config 文件。IOS 接着会执行 Running-config 中的配置命令。网络管理员输入的任何更改均存储于 Running-config 中，并由 IOS 立即执行。

9.2 路由器的启动过程

路由器的启动过程分为以下 4 个主要阶段，如图 9-2-1 所示。

1）执行 POST。

2）加载 Bootstrap 程序。

3）查找并加载 Cisco IOS。

4）查找并加载配置文件，或进入设置模式。

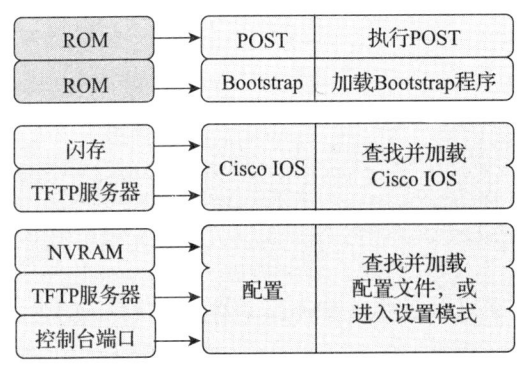

图 9-2-1　路由器启动过程

1. 执行 POST

加电自检（POST）几乎是每台计算机启动过程中必经的一个过程。POST 过程用于检测路由器硬件。当路由器加电时，ROM 芯片上的软件便会执行 POST。在这种自检过程中，路由器会通过 ROM 执行诊断，主要针对包括 CPU、RAM 和 NVRAM 在内的几种硬件组件。POST 完成后，路由器将执行 Bootstrap 程序。

2. 加载 Bootstrap 程序

POST 完成后，Bootstrap 程序将从 ROM 复制到 RAM。进入 RAM 后，CPU 会执行 Bootstrap 程序中的指令。Bootstrap 程序的主要任务是查找 Cisco IOS 并将其加载到 RAM。

注意：此时，如果有连接到路由器的控制台，会看到屏幕上开始出现输出内容，如图9-2-2所示。

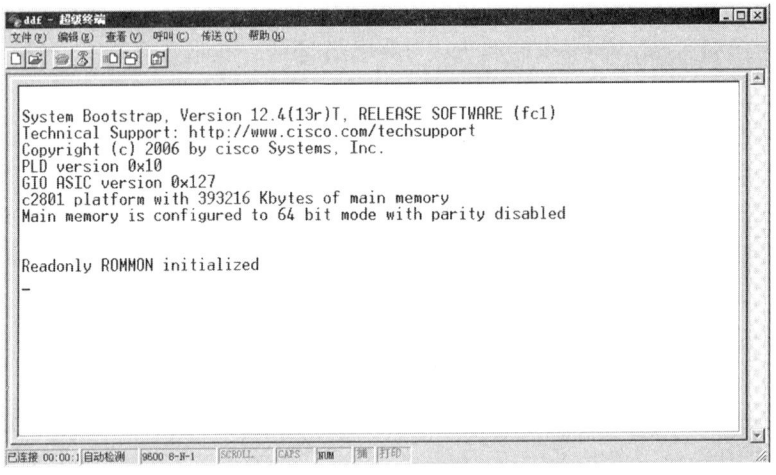

图 9-2-2　执行 Bootstrap 程序

3. 查找并加载 Cisco IOS

IOS 通常存储在闪存中，但也可能存储在其他位置，如 TFTP（简单文件传输协议）服务器上。要从闪存正常加载 IOS，配置寄存器应设置为 0x2102。如果不能找到完整的 IOS 映像，则会从 ROM 将精简版的 IOS 复制到 RAM 中。这种版本的 IOS 一般用于帮助诊断问题，也可用于将完整版的 IOS 加载到 RAM。

注意：TFTP 服务器通常用作 IOS 的备份服务器，也可充当存储和加载 IOS 的中心点。一旦 IOS 开始加载，就可能看到一串井号（#），如图9-2-3所示。

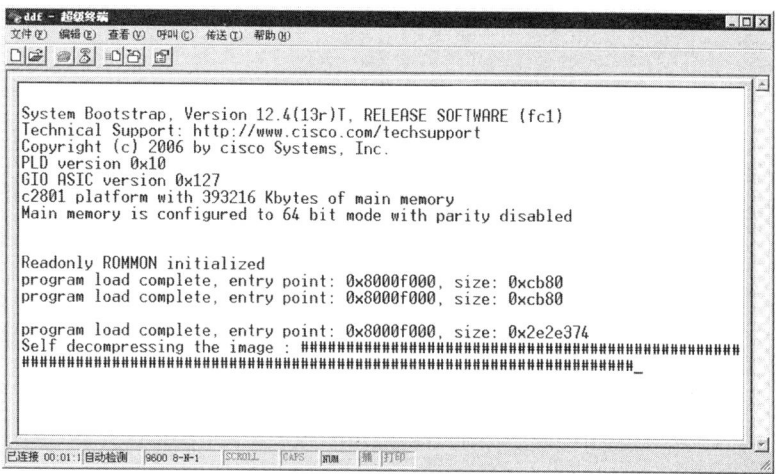

图9-2-3　加载IOS

4. 查找并加载配置文件

1）查找启动配置文件。如图9-2-4所示，IOS加载后，Bootstrap程序会搜索NVRAM中的启动配置文件（Startup-config）。此文件含有先前保存的配置命令以及参数，包括：

①接口地址。

②路由信息。

③口令。

④网络管理员保存的其他配置。

如果Startup-config文件位于NVRAM，则会将其复制到RAM作为运行配置文件（Running-config）。

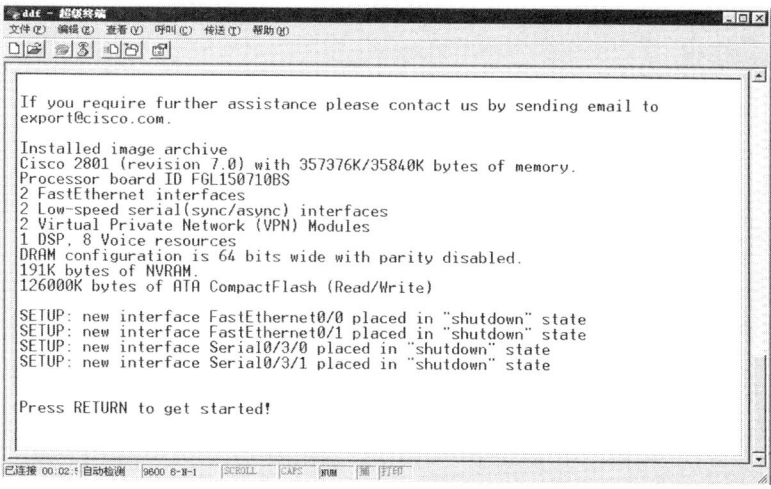

图9-2-4　加载配置文件

　注意：如果NVRAM中不存在启动配置文件，则路由器可能会搜索TFTP服务器。如果路由器检测到有活动链路连接到已配置路由器，则会通过活动链路发送广播，以搜索配置文件。这种情况会导致路由器暂停，但是最终会看到如下所示的控制台消息：

```
<router pauses here while it broadcasts for a configuration file across an active
link>
```

```
%Error opening tftp://255.255.255.255/network-confg(Timed out)
%Error opening tftp://255.255.255.255/cisconet.cfg(Timed out)
```

2）执行配置文件。如果在 NVRAM 中找到启动配置文件，则 IOS 会将其加载到 RAM 作为 Running-config 文件，并以一次一行的方式执行文件中的命令。Running-config 文件包含接口地址，并可启动路由过程以及配置路由器的口令和其他特性。如果不能找到启动配置文件，路由器会提示用户进入设置模式。

设置模式包含一系列问题，提示用户输入一些基本的配置信息。配置信息如下：

```
Continue with configuration dialog?[yes/no]:yes
Would you like to enter basic management setup?[yes/no]:yes
Configuring global parameters:
  Enter host name[Router]:R1
  The enable secret is a password used to protect access to  privileged EXEC and
configuration modes. This password, after  entered, becomes encrypted in the
configuration.
  Enter enable secret:class
  The enable password is used when you do not specify an  enable secret password,
with some older software versions,and  some boot images.
  Enter enable password:cisco
  The virtual terminal password is used to protect  access to the router over a
network interface.
  Enter virtual terminal password:cisco
Configure SNMP Network Management?[no]:

Current interface summary
Interface          IP-Address    OK?   Method   Status                   Protocol
FastEthernet0/0    unassigned    YES   manual   administratively down    down
FastEthernet0/1    unassigned    YES   manual   administratively down    down
Serial0/0/0        unassigned    YES   manual   administratively down    down
Serial0/0/1        unassigned    YES   manual   administratively down    down
Vlan1              unassigned    YES   manual   administratively down    down

  Enter interface name used to connect to the management network from the above
interface summary:FastEthernet0/0
  Configuring interface FastEthernet0/0:
    Configure IP on this interface?[yes]:yes
  IP address for this interface:192.168.1.1
    Subnet mask for this interface[255.255.255.0]:
The following configuration command script was created:
hostname R1
...
end
[0] Go to the IOS command prompt without saving this config.
[1] Return back to the setup without saving this config.
[2] Save this configuration to nvram and exit.
Enter your selection[2]:
...
Use the enabled mode'configure'command to modify this configuration.
```

```
Press RETURN to get started!
R1 >
```

注意：设置模式不适于复杂的路由器配置，网络管理员一般不会使用该模式。如果回答"yes"并进入设置模式，可随时按（Ctrl + C）组合键终止设置过程。

本书不介绍使用设置模式配置路由器。当提示进入设置模式时，请始终回答"no"。当启动不含启动配置文件的路由器时，会在 IOS 加载后看到以下问题：

```
Would you like to enter the initial configuration dialog? [yes/no]: no
```

不使用设置模式时，IOS 会创建默认的 Running-config 文件，其中包括路由器接口、管理接口以及特定的默认信息，不包含任何接口地址、路由信息、口令或其他特定配置信息。

根据平台和 IOS 的不同，路由器可能会在显示提示符前询问以下问题：

```
Would you like to terminate autoinstall? [yes]: <Enter>
Press the Enter key to accept the default answer.
Router >
```

一旦显示此提示符，路由器便开始以当前的运行配置文件运行 IOS，而网络管理员也可开始使用此路由器上的 IOS 命令。

5. 显示路由器信息

show version 命令用于检验路由器的基本硬件组件和软件组件，同时也可用于排查某些路由器基本硬件或软件故障。show version 命令会显示路由器当前所运行的 Cisco IOS 的版本信息、Bootstrap 程序版本信息以及硬件配置信息。show version 命令的输出如图 9-2-5 所示。

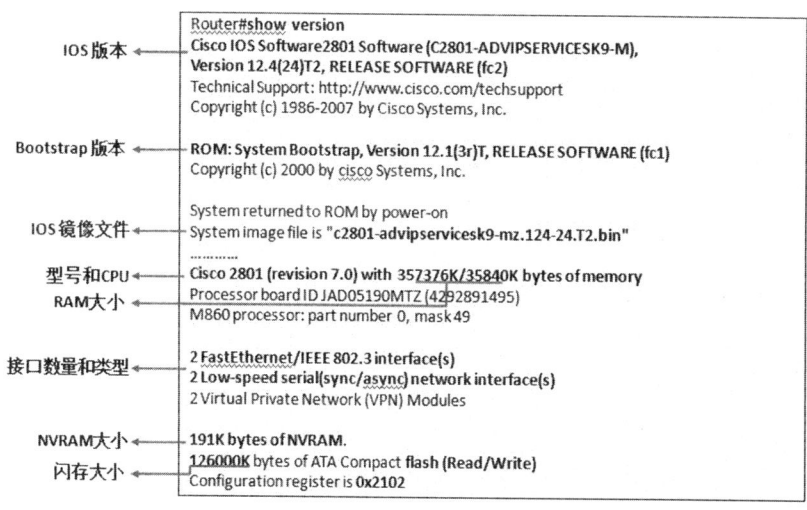

图 9-2-5 显示路由器的信息

1）IOS 版本：

```
Cisco IOS Software, 2801 Software (C2801-ADVIPSERVICESK9-M), Version 12.4(24)T2,
RELEASE SOFTWARE (fc2)
```

以上是 RAM 中的 Cisco IOS 软件版本，也正是路由器所用的软件版本。

2）ROM Bootstrap 程序：

```
ROM: System Bootstrap, Version 12.1(3r)T, RELEASE SOFTWARE (fc1)
```

以上显示了存储于 ROM 存储器的系统 Bootstrap 软件的版本，用于启动路由器。

3）IOS 位置及文件名：

```
System image file is " c2801-advipservicesk9-mz.124-24.T2.bin"
```

以上显示了 Bootstrap 程序在 Cisco IOS 中加载的位置，以及 IOS 映像的完整文件名。

4）CPU 和 RAM 大小：

```
Cisco 2801 (revision 7.0) with 357376K/35840K bytes of memory.
Processor board ID FGL150710BS
```

以上前面部分显示的是该路由器的 CPU 类型。后面部分显示的是 DRAM 的大小。某些系列的路由器（如 2800）使用 DRAM 中的一段作为数据包存储器，该存储器用于缓冲数据包。

路由器上的总 DRAM 大小，是将两个数字相加。在本例中，Cisco 2811 路由器有 357376 KB 的可用 DRAM 用于临时存储 Cisco IOS 和其他系统进程，其余 35840 KB 专用作数据包存储器，二者相加之和为 393216KB，即总共 384MB 的 DRAM。

注意：升级 IOS 时，可能需要升级 RAM 大小。

5）接口：

```
2 FastEthernet/IEEE 802.3 interface(s)
2 Low-speed serial(sync/async) network interface(s)
2 Virtual Private Network (VPN) Modules
```

以上显示的是路由器上的物理接口：两个 FastEthernet/IEEE 802.3 接口；两个低速串行（同步/异步）网络接口；两个虚拟专用网络模块。

在本例中，Cisco 2800 路由器有两个快速以太网接口和两个低速串行接口、两个虚拟专用网络模块。

6）NVRAM 大小：

```
191K bytes of NVRAM.
```

路由器上 NVRAM 的大小。NVRAM 用于存储 Startup-config 文件。

7）闪存大小：

```
126000K bytes of processor board System flash (Read/Write)
```

路由器上闪存的大小。闪存用于永久存储 Cisco IOS。

注意：升级 IOS 时，可能需要升级闪存大小。

8）配置寄存器：

```
Configuration register is 0x2102
```

配置寄存器的出厂默认设置是 0x2102。此值表示路由器会从闪存加载 Cisco IOS 软件映像，从 NVRAM 加载启动配置文件。

案例情境：路由器第一次启动时会进入设置模式，以便用户执行基本路由器配置。因此只能配置一个接口来连接到管理系统，从而通过该系统执行其余配置。路由器 R1 是网络已有的路由器。清除其上的所有现有配置，并使用设置模式将它连接到路由器 R2。

解决方案：清除所有现有配置；查看路由器版本；使用设置模式配置路由器。

具体步骤：

（1）清除所有现有配置

访问路由器 R1。在 CLI 选项卡下，发出 enable 命令以进入特权执行模式。使用命令 erase startup-config 清除所有现有配置，并对出现的提示予以确认。

```
Router#erase startup-config
```

（2）重启路由器，观察路由器启动全过程

```
Router# reload
```

（3）使用设置模式配置路由器

1）输入设置信息。

①输入"yes"确认使用配置对话框。

②键入"yes"以便输入基本管理设置（这是 Packet Tracer 支持的唯一选项）。

③输入"R1"作为主机名。

④输入"class"作为使能加密口令。

⑤输入"cisco"作为使能口令。

⑥输入"cisco"作为虚拟终端口令。

⑦输入"FastEthernet0/0"作为用来连接到管理网络的接口。

⑧确认该接口上的 IP 配置。

⑨输入"192.168.1.1"作为该接口的 IP 地址。

⑩接受默认子网掩码。

⑪接受默认设置以将此配置保存到 NVRAM 中并退出。

2）检查设置结果。

```
R1#show running-config
```

3）查看路由器版本，包括路由器 CPU、内存、闪存和 IOS。

```
R1#show version
```

9.3　路由器的工作原理

路由器是网络的核心，主要负责连接各个网络，它的功能包括：

1）确定发送数据包的最佳路径。

2）将数据包转发到目的地。

路由器通过获知远程网络和维护路由信息来进行数据包的转发。它被用来连接多个网络，每个接口属于不同的 IP 网络。当路由器从某个接口收到 IP 数据包时，它会确定使用哪个接口来将该数据包转发到目的地。路由器用于转发数据包的接口可以位于数据包的最终目的网络（即具有该数据包目的 IP 地址的网络），也可以位于连接到其他路由器的网络（用于送达目的网络）。

路由器使用路由表来查找数据包的目的 IP 与路由表中网络地址之间的最佳匹配。路由表最后会确定用于转发数据包的送出接口，然后路由器会将数据包封装为适合该送出接口的数据帧。同主机一样，路由器也要判定端口所接的是否是目的子网，如果是，就直接把分组通过端口送到网络上，否则就要选择下一个路由器不传送分组。路由器也有它的默认网关，用来传送不知道往哪儿送的 IP 分组。这样，通过路由器把已知路径的 IP 分组正确转发出去，把不知道路径的 IP 分组发送给"默认网关"路由器，这样一级级地传送，IP 分组最终被送到目的地，发送不到目的地的 IP 分组则被网络丢弃。

目前 TCP/IP 网络之间，全部是通过路由器互连起来的，Internet 就是成千上万个 IP 子网通过路由器互连起来的国际性网络。这种网络称为"网间网"。在"网间网"中，路由器不仅负责对 IP 分组的转发，还要负责与别的路由器进行联络，共同确定"网间网"的路由选择和路由表的维护。

9.3.1　路由器的端口和接口

术语"端口（Port）"用在路由器上时，正常情况下它是指用户管理访问的一个管理端口。而术语"接口（Interface）"一般是指有能力发送和接收用户流量的口，如图 9-3-1 所示。

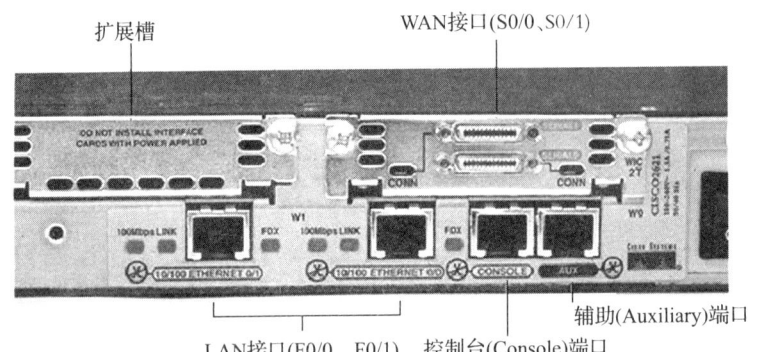

扩展槽　　　　　　　　　　WAN接口(S0/0、S0/1)

辅助(Auxiliary)端口

LAN接口(F0/0、F0/1)　控制台(Console)端口

图 9-3-1　路由器接口

1. 管理端口

路由器包含用于管理路由器的物理接口，这些接口也称为管理端口。与以太网接口和串行接口不同，管理端口不用于转发数据包。最常见的管理端口是控制台（Console）端口。控制台端口用于连接终端（多数情况是运行终端模拟器软件的 PC），从而在无须通过网络访问路由器的情况下配置路由器。对路由器进行初始配置时，必须使用控制台端口。

另一种管理端口是辅助（Auxiliary）端口。并非所有路由器都有辅助端口。有时，辅助端口的使用方式与控制台端口类似，此外，此端口也可用于连接调制解调器。

2. 路由器接口

接口在路由器中表示主要负责接收和转发数据包的路由器物理接口。路由器有多个接口，用于连接多个网络。通常，这些接口连接到多种类型的网络，如用于连接局域网（LAN）和广域网（WAN）。LAN 通常为以太网，其中包含各种设备，如 PC、打印机和服务器；而 WAN 用于连接分布在广阔地域中的网络，如图 9-3-2 所示，WAN 连接通常用于将 LAN 连接到 Internet 服务提供商（ISP）网络。

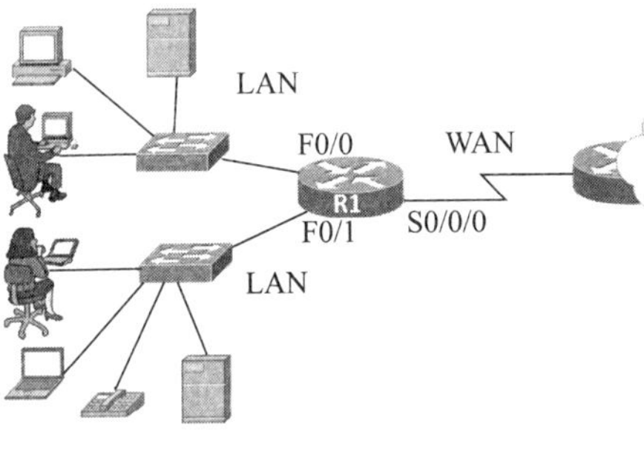

路由器支持多种不同类型的接口，最常见的有以下两种。

图 9-3-2　路由器不同接口连接的不同网络

（1）串行接口

串行接口用于连接路由器与外部网络，这些网络通常分布在距离较为遥远的地方。在现实环境的 WAN 连接中，用户驻地设备（CPE）（通常是一台路由器）是数据终端设备（DTE）。该设备通过数据线路终端设备（DCE）连接到服务提供商，数据线路终端设备通常是调制解调器或通道服务单元（CSU）/数据服务单元（DSU），如图 9-3-3所示。该设备用于将来自 DTE 的数据转换成 WAN 服务提

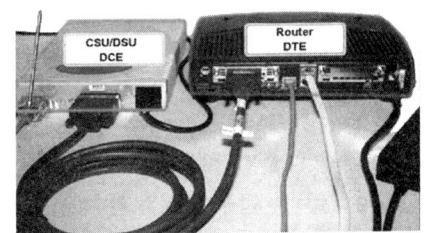

图 9-3-3　DCE 与 DTE

供商可接受的格式。与实例中使用的电缆不同，真实环境中的串行电缆并不是直接的背对背连接。其中一台路由器可能在纽约，而另一台路由器可能在北京。进行故障排除时，北京的管理员需要通过 WAN 网云连接到位于纽约的路由器。

在本实例中，使用背对背连接的 DTE-DCE 电缆来模拟构成 WAN 网云的设备。路由器之间的 WAN 连接使用一根 DCE 电缆和一根 DTE 电缆。路由器之间的 DCE-DTE 连接称作 Null 串行电缆。是使用一根 V.35 DCE 电缆和一根 V.35 DTE 电缆模拟 WAN 连接。V.35 DCE 连接器通常是插孔式 V.35（34 针）连接器。DTE 电缆带有插头型 V.35 连接器。电缆上连接路由器的一端也标有 DCE 或 DTE，如图 9-3-4 所示。

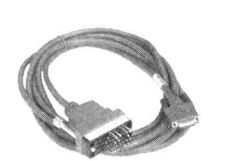

图 9-3-4　V.35 DCE 连接器（插孔式）与 V.35DTE 连接器（针式）

（2）以太网接口

基于以太网的 LAN 环境中使用另外一种连接器。用来连接 LAN 接口的连接器中，最为常见的是用于非屏蔽双绞线（UTP）电缆的 RJ-45 接头（俗称水晶头）。在 UTP 电缆的每一端，都可以看到 8 个颜色各异的管子（即引脚）。以太网电缆使用引脚 1、2、3 和 6 来收发数据，如图 9-3-5所示。

以太网 LAN 接口可使用以下两种类型的电缆：

1）直通电缆这种电缆两端的彩色引脚的顺序完全一致。

2）交叉电缆这种电缆的引脚 1 与引脚 3 连接，引脚 2 与引脚 6 连接。

图 9-3-5　以太网 RJ-45 接头

9.3.2　路由器的基本配置

配置路由器时，需要执行一些基本命令，见表 9-3-1。

表 9-3-1　路由器基本配置命令

功能	命令语法
用户模式	Router＞enable
特权模式	Router#config t
全局模式	Router（config）#
命名路由器	Router（config）#hostname name
设置口令	Router（config）#enable secret password Router（config）#line console 0 Router（config-line）#password password Router（config-line）#login Router（config）#line vty 0 4 Router（config-line）#password password Router（config－line）#login
配置当天消息标识	Router（config）#banner motd # message#

（续）

功能	命令语法
配置接口	Router (config)#interface type number Router (config-if)#ip address address mask Router (config-if)#description description Router (config-if)#no shutdown
保存路由器更改	Router# copy running-config startup-config
检查 show 命令的输出	Router#show running-config Router#show ip route Router#show ip interface brief Router#show interface

1. 命令行模式

1）用户模式：启动路由器后的第一个提示符出现在用户模式。

```
Router >
```

用户模式可查看路由器状态，但不能修改其配置。

2）特权模式：用 enable 命令进入特权执行模式。在此模式下，用户可以更改路由器的配置。路由器提示符在此模式下将从"＞"更改为"#"。

```
Router >enable
Router #
```

3）全局模式：用 config terminal 命令进入全局模式。在此模式下，可以设置口令、更改主机名等。

```
Router # conf t
Router (config)#
```

注意：要退到上一级模式，用 exit 命令。

2. 路由器基本配置

1）配置口令：配置一个用于稍后进入特权执行模式口令。在实验室环境中，采用口令 class；但是在生产环境中，路由器应采用强口令。

```
Router(config)#enable secret class
```

2）更改主机名：为路由器设置唯一的主机名。

```
Router(config)#hostname R1
R1(config)#
```

然后，将控制台和 Telnet 的口令配置为 cisco。同样，口令 Cisco 仅在实验室环境中使用。login 命令用于对命令行启用口令检查。如果不在控制台命令行中输入 login 命令，那么用户无须输入口令即可获得命令行访问权。

```
R1(config)#line console 0
R1(config-line)#password cisco
R1(config-line)#login
R1(config-line)#exit
R1(config)#line vty 0 4
```

```
R1(config-line)#password cisco
R1(config-line)#login
R1(config-line)#exit
```

3. 配置标语

在全局配置模式下，配置当天消息（MOTD）标语。消息的开头和结尾要使用定界符"#"。

```
R1(config)#banner motd #WARNING!! Unauthorized Access Prohibited!! #
```

配置适当的标题也是良好安全性规划的有机组成部分。至少，标题应针对未授权的访问发出警告。

4. 配置路由器接口

下面来配置每个路由器接口的 IP 地址和其他信息。首先指定接口类型和编号以进入接口配置模式，然后配置 IP 地址和子网掩码。

```
R1(config)#interface FastEthernet0/0
R1(config-if)#ip address 192.168.1.1 255.255.255.0
R1(config-if)#no shutdown //启用接口

R1(config)#interface Serial0/0/0
R1(config-if)#ip address 220.173.103.1  255.255.255.0
R1(config-if)#description Link to R2 //描述用于连接 R2
R1(config-if)#no shutdown
```

注意：在实验室环境中进行点对点串行链路布线时，电缆的一端标记为 DTE，另一端标记为 DCE。对于串行接口连接到电缆 DCE 端的路由器，其对应的串行接口上需要另外使用 clock rate 命令配置。

每个接口必须属于不同的网络。尽管 IOS 允许在两个不同的接口上配置来自同一网络的 IP 地址，但路由器不会同时激活两个接口。

例如，如果为 R1 的 FastEthernet0/1 接口配置 192.168.1.0/24 网络上的 IP 地址，会出现什么情况呢？FastEthernet0/0 已分配到同一网络上的地址，如果为接口 FastEthernet0/1 也配置属于这一网络的 IP 地址，则会收到以下消息：

```
R1(config)#interface FastEthernet0/1
R1(config-if)#ip address 192.168.1.2 255.255.255.0
192.168.1.0 overlaps with FastEthernet0/0
```

如果尝试使用 no shutdown 命令启用该接口，则会收到以下消息：

```
R1(config-if)#no shutdown
192.168.1.0 overlaps with FastEthernet0/0
FastEthernet0/1: incorrect IP address assignment
```

注意：show ip interface brief 命令的输出表明，为 192.168.1.0/24 网络配置的第二个接口 FastEthernet0/1 仍然为 down（关闭）状态。

```
R1# show ip interface brief
Interface        IP-Address      OK?  Method  Status                  Protocol
FastEthernet0/0  192.168.1.1     YES  manual  up                      up
FastEthernet0/1  192.168.1.2     YES  manual  administratively down   down
...
```

解决方法：设计成另一个不同的网络。

```
R1(config)#interface FastEthernet0/1
R1(config-if)#ip address 192.168.2.1 255.255.255.0
R1(config-if)#no shutdown
```

5. 保存路由器更改

目前在本示例中，所有先前的基本路由器配置命令都已输入并立即存储于 R1 的运行配置文件内。Running-config 文件存储于 RAM 中，是由 IOS 使用的配置文件，但断电丢弃。

```
R1#show running-config
```

既然已经输入基本配置命令，就必须将 Running-config 文件保存到非易失性存储器，即路由器的 NVRAM 中。这样，路由器在断电或出现意外而重新加载时，才能够以当前配置启动。路由器配置完成并经过测试后，必须将 Running-config 文件保存到 Startup-config 文件中作为永久性配置文件。

在特权模式下用 copy running-config startup-config 或者 write 命令保存路由器的更改。

```
R1# copy running-config startup-config
```

6. 检查 show 命令的输出

```
R1#show running-config
```

此命令会显示存储在 RAM 中的当前运行中配置。除几个特例外，所有用到的配置命令都会输入到 Running-config 文件，并由 IOS 立即执行。

```
R1#sh run
Building configuration...
Current configuration : 1850 bytes
!
version 12.4
no service timestamps log datetime msec
no service timestamps debug datetime msec
no service password-encryption
!
hostname R1
!
enable password cisco
spanning-tree mode pvst
!
interface FastEthernet0/0
ip address 192.168.1.1 255.255.255.0
duplex auto
speed auto
!
interface FastEthernet0/1
ip address 192.168.2.1 255.255.255.0
duplex auto
speed auto
!
interface Serial0/0/0
```

```
ip address 220.173.103.1 255.255.255.224
clock rate 2000000
!
interface Serial0/0/1
no ip address
clock rate 2000000
shutdown
...
line con 0
password cisco
login
line vty 0 4
password cisco
login
R1#show startup-config
```

此命令会显示存储在 NVRAM 中的启动配置文件。此文件中的配置将在路由器下次重新启动时用到。

```
R1#show startup
Building configuration...
Current configuration : 1850 bytes
!
version 12.4
no service timestamps log datetime msec
no service timestamps debug datetime msec
no service password-encryption
!
hostname R1
!
enable password cisco
spanning-tree mode pvst
!
interface FastEthernet0/0
  ip address 192.168.1.1 255.255.255.0
  duplex auto
  speed auto
!
interface FastEthernet0/1
  ip address 192.168.2.1 255.255.255.0
  duplex auto
  speed auto
!
interface Serial0/0/0
  ip address 220.173.103.1 255.255.255.224
  clock rate 2000000
!
interface Serial0/0/1
  no ip address
```

```
   clock rate 2000000
   shutdown
…
line con 0
   password cisco
   login
line vty 0 4
   password cisco
   login
```

show ip route 命令会显示 IOS 当前在选择到达目的网络的最佳路径时所使用的路由表。此处，R1 只包含经过自身接口到达直连网络的路由。

```
R1#show ip route
Codes: C - connected, S - static, I - IGRP, R - RIP, M - mobile, B - BGP
       D - EIGRP, EX - EIGRP external, O - OSPF, IA - OSPF inter area
       N1 - OSPF NSSA external type 1, N2 - OSPF NSSA external type 2
       E1 - OSPF external type 1, E2 - OSPF external type 2, E - EGP
       i - IS-IS, L1 - IS-IS level-1, L2 - IS-IS level-2, ia - IS-IS inter area
       * - candidate default, U - per-user static route, o - ODR
       P - periodic downloaded static route

Gateway of last resort is not set

C    192.168.1.0/24 is directly connected, FastEthernet0/0
C    192.168.2.0/24 is directly connected, FastEthernet0/1
     220.173.103.0/27 is subnetted, 1 subnets
C    220.173.103.0 is directly connected, Serial0/0/0
R1#
```

show interfaces 命令会显示所有的接口配置参数和统计信息。

```
R1#show interfaces
FastEthernet0/0 is up, line protocol is up (connected)
Hardware is Lance, address is 00d0.978e.5801 (bia 00d0.978e.5801)
Internet address is 192.168.1.1/24
MTU 1500 bytes, BW 100000 Kbit, DLY 100 usec,
reliability 255/255, txload 1/255, rxload 1/255
Encapsulation ARPA, loopback not set
ARP type: ARPA, ARP Timeout 04:00:00,
Last input 00:00:08, output 00:00:05, output hang never
Last clearing of "show interface" counters never
Input queue: 0/75/0 (size/max/drops); Total output drops: 0
Queueing strategy: fifo
Output queue :0/40 (size/max)
5 minute input rate 0 bits/sec, 0 packets/sec
5 minute output rate 0 bits/sec, 0 packets/sec
0 packets input, 0 bytes, 0 no buffer
Received 0 broadcasts, 0 runts, 0 giants, 0 throttles
0 input errors, 0 CRC, 0 frame, 0 overrun, 0 ignored, 0 abort
0 input packets with dribble condition detected
0 packets output, 0 bytes, 0 underruns
```

```
0 output errors, 0 collisions, 1 interface resets
0 babbles, 0 late collision, 0 deferred
- -More - -
```

show ip interface brief 命令会显示简要的接口配置信息，包括 IP 地址和接口状态。此命令是排除故障的实用工具，也可以快速确定所有路由器接口状态。

```
R1# show ip int brief
Interface          IP-Address      OK?  Method Status                 Protocol
FastEthernet0/0    192.168.1.1     YES  manual up                     up
FastEthernet0/1    192.168.2.1     YES  manual up                     up
Serial0/0/0        220.173.103.1   YES  manual up                     up
Serial0/0/1        unassigned      YES  unset  administratively down   down
```

练习：　配置并检验 R1。

参见配套素材文件"配置并检验路由器.pka"。

1）配置 R1。

2）使用 show 命令检验配置。

练习拓扑如图 9-3-6 所示。

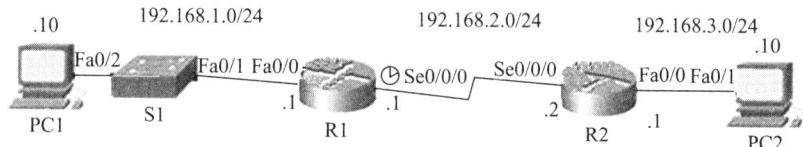

图 9-3-6　练习拓扑图

9.4　路由表

路由器的主要用途是连接多个网络，并将数据包转发到自身的网络或其他网络。由于路由器的主要转发决定是根据第三层 IP 数据包（即根据目的 IP 地址）做出的，因此路由器被视为第三层设备。做出决定的过程称为路由，做出决定的依据是路由表。

路由表是保存在 RAM 中的数据文件，其中存储了与直连网络以及远程网络相关的信息。路由表包含网络与下一跳的关联信息。

直连网络就是直连到路由器某一接口的网络。当路由器接口配置有 IP 地址和子网掩码时，此接口即成为该相连网络的主机。接口的网络地址和子网掩码以及接口类型和编号都将直接输入路由表，用于表示直连网络。

远程网络就是间接连接到路由器的网络。换言之，远程网络就是必须通过将数据包发送到其他路由器才能到达的网络。要将远程网络添加到路由表中，可以使用动态路由协议，也可以通过配置静态路由来实现。动态路由是路由器通过动态路由协议自动获知的远程网络路由。静态路由是网络管理员手动配置的网络路由，如图 9-4-1 所示。

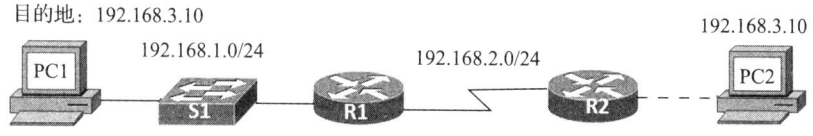

图 9-4-1　查看路由表拓扑

路由表可以表示为一个（N，M，R）三元组，其中 N 表示目的网络地址，M 表示子网掩码，R 表示去往目的网络 N 的路径上的下一个路由器的 IP 地址，见表9-4-1。

表 9-4-1　R1 的路由表

目标网络（N）	子网掩码（M）	下一路由器（R）
192.168.1.0	255.255.255.0	—
192.168.2.0	255.255.255.0	—
192.168.3.0	255.255.255.0	192.168.2.2

路由器在收到数据包时会检查其目的 IP 地址。如果目的 IP 地址不属于路由器直连的任何网络，则路由器会将该数据包转发到另一路由器。如图 9-4-1 所示，R1 会检查数据包的目的 IP 地址。搜索路由表后，R1 将数据包转发到 R2。R2 收到数据包后，也会检查该数据包的目的 IP 地址。R2 在搜索自身的路由表后，将数据包通过与 R2 直连的以太网转发到 PC2。

每个路由器在收到数据包后，都会搜索自身的路由表，寻找数据包目的 IP 地址与路由表中网络地址的最长匹配。如果找到匹配项，就将数据包封装到对应外发接口的第二层数据链路帧中。最后，数据包到达与目的 IP 地址相匹配的网络中的路由器。

最长匹配原则是 Cisco IOS 路由器默认的路由查找方式。当路由器收到一个 IP 数据包时，会将数据包的目的 IP 地址与自己本地路由表中的表项进行逐位查找，直到找到匹配度最长的条目。例如，数据包的目的地址为 172.16.2.10/24。

```
S  172.16.1.0/24  [01/0]  via  192.168.13.1
S  172.16.2.0/24  [01/0]  via  192.168.13.2
S  172.16.0.0/16  [01/0]  via  192.168.23.1
```

在上例中，路由器查找路由表，由于根据最长匹配原则，172.16.2.0/24 这个条目匹配度最高，因此数据包从下一跳 192.168.13.2 转发给下一个路由器。

查看图 9-4-1 所示的路由表。

```
R1#showip route
Codes: C - connected, S - static, I - IGRP, R - RIP, M - mobile, B - BGP
       D - EIGRP, EX - EIGRP external, O - OSPF, IA - OSPF inter area
       N1 - OSPF NSSA external type 1, N2 - OSPF NSSA external type 2
       E1 - OSPF external type 1, E2 - OSPF external type 2, E - EGP
       i - IS-IS, L1 - IS-IS level-1, L2 - IS-IS level-2, ia - IS-IS inter area
       * - candidate default, U - per-user static route, o - ODR
       P - periodic downloaded static route
Gateway of last resort is not set

C   192.168.1.0/24 is directly connected, FastEthernet0/0
C   192.168.2.0/24 is directly connected, Serial0/0/0
S   192.168.3.0/24 [1/0] via 192.168.2.2
```

分析路由表的输出行：

```
C   192.168.1.0/24 is directly connected, FastEthernet0/0
```

路由开头部分的 C 表示这是一个直连网络。也就是说，R1 有一个接口属于该网络 192.168.1.0，子网掩码/24 标识这个网络的网络位数为 24 位，FastEthernet 0/0 表示送出接口。C 的含义在路由表顶端的代码列表中进行了定义。

```
C    192.168.2.0/24 is directly connected, Serial0/0/0
```

192.168.2.0/24 也是一个直连网络，送出接口 Serial0/0/0。

```
S    192.168.3.0/24 [1/0] via 192.168.2.2
```

路由开头部分的 S 表示这是一个静态的远程网络。也就是说，R1 要到达目的网络 192.168.3.0/24 需经过下一路由器 192.168.2.2。192.168.2.2 是下一跳路由器 R2 的 IP 地址。S 的含义在路由表顶端的代码列表中进行了定义。

9.5　路由器的选择原则

路由器的价钱从几百元到上百万不等，企业该如何选择路由器呢？这实质上是路由器的分类问题。通常大家根据路由器的性能和所适应的环境，把路由器分为低端、中端和高端，这是一种约定俗成的做法，没有严格定义。下面以市场占有率最高的 Cisco 产品为例来说明，因为很多厂家的产品也和 Cisco 的产品有类似的划分方法。

1. 路由器的分类

Cisco 路由器产品线很长，如图 9-5-1 所示。

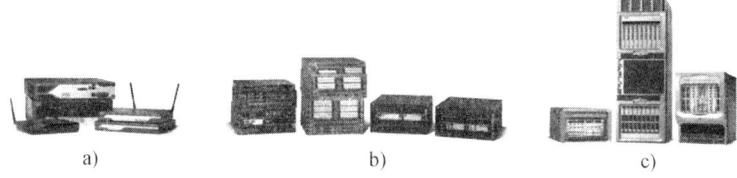

图 9-5-1　Cisco 产品的分类

a）小型办公网路由器　　b）中小型企业网路由器　　c）WAN 网高端路由器

1）低端路由器：主要适用在分级系统中最低一级的应用，或者中小企业的应用，产品档次应该相当于 Cisco 的 2600 系列以下的产品。至于具体选用哪个档次的路由器，应该根据用户自己的需求来决定，其中考虑的主要因素除了包交换能力外，端口数量也非常重要。

2）中端路由器：中端路由器适用于大中型企业和 Internet 服务供应商，或者行业网络中地市级网点的应用，产品的档次应该相当于 Cisco 的模块化 3600 系列，在 Cisco 7200 系列以下，选用的原则也是考虑端口支持能力和包交换能力。

3）高端路由器：高端路由器主要是应用在核心和骨干网络上的路由器，端口密度要求极高，产品的档次应该相当于 Cisco 的 7600 系列、12000 系列和 CRS-1 的产品。选用高端路由器的时候，性能因素显得更加重要。

另外，按照不同的标准，路由器又有不同的划分方式，如从结构上看，可分为模块化结构和非模块化结构；从所处的网络位置上看，分核心路由器和接入路由器（边缘路由器）；从功能上看，可分为通用路由器和专用路由器（如 VPN 路由器、宽带接入路由器）；从处理能力上看，可分为线速路由器和非线速路由器。通常情况下，中高端路由器采用模块化结构、处于网络的核心、具有线速处理能力，低端路由器则相反。

2. 路由器的选择原则

对于用户来讲，要根据自己的实际使用情况，首先确定是选择接入级、企业级还是骨干级路由器，这是用户选择的大方向。然后，再根据路由器选择方面的基本原则，来确定产品的基本性能要求。具体来讲，应依据以下选型基本原则和可靠性要求进行选择。

可靠性是指故障恢复能力和负载承受能力，路由器的可靠性主要体现在接口故障和网络流量增大时的适应能力，保证这种适应能力的方式就是备份。

可靠性也是选择路由器应该考虑最多的问题，因为路由器的安全可靠实际上就是网络安全可靠的一半。另外一些大的原则可包括设备是否标准化、可管理能力如何、系统容错冗余怎样以及安全性如何。

核心路由器在网络中起核心作用，选择核心路由器重点要注重可靠性，可靠性包括多个方面，如硬件冗余、模块热插拔等。和可靠性同样重要的是核心路由器的性能。性能方面除了要考察具体指标外，还要考察是否具有真正的线速处理能力，这也在很大程度上影响着网络的性能。有些厂商号称具有线速能力的路由器实际上达不到线速，所以在这方面可以看一看第三方的评测报告。另外，还要考虑厂商实力，因为这不仅仅预示着产品自身的可靠，同时还预示着在服务能力上的可靠。

边缘路由器一般服务于企业的分支机构，对于仅需要简单的信息传输（如主要以邮件为主，不需要传输一些关键业务）的用户而言，一些基本的边缘路由器就能胜任，也就无须花"高价"买"高档品"。但是对于一些分支机构需要实现传输语音以及视频等关键业务的用户而言（如跨国机构、行业用户、大型企业等），情况就不那么简单了，这些业务要求网络设备除了具备传统的数据传输、包交换功能之外，还要支持数据分类、优先级控制、用户识别和快速自愈等特性，这就要求边缘路由器要"智能"。具体来讲，QoS 能力、组播技术、安全和管理性都要具备。同时，随着语音应用的发展，是否支持语音功能也要视自己的应用情况来决定。

除了考虑路由器本身的性能外，还要考虑路由器的售后服务。好的售后服务也是网络正常运行的重要保证。

9.6　实训：路由器基本配置

1. 实训目标

1）在路由器上执行基本配置任务拓扑图如图 9-6-1 所示。

2）配置并激活以太网接口和串行接口。

3）测试并检验配置。

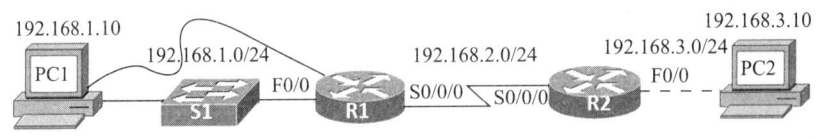

图 9-6-1　实训拓扑图

2. 实训内容

地址表见表 9-6-1。

表 9-6-1　地址表

设备	接口	IP 地址	子网掩码	默认网关
R1	F0/0	192.168.1.1	255.255.255.0	不适用
	S0/0/0	192.168.2.1	255.255.255.0	不适用
R2	F0/0	192.168.3.1	255.255.255.0	不适用
	S0/0/0	192.168.2.2	255.255.255.0	不适用
PC1	网卡	192.168.1.10	255.255.255.0	192.168.1.1
PC2	网卡	192.168.3.10	255.255.255.0	192.168.3.1

3. 实训步骤

（1）建立到 R1 路由器的控制台连接

控制台端口是一个管理端口，通过该端口能够对路由器进行带外访问。该端口用于设置路由器的初始配置并对其进行监控。将控制台电缆连接到路由器和 PC。

打开超级终端软件——SecureCRT，如图 9-6-2 所示，按以下步骤进行设置。

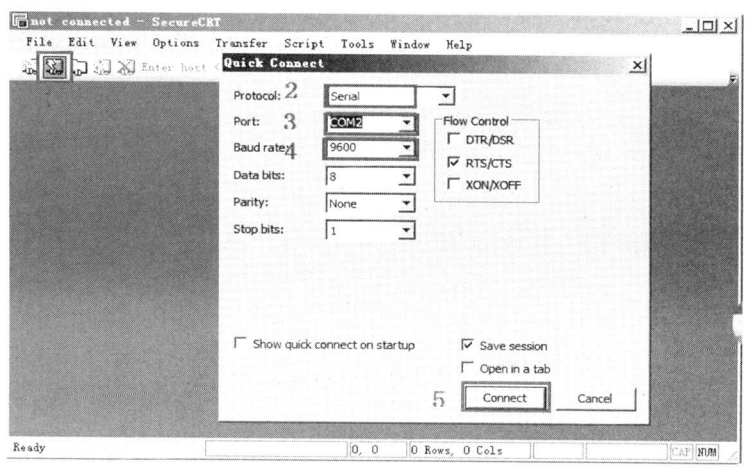

图 9-6-2　CRT 设置

1）建立快速连接。

2）选择协议——Serial。

3）选择计算机连接端口，如果控制线连接计算机的 COM1 端口，则选择 COM1，如果控制线连接的是 USB 接口，则根据安装驱动来选择相应的端口。

4）选择波特率——9600，大多数设备的默认波特率为 9600。

5）单击"Connect"按钮。

（2）清除配置并重新加载路由器

```
Router#erase startup-config
Router#reload
System configuration has been modified. Save? [yes/no]: no　　//不保存
Proceed with reload? [confirm]　　　　//按 <Enter> 键确认
```

（3）对路由器 R1 进行基本配置

1）将路由器名称配置为 R1。

```
R1(config)#hostname R1
```

2）禁用 DNS 查找。

```
R1(config)#no ip domain-lookup
```

3）配置特权模式口令。使用 class 配置特权模式口令。

4）配置当天消息标语。使用"AUTHORIZED ACCESS ONLY!"配置当天消息标语。

5）配置控制台口令。使用 cisco 命令配置控制台口令。

6）为虚拟终端线路配置口令。使用 cisco 作为口令。

7）配置 F0/0 接口。使用 IP 地址 192.168.1.1/24 配置 F0/0 接口，并激活接口。

8）配置 S0/0/0 接口。使用 IP 地址 192.168.2.1/24 配置 S0/0/0 接口，并激活接口。将时钟频率设置为 64000。

9）返回特权执行模式。使用 end 命令或者 < Ctrl + Z > 组合键返回特权执行模式。

10）保存 R1 配置。使用 copy run sta 命令保存 R1 配置。

（4）对路由器 R2 进行基本配置

（5）配置 PC 上的 IP 地址

（6）检验并测试配置

```
R1# show ip route    //检验路由表
R1#show ip interface brief      //检验接口配置
```

测试连通性。

思考：试一试从 PC1ping PC2。ping 的结果怎样？为什么？

第10章　静态路由实现网络互连

路由是所有数据网络的核心所在，它的用途是通过网络将信息从源传送到目的地。路由器是负责将数据包从一个网络传送到另一个网络的设备。

前面的章节中已介绍过，路由器获知远程网络的方式有两种：使用路由协议动态获知，或通过手工输入信息的静态路由。在许多情况下，路由器结合使用动态路由协议和静态路由。下面着重介绍静态路由。

10.1　静态路由

路由器是一种专门用途的计算机，在所有数据网络的运作中都扮演着极为重要的角色。路由器使用路由表来查找数据包的目的 IP 与路由表中网络地址之间的最佳匹配。路由表最后确定用于转发数据包的送出接口，然后路由器会将数据包封装为适合该送出接口的数据链路帧发送到一下个节点。

以图 10-1-1 所示静态网络拓扑为例，首先执行网络初始路由器配置，完成基本配置之后，测试网络设备间的连通性：首先测试直连设备之间的连接，然后测试非直连设备之间的连通性。要使网络主机之间能够实现端到端通信，必须在路由器上配置静态路由。

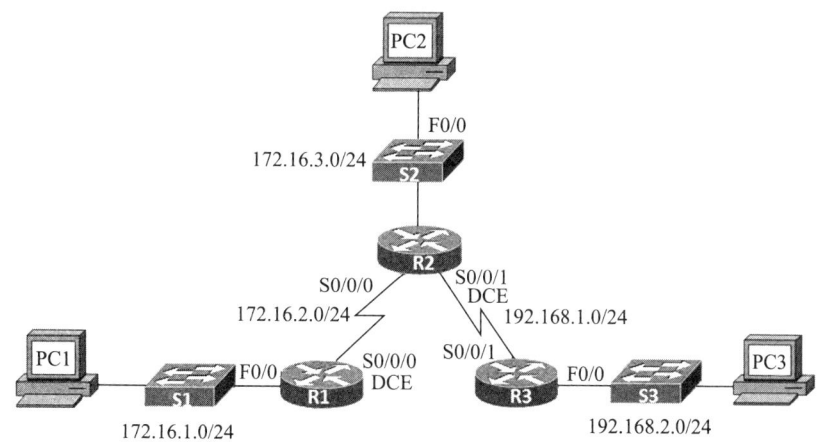

图 10-1-1　静态路由拓扑

该拓扑结构包含 3 台路由器，分别为 R1、R2 和 R3。路由器 R1 和 R2 通过一个 WAN 链路连接在一起，路由器 R2 和 R3 通过另一条 WAN 链路连接在一起。每台路由器都连接到不同的以太局域网，这里用一台交换机和一台 PC 表示。

10.1.1　路由器接口及其状态

show interfaces 命令会显示接口状态。如果要查看某一特定接口（如 FastEthernet0/0）的这些信息，使用 show interfaces 命令，并以指定接口作为参数。例如：

```
R1#show interfaces fastethernet0/0
FastEthernet0/0 is administratively down, line protocol is down
```

　　注意：该接口为 administratively down（因管理性关闭），并且 line protocol is down（线路协议已关闭）。管理性关闭表示该接口目前处于 shutdown 模式（即已关闭）。线路协议已关闭表示在此情况下，接口不会从交换机或集线器接收载波信号。当然，如果接口处于 shutdown 模式，接口自然也不会从交换机或集线器接收载波信号。

```
R1# show ip interface brief     //显示接口状态概要
Interface         IP-Address    OK?   Method   Status                     Protocol

FastEthernet0/0   unassigned    YES   manual   administratively down      down
FastEthernet0/1   unassigned    YES   unset    administratively down      down
Serial0/0/0       unassigned    YES   unset    administratively down      down
Serial0/0/1       unassigned    YES   unset    administratively down      down
Vlan1             unassigned    YES   unset    administratively down      down
```

　　由于以上接口均处于 shutdown 模式，所以所有接口均是 down 状态。

```
R1#show  running-config        //显示所有配置信息
...
spanning-tree mode pvst
interface FastEthernet0/0
no ip address
duplex auto
speed auto
shutdown
...
```

　　显示接口的所有信息，由于该接口没有做任何配置所以显示为最初状态。

　　1）以太接口。

```
R1(config)# int f0/0
R1(config-if)#ip add 172.16.3.1 255.255.255.0
R1(config-if)#no shutdown

R1#show ip int f0/0
FastEthernet0/0 is up, line protocol is up (connected)
Internet address is 172.16.1.1/24
```

　　现在接口状态为 up，线路协议状态也是 up。no shutdown 命令将接口从 administratively down 更改为 up。

　　2）串行接口

```
R1(config)# int s0/0/0
R1(config-if)#ip add 172.16.2.2 255.255.255.0
R1(config-if)#no shutdown

R1# show ip int s0/0/0
Serial0/0/0 is up, line protocol is down (disabled)
Internet address is 172.16.2.2/24
```

　　R1 和 R2 之间的物理链路为 up 的原因是，串行链路的两端都已正确配置 IP 地址/掩码，并已通过 no shutdown 命令启用。但是，线路协议仍为 down，这是因为接口没有收到时钟信号。所以还需要在 DCE 电缆端的路由器上输入一个命令，即 clock rate 命令。clock rate 命令会为链路设置时钟信号。

注意：对于直接互连的串行链路（实例环境中），连接的其中一端必须作为 DCE 并提供时钟信号。尽管默认情况下 Cisco 串行接口为 DTE 设备，但也可将它们配置为 DCE 设备。

要将路由器配置为 DCE 设备，步骤如下：

1）将电缆的 DCE 端连接到串行接口。

2）使用 clock rate 命令配置串行接口上的时钟信号。

```
R1# show controllers serial 0/0/0
Interface Serial0/0/0
Hardware is PowerQUICC MPC860
DCE V.35,no clock
...
```

可用的时钟频率（位/秒）包括 1200、2400、9600、19200、38400、56000、64000、72000、125000、148000、500000、800000、1000000、1300000、2000000 以及 4000000。其中，有些比特率在某些串行接口上不受支持。

由于 R1 上的 Serial0/0/0 接口连接的是 DCE 电缆，因此需要为该接口配置时钟频率。

```
R1(config)#int s 0/0/0
R1(config-if)#clock rate 64000
01:10:28: % LINEPROTO-5-UPDOWN: Line protocol on Interface Serial0/0/0,changed-
state to up
```

注意：如果使用 clock rate 命令配置连接到 DTE 电缆的路由器接口，则此命令会被 IOS 忽略，同时不会产生任何负面影响。

10.1.2 直连网络

路由表是一种数据结构，用于存储从其他源获得的路由信息，其主要用途是为路由器提供通往不同目的网络的路径。路由表包含一组"已知"网络地址——即那些直接相连的网络。

使用 show ip route 命令可显示路由表的内容。

```
R1# show ip route
Codes: C - connected, S - static, I - IGRP, R - RIP, M - mobile, B - BGP
       D - EIGRP, EX - EIGRP external, O - OSPF, IA - OSPF inter area
       N1 - OSPF NSSA external type 1, N2 - OSPF NSSA external type 2
       E1 - OSPF external type 1, E2 - OSPF external type 2, E - EGP
       i - IS-IS, L1 - IS-IS level-1, L2 - IS-IS level-2, ia - IS-IS inter area
       * - candidate default, U - per-user static route, o - ODR
       P - periodic downloaded static route
Gateway of last resort is not set
    172.16.0.0/24 is subnetted, 2 subnets
C   172.16.2.0 is directly connected, Serial0/0/0
C   172.16.3.0 is directly connected, FastEthernet0/0
```

可以看出，路由器 R1 有两条直连路由。

```
R2#showip route
...
Gateway of last resort is not set
    172.16.0.0/24 is subnetted, 1 subnets
C   172.16.2.0 is directly connected, Serial0/0/0
```

可以看出路由器 R2 目前只有一条直连路由。

下面来添加和删除直连路由。

首先，使用 debug ip routing 命令启用调试功能，如此才能在向路由表添加直连网络时，观察到这些网络。

```
R2# debug ip routing
IP routing debugging is on
```

下一步将配置 R2 上 FastEthernet0/0 接口的 IP 地址和子网掩码，并运行 no shutdown 命令。

```
R2(config)# int f0/0
R2(config-if)#ip address 172.16.1.1 255.255.255.0
R2(config-if)#no shutdown
```

IOS 会返回以下消息：

```
02:35:30: %LINK-3-UPDOWN: Interface FastEthernet0/0, changed state to up
02:35:31: %LINEPROTO-5-UPDOWN: Line protocol on Interface FastEthernet0/0, changed state to up
02:35:30: RT: add 172.16.1.0/24 via 0.0.0.0, connected metric [0/0]
02:35:30: RT: interface FastEthernet0/0added to routing table
```

输入 no shutdown 命令并且路由器判定接口和线路协议均为 up 状态后，debug 输出显示 R2 已将该直连网络添加到路由表。

```
R2#show ip route
...
Gateway of last resort is not set
     172.16.0.0/24 is subnetted, 2 subnets
C    172.16.1.0 is directly connected, FastEthernet0/0
C    172.16.2.0 is directly connected, Serial0/0/0
```

路由器 R2 有两条直连路由。

可以使用 undebug ip routing 或 undebug all 命令来禁用 debug ip routing。

删除直连网络可以使用以下两个命令：shutdown 和 no ip address。

shutdown 命令用于禁用接口。如果要保留接口上的 IP 地址/掩码配置，但又要暂时将接口关闭，可单独使用此命令。

下面来配置路由器 R2 的其他接口和路由器 R3 的所有接口，并使用 show ip interface brief 命令，所有已配置的接口和线路协议均为 up 状态。

使用 show ip route 命令，查看到所有直连网络均在路由表中出现。

```
R1#show ip route
...
Gateway of last resort is not set
     172.16.0.0/24 is subnetted, 2 subnets
C    172.16.2.0 is directly connected, Serial0/0/0
C    172.16.3.0 is directly connected, FastEthernet0/0

R2#show ip route
...
Gateway of last resort is not set
     172.16.0.0/24 is subnetted, 2 subnets
```

```
C   172.16.1.0 is directly connected, FastEthernet0/0
C   172.16.2.0 is directly connected, Serial0/0/0
C   192.168.1.0/24 is directly connected, Serial0/0/1

R3# show ip route
...
Gateway of last resort is not set
C   192.168.1.0/24 is directly connected, Serial0/0/1
C   192.168.2.0/24 is directly connected, FastEthernet0/0
```

提示：配置网络的关键一步是确认所需的所有接口和线路协议均为 up 状态，并且路由表完整。无论最终要配置何种路由方案——静态、动态或两者结合——在进行更为复杂的配置之前，都需要使用 show ip interface brief 命令和 show ip route 命令确认的初始网络配置。

练习：　探究直连设备的路由表。

参见配套素材文件"探究直连设备的路由表.pka"。

1）配置以太网接口的 IP 信息，配置 PC 上的 IP 信息。

2）探究主机与路由器之间的连通性。

3）在网络中的配置串行接口上的 IP 信息，检查路由器上接口的状态。

4）探究设备之间的连通性。

5）观察路由表。

练习拓扑如图 10-1-2 所示。

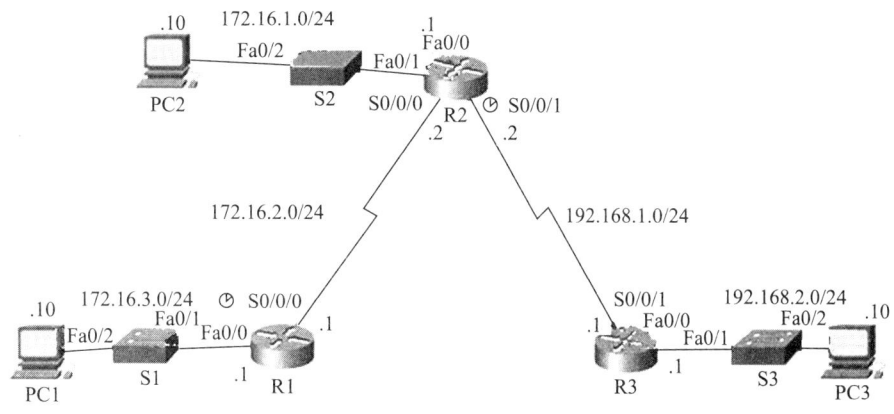

图 10-1-2　练习拓扑图

10.1.3　单臂路由

1. 单臂路由

经常会碰到这样的情况，在一个交换机上有两个 VLAN（即两个网段），按照传统的 VLAN 间路由，将在路由器上配置两个快速以太网接口。如图 10-1-3 所示，R1 与 S1 有两个连接点，分别对应两个 VLAN，这样 PC1 通过 R1 与 PC2 通信。

但是，这样的方法不科学，太浪费路由器的接口。路由器的接口非常宝贵，能不能只用一个接口连接交换机？

答案是可以的，这就是单臂路由，即想办法让图 10-1-4 左边

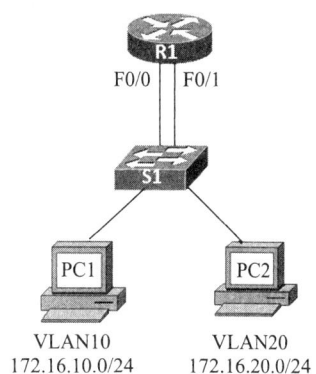

图 10-1-3　传统的 VLAN 路由

的单臂路由实现右边的 VLAN 间路由。这种连通不同 VLAN 的方法需要一种称为子接口的功能。子接口从逻辑上将一个物理接口划分为多条逻辑路径，将一条路径或子接口配置给一个 VLAN。

2. 单臂路由配置

使用子接口支持 VLAN 间通信需要配置交换机和路由器。

（1）配置路由器

在路由器上选择一个传输速率至少为 100Mbit/s 的快速以太网接口。

配置支持 802.1Q 封装的子接口。

为每个 VLAN 配置一个子接口。

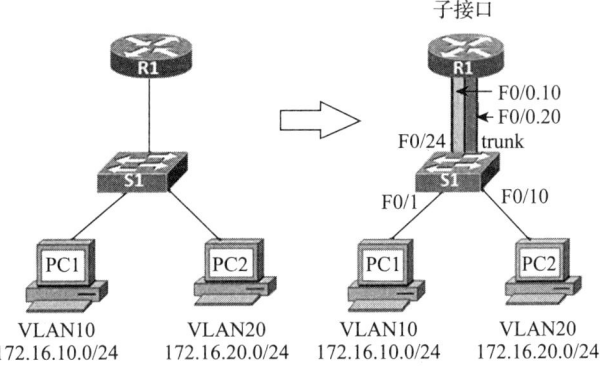

图 10-1-4　单臂路由实现 VLAN 间路由

```
R1(config)#interface f0/0
R1(config-if)#no shutdown
R1(config)#interface f0/0.10
R1(config-subif)#encapsulation dot1Q 10
R1(config-subif)#ip address 172.16.10.1 255.255.255.0
R1(config-subif)#interface f0/0.20
R1(config-subif)#encapsulation dot1Q 20
R1(config-subif)#ip address 172.16.20.1 255.255.255.0
```

在此示例中，对接口 F0/0 执行 no shutdown 命令启用接口，进而启动所有配置好的子接口。子接口使得每个 VLAN 拥有自己的逻辑路径和到路由器的默认网关。

注意：物理接口 F0/0 不能配置 IP 地址。

（2）配置交换机

将交换机接口配置为 802.1Q 中继链路。

```
S1(config)#interface f0/24
S1(config-if)#switchport mode trunk

S1(config)#vlan 10
S1(config-vlan)#vlan 20
S1(config-vlan)#int f0/1
S1(config-if)#switch access vlan 10
S1(config-if)#int f0/10
S1(config-if)#switch access vlan 20
```

3. 调试

（1）接口信息

```
R1#show ip int brief
Interface          IP-Address    OK?  Method  Status                Protocol
FastEthernet0/0    unassigned    YES  unset   up                    up
FastEthernet0/0.10 172.16.10.1   YES  manual  up                    up
FastEthernet0/0.20 172.16.20.1   YES  manual  up                    up
FastEthernet0/1    unassigned    YES  unset   up                    down
```

```
Serial0/0/0              unassigned  YES  unset  administratively down  down
Serial0/0/1              unassigned  YES  unset  administratively down  down
Vlan1                    unassigned  YES  unset  administratively down  down
```

（2）路由表

```
R1#show ip route
Codes：C - connected, S - static, I - IGRP, R - RIP, M - mobile, B - BGP
       …
       P - periodic downloaded static route
Gateway of last resort is not set
    172.16.0.0/24 is subnetted, 2 subnets
C   172.16.10.0 is directly connected, FastEthernet0/0.10
C   172.16.20.0 is directly connected, FastEthernet0/0.20
```

（3）ping 测试

ping 命令将 ICMP 回应请求发送到目的地址。主机收到 ICMP 回应请求后，将通过 ICMP 应答确认已收到该请求，说明单臂路由可以实现 VLAN 间路由。

10.1.4　静态路由配置

静态路由是指由网络管理员手工配置的路由信息。它是一种最简单的配置路由的方法，一般用在小型网络或拓扑相对固定的网络中，如图 10-1-5 所示。虽然静态路由不适合于在大的网络中使用，但是由于静态路由负载小、可控性强等原因，在许多场合中还经常被使用。

静态路由的 IP 环境最适合小型、单路径和静态 IP 网络。单路径表示网络上的任意两个终点之间只有一条路径用于传送数据包。静态表示网络的拓扑结构不随时间的变化而更改。

静态路由由于不需要路由协议，可以节省路由器的资源和网路带宽，但也有以下缺点：

1）不能容错。如果路由器宕机或链路中断，配置静态路由的路由器不能感知故障并将故障通知到其他路由器，管理员必须手工改变路由表。

2）管理开销较大。如果对网际网络添加或删除一个网络，则必须手动添加或删除与该网络连通的路由。

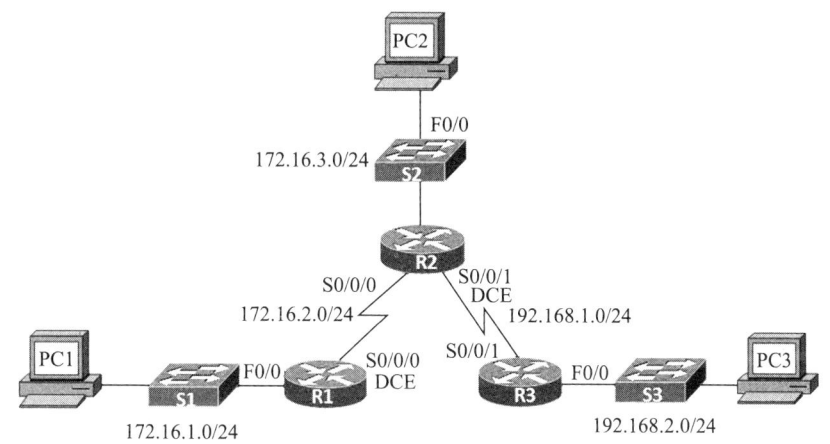

图 10-1-5　静态路由拓扑

配置静态路由的命令为 ip route。

```
R1(config)#ip route 192.168.1.0 255.255.255.0 172.16.2.2
R1(config)#ip route 192.168.1.0 255.255.255.0 s0/0/0
```

现在回到前面的实例图 10-1-5 网络拓扑，R1 知道与其直连的网络，当前的路由表中有这些直连网络的路由。但 R1 现在还不知道的远程网络有以下几个。

1）172.16.3.0/124：R2 上的 LAN。

2）192.168.1.0/24：R2 和 R3 之间的串行网络。

3）192.168.2.0/24：R3 上的 LAN。

带下一跳地址的静态路由配置如下：

```
R1#conf t
R1(config)# ip route 172.16.3.0 255.255.255.0 172.16.2.2
```

此输出中每个元素的说明如下。

ip route：静态路由命令。

172.16.3.0：远程网络的网络地址。

255.255.255.0：远程网络的子网掩码。

172.16.2.2：R2 上 Serial 0/0/0 接口的 IP 地址，即通往远程网络的下一跳。

添加其他静态路由：

```
R1#conf t
R1(config)# ip route 172.16.3.0 255.255.255.0 172.16.2.2
R1(config)# ip route 192.168.1.0 255.255.255.0 172.16.2.2
R1(config)# ip route 192.168.2.0 255.255.255.0 172.16.2.2
```

在 R1 上输入 show ip route 后显示的是新路由表。下面信息已突出显示了新添加的静态路由条目。

```
R1#show ip route
…
Gateway of last resort is not set
     172.16.0.0/24 is subnetted, 3 subnets
S    172.16.3.0 [1/0] via 172.16.2.2
C    172.16.2.0 is directly connected, Serial0/0/0
C    172.16.1.0 is directly connected, FastEthernet0/0
S    192.168.1.0/24 [1/0] via 172.16.2.2
S    192.168.2.0/24 [1/0] via 172.16.2.2
```

此输出中各元素的含义如下。

S：路由表中表示静态路由的代码。

172.16.3.0：该路由的网络地址。

/24：该路由的子网掩码；该掩码显示在上一行（即父路由）中。

[1/0]：该静态路由的管理距离和度量（将在后面的章节中说明）。

via 172.16.2.2：下一跳路由器的 IP 地址，即 R2 上 Serial 0/0/0 接口的 IP 地址。

除了 show ip route 命令外，也可使用 show running-config 命令来检查运行配置，以验证所配置的静态路由。现在已经配置好 3 条静态路由如下。

```
R1#sh running-config
…
ip classless
ip route 172.16.3.0 255.255.255.0 172.16.2.2
ip route 192.168.1.0 255.255.255.0 172.16.2.2
```

```
ip route 192.168.2.0 255.255.255.0 172.16.2.2
!
```

下面配置 R2 和 R3 静态路由。

```
R2(config)# ip route 172.16.1.0 255.255.255.0 172.16.2.1
R2(config)# ip route 192.168.2.0 255.255.255.0 192.168.1.1

R3(config)# ip route 172.16.1.0 255.255.255.0 192.168.1.2
R3(config)# ip route 172.16.2.0 255.255.255.0 192.168.1.2
R3(config)# ip route 172.16.3.0 255.255.255.0 192.168.1.2
```

在 R2、R3 上输入 show ip route 后显示的是新路由表。

```
R2#show ip route
...
Gateway of last resort is not set
     172.16.0.0/24 is subnetted, 3 subnets
C    172.16.3.0 is directly connected, FastEthernet0/0
C    172.16.2.0 is directly connected, Serial0/0/0
C    192.168.1.0 is directly connected, Serial0/0/1
S    172.16.1.0 [1/0] via 172.16.2.1
S    192.168.2.0/24 [1/0] via 192.168.1.1

R3#show ip route
...
Gateway of last resort is not set
     172.16.0.0/24 is subnetted, 3 subnets
S    172.16.1.0 [1/0] via 172.16.2.2
S    172.16.2.0 [1/0] via 172.16.2.2
S    172.16.3.0 [1/0] via 172.16.2.2
C    192.168.1.0 is directly connected, Serial0/0/1
C    192.168.2.0 is directly connected, FastEthernet0/0
```

（1）实施静态路由的过程

1）为互连的每个数据链路确定地址（包括子网和网络）。

2）为每个路由器标识所有非直连的数据链路。

3）为每个路由器写出关于每个非直连数据链路的路由。

（2）路由表应用

测试从 PC1 发出的数据包能到达目的地吗？

在本例中，发往网络 172.16.3.0/24 和 192.168.1.0/24 的数据包能够到达目的地，这是因为路由器 R1 具有通过 R2 到达这些网络的路由。当数据包到达路由器 R2 时，由于这些网络与 R2 直接相连，所以这些数据包会根据 R2 的路由表进行路由。

发往网络 192.168.2.0/24 的数据包也能到达目的地，因为 R1 有通过 R2 到达该网络的静态路由，而且，当 R2 收到数据包后，R2 有通过 R3 到达该网络的静态路由，所以该数据包会再通过 R3 送达目的地。

反之，如果 R2 或 R3 收到发往 172.16.1.0/24 的数据包，则该数据包也能到达其目的地，因为这两台路由器都有到达 172.16.1.0/24 网络的路由。

可以通过从路由器 R1 ping 远程路由器接口来进一步检验连通性。

```
R1#ping 172.16.3.1
Type escape sequence to abort.
Sending 5, 100-yte ICMP Echos to 172.16.3.1, timeout is 2 seconds:
!!!!!
Success rate is 100 percent (5/5), round-trip min/avg/max = 16/28/32 ms
R1#ping 192.168.1.1
Type escape sequence to abort.
Sending 5, 100-byte ICMP Echos to 192.168.1.1, timeout is 2 seconds:
!!!!!
Success rate is 100 percent (5/5), round-trip min/avg/max = 50/60/63 ms
R1#ping 192.168.1.2
Type escape sequence to abort.
Sending 5, 100-byte ICMP Echos to 192.168.1.2, timeout is 2 seconds:
!!!!!
Success rate is 100 percent (5/5), round-trip min/avg/max = 19/28/32 ms
R1#ping 192.168.2.1
Type escape sequence to abort.
Sending 5, 100-byte ICMP Echos to 192.168.2.1, timeout is 2 seconds:
!!!!!
Success rate is 100 percent (5/5), round-trip min/avg/max = 47/57/63 ms
```

现在，拓扑结构中的所有设备都实现了完全连通。所有 LAN 中的任意一台 PC 都可以访问所有其他 LAN 中的 PC。

（3）递归路由查找

在路由器转发任何数据包之前，路由表查找必须确定用于转发数据包的送出接口，此过程称为路由解析。下面，以图 10-1-5 中的 R1 路由表为例来学习这一过程。

```
R1#show ip route
...
Gateway of last resort is not set
     172.16.0.0/24 is subnetted, 3 subnets
S    172.16.3.0 [1/0] via 172.16.2.2
C    172.16.2.0 is directly connected, Serial0/0/0
C    172.16.1.0 is directly connected, FastEthernet0/0
S    192.168.1.0/24 [1/0] via 172.16.2.2
S    192.168.2.0/24 [1/0] via 172.16.2.2
```

R1 有到达远程网络 192.168.2.0/24 的静态路由，该路由会将所有数据包转发至下一跳 IP 地址 172.16.2.2。

```
S  192.168.2.0/24 [1/0] via 172.16.2.2
```

查找路由只是查询过程的第一步。R1 必须确定如何到达下一跳 IP 地址 172.16.2.2。它将进行第二次搜索，以查找与 172.16.2.2 匹配的路由。在本例中，IP 地址 172.16.2.2 与直连网络 17216.2.0/24 的路由相匹配。

```
C  172.16.2.0 is directly connected, Serial0/0/0
```

172.16.2.0 路由是一个直连网络，送出接口为 Serial0/0/0。此次查找告知路由过程数据包将从此接口转发出去。

因此，将任何数据包转发到 192. 168. 2. 0/24 网络实际上经过了两次路由表查找过程。当路由器在转发数据包前需要执行多次路由表查找，那么它的查找过程就是一种递归查找：

1）查找路由。数据包的目的 IP 地址与静态路由 192. 168. 2. 0/24 匹配，下一跳 IP 地址是 172. 16. 2. 2。

2）查找送出接口。静态路由的下一跳 IP 地址（172. 16. 2. 2）与直连网络 172. 16. 2. 0/24 匹配，送出接口为 Serial0/0/0。

如果送出接口关闭会发生什么情况？假设 R1 的 Serial0/0/0 接口关闭，R1 中指向 192. 16. 2. 0/24 的静态路由会发生什么情况？如果静态路由无法解析到送出接口（本例中为 Serial 0/0/0），则该静态路由会从路由表中删除。

（4）静态路由和送出接口

现在重新配置该静态路由，使用送出接口来取代下一跳 IP 地址。首先删除当前的静态路由。可以通过 no ip route 命令完成这一操作。

```
R1(config)#no ip route 192.168.2.0 255.255.255.0172.16.2.2
```

接下来，为 R1 配置指向 192. 168. 2. 0/24 的静态路由，将送出接口配置为 Serial0/0/0。

由于路由器 R1 与路由器 R2 之间是点对点的链路，采用网关地址和接口都是可以的：

```
R1(config)#ip route 192.168.2.0 255.255.255.0 s0/0/0
```

然后，使用 show ip route 命令检查路由表的变化。将看到路由表中的这一条目不再使用下一跳 IP 地址，而是直接指向送出接口。此送出接口与该静态路由使用下一跳 IP 地址时最终解析出的送出接口相同。

```
S   192.168.2.0/24 is directly connected, Serial0/0/0
```

现在，当路由过程发现数据包与该静态路由匹配时，它查找一次便能将路由解析到送出接口。从中可以看出，另外两条静态路由仍然必须经过两步处理才能解析到相同的 Serial 0/0/0 接口。

注意：该静态路由条目中，此路由显示为直连。但必须记住，这并不表示该路由是直连网络或直连路由，即该路由仍是静态路由。这种类型的静态路由的管理距离为 1。

对于串行点对点出站网络，带送出接口的静态路由可提高路由表的查找效率。

使用送出接口而不是下一跳 IP 地址配置的静态路由是大多数串行点对点网络的理想选择。使用如 HDLC 和 PPP 之类协议的点对点网络在数据包转发过程中不使用下一跳 IP 地址。路由后的 IP 数据包被封装成目的地址为第二层广播地址的 HDLC 第二层帧。这种类型的点对点串行链路类似于管道：管道只有两个端点，从一端进入的数据只有一个目的地，即管道的另一端。

现在将 R1、R2 和 R3 上其余的静态路由也重新配置为使用送出接口。

```
R1#sh run
...
ip route 172.16.1.0 255.255.255.0 Serial0/0/0
ip route 192.168.1.0 255.255.255.0 Serial0/0/0
ip route 192.168.2.0 255.255.255.0 Serial0/0/0
R2#sh run
...
ip route 172.16.3.0 255.255.255.0 Serial0/0/0
ip route 192.168.2.0 255.255.255.0 Serial0/0/1
R3#sh run
```

```
...
ip route 172.16.1.0 255.255.255.0 Serial0/0/1
ip route 172.16.2.0 255.255.255.0 Serial0/0/1
ip route 172.16.3.0 255.255.255.0 Serial0/0/1
```

对于送出接口是以太网，建议使用下一跳，或者使用既带下一跳又带出口。

```
R1(config)#ip route 192.168.2.0 255.255.255.0 172.16.2.2 F0/1
```

对于以太网接口，IP 数据包必须封装成带以太网目的 MAC 地址的以太网帧。如果数据包应该发送到下一跳路由器，则目的 MAC 地址将是下一跳路由器的以太网接口地址。在此情况下，以太网目的 MAC 地址必须与下一跳 IP 地址 172.16.2.2 匹配。R1 会在自己的 FastEthernet0/1 ARP 表中查找 172.16.2.2，并据此获得相应的 MAC 地址。否则需要 Proxy ARP，效率反而会降低。

练习： 静态路由配置。

参见配套素材文件"静态路由配置.pka"。

1）探究采用下一跳的静态路由。

2）查看路由表，检验连通性。

3）探究配置出站接口的静态路由。

4）查看路由表，检验连通性。

练习拓扑如图 10-1-6 所示。

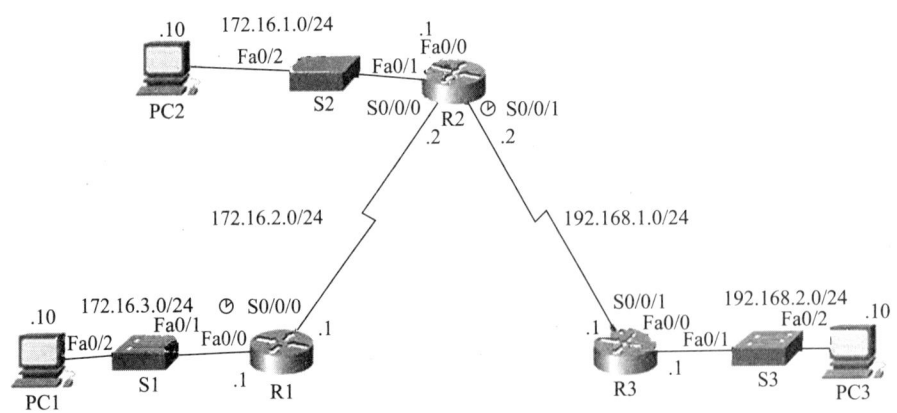

图 **10-1-6** 练习拓扑图

10.2 静态路由总结

较小的路由表可以使路由表查找过程更加有效率，因为需要搜索的路由条数更少。如果可以使用一条静态路由代替多条静态路由，则可减小路由表。在许多情况中，一条静态路由可用于代表数十、数百、甚至数千条路由。

可以使用一个网络地址代表多个子网。例如，10.0.0.0/16、10.1.0.0/16、10.2.0.0/16、10.3.0.0/16、10.4.0.0/16、10.5.0.0/16 一直到 10.255.0.0/16，所有这些网络都可以用一个网络地址代表：10.0.0.0/8。

1. 路由总结

多条静态路由可以总结成一条静态路由，前提是符合以下条件：

1）目的网络可以总结成一个网络地址。

2）多条静态路由都使用相同的送出接口或下一跳 IP 地址。

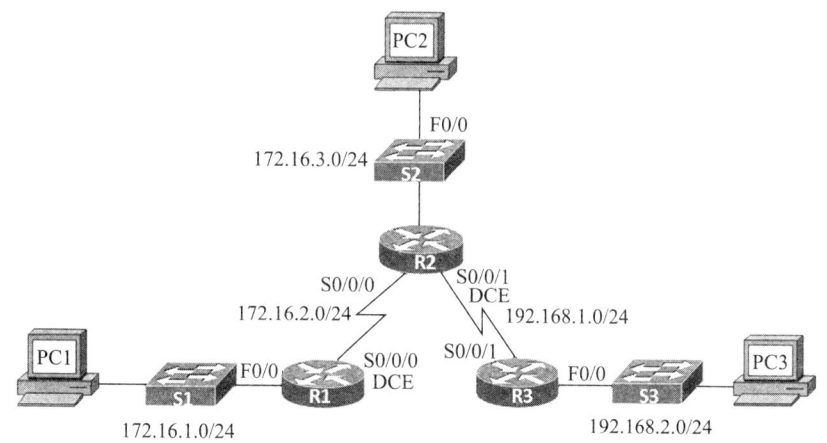

图 10-2-1　路由总结

在本例中，如图 10-2-1 所示，R3 有 3 条静态路由。所有 3 条路由都通过相同的 Serial0/0/1 接口转发通信。R3 上的 3 条静态路由分别是：

```
ip route 172.16.1.0 255.255.255.0 Serial0/0/1
ip route 172.16.2.0 255.255.255.0 Serial0/0/1
ip route 172.16.3.0 255.255.255.0 Serial0/0/1
```

如果可能，希望将所有这些路由总结成一条静态路由。

172.16.1.0/24、172.16.2.0/24 和 172.16.3.0/24 可以总结成 172.16.0.0/22 网络。因为所有 3 条路由使用相同的送出接口，而且它们可以总结成一个 172.16.0.0 255.255.252.0 网络，所以可以创建一条总结路由。

```
ip route 172.16.0.0 255.255.252.0 Serial0/0/1
```

2. 计算总结路由

以下为创建总结路由 172.16.1.0/22 的过程（见图 10-2-2）：

1）以二进制格式写出想要总结的网络。

2）找出用于总结的子网掩码，从最左侧的位开始。

3）从左向右，找出所有连续匹配的位。

4）当发现有位不匹配时，立即停止。当前所在的位即为总结边界。

5）计算从最左侧开始的匹配位数，本例中为 22。该数字即为总结路由的子网掩码，本例中为/22 或 255.255.252.0

	网络地址	主机地址
172.16.1.0/24	10101100.00010000.000000	01.00000000
172.16.2.0/24	10101100.00010000.000000	10.00000000
172.16.3.0/24	10101100.00010000.000000	11.00000000
172.16.0.0	10101100.00010000.000000	00.00000000
255.255.252.0	11111111.11111111.111111	00.00000000

图 10-2-2　总结路由 172.16.1.0/22

6）找出用于总结的网络地址，方法是复制匹配的 22 位并在其后用 0 补足 32 位。通过上述步骤，便可将 R3 上的 3 条静态路由总结成一条静态路由，该路由使用总结网络地址 172.16.0.0 255.255.252.0。

10.3　默认路由

默认静态路由是指路由表中未直接列出目标网络的路由选择项，它用于在不明确的情况下指示数据包下一跳的方向。出现以下情况时，便会用到默认静态路由：

1）路由表中没有其他路由与数据包的目的 IP 地址匹配。也就是说，路由表中不存在更为精确的匹配。在公司网络中，连接到 ISP 网络的边缘路由器上往往会配置默认静态路由。

2）如果一台路由器仅有另外一台路由器与之相连，该路由器即称为末节路由器，如图 10-3-1 所示。

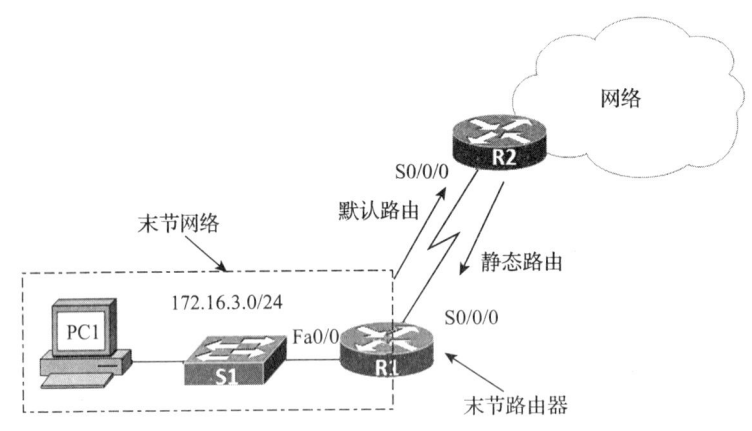

图 10-3-1　末节网络

此处，可以看到任何连接到 R1 的网络都只能通过一条路径到达其他目的地，无论其目的网络是与 R2 直连还是远离 R2。因此网络 172.16.3.0 是一个末节网络，而 R1 是末节路由器。

1. 配置默认静态路由

配置默认静态路由的语法类似于配置其他静态路由，但网络地址和子网掩码均为 0.0.0.0。

```
Router(config)#ip route 0.0.0.0 0.0.0.0 [出口 |下一跳 IP ]
```

0.0.0.0　0.0.0.0 网络地址和掩码也称为"全零"路由。

由于 R1 是末节路由器，它仅连接到 R2。目前 R1 有 3 条静态路由，这些路由用于到达拓扑结构中的所有远程网络。所有 3 条静态路由的送出接口都是 Serial0/0/0，并且都将数据包转发至下一跳路由器 R2。

R1 上的 3 条静态路由分别是：

```
ip route 172.16.1.0 255.255.255.0 serial0/0/0
ip route 192.168.1.0 255.255.255.0 serial0/0/0
ip route 192.168.2.0 255.255.255.0 serial0/0/0
```

R1 非常适合进行路由总结，在 R1 上可以用一条默认路由来取代所有静态路由。

1）配置默认静态路由。

```
R1(config)# ip route 0.0.0.0 0.0.0.0 serial0/0/0
```

2）检验默认静态路由。

使用 show ip route 命令检验路由表的更改。

```
S* 0.0.0.0/0 is directly connected, Serial0/0/0
```

注意：S 旁边的"＊"（星号）表明该静态路由是一条候选默认路由，这就是它被称为"默认静态"路由的原因。在后面的章节中将介绍"默认"路由不一定必须是静态路由。

S * 关键之处在于/0 掩码。以前说过，路由表中的子网掩码决定着数据包的目的 IP 地址与路由表中的路由之间必须有多少位匹配。/0 掩码表明只需要有零位匹配（即无须匹配）。只要不存在更加精确的匹配，则默认静态路由将与所有数据包匹配。

10.4 浮动静态路由

在静态路由的拓扑图中变化一下拓扑，让 R1 和 R3 之间进行连接，这样到达 R3 的 LAN 就有了两条路径，如图 10-4-1 所示。这是为了保证链路的可用性，所以需要一条备份链路，在主链路 R1-R3 断开的时候，让其从备份链路 R1-R2-R3 这条路径传输数据，当主链路恢复正常时，学会使用主链路传输数据，这就需要用浮动静态路由技术。浮动静态路由，路由器 R1 去往路由器 R3 的 LAN 网络 192.168.2.0 有两条路径，但其首选的路径为 R1-R3。

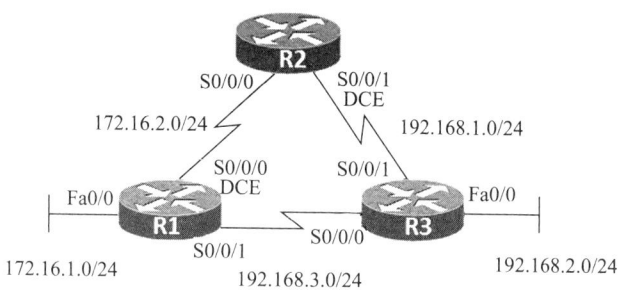

图 10-4-1 浮动静态路由

路由器 R1 的路由配置：

```
R1(config)#ip route 192.168.2.0 255.255.255.0 192.168.3.2
R1(config)#ip route 192.168.2.0 255.255.255.0 172.16.2.2 100
```

在从备份链路去往 192.168.2.0 这个网络的静态路由后面跟了 100 这个数字，这个数字指定了管理距离。管理距离是一种优先级度量，当存在两条路径到达相同的网络时，路由器将会选择管理距离低的路径。管理距离越低，路由开销越小，优先级越高。默认时，静态路由的管理距离为 1。

将经由子网 172.16.2.0 的静态路由的管理距离设为 100，所经过网络 192.168.3.0（路由器 R3）的静态路由成为首选路由。当主线路的链路失效时，即接口 S0/0/1 的状态为 down，表明链路发生故障。查看路由表发现，所有路由的下一跳指向了 172.16.2.2。而且因为网络 192.168.3.0 发生故障，所以路由表中直连路由也不复存在。当主链路恢复之后，接口 S0/0/1 的状态为 up，路由表中再次显示子网 192.168.3.0，而且路由器也再次使用 192.168.3.2 作为下一跳地址。

10.5 实训：静态路由和默认路由配置

1. 实训目标

1）配置并激活串行接口和以太网接口。

2）确定适当的静态路由、总结路由和默认路由。

2. 实训内容

实训拓扑如图 10-5-1 所示。

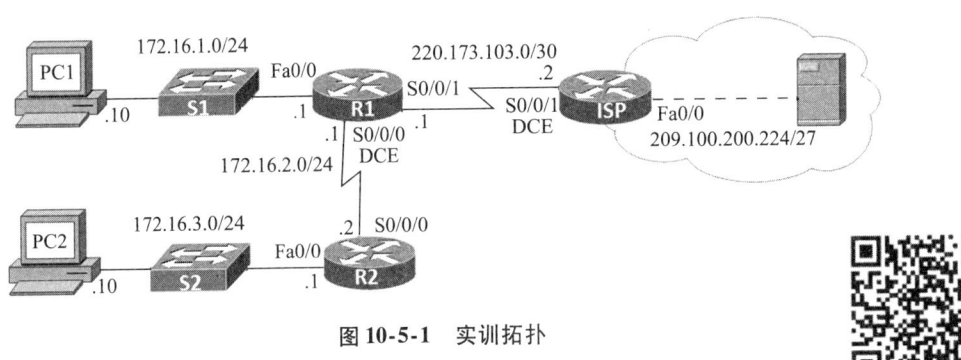

图 10-5-1　实训拓扑

3．实训步骤

1）布线、清除配置并重新启动路由器。

2）执行路由器基本配置，命名主机、禁用域名查找、配置用户口令（class）、配置控制台口令和虚拟终端线路口令（cisco）。

3）直连路由配置，检查所有接口的配置，检查连通性。

使用 show ip int brief 和 show ip route 命令检查，使用 ping 命令检测。

4）配置 ISP 及服务器的 IP 信息。ISP 端为运营商的设备，通常提供时钟频率。但现在为模拟环境，会因连接的线对两端不同而不同。使用如下命令查看：

```
ISP# show control s0/0/1
```

5）配置静态路由。

①在 R2 配置默认路由。因为 R2 路由器是末节路由器，只有单一路径连接其他网络。

②在 R1 上配置指向 R2 的静态路由，配置指向 ISP 的默认路由。

③在 ISP 上配置总结静态路由。

6）检查配置，测试连通性。

思考：如果 R2 上未配置默认静态路由，那么需要多少条单独的静态路由 R2 LAN 中的主机才能与拓扑图中的所有网络通信？

第 11 章　动态路由协议

静态路由是网络管理员人工配置路由表，路由器不会产生其他开销，路由受网络管理员控制，但灵活性不够，当网络结构发生变化时需要重新配置路由。对于大型网络来说，人工配置是不现实的。而动态路由是根据动态路由协议动态产生路由表，能够发现网络的变化，并能够重新计算路由，但有一定的路由器 CPU 开销和网络带宽开销。对于大型网络，这样的开销代价是值得的。

动态路由协议是用于路由器之间交换路由信息的协议。动态路由协议是一组规则集，描述了在网络层上路由器之间如何发送有关网络的更新，以及如何在通往目标网络的多条路径中选择最佳路径的方法。

11.1　动态路由协议分类

常用的一些动态路由协议如下。

1）RIP：一种距离矢量内部路由协议。

2）IGRP：Cisco 开发的距离矢量内部路由协议（IOS 12.2 及后续版本已不再使用）。

3）OSPF：一种链路状态内部路由协议。

4）IS-IS：一种链路状态内部路由协议。

5）EIGRP：Cisco 开发的高级距离矢量内部路由协议。

6）BGP：一种路径矢量外部路由协议。

IS-IS 和 BGP 的内容本书不做介绍，有兴趣的读者请参考相关资料。

动态路由协议可以按其特点分为不同的类别。

1. 有类路由协议和无类路由协议

根据不同路由协议在其路由更新中是否发送子网掩码，可以分为以下两类。

1）有类路由协议：只发送网络前缀（网络地址），不发送子网掩码，如图 11-1-1 所示。

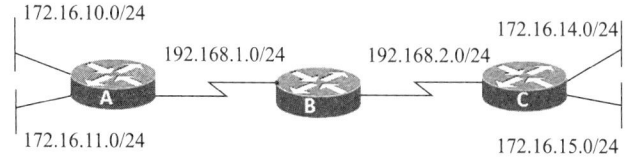

图 11-1-1　有类路由协议拓扑

如果 A 路由器有两个直连子网 172.16.10.0/24 和 172.16.11.0/24 的话，发送路由信息时默认是一个 B 类网络，只发送到达 172.16.0.0 网络的信息，不发送子网掩码；B 路由器只能收到去往 172.16.0.0 网络的路由更新。

当只有路由器 A 更新路由信息给 B 之后的路由表：

```
B#show ip route
Codes: C - connected, S - static, I - IGRP, R - RIP, M - mobile, B - BGP
       D - EIGRP, EX - EIGRP external, O - OSPF, IA - OSPF inter area
       N1 - OSPF NSSA external type 1, N2 - OSPF NSSA external type 2
```

```
      E1 - OSPF external type 1, E2 - OSPF external type 2, E - EGP
      i - IS-IS, L1 - IS-IS level-1, L2 - IS-IS level-2, ia - IS-IS inter area
       * - candidate default, U - per-user static route, o - ODR
      P - periodic downloaded static route
Gateway of last resort is not set
R   172.16.0.0/16 [120/1] via 192.168.1.1, 00:00:02, Serial0/0/0
C   192.168.1.0/24 is directly connected, Serial0/0/0
C   192.168.2.0/24 is directly connected, Serial0/0/1
```

如果网络中还有一个 C 路由器连接着网络 172.16.14.0/24，C 路由器发送给 B 路由器的路由更新也是 172.16.0.0 网络。

当路由器 C 也更新路由信息给 B 之后的路由表：

```
B#show ip route
Codes: C - connected, S - static, I - IGRP, R - RIP, M - mobile, B - BGP
      D - EIGRP, EX - EIGRP external, O - OSPF, IA - OSPF inter area
      N1 - OSPF NSSA external type 1, N2 - OSPF NSSA external type 2
      E1 - OSPF external type 1, E2 - OSPF external type 2, E - EGP
      i - IS-IS, L1 - IS-IS level-1, L2 - IS-IS level-2, ia - IS-IS inter area
       * - candidate default, U - per-user static route, o - ODR
      P - periodic downloaded static route
Gateway of last resort is not set
R   172.16.0.0/16 [120/1] via 192.168.1.1, 00:00:18, Serial0/0/0
                  [120/1] via 192.168.2.3, 00:00:13, Serial0/0/1
C   192.168.1.0/24 is directly connected, Serial0/0/0
C   192.168.2.0/24 is directly connected, Serial0/0/1
```

当路由器 B 收到去往 172.16.10.5 主机的数据包时，就不知道是送给路由器 A 还是路由器 C 了。有类路由协议包含 RIPv1 和 IGRP 等。

2）无类路由协议：既传输网络前缀，又传输子网掩码，所以支持可变长子网掩码（VLSM），同一个子网中的路由器接口可以有不同的子网掩码。如今的大部分网络都需要使用无类路由协议，无类路由协议包括 RIPv2、EIGRP、OSPF、IS–IS 和 BGP 等。

如图 11-1-2 所示，无类网络在同一拓扑结构中同时使用了/30、/27 和/24 子网掩码。

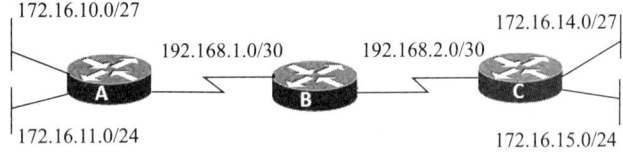

图 11-1-2　无类路由协议拓扑

查看路由器 B 的路由表：

```
B#show ip route
Codes: C - connected, S - static, I - IGRP, R - RIP, M - mobile, B - BGP
      D - EIGRP, EX - EIGRP external, O - OSPF, IA - OSPF inter area
      N1 - OSPF NSSA external type 1, N2 - OSPF NSSA external type 2
      E1 - OSPF external type 1, E2 - OSPF external type 2, E - EGP
      i - IS-IS, L1 - IS-IS level-1, L2 - IS-IS level-2, ia - IS-IS inter area
       * - candidate default, U - per-user static route, o - ODR
```

```
      P - periodic downloaded static route
Gateway of last resort is not set

    172.16.0.0/16 is variably subnetted, 4 subnets, 2 masks
R   172.16.10.0/27 [120/1] via 192.168.1.1, 00:00:27, Serial0/0/0
R   172.16.11.0/24 [120/1] via 192.168.1.1, 00:00:27, Serial0/0/0
R   172.16.14.0/27 [120/1] via 192.168.2.3, 00:00:04, Serial0/0/1
R   172.16.15.0/24 [120/1] via 192.168.2.3, 00:00:04, Serial0/0/1
    192.168.1.0/30 is subnetted, 1 subnets
C   192.168.1.0 is directly connected, Serial10/0/0
    192.168.2.0/30 is subnetted, 1 subnets
C   192.168.2.0 is directly connected, Serial10/0/1
```

可以看出，路由条目中既有网络地址，又有子网掩码，也就是说路由更新时，是携带子网信息的。

2. 内部网关协议（IGP）和外部网关协议（EGP）

如图 11-1-3 所示，一个自治系统与另一个自治系统的连接，根据路由信息交换的范围，可以分为以下两类。

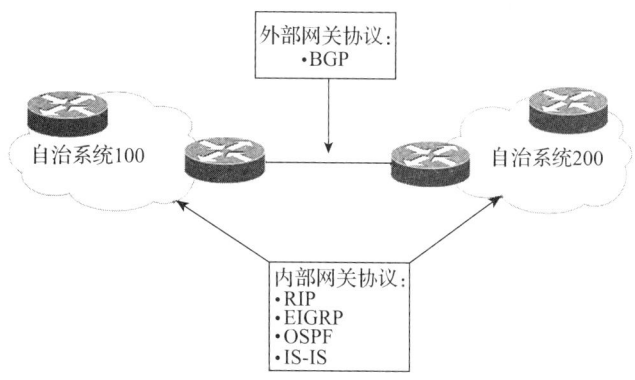

图 11-1-3　IGP 和 EGP

1）内部网关协议（IGP）：用于在路由域的内部进行路由，此类网络由单个公司或组织管理。自治系统通常由许多属于公司、学校或其他机构的独立网络组成。IGP 用于在自治系统内部路由，同时也用于在独立网络内部路由。例如，CENIC 网络是一个由加利福尼亚各个学校、院校和大学组成的自治系统。CENIC 在其自治系统内部使用 IGP 来实现所有这些机构的互连。同时，CENIC 的各个教育机构网络也使用自己选择的 IGP 实现各自网络的路由。如同 CENIC 使用 IGP 来确定自治系统内部的最佳路由路径一样，各个教育机构也通过 IGP 来确定其各自路由域内部的最佳路径。适用于 IP 的 IGP 包括 RIP、IGRP、EIGRP、OSPF 和 IS-IS。

2）外部网关协议（EGP）：用于不同机构管控下的不同自治系统之间的路由。BGP 是目前唯一使用的一种 EGP，也是 Internet 所使用的路由协议。BGP 属于路径矢量协议，可以使用多种不同的属性来测量路径。对于 ISP 而言，除了选择最快的路径之外，还有许多更为重要的问题需要考虑。BGP 通常用于 ISP 之间的路由，有时也用于公司和 ISP 之间的路由。BGP 将以后的章节中讲述。

3. 距离矢量协议和链路状态协议

1）距离矢量：指将路由作为距离和方向的矢量进行通告。距离使用诸如跳数这样的度量确定，而方向则是下一跳路由器或送出接口。

2）链路状态：路由器使用链路状态信息来创建拓扑图，并在拓扑图中选择到达所有目的网络的最佳路径。

11.2　动态路由协议术语

1. 度量

在复杂网络中，路由协议知道多条通往同一目的地的路径。要选择最佳路径，路由协议必须能够评估和区分所有可用的路径，这个评估的参数就是度量。度量是指路由协议用来分配到达远程网络的路由开销的值。

IP 中使用的度量包括以下几个。

1）跳数：一种简单的度量，计算的是数据包所必须经过的路由器数量。

2）带宽：通过优先考虑最高带宽的路径来做出选择。

3）负载：考虑特定链路的流量利用率。

4）延迟：考虑数据包经过某个路径所花费的时间。

5）可靠性：通过接口错误计数或以往的链路故障次数来估计链路故障的可能性。

6）开销：由 IOS 或网络管理员确定的值，表示优先选择某个路由。开销既可以表示一个度量，也可以表示多个度量的组合，还可以表示路由策略。

每一种路由协议都有自己的度量。例如，RIP 使用跳数，OSPF 使用开销。各路由协议的度量如下：

1）RIP：跳数，即选择跳数最少的路由作为最佳路径。

2）OSPF：开销，即选择开销最低的路由作为最佳路径。Cisco 采用的 OSPF 使用的是带宽。

例如：通过命令 show ip route 可以查看与特定路由关联的度量值。

```
R2# show ip route
...
R 192.168.8.0/24[120/2] via 192.168.4.1, 00:00:26, Serial0/0/1
```

对于路由表条目，括号中的第二个值——2 即为度量值。在上例中，R2 到网络 192.168.8.0/24 的路由距离为 2 跳。

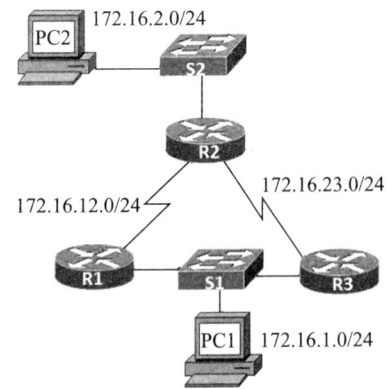

前面介绍过，各个路由协议使用度量来确定到达远程网络的最佳路由。但是，如果通往同一目的网络的多条路由具有相同的度量值，那该如何处理？路由器如何确定使用哪一条路径来转发数据分组？如图 11-2-1 所示的从 PC2 到目的主机 PC1。

在这种情况下，路由器不只是选择一条路由。它会在这些开销相同的路径之间进行"负载均衡"，数据分组会使用所有路由开销相同的路径转发出去。

等价路由（ECMP）即为到达同一个目的 IP 或者目的网段存在多条度量值相等的不同路由路径。

图 11-2-1　路由负载均衡

检查路由表，会发现如果路由表中有多个路由条目与同一目的网络关联，则负载均衡正在起作用。

```
R2#sh ip route
Codes: C - connected, S - static, I - IGRP, R - RIP, M - mobile, B - BGP
       D - EIGRP, EX - EIGRP external, O - OSPF, IA - OSPF inter area
       ...
Gateway of last resort is not set
```

```
            172.16.0.0/24 is subnetted, 4 subnets
O    172.16.1.0 [110/65] via 172.16.12.1, 00:00:08, Serial0/0/0
                    [110/65] via 172.16.23.3, 00:00:08, Serial0/0/1
C    172.16.2.0 is directly connected, FastEthernet0/0
C    172.16.12.0 is directly connected, Serial0/0/0
C    172.16.23.0 is directly connected, Serial0/0/1
```

到达目标网络 172.16.1.0 有两条等价的路由条目，说明负载均衡正在起作用。是因为这两条路由条目的度量值是一样的，其开销都是 65。

2. 管理距离

管理距离（AD）定义路由来源的优先级别。对于每个路由来源（包括特定路由协议、静态路由又或是直连网络），使用管理距离值按从高到低的优选顺序来排定优先级。如果从多个不同的路由来源获取到同一目的网络的路由信息，Cisco 路由器会使用 AD 功能来选择最佳路径。

```
R2#show ip route
Codes:C - connected, S - static, I - IGRP, R - RIP, M - mobile, B - BGP
      D - EIGRP, EX - EIGRP external, O - OSPF, IA - OSPF inter area
      …
      P - periodic downloaded static route
Gateway of last resort is not set
    1.0.0.0/24 is subnetted, 1 subnets
R    1.1.1.0 [120/1] via 192.168.12.1, 00:00:17, Serial0/0/0
    3.0.0.0/24 is subnetted, 1 subnets
D    3.3.3.0 [90/2297856] via 192.168.23.2, 00:06:23, Serial0/0/1
    4.0.0.0/32 is subnetted, 1 subnets
D EX    4.4.4.4 [170/3097600] via 192.168.23.2, 00:06:23, Serial0/0/1
D EX    192.168.34.0/24 [170/3097600] via 192.168.23.2, 00:06:23, Serial0/0/1
C    192.168.12.0/24 is directly connected, Serial0/0/0
C    192.168.23.0/24 is directly connected, Serial0/0/1
```

管理距离是从 0 到 255 的整数值，值越低表示路由来源的优先级别越高。管理距离值为 0 表示优先级别最高。只有直连网络的管理距离为 0，而且这个值不能更改。但静态路由和动态路由协议的管理距离可以修改。管理距离值为 255 表示路由器不信任该路由来源，并且不会将其添加到路由表中，见表 11-2-1。

表 11-2-1　路由协议的默认管理距离

路由选择信息源	管理距离
直连路由	0
静态路由	1
EIGRP 汇总路由	5
外部 BGP	20
EIGRP	90
IGRP	100
OSPF	110
RIP	120
外部 EIGRP	170
内部 BGP	200
未知网络	255

注意：在定义管理距离时，通常使用"可信度"这个术语。管理距离值越低，路由的可信度越高。

第 12 章　距离矢量路由协议——RIP

距离矢量路由协议使用的度量值是距离，这个距离就是前往目标网络的路径上经过的路由器的个数，经过的路由器的个数被称为跳数。路由器唯一了解的远程网络信息就是到该网络的距离（即跳数）以及可通过哪条路径或哪个接口到达该网络。距离矢量路由协议并不了解确切的网络拓扑图。

距离矢量协议适用于以下情形：

1）网络结构简单、扁平，不需要特殊的分层设计。

2）管理员没有足够的知识来配置链路状态协议和排查故障。

3）特定类型的网络拓扑结构，如集中星形网络。

4）无须关注网络最差情况下的收敛时间。

12.1　距离矢量路由协议

顾名思义，距离矢量意味着用距离和方向矢量通告路由。距离使用诸如跳数这样的度量确定，而方向则是下一跳路由器或送出接口。

使用距离矢量路由协议的路由器并不了解到达目的网络的整条路径。该路由器只知道：

1）应该往哪个方向或使用哪个接口转发数据包。

2）源与目的网络之间的距离是多少。

例如，如图 12-1-1 所示，R1 知道到达网络 192.168.2.0/24 的距离是 1 跳，方向是从接口 S0/0/0 到 R2。

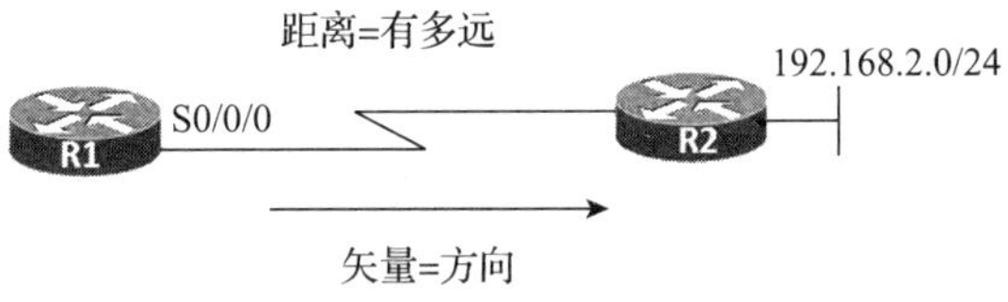

距离矢量路由协议包括 RIP 和 EIGRP。

RIP（路由信息协议）最初在 RFC 1058 中定义，主要有以下特点：

图 12-1-1　距离矢量

1）使用跳数作为选择路径的度量。

2）如果某网络的跳数超过 15，RIP 便无法提供到达该网络的路由。

3）默认情况下，每 30 秒通过广播或组播发送一次路由更新。

EIGRP（增强型 IGRP）是 Cisco 专用的距离矢量路由协议，主要具有以下特点：

1）能够执行不等价负载均衡。

2）使用扩散更新算法（DUAL）计算最短路径。

3）不需要像 RIP 一样进行定期更新，只有当拓扑结构发生变化时才会发送路由更新。

距离矢量路由协议的优点如下：

1）实施和维护简单。对于使用距离矢量协议构建的网络而言，部署和后期维护所需的知识水平要求不高。

2）资源需求低。距离矢量协议通常不需要大量内存来存储信息，也不需要强大的 CPU。根据所应用的网络规模和 IP 地址分配方式，它们通常也不需要较高的链路带宽来发送路由更新。然而，如果在大型网络中部署距离矢量协议，则可能出现问题。

距离矢量路由协议的缺点如下：

1）收敛速度慢。使用定期更新可能会导致收敛速度减慢，甚至在使用一些先进技术后，总体收敛速度仍然比链路状态路由协议慢。

2）可扩展性有限。收敛速度慢会对网络的规模产生限制，因为大型网络需要较长的时间来传播路由信息。

3）路由环路。在发生了改变的网络中，收敛速度缓慢会导致不一致的路由表无法及时得到更新，从而可能造成路由环路。

前面提到了收敛速度，那么什么是收敛？

收敛是指所有路由器的路由表达到一致的过程。当所有路由器都获取到完整而准确的网络信息时，网络即完成收敛。收敛时间是指路由器共享网络信息、计算最佳路径并更新路由表所花费的时间。网络在完成收敛后才可以正常运行，因此，大部分网络都需要在很短的时间内完成收敛。

收敛过程既具协作性，又具独立性。路由器之间既需要共享路由信息，各个路由器也必须独立计算拓扑结构变化对各自路由过程所产生的影响。收敛包括路由信息的传播速度以及最佳路径的计算方法。可以根据收敛速度来评估路由协议，收敛速度越快，路由协议的性能就越好。

常用的路由协议中，RIP 和 IGRP 收敛较慢，而 EIGRP 和 OSPF 收敛较快。

12.2　RIP

RIP（Routing Information Protocol，路由信息协议）是一种基于距离矢量算法的协议。路由器启动 RIP 后，便会向相邻的路由器发送请求报文（Request Message），相邻的 RIP 路由器收到请求报文后，响应该请求，回送包含本地路由表信息的响应报文（Response Message）。路由器收到响应报文后，更新本地路由表，同时向相邻的路由器发送触发更新报文，广播路由更新信息。相邻路由器收到触发更新报文后，又向其各自的相邻路由器发送触发更新报文。在一连串的触发更新广播后，各路由器都能得到并保持最新的路由信息。路由信息交换报文是 UDP 报文，使用的端口号为 520。

1. RIP 的工作方式

运行 RIP 的路由器，起初的路由表只含有直连网络的路由表项，收到相邻路由器发来的请求报文后，会将自己知道的直连网络信息告诉邻居路由器；邻居路由器的路由表中就有了自己直连网络的路由表项和从响应报文中知道的其他网络路由表项，而后将自己知道的路由信息再告诉其他邻居路由器。每个路由器都会从多个邻居路由器收到路由信息，采用距离矢量算法对自己的路由表进行路由更新，当收到多条去往同一目标网络的路由更新信息时，采用跳数最少的一条路由信息。经过一段时间的路由信息交换，每个路由器都有了稳定的路由表项，则路由收敛。但也会因为网络不断发生变化，有可能造成路由不能收敛的情况。距离矢量路由协议的工作方式比较简单，而其简单性也导致它容易存在诸如路由环路之类的缺陷。

2. RIPv1 和 RIPv2

RIP 分为两个版本：RIPv1 和 RIPv2。RIPv1 是有类路由协议，不支持可变长子网掩码，发送的路由信息中不包含子网掩码。RIPv2 是无类路由协议，发送的路由信息中包含子网掩码，支持可变长子网掩码，支持超网。

（1）RIPv1

在早期的互联网中，RIPv1 是最早且唯一的路由协议。RIPv1 在路由更新时不发送子网掩码信息，因此不支持 VLSM 和 CIDR。RIPv1 自动在有类边界总结网络，将所有网络视为默认的 A 类、B 类和 C 类。只要网络是连续的，比如 192.168.1.0、192.168.2.0 等，该功能就不会出现严重问题。

RIP 中路由的更新是通过定时广播实现的。默认情况下，路由器每隔 30s 向与它相连的网络广播自己的路由表，接到广播的路由器将收到的信息添加至自己的路由表中。每个路由器都如此广播，最终网络上所有的路由器都会得知全部的路由信息。正常情况下，每30s路由器就可以收到一次路由信息确认，如果经过180s，即6个更新周期，一个路由项都没有得到确认，路由器就认为它已失效了。如果经过240s，即8个更新周期，路由项仍没有得到确认，它就被从路由表中删除。上面的30s、180s和240s的延时都是由计时器控制的，它们分别是更新计时器（Update Timer）、无效计时器（Invalid Timer）和刷新计时器（Flush Timer）。

（2）RIPv2

RIPv2使用224.0.0.9组播地址来传送路由信息，替代了传统的RIPv1使用广播地址来传送的方法，从而节省了网络资源。RIPv2很好地提供了对RIPv1的兼容支持。

RIPv2对RIPv1进行了如下改进：

1）在路由更新中包含子网掩码，从而使协议变为无类路由协议。

2）增加验证机制以确保路由表更新的安全性。

3）支持可变长子网掩码（VLSM）。

4）使用组播地址传递路由表。

5）支持手动总结路由。

RIP适用于经常变化的小型网络。作为一种距离矢量协议，采用跳数来作为度量值，允许的最大跳数为15跳。

12.3　RIPv1

配置RIP和配置静态路由一样，需要在全局配置模式下进行。RIPv1和RIPv2的应用情况是不一样的，下面分别用这两个版本来实现两个网络的互连。

12.3.1　启用RIPv1

RIPv1是有类路由协议（Classful Routing Protocol），它只支持以广播方式发布协议报文。RIPv1的协议报文无法携带掩码信息，它只能识别A类、B类和C类这样的基于类的网络路由，因此RIPv1不支持不连续子网。

启用RIPv1分两步进行：首先在全局模式下指定路由协议，然后在路由配置模式下通告直连网络。命令如下：

```
R(config)#router rip                    //启用RIP
R(config-router)#network network-number //通告直连网络
```

例如，如图12-3-1所示网络拓扑。

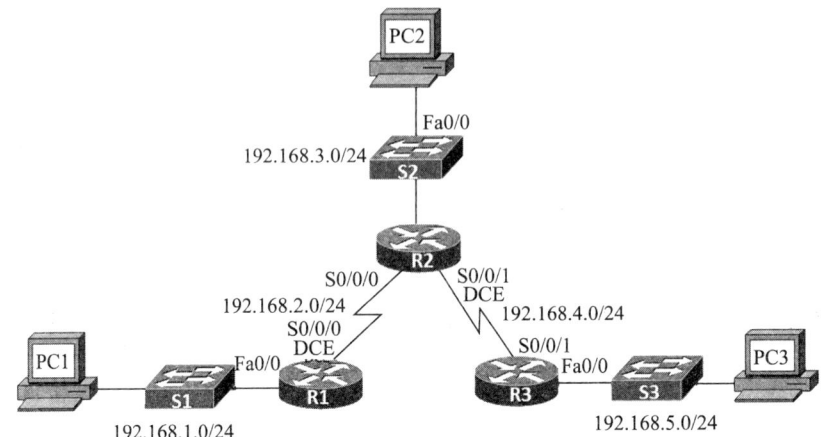

图12-3-1　启用 RIPv1 网络拓扑

路由器 R1 连接两个网络 192.168.1.0/24 和 192.168.2.0/24, 该路由器的 RIPv1 路由配置如下：

```
R1(config)#router rip
R1(config-router)#network 192.168.1.0
R1(config-router)#network 192.168.2.0
```

路由器 R2 连接 3 个网络 192.168.2.0/24、192.168.3.0/24 和 192.168.4.0/24, 那么 RIPv1 路由配置如下：

```
R2(config)#router rip
R2(config-router)#network 192.168.2.0
R2(config-router)#network 192.168.3.0
R2(config-router)#network 192.168.4.0
```

路由器 R3 连接两个网络 192.168.4.0/24 和 192.168.5.0/24, 那么 RIPv1 路由配置如下：

```
R3(config)#router rip
R3(config-router)#network 192.168.4.0
R3(config-router)#network 192.168.5.0
```

当使用 network 命令进行 RIP 配置时, 如果输入了子网地址或接口的 IP 地址而不是有类网络地址, 会发生什么情况?

```
R3(config)#router rip
R3(config-router)#network 192.168.4.0
R3(config-router)#network 192.168.5.1
```

在本例中输入了接口 IP 地址而不是有类网络地址, 会发现 IOS 并没有给出错误消息。相反, IOS 自动更正了输入, 将其变为有类网络地址。这叫作激活接口。

可以查看输出得到验证：

```
R3#show running-config
!
router rip
network 192.168.4.0
network 192.168.5.0
```

12.3.2 检验和故障排除

要检验路由和排除路由故障, 可使用下列常用命令：

```
show run
show ip route
show ip protocols
debug ip rip
show ip interface brief
```

（1）查看 R1、R2 和 R3 的路由表

使用 show ip route 命令检验从 RIP 邻居处接收的路由是否已添加到路由表中。在检查收敛情况时, 该命令将反映出每台路由器都有完整的路由表, 其中包含到达拓扑结构中每个网络的路由。

```
R1# show ip route
Codes: C - connected, S - static, I - IGRP, R - RIP, M - mobile, B - BGP
      ...
Gateway of last resort is not set
```

```
C    192.168.1.0/24 is directly connected,FastEthernet0/0
C    192.168.2.0/24 is directly connected,Serial0/0/0
R    192.168.3.0/24 [120/1] via 192.168.2.2,00:00:06,Serial0/0/0
R    192.168.4.0/24 [120/1] via 192.168.2.2,00:00:06,Serial0/0/0
R    192.168.5.0/24 [120/2] via 192.168.2.2,00:00:06,Serial0/0/0
```

现在以 R1 获知的一条 RIP 路由为例来解读路由表中显示的输出。

```
R    192.168.5.0/24 [120/2] via 192.168.2.2,00:00:06,Serial0/0/0
```

由于路由列表中存在带 R 代码的路由，所以可快速得知路由器上确实运行着 RIP。

紧跟在 R 代码后的是远程目标网络地址和子网掩码（192.168.5.0/24）。

AD 值（RIP 为 120）和到该网络的距离（2 跳）显示在中括号中。

via 后显示路由器的下一跳 IP 地址（地址为 192.168.2.2 的 R2）和自上次更新以来已经过了多少秒（本例中为 00：00：06），以及自己的送出接口。

用同样方法检查 R2、R3 路由器。

（2）使用 show ip protocols 命令检查路由协议配置

show ip protocols 命令会显示路由器当前配置的路由协议，并且可用于检验大多数 RIP 参数（如图 12-3-2 所示）：

1）是否已配置 RIP 路由。

2）发送和接收 RIP 更新的接口是否正确。

3）路由器通告的网络是否正确。

4）RIP 邻居是否发送了更新。

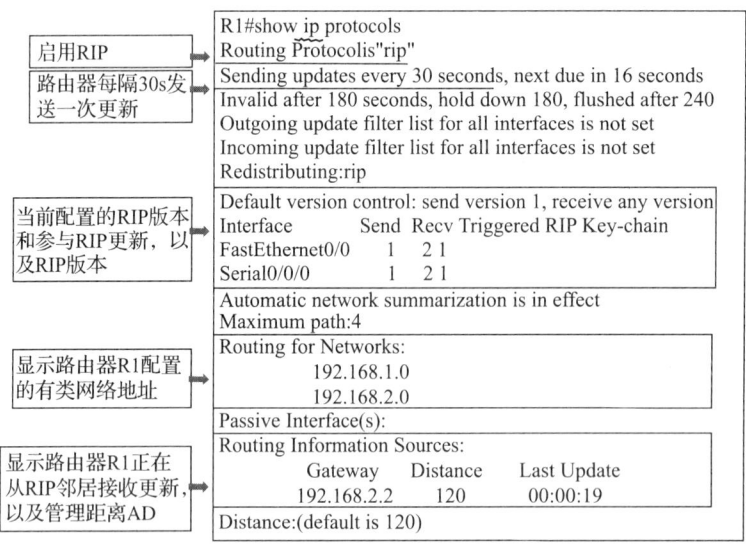

图 12-3-2　显示路由协议

```
R1#show ip protocols
Redistributing: rip
Default version control: send version 1, receive any version
Interface        Send   Recv   Triggered RIP   Key-chain
FastEthernet0/0  1      2 1
Serial0/0/0      1      2 1
```

说明：发送路由更新使用版本 1，但可以接收任意版本的路由信息。

（3）使用 debug 调试命令

在 RIP 中，启用 debug ip rip 调试命令，可以发现 RIP 更新中存在的问题，如图 12-3-3 所示，从而解决大多数 RIP 配置中的错误，涉及 network 语句配置错误、缺少的 network 语句配置，或在有类环境中配置了不连续的子网等。

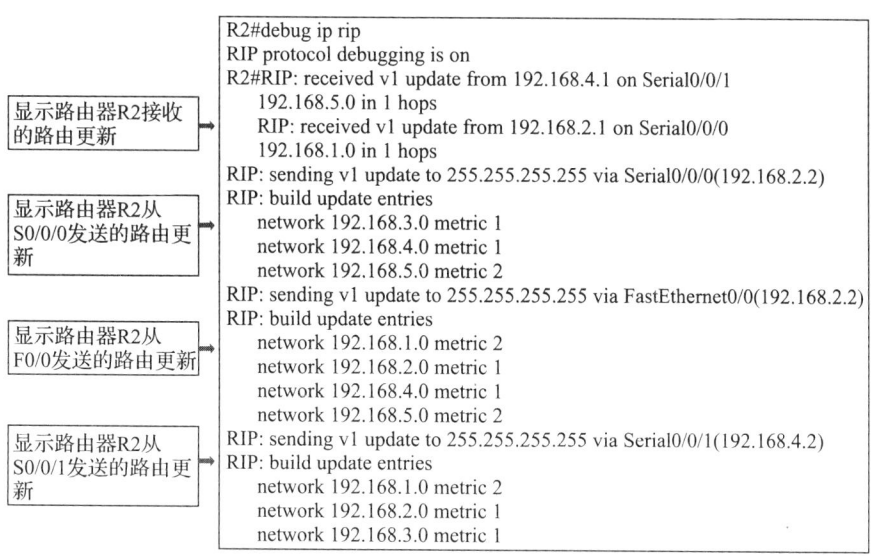

图 12-3-3　debug 调试命令

练习：　配置 RIPv1。

参见配套素材文件"配置 RIPv1 路由协议.pka"。

1）在路由器上配置 RIP。

2）检查连通性，检查 IP 路由表。

练习拓扑如图 12-3-4 所示。

图 12-3-4　启用 RIPv1 配置路由

12.3.3　配置被动接口

上面的示例图 12-3-3 中可以看到，尽管 R2 的 FastEthernet0/0 接口连接的 LAN 上并没有 RIP 设备，但 R2 仍然会从该接口每 30s 发送一次更新。在 LAN 上发送不需要的更新会在以下 3 个方面会对网络造成影响：

1）带宽浪费在传输不必要的更新上。因为 RIP 更新是广播，所以交换机将向所有端口转发更新。

2）LAN 上的所有设备都必须逐层处理更新，直到传输层后接收设备才会丢弃更新。

3）在广播网络上通告更新会带来严重的风险。

停止不需要的 RIP 更新：

```
Router(config-router)#passive-interface f0/0          //配置被动接口
```

　　该命令会停止从指定接口 F0/0 发送路由更新。但是，从其他接口发出的路由更新中仍将通告该指定接口所属的网络。

12.3.4　RIP 自动总结

　　如果更改一下图 12-3-1 中拓扑及接口 IP，如图 12-3-5 所示。

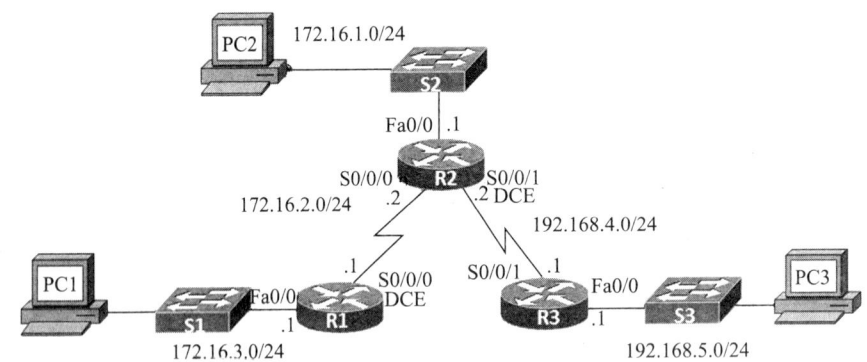

图 12-3-5　R1、R2 使用 172. 16. 0. 0/ 16 的子网

1. 查看 R3 的路由表

```
R3#show ip route
Codes: C - connected, S - static, I - IGRP, R - RIP, M - mobile, B - BGP
       ...
Gateway of last resort is not set
R    172.16.0.0/16 [120/1] via 192.168.4.2, 00:00:14, Serial0/0/1
C    192.168.4.0/24 is directly connected, Serial0/0/1
C    192.168.5.0/24 is directly connected, FastEthernet0/0
```

从路由表中看出只有到达 172. 16. 0. 0/ 16 的路由。

2. 查看 R2 的 RIP 路由选择更新

```
R2#debug ip rip
RIP protocol debugging is on
R2#RIP: received v1 update from 172.16.2.1 on Serial0/0/0
       172.16.3.0 in 1 hops
RIP: received v1 update from 192.168.4.1 on Serial0/0/1
       192.168.5.0 in 1 hops
RIP: sending v1 update to 255.255.255.255 via FastEthernet0/0 (172.16.1.1)
RIP: build update entries
       network 172.16.2.0 metric 1
       network 172.16.3.0 metric 2
       network 192.168.4.0 metric 1
       network 192.168.5.0 metric 2
RIP: sending v1 update to 255.255.255.255 via Serial0/0/0 (172.16.2.2)
RIP: build update entries
       network 172.16.1.0 metric 1
       network 192.168.4.0 metric 1
       network 192.168.5.0 metric 2
RIP: sending v1 update to 255.255.255.255 via Serial0/0/1 (192.168.4.2)
RIP: build update entries
       network 172.16.0.0 metric 1
```

从最后 3 行的发送更新，不难理解 R3 的路由表，只到达 172.16.0.0/16 的总结路由。也就是说，RIP 会在其边界路由器进行自动总结，总结成基于类的网络，并只发送总结路由信息。

使用下面命令关闭 debug 调试：

```
R2#undebug all
All possible debugging has been turned off
```

3. 自动总结的优点

从对 R2 的 debug 调试中可以看到，RIP 会自动总结有类网络间的更新。所以 R2 的 RIP 只发送一个代表整个有类网络的更新，而不是为每个不同的子网各发送一个更新。该过程与将多条静态路由总结成单条静态路由的过程相似。

自动总结具有如下几个优点：

1）可以使发送和接收的路由更新较小，从而使 R2 和 R3 之间的路由更新占用较少的带宽。

2）R3 只有一条有关 172.16.0.0/16 网络的路由，而不管该网络有多少个子网或如何划分子网。使用单条路由可加快 R3 路由表的查找过程。

4. 不连续子网的自动总结带来的问题

例如，如图 12-3-6 所示的不连续子网。

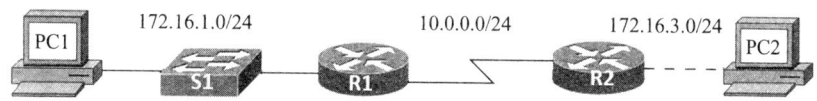

图 12-3-6　不连续子网的 RIPv1

如果 R1 与 R2 之间的网络不是 172.16.2.0/24，而是 10.0.0.0/24，PC1 与 PC2 还能通信吗？查看 R1 和 R2 的路由表，答案是不能通信。

由于 R1 和 R2 的子网 172.16.1.0/24 和 172.16.3.0/24 被 10.0.0.0/24 隔开，相互发送更新中都包含了基于类的总结路由 172.16.0.0/16。

R1 的 debug 调试如下：

```
R1#debug ip rip
RIP protocol debugging is on
R1#RIP: sending v1 update to 255.255.255.255 via FastEthernet0/0 (172.16.3.1)
RIP: build update entries
        network 10.0.0.0 metric 1
RIP: sending v1 update to 255.255.255.255 via Serial0/0/0 (10.0.0.1)
RIP: build update entries
        network 172.16.0.0 metric 1
RIP: received v1 update from 10.0.0.2 on Serial0/0/0
        172.16.0.0 in 1 hops
```

查看 R1 和 R2 的路由表。

```
R1#sh ip route
...
    10.0.0.0/24 is subnetted, 1 subnets
C   10.0.0.0 is directly connected, Serial0/0/0
```

```
      172.16.0.0/24 is subnetted, 1 subnets
C     172.16.3.0 is directly connected, FastEthernet0/0

R2#sh ip route
...
      10.0.0.0/24 is subnetted, 1 subnets
C     10.0.0.0 is directly connected, Serial0/0/0
      172.16.0.0/24 is subnetted, 1 subnets
C     172.16.1.0 is directly connected, FastEthernet0/0
```

说明：RIPv1 不支持不连续的子网。

12.3.5　默认路由及其重传播

如果 R3 代表 ISP，则 R2 为边界路由器，前面介绍过，在边界路由器上总是使用默认路由来代替其他路由。因此 R2 不会与 ISP 启用动态路由，而是使用默认路由和静态路由解决路由，如图 12-3-7 所示。

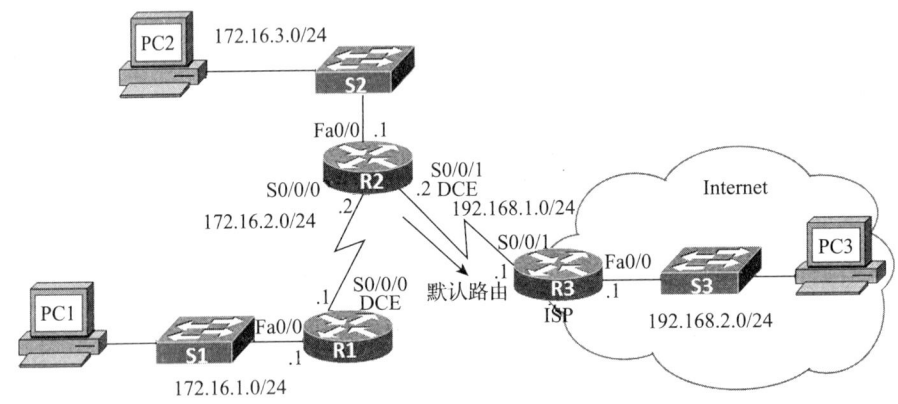

图 12-3-7　默认路由及重传播

1. 在边界路由器配置默认路由

如前例，只做相应改变：R2 和 R3 配置改变。

```
R2(config)#router rip
R2(config-router)#no net 192.168.1.0
R2(config-router)#exit
R2(config)#ip route 0.0.0.0 0.0.0.0 s0/0/1          //默认路由

R3(config)#no router rip                            //删除动态路由协议
R3(config)#ip route 172.16.0.0 255.255.252.0 s0/0/1  //总结路由
```

则 R1、R2 和 R3 的路由表如下。

```
R1#clear ip route *
R1#show ip route
...
Gateway of last resort is not set
      172.16.0.0/24 is subnetted, 3 subnets
R     172.16.3.0 [120/1] via 172.16.2.2, 00:00:10, Serial0/0/0
C     172.16.2.0 is directly connected, Serial0/0/0
C     172.16.1.0 is directly connected, FastEthernet0/0
```

```
R2#show ip route
…
Gateway of last resort is 0.0.0.0 to network 0.0.0.0
     172.16.0.0/24 is subnetted, 3 subnets
C    172.16.3.0 is directly connected, FastEthernet0/0
C    172.16.2.0 is directly connected, Serial0/0/0
R    172.16.1.0 [120/1] via 172.16.2.1, 00:00:26, Serial0/0/0
C    192.168.1.0/24 is directly connected, Serial0/0/1
S *  0.0.0.0/0 is directly connected, Serial0/0/1

R3#show ip route
…
Gateway of last resort is not set
     172.16.0.0/22 is subnetted, 1 subnets
S    172.16.0.0 is directly connected, Serial0/0/1
C    192.168.1.0/24 is directly connected, Serial0/0/1
C    192.168.2.0/24 is directly connected, FastEthernet0/0
```

从 R1 的路由表中可以看出, R1 不能访问 R3 的任何网络, 即不能访问 Internet。

2. 默认路由重传播

要让 RIP 路由域中为所有其他网络提供 Internet 连接, 必须将默认静态路由通告给使用该动态路由协议的其他所有路由器。当然也可以在 R1 上配置指向 R2 的默认路由, 但这种方法没有可扩展性。并且每向 RIP 路由域添加一台路由器, 都必须另外配置一条静态默认路由。

在许多路由协议中, 可以在路由器模式中使用 default-information originate 命令指定该路由器为默认信息的来源, 由该路由器在 RIP 更新中传播静态默认路由。

```
R2(config)#router rip
R2(config-router)#default-information originate
```

查看 R1 的路由表。

```
R1#sh ip route
…
Gateway of last resort is 172.16.2.2 to network 0.0.0.0
     172.16.0.0/24 is subnetted, 3 subnets
R    172.16.3.0 [120/1] via 172.16.2.2, 00:00:26, Serial0/0/0
C    172.16.2.0 is directly connected, Serial0/0/0
C    172.16.1.0 is directly connected, FastEthernet0/0
R *  0.0.0.0/0 [120/1] via 172.16.2.2, 00:00:06, Serial0/0/0
```

R2 上的默认路由已经通过 RIP 传播到 R1, R1 现在可以连接到 Internet。

练习: 在 RIPv1 中配置被动接口、默认路由及重传播。

参见配套素材文件"在 RIPv1 中配置被动接口和默认路由.pka"。

1) 在路由器上启用 RIP, 配置被动接口。

2) 在 R2 中配置默认路由并传播默认路由, 在 R3 中配置总结路由。

3) 检查 RIP 更新, 检查 IP 路由表。

练习拓扑如图 12-3-8 所示。

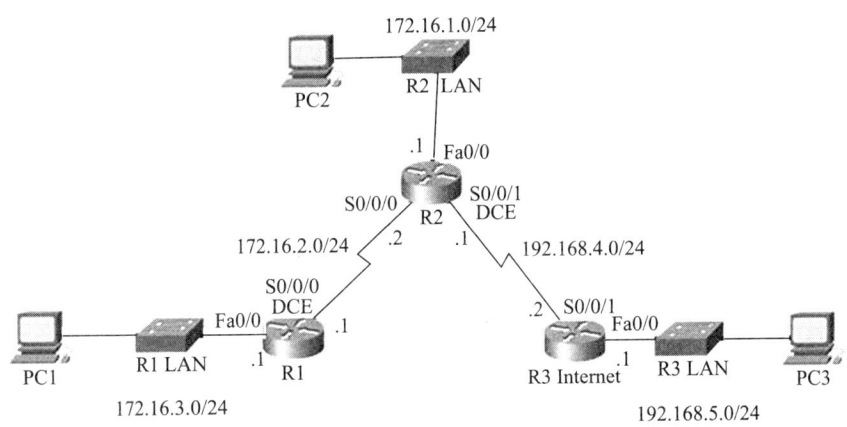

图 12-3-8　拓扑练习

12.4　RIPv2

　　本节将着重讲述有类路由协议（RIPv1）和无类路由协议（RIPv2）之间的差别。RIPv1 的主要局限性在于它是一种有类路由协议，而有类路由协议在路由更新中不包含子网掩码，因此在不连续子网或使用可变长子网掩码（VLSM）的网络中会造成问题。RIPv2 是无类路由协议，它会在路由更新中包含子网掩码，因此 RIPv2 对当今路由环境的适应性更强。

　　RIPv2 实际是对 RIPv1 的增强和扩充，而不是一种全新的协议。其中一些增强功能包括：

1）路由更新中包含下一跳地址。

2）使用组播地址发送更新。

3）可选择使用检验功能。

12.4.1　启用 RIPv2

　　启用 RIPv2 时需要单独指明版本号，配置分 3 步进行：首先在全局配置模式下指定路由协议；然后在路由配置模式下指定版本号；最后在路由配置模式下通告直连网络。命令如下：

```
Router rip                    //启用RIP
Version 2                     //指定版本号RIPv2
Network network-number        //通告直连网络或激活接口
```

　　RIPv2 是 RIPv1 的改进版本。RIPv2 是无类路由协议，在传送路由信息时既传输网络前缀，又传输子网掩码，支持可变长子网掩码（VLSM），同一个子网中的路由器接口可以有不同的子网掩码。前面练习中的思考提问，可以用 RIPv2 实现互连。

　　例如，配置下面网络，如图 12-4-1 所示。

图 12-4-1　启用 RIPv2 配置路由

　　路由器 R1 的配置：

```
R1(config)#router rip
R1(config-router)#version 2
R1(config-router)#network 172.16.1.0
R1(config-router)#network 10.0.0.0
```

路由器 R2 的配置：

```
R1(config)#router rip
R1(config-router)#version 2
R1(config-router)#network 172.16.3.0
R1(config-router)#network 10.0.0.0
```

查看 R1 的路由表：

```
R1#showip route
…
Gateway of last resort is not set
    10.0.0.0/24 is subnetted, 1 subnets
C   10.0.0.0 is directly connected, Serial0/0/0
    172.16.0.0/16 is variably subnetted, 2 subnets, 2 masks
R   172.16.0.0/16 [120/1] via 10.0.0.2, 00:00:14, Serial0/0/0
C   172.16.1.0/24 is directly connected, FastEthernet0/0
```

可以看出 R1 的路由表中有了去往网络 172.16.0.0/16 的 RIP 路由，下一跳为路由器 R2。那么，为什么不是去往 172.16.3.0/24 的路由而是去往 172.16.0.0/16 呢？这是因为路由器 R2 在发送路由信息前进行了自动路由总结。

```
R2#show ip protocols
Routing Protocol is "rip"
Sending updates every 30 seconds, next due in 0 seconds
Invalid after 180 seconds, hold down 180, flushed after 240
Outgoing update filter list for all interfaces is not set
Incoming update filter list for all interfaces is not set
Redistributing: rip
Default version control: send version 2, receive 2
    Interface          Send  Recv  Triggered RIP  Key-chain
    FastEthernet0/0      2     2
    Serial0/1/0          2     2
Automatic network summarization is in effect
Maximum path: 4
Routing for Networks:
     10.0.0.0
     172.16.0.0
Passive Interface(s):
Routing Information Sources:
     Gateway        Distance      Last Update
     10.0.0.1          120          00:00:15
Distance: (default is 120)
```

说明：发送路由更新使用版本 2，接收路由信息也只能是版本 2。

12.4.2　配置 RIPv2 路由总结

RIP 路由自动总结是指当子网路由穿越有类网络边界时，将自动总结成有类网络路由。为了控制对外发送路由条目的数量，RIP 将属于一个更大子网的多个子网路由总结成一条路由。

1. 自动总结

RIPv2 支持自动总结和手工总结两种路由总结方式，默认情况下，路由器采取自动总结方式。

```
R1(config-router)# auto-summary
```

采用自动路由总结有时会出现问题。例如：下面网络中的路由器 R1 有直连子网 172.16.1.0/24 和 172.16.2.0/24；路由器 R3 有直连子网 172.16.100.0/24 和 172.16.200.0/24。

```
R2#show ip route
Codes: C - connected, S - static, I - IGRP, R - RIP, M - mobile, B - BGP
    ...
Gateway of last resort is not set
    10.0.0.0/30 is subnetted, 2 subnets
C    10.0.0.0 is directly connected, Serial0/0/0
C    10.0.0.4 is directly connected, Serial0/0/1
R    172.16.0.0/16 [120/1] via 10.0.0.6, 00:00:12, Serial0/0/1
                    [120/1] via 10.0.0.1, 00:00:05, Serial0/0/0
C    192.168.1.0/24 is directly connected, FastEthernet0/0
```

上述显示表明，如果有要到达目标网络 172.16.1.0/24 的数据包，会分别发送到 R1 和 R3，这样数据包就会丢弃一半，出现与 RIPv1 一样的问题。

如图 12-4-2 所示，这是由于路由器 R1 和 R3 都会自动总结成一条关于 172.16.0.0/16 网络的路由对外发送，而路由器 R2 就会生成这样的路由：一个目标，两条路径，去往 172.16.0.0/16 网络的数据包会均衡地走两条路径，从而导致一部分数据包丢失。

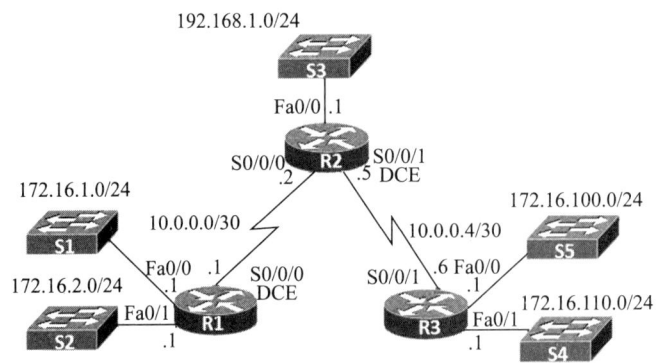

图 12-4-2　不连续子网自动总结存在问题

解决这个问题的方法是关闭自动路由总结，进行人工路由总结。

关闭自动路由总结：

```
R (config-router)#no auto-summary
```

关闭 R1、R2、R3 的自动路由总结之后，查看 R2 的路由表。

```
R2#show ip route
Codes: C - connected, S - static, I - IGRP, R - RIP, M - mobile, B - BGP
    ...
Gateway of last resort is not set
    10.0.0.0/30 is subnetted, 2 subnets
```

```
C    10.0.0.0 is directly connected, Serial0/0/0
C    10.0.0.4 is directly connected, Serial0/0/1
     172.16.0.0/24 is subnetted, 4 subnets
R    172.16.1.0 [120/1] via 10.0.0.1, 00:00:08, Serial0/0/0
R    172.16.2.0 [120/1] via 10.0.0.1, 00:00:08, Serial0/0/0
R    172.16.100.0 [120/1] via 10.0.0.6, 00:00:00, Serial0/0/1
R    172.16.110.0 [120/1] via 10.0.0.6, 00:00:00, Serial0/0/1
C    192.168.1.0/24 is directly connected, FastEthernet0/0
```

路由更新带有子网信息,目标网络唯一确定。也可使用 debug ip rip 调试命令来查看路由更新情况,RIPv2 支持可变长子网掩码(VLSM)。

2. 人工路由总结

人工路由总结是在需要往外发送路由信息的接口上进行的。在接口模式下执行如下命令:

```
R1(config-if)# ip summary-address rip ip-address subnet-mask
```

如上例中,子网 172.16.1.0/24 和 172.16.2.0/24 可以总结为 172.16.0.0/22;子网 172.16.100.0/24 和 172.16.110.0/24 可以总结为 172.16.96.0/20。

```
R1(config)# int s0/0/0
R1(config-if)# ip summary-address rip 172.16.0.0 255.255.252.0

R3(config)# int s0/0/1
R3(config-if)# ip summary-address rip 172.16.96.0 255.255.240.0
```

查看 R2 路由表。

```
R2#show ip route
Codes: C - connected, S - static, R - RIP, M - mobile, B - BGP
       ...
Gateway of last resort is not set

     172.16.0.0/16 is variably subnetted, 2 subnets, 2 masks
R    172.16.0.0/22 [120/1] via 10.0.0.1, 00:00:02, Serial0/0/0
R    172.16.96.0/20 [120/1] via 10.0.0.6, 00:00:03, Serial0/0/1
     10.0.0.0/30 is subnetted, 2 subnets
C    10.0.0.0 is directly connected, Serial0/0/0
C    10.0.0.4 is directly connected, Serial0/0/1
C    192.168.1.0/24 is directly connected, FastEthernet0/0
```

12.5 实训:配置 RIP

1. 实训目标

1)在所有路由器上配置 RIP,检查网络的当前状态。

2)在所有路由器上配置 RIPv2,检查路由的自动总结。

3)关闭自动总结,实施手动总结。

2. 实训内容

基本 RIP 配置拓扑如图 12-5-1 所示。

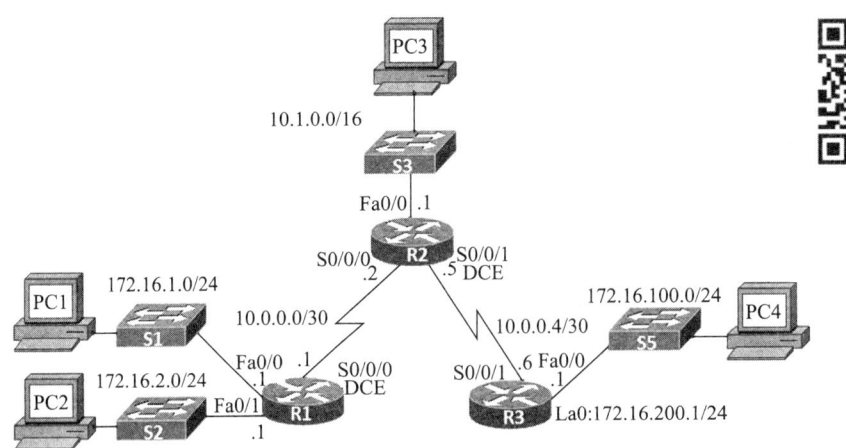

图 12-5-1　基本 RIP 配置拓扑

3. 实训步骤

1）路由器接口 IP 配置。

2）使用 RIP 配置。

3）检查网络的当前状态，查看路由表，使用 debug ip rip 检查路由更新。

4）配置 RIPv2，禁用自动总结，检查路由表。

5）检验网络连通性，使用 debug ip rip 命令检查路由更新。

思考：

1）R1 发出的 RIP 更新中包含哪些条目？

2）在 R2 上接收到的来自 R1 的 RIP 更新中包含什么路由？

3）路由更新中是否包含子网掩码？

第 13 章　链路状态路由协议——OSPF

随着 Internet 技术在全球范围的飞速发展，链路状态路由协议已成为目前 Internet 广域网和 Intranet 企业网采用最多、应用最广泛的路由协议。

链路状态路由协议并不会频繁、定期地发送整个路由表的更新信息。网络完全收敛之后，链路状态协议将只在拓扑发生更改（如链路断开）时才发送更新信息。

13.1　链路状态路由协议

链路状态路由协议也称为最短路径优先协议，它基于 Edsger Dijkstra 的最短路径优先（SPF）算法。

IP 链路状态路由协议有以下两种：

1）开放最短路径优先（OSPF）。

2）中间系统到中间系统（IS-IS）。

链路状态路由协议比距离矢量路由协议复杂得多，但基本功能和配置却很简单，算法也容易理解。

1. SPF 算法

SPF（最短路径优先）算法也称为 Dijkstra 算法，该算法将每一个路由器作为根来计算其到每一个目的地路由器的距离，是累计每条路径从源到目的地的开销。事实上，最短路径优先是所有路由算法的目的。

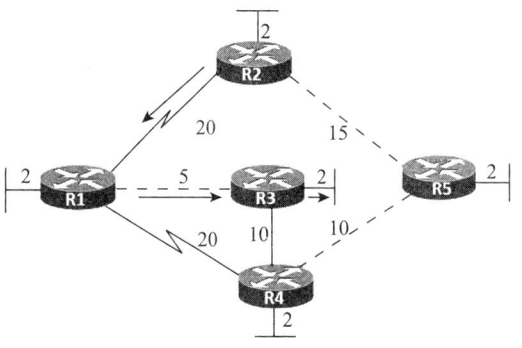

如图 13-1-1 所示，每条路径都标有一个独立的开销值。从 R2 向连接到 R3 的 LAN 发送数据包的最短路径开销为：

R2（20）+ R1（50）+ R3（2）= 27

每台路由器会自行确定通向拓扑中每个目的地的开销。换句话说，每台路由器都会站在自己的角度按 SPF 算法计算其到达目的地的开销。

图13-1-1　最短路径优先算法

2. 链路状态路由协议的工作原理

链路：路由器上的接口。

链路状态：有关接口的信息，包括接口的 IP 地址和子网掩码、网络类型、链路开销以及该链路上的相邻路由器。

链路状态路由协议的工作原理如下：

1）每台路由器了解其自身的链路状态（即与其直连的网络）。这通过检测哪些接口处于工作状态来完成。

2）每台路由器负责"问候"直连网络中的相邻路由器状态。问候，是指链路状态路由器通过直连网络中的其他链路状态路由器互换 Hello 数据包来发现邻居。

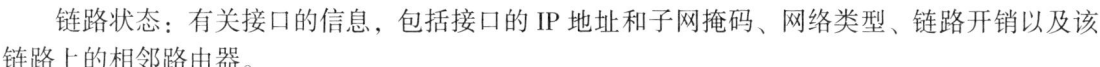

3）每台路由器创建一个链路状态数据包（LSP），其中包含与该路由器直接相连的每条链路的状态。这通过记录每个邻居的所有相关信息（包括邻居 ID、链路类型和带宽）来完成。

4）每台路由器将 LSP 泛洪到所有邻居，然后邻居将收到的所有 LSP 存储到数据库中。这样，各个邻居将 LSP 泛洪给自己的邻居，直到区域中的所有路由器均收到那些 LSP 为止。每台路由器会在本地数据库中存储邻居发来的 LSP 的副本。

5）每台路由器使用数据库构建一个完整的拓扑图并计算通向每个目的网络的最佳路径。就像拥有了地图一样，路由器现在拥有关于拓扑中所有目的地以及通向各个目的地的路由的详图。SPF 算法用于构建该拓扑图并确定通向每个网络的最佳路径。

如图 13-1-2 所示，查看 R1 的链路状态数据库以及使用 SPF 算法所得的 SPF 树。

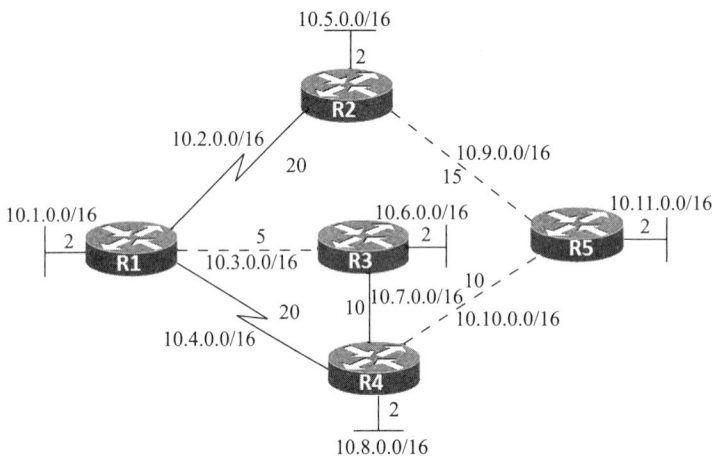

图 13-1-2　网络拓扑图

经过泛洪传送，路由器 R1 已获悉其路由区域内的每台路由器的链路状态信息。表 13-1-1 为 R1 已接收到并存储在其链路状态数据库中的链路状态信息。

表 13-1-1　R1 链路状态数据库

来　源	R1 链路状态数据库
R1 链路状态	连接到网络 10.2.0.0/16 上的邻居 R2，开销为 20 连接到网络 10.3.0.0/16 上的邻居 R3，开销为 5 连接到网络 10.4.0.0/16 上的邻居 R4，开销为 20 带有一个网络 10.1.0.0/16，开销为 2
来自 R2 的 LSP	连接到网络 10.2.0.0/16 上的邻居 R1，开销为 20 连接到网络 10.9.0.0/16 上的邻居 R5，开销为 15 带有一个网络 10.5.0.0/16，开销为 2
来自 R3 的 LSP	连接到网络 10.3.0.0/16 上的邻居 R1，开销为 5 连接到网络 10.7.0.0/16 上的邻居 R4，开销为 10 带有一个网络 10.6.0.0/16，开销为 2
来自 R4 的 LSP	连接到网络 10.4.0.0/16 上的邻居 R1，开销为 20 连接到网络 10.7.0.0/16 上的邻居 R3，开销为 10 连接到网络 10.10.0.0/16 上的邻居 R5，开销为 10 带有一个网络 10.8.0.0/16，开销为 2
来自 R5 的 LSP	连接到网络 10.9.0.0/16 上的邻居 R2，开销为 15 连接到网络 10.10.0.0/16 上的邻居 R4，开销为 10 带有一个网络 10.11.0.0/16，开销为 2

有了完整的链路状态数据库，R1 现在即可使用该数据库和 SPF 算法来计算通向每个网络的最短路径。

如图 13-1-2 所示，R1 不使用直接连接 R4 的路径来到达拓扑中的任何 LAN（包括 R4 所连接的 LAN），因为经过 R3 的路径开销更低。同样，R1 也不使用 R2 与 R5 之间的路径来访问 R5，因为经过 R3 的路径开销更低。拓扑中的每台路由器都站在自己的角度确定最短路径。

R1 使用 SPF 算法处理了所有的 LSP 后，便生成完整的 SPF 树。链路 10.4.0.0/16 和链路 10.9.0.0/16 未用于访问其他网络，因为存在开销更低（即更短）的路径。不过，这些网络仍然存在于该 SPF 树中，用于访问这些网络中的设备。实际上，SPF 算法在构建 SPF 树的同时便会确定最短路径。

（1）SPF 树

每台路由器将使用 LSDB 中的信息运行 SPF 算法并创建一个 SPF 树，路由器位于树的根部。每条链路都与其他链路连通后，SPF 树即创建完成，见表 13-1-2。

表 13-1-2　R1 的 SPF 树

目的地	最短路径	开销
R2 LAN	R1—R2	22
R3 LAN	R1—R3	7
R4 LAN	R1—R3—R4	17
R5 LAN	R1—R3—R4—R5	27

（2）由 SPF 树生成路由表

有了 SPF 树，路由器即可自行确定通向树中每个网络的最佳路径，并将此最佳路径信息存储在其路由表中。R1 的路由表如下所示：

10.5.0.0/16：通过 R2 的 Serial 0/0/0 接口，开销=22
10.6.0.0/16：通过 R3 的 Serial 0/0/1 接口，开销=7
10.7.0.0/16：通过 R3 的 Serial 0/0/1 接口，开销=15
10.8.0.0/16：通过 R3 的 Serial 0/0/1 接口，开销=17
10.9.0.0/16：通过 R2 的 Serial 0/0/0 接口，开销=35
10.10.0.0/16：通过 R3 的 Serial 0/0/1 接口，开销=25
10.11.0.0/16：通过 R3 的 Serial 0/0/1 接口，开销=27

路由表还会包括所有直连的网络以及来自其他来源的路由（如静态路由）。

3. 链路状态路由协议的优点

链路状态路由协议有如下几个优点：

（1）创建拓扑图

链路状态路由协议会创建网络结构的拓扑图（即 SPF 树），而距离矢量路由协议没有此功能。使用距离矢量路由协议的路由器仅有一个网络列表，其中列出了通往各个网络的开销（距离）和下一跳路由器（方向）。因为链路状态路由协议会交换链路状态信息，所以 SPF 算法可以构建网络的 SPF 树。有了 SPF 树，每台路由器是可独立确定通向每个网络的最短路径。

（2）快速收敛

收到一个链路状态数据包（LSP）后，链路状态路由协议便立即将该 LSP 从除接收该 LSP 的接口以外的所有接口泛洪出去。使用距离矢量路由协议的路由器需要处理每个路由更新，并且在更新完路由表后才能将更新从路由器接口泛洪出去，即使对触发更新也是如此。因此链路状态路由协议可更快达到收敛状态，不过 EIGRP 是一个明显的例外。

（3）由事件驱动的更新

在初始 LSP 泛洪之后，链路状态路由协议仅在拓扑发生改变时才发出 LSP。该 LSP 仅包含与受影响的链路相关的信息。与某些距离矢量路由协议不同的是，链路状态路由协议不会定期发送更新。

注意：OSPF 路由器每隔 30min 会泛洪其自身的链路状态。这称为强制更新，将在后面的章节中讨论。而且，并非所有距离矢量路由协议都定期发送更新。RIP 和 IGRP 会定期发送更新，但 EIGRP 不会。

（4）层次式设计

链路状态路由协议（如 OSPF 和 IS-IS）使用了区域的概念。多个区域形成了层次状的网络结构，这有利于路由聚合（总结），还便于将路由问题隔离在一个区域内。多区域 OSPF 和 IS-IS 将在后续课程中进一步讨论。

现代链路状态路由协议设计旨在尽量降低对内存、CPU 和带宽的影响。使用并配置多个区域可减小链路状态数据库。划分多个区域还可限制在路由域内泛洪的链路状态信息的数量，并可仅将 LSP 发送给所需的路由器。

13.2　OSPF

开放最短路径优先（OSPF）协议是一种链路状态路由协议。

RIP 在早期的网络和 Internet 中可满足要求，但它将跳数作为选择最佳路由的唯一标准，因此在需要更健全的路由解决方案的大型网络中，它很快变得难以为继。

OSPF 是一种无类路由协议，它使用区域概念实现可扩展性。RFC 2328 将 OSPF 度量定义为一个独立的值，该值称为开销。Cisco IOS 使用带宽作为 OSPF 开销度量。OSPF 相对于 RIP 的主要优点在于迅捷的收敛速度和适于大型网络实施的可扩展性。

1989 年，OSPFv1 规范在 RFC 1131 中发布，具有两个版本：一个在路由器上运行，另一个在 UNIX 工作站上运行。OSPFv1 是一种实验性的路由协议，未获得实施。

1991 年，OSPFv2 由 John Moy 在 RFC 1247 中引入。OSPFv2 在 OSPFv1 基础上提供了重大的技术改进。与此同时，ISO 也正在开发自己的链路状态路由协议——中间系统到中间系统（IS-IS）协议。IETF 理所当然地选择 OSPF 作为其推荐的 IGP（内部网关协议）。

1998 年，OSPFv2 规范在 RFC 2328 中得以更新，也就是 OSPF 的现行 RFC 版本。

1999 年，用于 IPv6 的 OSPFv3 在 RFC 2740 中发布。

1. OSPF Hello 数据包

Hello 数据包（图 13-2-1）的作用如下：

1）发现 OSPF 邻居并建立相邻关系。

2）通告两台路由器建立相邻关系所必需统一的参数。

3）在以太网和帧中继等多路访问网络中选举指定路由器（DR）和备用指定路由器（BDR）。

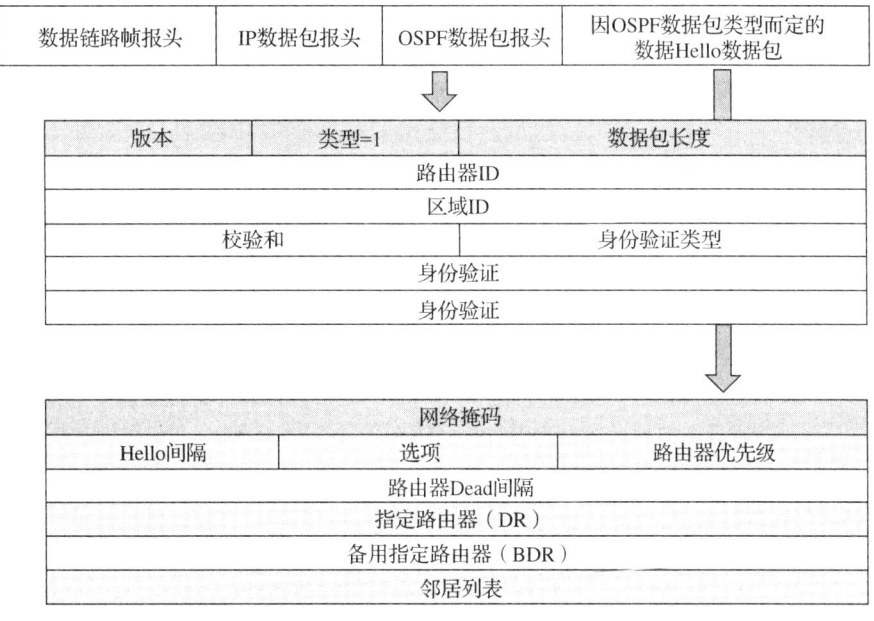

图 13-2-1　OSPF 数据包的 OSPF 报头格式和 Hello 数据包

图 13-2-1 所示的重要字段包括以下几项。

1）路由器 ID：始发路由器的 ID。

2）区域 ID：数据包的始发区域。

3）网络掩码：与发送方接口关联的子网掩码。

4）Hello 间隔：发送方路由器连续两次发送 Hello 数据包之间的秒数。

5）路由器优先级：用于 DR/ BDR 选举（稍后讨论）。

6）指定路由器（DR）：DR 的路由器 ID（如果有的话）。

7）备用指定路由器（BDR）：BDR 的路由器 ID（如果有的话）。

8）邻居列表：列出相邻路由器的 OSPF 路由器 ID。

2. 建立相邻关系

在 OSPF 路由器可将其链路状态泛洪给其他路由器之前，必须确定在其每个链路上是否存在其他 OSPF 邻居。如图 13-2-2 所示，OSPF 路由器正在通过所有启用了 OSPF 的接口发送 Hello 数据包，以确定那些链路上是否存在邻居。OSPF Hello 数据包中的信息包括发送方路由器的 OSPF 路由器 ID。如果通过一个接口收到 OSPF Hello 数据包，即可确认该链路上存在另一台 OSPF 路由器。随后，OSPF 即与该邻居建立相邻关系。

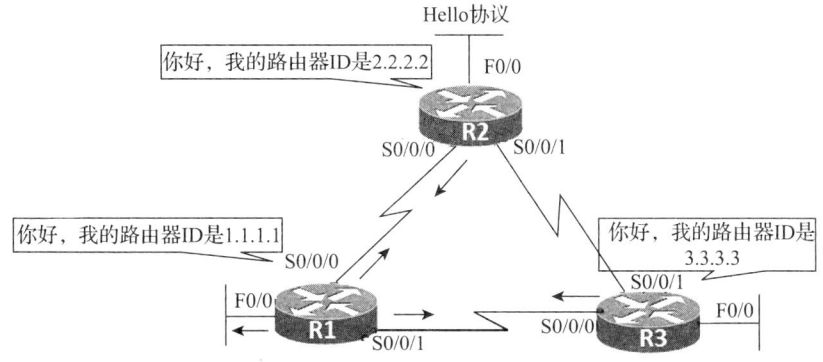

图 13-2-2　R1 将与 R2 和 R3 建立相邻关系

Hello 协议通过组播地址 224.0.0.5 向直接连接的 OSPF 路由器发送很小的 Hello 数据包。这些数据包在以太网和广播链路上每 10s 发送一次，在非广播链路上则是每 30s 发送一次。

邻接是高级邻居关系，邻接的路由器之间可以交换路由信息。路由器在邻居之间启动邻接关系时，将会开始交换链路状态更新信息。在链路状态数据库中同步后，路由器即达到 FULL（完全）邻接状态。

在与其邻居达到完全邻接之前，路由器会经历几种状态变化，见表 13-2-1。

表 13-2-1　OSPF 链路状态

OSPF 状态	详细说明
Init （初始化状态）	路由器收到其邻居发来的初始 Hello 数据包，之后，路由器会将发送方的路由器 ID 列入自己的 Hello 数据包作为确认
2-Way （双向状态）	既然两台路由器已经互发 Hello 数据包，自然也会建立了双向通信。当接收 Hello 数据包的路由器在其邻居发来的 Hello 数据包中发现自己的路由器 ID 时便会进入双向状态。该状态下，路由器决定是否与此邻居完全邻接
Exstart （预启动状态）	两台路由器会确立主从关系并为邻接关系选择最初的序列号。这两台路由器中路由器 ID 较高的路由器成为主路由器并启动交换过程
Exchange （交换状态）	OSPF 路由器交换数据库描述符（DBD）数据包，该数据包仅包含链路状态通告（LSA）的报头。DBD 描述整个链路状态数据库的内容。每个 DBD 数据包都有一个序列号，该序列号只能按主路由器递增
Loading （加载状态）	根据 DBD 提供的信息，路由器会发送链路状态请求数据包以请求更详细的信息。邻居在链路状态更新数据包中提供请求的链路状态信息
Full （完全邻接）	所有路由器和网络 LSA 均已完成交换，路由器数据库已完全同步

3. OSPF Hello 间隔和 Dead 间隔

两台路由器在建立 OSPF 相邻关系之前，必须统一 3 个值：Hello 间隔、Dead 间隔和网络类型。OSPF Hello 间隔表示 OSPF 路由器发送其 Hello 数据包的频度。默认情况下，在多路访问网段和点对点网段中每 10s 发送一次 OSPF Hello 数据包，而在非广播多路访问（NBMA）网段（帧中继、X.25 或 ATM）中则每 30s 发送一次 OSPF Hello 数据包。

在多数情况下，OSPF Hello 数据包都会通过组播发送给为 ALLSPFRouters 保留的地址 224.0.0.5。由于使用了组播地址，设备的接口如果未启用为接收 OSPF 数据包，则会忽略这些数据包。

Dead 间隔是路由器在宣告邻居进入 down（不可用）状态之前等待该设备发送 Hello 数据包的时长，单位为秒。Cisco 所用的默认断открытие间隔为 Hello 间隔的 4 倍。对于多路访问网段和点对点网段，此时长为 40s，对于 NBMA 网络则为 120s。

如果 Dead 间隔已到期，而路由器仍未收到邻居发来的 Hello 数据包，则会从其链路状态数据库中删除该邻居。路由器会将该邻居连接断开的信息通过所有启用了 OSPF 的接口以泛洪的方式发送出去。

4. 链路状态通告（LSA）

当路由器初始化或当网络结构发生变化（如增减路由器、链路状态发生变化等）时，路由器会产生链路状态广播（Link-State Advertisement, LSA）数据包，该数据包里包含路由器上所有相连链路的状态信息。

所有路由器会通过泛洪（Flooding）来交换链路状态数据。Flooding 是指路由器将其 LSA 数据包传送给所有与其相邻的 OSPF 路由器，相邻路由器根据其接收到的链路状态信息更新自己的数据库，并将该链路状态信息转送给与其相邻的路由器，直到稳定的一个过程，叫作收敛。当网络状态稳定时，网络中传递的链路状态信息是比较少的。这也是链路状态路由协议区别于距离矢量路由协议的一大特点。

5. OSPF 算法

当网络重新稳定下来，每台 OSPF 路由器都会维护一个链路状态数据库，其中包含来自其他所有路由器的 LSA。一旦路由器收到所有 LSA 并建立其本地链路状态数据库，OSPF 就会使用 SPF 算法创建一个 SPF 树。随后，将根据 SPF 树，使用通向每个网络的最佳路径填充 IP 路由表。该路由表中包含路由器到每一个可到达目的地的 Cost 以及到达该目的地所要转发的下一个路由器（Next-Hop）。其中也包括管理距离（AD），即路由来源的可信度（即优先程度），OSPF 的默认管理距离为 110。

13.3 OSPF 配置

13.3.1 OSPF 基本配置

1. router ospf process-id 命令

OSPF 通过 router ospf process-id 全局配置命令启用。process-id 是一个介于 1 和 65535 之间的数字，由网络管理员选定。

注意：process-id 仅在本地有效，这意味着路由器之间建立相邻关系时无须匹配该值。在后面的示例中，将使用相同的进程 ID "1" 在全部 3 台路由器上启用 OSPF，之所以使用相同的进程 ID，只是为了方便书写。

```
R1(config)#router ospf 1
R1(config-router)#
```

2. network 命令

路由器上任何符合 network 命令中的网络地址的接口都将启用，可发送和接收 OSPF 数据包。此网络（或子网）将被包括在 OSPF 路由更新中。

network 命令在路由器配置模式中使用。

```
Router(config-router)#network network-address wildcard-mask area area-id
```

其中的 network-address 和 wildcard-mask 参数与 EIGRP 所用的相似，不同的是 OSPF 需要通配符掩码。网络地址和通配符掩码一起，用于指定此 network 命令启用的接口或接口范围。

例如，R1 的 FastEthernet0/0 接口位于 172.16.1.16/28 网络中。此接口的子网掩码为/28，即 255.255.255.240。该子网掩码的反码即为通配符掩码：

$$
\begin{array}{r}
255.255.255.255 \\
-255.255.255.240 \quad \text{减去子网掩码} \\
\hline
0\ .\ 0\ .\ 0\ .\ 15 \quad \text{通配符掩码}
\end{array}
$$

```
Router(config-router)#network 172.16.1.16 0.0.0.15 area 0
```

命令中的 area area-id 指 OSPF 区域。OSPF 区域是共享链路状态信息的一组路由器，即相同区域内的所有 OSPF 路由器的链路状态数据库中必须具有相同的链路状态信息，这通过路由器将各自的链路状态泛洪给该区域内的其他所有路由器来实现。在本章中，将配置一个区域内的所有 OSPF 路由器，称为单区域 OSPF。

例如，如图 13-3-1 所示拓扑。

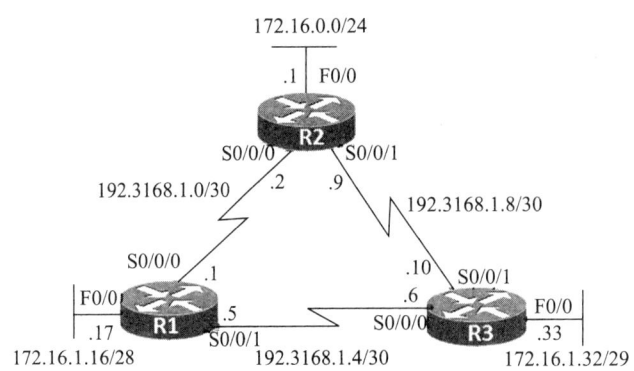

图 13-3-1　OSPF 配置拓扑

OSPF 配置如下：

```
R1(config)#router ospf 1
R1(config-router)#network 172 .16 .1 .16 0.0 .0 .15 area 0
R1(config-router)#network 192.168.1.0 0.0.0.3 area 0
R1(config-router)#network 192.168.1.4 0 .0 .0 .3 area 0

R2(config)#router ospf 1
R2(config-router)#network 172.16.0.0 0.0.0.255 area 0
R2(config-router)#network 192.168.1.0 0.0.0.3 area 0
R2(config-router)#network 192.168.1.8 0 .0 .0 .3 area 0

R3(config)#router ospf 1
R3(config-router)#network 172.16.1 .32 0.0.0.7 area 0
R3(config-router)#network 192.168.1.4 0.0.0.3 area 0
R3(config-router)#network 192.168.1.8 0 .0 .0 .3 area 0
```

注意：

1）OSPF 路由进程 ID 的范围必须在 1 ~ 65535 之间，而且只有本地含义，不同路由器的路由进程 ID 可以不同，如果要想启动 OSPF 路由进程，至少确保有一个接口是 up 的。

2）区域 ID 是在 0 ~ 4 294 967 295 内的十进制数，也可以是 IP 地址的格式 A. B. C. D，当网络区域 ID 为 0 或 0.0.0.0 时称为主干区域。

3）在高版本的 IOS 中通告 OSPF 网络的时候，网络地址也可以是接口地址，网络号的后面可以跟网络掩码，也可以跟反掩码。

3. 确定路由器 ID

OSPF 路由器 ID 用于唯一标识 OSPF 路由域内的每台路由器。一个路由器 ID 其实就是一个 IP 地址。Cisco 路由器根据下列 3 个条件得出路由器 ID：

1）使用通过 OSPF router-id 命令配置的 IP 地址。

2）如果未配置 router-id，则路由器会选择其所有环回接口的最高 IP 地址。

3）如果未配置环回接口，则路由器会选择其所有物理接口的最高活动 IP 地址。

（1）最高活动 IP 地址

如果 OSPF 路由器未使用 OSPF router-id 命令进行配置，也未配置环回接口，则其 OSPF 路由器 ID 将为其所有接口上的最高活动 IP 地址。该接口并不需要启用 OSPF，就是说不需要将其包括在 OSPF network 命令中。然而，该接口必须活动——它必须处于工作状态。

（2）检验路由器 ID

因为未在这 3 台路由器上配置路由器 ID 和环回接口，所以每台路由器的 ID 通过列表中的第 3 个条件确定：路由器的所有物理接口的最高活动 IP 地址。

```
R1#show ip protocols

Routing Protocol is "ospf 1"
    Outgoing update filter list for all interfaces is not set
    Incoming update filter list for all interfaces is not set
    Router ID 192.168.10.5
    Number of areas in this router is 1.1 normal 0 stub 0 nssa
    Maximum path: 4
    Routing for Networks:
        192.168.10.0 0.0.0.3 area 0
        192.168.10.4 0.0.0.3 area 0
        172.16.1.16 0.0.0.15 area 0
    Routing Information Sources:
    Gateway Distance Last Update
        192.168.10.5 110 00:00:47
        192.168.10.9 110 00:00:39
        192.168.10.10 110 00:00:39
    Distance: (default is 110)
```

注意：R1 的 Router ID 为 192.168.1.5，该地址比 172.16.1.17 和 192.168.1.1 高。

（3）环回地址

如果未使用 OSPF router-id 命令，但配置了环回接口，则 OSPF 将选择其所有环回接口的最高 IP 地址。环回地址是一种虚拟接口，配置后即自动处于工作状态。

配置环回接口的命令如下：

```
R1(config)#interface loopback 0
R1(config-if)#ip address 1.1.1.1  255.255.255.255
```

指定路由器 ID，在用于确定路由器 ID 时优先于环回接口和物理接口 IP 地址。命令语法如下：

```
R1(config)#router ospf 1
R1(config-router)#router-id  1.1.1.1
```

重新加载路由器或使用下列命令清除 OSPF 进程来实现：

```
R1#clear ip ospf process          //清除重置 OSPF,就是重新初始化
```

注意：使用新的环回接口或物理接口 IP 地址修改路由器 ID 可能需要重新加载路由器。

show ip protocols 命令用于检验每台路由器现在是否使用环回地址作为其路由器 ID。

```
R1#show ip protocols

Routing Protocol is "ospf 1"
    Outgoing update filter list for all interfaces is not set
    Incoming update filter list for all interfaces is not set
    Router ID 1.1.1.1
    Number of areas in this router is 1.1 normal 0 stub 0 nssa
    ...
```

在本拓扑中，所有的 3 台路由器均配置有环回地址以代表 OSPF 路由器 ID。使用环回接口的优点在于，不会像物理接口那样发生故障。环回接口无须依赖实际电缆和相邻设备即可处于工作状态。因此，使用环回地址作为路由器 ID 给 OSPF 过程带来了稳定性。

注意：当同一个 OSPF 路由域内的两台路由器具有相同的路由器 ID 时，将无法正常路由。如果两台相邻路由器的路由器 ID 相同，则无法建立相邻关系。

4. 检查 OSPF

show ip ospf neighbor 命令可用于检验 OSPF 相邻关系并排除相应的故障。此命令为每个邻居显示下列输出。

```
R1#show ip ospf neighbor

Neighbor ID    Pri    State    Dead Time      Address        Interface
2.2.2.2        0      FULL     / - 00:00:37   192.168.1.2    Serial0/0/0
3.3.3.3        0      FULL     / - 00:00:38   192.168.1.6    Serial0/0/1

R2#sh ip ospf neighbor

Neighbor ID    Pri    State    Dead Time      Address        Interface
1.1.1.1        0      FULL     / - 00:00:38   192.168.1.1    Serial0/0/0
3.3.3.3        0      FULL     / - 00:00:34   192.168.1.10   Serial0/0/1

R3#sh ip ospf neighbor

Neighbor ID    Pri    State    Dead Time      Address        Interface
1.1.1.1        0      FULL     / - 00:00:31   192.168.1.5    Serial0/0/0
2.2.2.2        0      FULL     / - 00:00:39   192.168.1.9    Serial0/0/1
```

1）Neighbor ID：该相邻路由器的路由器 ID。

2）Pri：该接口的 OSPF 优先级，将在后续部分讨论。

3）State：该接口的 OSPF 状态，FULL 状态表明该路由器和其邻居具有相同的 OSPF 链路状态数据库。

4）Dead Time：路由器在宣告邻居进入 down（不可用）状态之前等待该设备发送 Hello 数据包所剩余的时间。默认时，此值为 40s，在该接口收到 Hello 数据包时重置。

5）Address：该邻居用于与本路由器直连的接口的 IP 地址。

6）Interface：本路由器用于与该邻居建立相邻关系的接口。

其他功能强大的 OSPF 故障排除命令包括：

```
show ip protocols
show ip ospf
show ip ospf interface
```

show ip protocols 命令可用于快速检验关键 OSPF 配置信息，其中包括 OSPF 进程 ID、路由器 ID、路由器正在通告的网络、正在向该路由器发送更新的邻居以及默认管理距离（对于 OSPF 为 110）。

```
R1# show ip protocols

Routing Protocol is "ospf 1"
    Outgoing update filter list for all interfaces is not set
    Incoming update filter list for all interfaces is not set
```

```
Router ID 1.1.1.1
Number of areas in this router is 1. 1 normal 0 stub 0 nssa
Maximum path: 4
Routing for Networks:
    192.168.1.0 0.0.0.3 area 0
    192.168.1.4 0.0.0.3 area 0
    172.16.1.16 0.0.0.15 area 0
Routing Information Sources:
Gateway Distance Last Update
    1.1.1.1 110 00:00:44
    2.2.2.2 110 00:00:44
    3.3.3.3 110 00:00:54
Distance: (default is 110)
```

　　路由器每次收到有关拓扑的新信息（链路添加、删除或修改）时，必须重新运行 SPF 算法，创建新的 SPF 树，并更新路由表。SPF 算法会占用很多 CPU 资源，且其耗费的计算时间取决于区域大小，区域大小通过路由器数量和链路状态数据库来衡量。

　　状态在 up 和 down 之间来回变化的网络称为摆动链路。摆动链路会导致区域内的 OSPF 路由器持续重新计算 SPF 算法，从而无法正确收敛。为尽量减轻此问题，路由器在收到一个 LSU 后，会等待 5s（5000ms）才运行 SPF 算法，这称为 SPF 计划延时。为防止路由器持续运行 SPF 算法，还存在一个 10s（10000ms）的保持时间，即路由器运行完一次 SPF 算法后，会等待 10s 才再次运行该算法。

```
R1#show ipospf int s0/0/0

Serial0/0/0 is up, line protocol is up
    Internet address is 192.168.10.1/30, Area 0
    Process ID 1, Router ID 1.1.1.1, Network Type POINT-TO-POINT, Cost: 64
    Transmit Delay is 1 sec, State POINT-TO-POINT, Priority 0
    No designated router on this network
    No backup designated router on this network
    Timer intervals configured,Hello 10, Dead 40, Wait 40, Retransmit 5
    Hello due in 00:00:06
    Index 2/2, flood queue length 0
    Next 0x0(0)/0x0(0)
    Last flood scan length is 1, maximum is 1
    Last flood scan time is 0 msec, maximum is 0 msec
    Neighbor Count is 1 , Adjacent neighbor count is 1
    Adjacent with neighbor 2.2.2.2
    Suppress Hello for 0 neighbor(s)
```

　　用于检验 Hello 间隔和 Dead 间隔的最快方法为使用 show ip ospf interface 命令。如上所示，将接口名称和编号添加到该命令中即可显示特定接口的输出。这些间隔包括在邻居之间相互发送的 OSPF Hello 数据包中。OSPF 在不同接口上可能具有不同的 Hello 间隔和 Dead 间隔，但要使 OSPF 路由器建立相邻关系，它们的 OSPF Hello 间隔和断路间隔必须相同。例如上面所显示结果中，R1 在其 Serial 0/0/0 接口上所用的 Hello 间隔为 10，Dead 间隔为 40。R2 也必须在其 Serial 0/0/0 接口上使用相同的间隔，才能和 R1 建立相邻关系。

5. 检查路由表

show ip route 命令可用于检验路由器是否正在通过 OSPF 发送和接收路由。每条路由开头的 O 表示路由来源为 OSPF。路由表和 OSPF 将在下一节更详细地讨论。然而，应该很容易注意到 OSPF 路由表与之前章节中的路由表相比存在两个明显区别。首先，可注意到每台路由器具有 4 个直连网络，原因在于环回接口被计为第 4 个网络。OSPF 不会通告这些环回接口。因此，每台路由器列出了 7 个已知网络。其次，与 RIPv2 和 EIGRP 不同的是，OSPF 不会自动在主网络边界总结。无类路由是 OSPF 的固有属性。

```
R1#show ip route
Codes: …
        D - EIGRP, EX - EIGRP external, O - OSPF, IA - OSPF inter area
        …
Gateway of last resort is not set
    1.0.0.0/32 is subnetted, 1 subnets
C   1.1.1.1 is directly connected, Loopback0
    172.16.0.0/24 is subnetted, 1 subnets
O   172.16.0.0 [110/65] via 192.168.10.2, 00:04:57, Serial0/0/0
    172.16.0.0/16 is variably subnetted, 2 subnets, 2 masks
C   172.16.1.16/28 is directly connected, FastEthernet0/0
O   172.16.1.32/29 [110/65] via 192.168.10.6, 00:05:07, Serial0/0/1
    192.168.1.0/30 is subnetted, 3 subnets
C   192.168.1.0 is directly connected, Serial0/0/0
C   192.168.1.4 is directly connected, Serial0/0/1
O   192.168.1.8 [110/128] via 192.168.10.2, 00:04:57, Serial0/0/0
                 [110/128] via 192.168.10.6, 00:04:57, Serial0/0/1
```

练习： 配置 OSPF。

参见配套素材文件"配置 OSPF.pka"。

1）在路由器上配置 OSPF。

2）检验配置、检测连通性。

练习拓扑如图 13-3-2 所示。

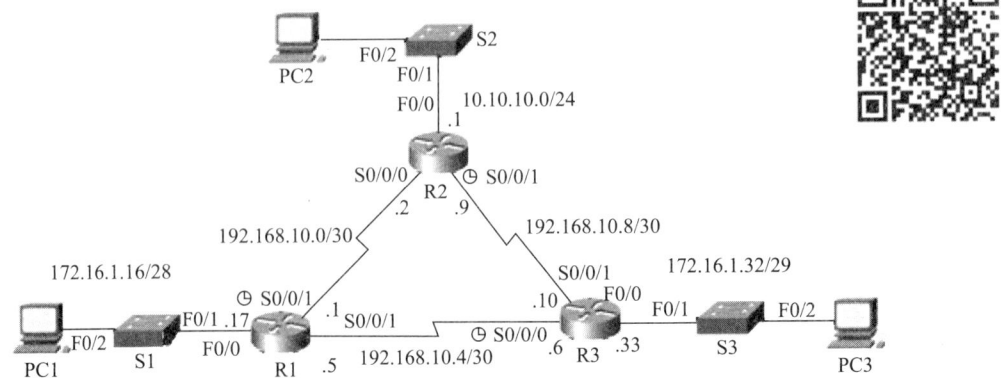

图 13-3-2　练习拓扑图

13.3.2　OSPF 认证

1. OSPF 认证概述

与其他路由协议相同，OSPF 的默认配置以纯文本格式在邻居之间交换信息，这样会给网络带来潜在的安全威胁。网络上的黑客可以使用数据包嗅探软件来截获并读取 OSPF 更新，从而获取网络信息。

要消除这个安全隐患，可在路由器之间配置 OSPF 身份验证。在区域中启用身份验证机制后，则只有当身份验证信息匹配时，路由器才会共享信息。身份验证有简单口令验证机制和消息摘要 5（MD5）验证机制。

采用简单口令验证机制时，将为每台路由器分配一个名为密钥的口令。这种方法仅提供基本的安全性，因为密钥会以纯文本格式在路由器之间传递。查看密钥就像查看纯文本一样简单。

更安全的身份验证方法是 MD5。它要求每台路由器都有一个密钥和一个密钥 ID。路由器使用处理密钥的算法、OSPF 数据包和密钥 ID 生成加密的数字。每个 OSPF 数据包都含有该加密数字。使用数据包嗅探器并不能获取该密钥，因为路由器不会传输密钥。

OSPF 支持简单口令认证和 MD5 认证：

1）基于区域的 OSPF 简单口令认证。

2）基于区域的 OSPF MD5 认证。

3）基于链路的 OSPF 简单口令认证。

4）基于链路的 OSPF MD5 认证。

例如，如图 13-3-3 所示拓扑，采用身份验证。

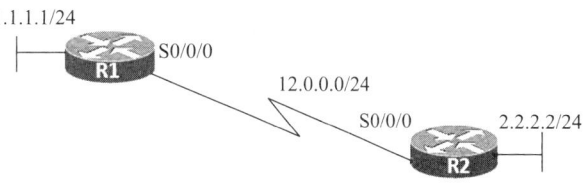

图 13-3-3　OSPF 认证

基于区域的 OSPF 认证见表 13-3-1。

表 13-3-1　基于区域的 OSPF 认证

	R1	R2
简单口令认证	router ospf 100 router-id 1.1.1.1 area 0 authentication network 1.1.1.0 0.0.0.255 area 0 network 12.0.0.0 0.0.0.255 area 0 interface Serial0/0/0 ip address 12.0.0.1 255.255.255.0 ip ospf authentication-key cisco	router ospf 100 router-id 2.2.2.2 area 0 authentication network 2.2.2.0 0.0.0.255 area 0 network 12.0.0.0 0.0.0.255 area 0 interface Serial0/0/0 ip address 12.0.0.2 255.255.255.0 ip ospf authentication-key cisco
MD5 认证	router ospf 100 router-id 1.1.1.1 area 0 authentication message-digest network 1.1.1.0 0.0.0.255 area 0 network 12.0.0.0 0.0.0.255 area 0 interface Serial0/0/0 ip address 12.0.0.1 255.255.255.0 ip ospf message-digest-key 1 md5 cisco	router ospf 100 router-id 2.2.2.2 area 0 authentication message-digest network 2.2.2.0 0.0.0.255 area 0 network 12.0.0.0 0.0.0.255 area 0 interface Serial0/0/0 ip address 12.0.0.2 255.255.255.0 ip ospf message-digest-key 1 md5 cisco

基于链路的 OSPF 认证见表 13-3-2。

表 13-3-2　基于链路的 OSPF 认证

	R1	R2
简单口令认证	router ospf 100 router-id 1.1.1.1 network 1.1.1.0 0.0.0.255 area 0 network 12.0.0.0 0.0.0.255 area 0 interface Serial0/0/0 ip address 12.0.0.1 255.255.255.0 ip ospf authentication ip ospf authentication-key cisco	router ospf 100 router-id 2.2.2.2 network 2.2.2.0 0.0.0.255 area 0 network 12.0.0.0 0.0.0.255 area 0 interface Serial0/0/0 ip address 12.0.0.2 255.255.255.0 ip ospf authentication ip ospf authentication-key cisco
MD5 认证	router ospf 100 router-id 1.1.1.1 network 1.1.1.0 0.0.0.255 area 0 network 12.0.0.0 0.0.0.255 area 0 interface Serial0/0/0 ip address 12.0.0.1 255.255.255.0 ip ospf authentication message-digest ip ospf message-digest-key 1 md5 cisco	router ospf 100 router-id 2.2.2.2 network 2.2.2.0 0.0.0.255 area 0 network 12.0.0.0 0.0.0.255 area 0 interface Serial0/0/0 ip address 12.0.0.2 255.255.255.0 ip ospf authentication message-digest ip ospf message-digest-key 1 md5 cisco

2. 调试实例

本实例是以基于区域的简单口令认证进行身份认证。通常会用下面命令进行调试：

（1）show ip osof interface 命令

```
R1#sh ip ospf interface s0/0/0
Serial0/0/0 is up, line protocol is up
Internet address is 12.0.0.1/24, Area 0
Process ID 1, Router ID 1.1.1.1, Network Type POINT-TO-POINT, Cost: 64
...
Timer intervals configured, Hello 10, Dead 40, Wait 40, Retransmit 5
Hello due in 00:00:07
Index 2/2, flood queue length 0
Next 0x0(0)/0x0(0)
Last flood scan length is 1, maximum is 1
Last flood scan time is 0 msec, maximum is 0 msec
Neighbor Count is 1 , Adjacent neighbor count is 1
Adjacent with neighbor 2.2.2.2
Suppress Hello for 0 neighbor(s)
Simple password authentication enabled
```

以上输出最后一行信息表明该接口启用了简单口令认证。

（2）show ip ospf 命令

```
R1#sh ip ospf
Routing Process "ospf 1" with ID 1.1.1.1
Supports only single TOS(TOS0) routes
Supports opaque LSA
SPF schedule delay 5 secs, Hold time between two SPFs 10 secs
...
```

```
Number of areas in this router is 1.1 normal 0 stub 0 nssa
External flood list length 0
Area BACKBONE(0)
Number of interfaces in this area is 2
Area has simple password authentication
SPF algorithm executed 6 times
...
```

以上输出表明区域 0 采用简单口令认证。

1）如果 R1 区域 0 启动简单口令认证，而 R2 区域 0 还没有启动认证，则 R2 上出现下面的信息：

```
*Feb 10 11:19:33.074: OSPF: Rcv pkt from 12.0.0.1, Serial0/0/0 : Mismatch
    Authentication type. Input packet specified type 1, we use type0
```

2）如果 R1 和 R2 的区域 0 都启动简单口令认证，但是 R2 的接口下没有配置密码或密码错误，则 R2 上出现下面的信息：

```
*Feb 10 11:22:33.074: OSPF: Rcv pkt from 12.0.0.1, Serial0/0/0 : Mismatch
    Authentication Key - Clear Text
```

注意：

1）OSPF 链路认证优于区域认证。

2）OSPF 定义了以下 3 种认证类型：

  0——表示不进行认证，是默认的类型。

  1——表示是用简单口令认证。

  2——表示采用 MD5 认证。

练习：　基于链路的 OSPF 简单口令认证。

参见配套素材文件"基于链路的 OSPF 简单口令认证.pka"。

1）OSPF 认证的类型和意义。

2）基于链路的 OSPF 简单口令认证的配置和调试。

练习拓扑如图 13-3-4 所示。

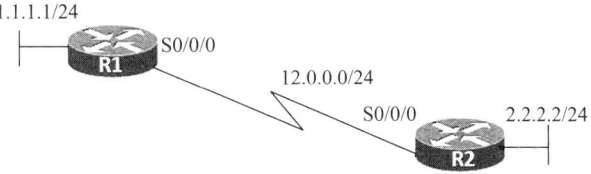

图 13-3-4　基于链路的 OSPF 简单口令认证

13.4　更多 OSPF 应用

13.4.1　OSPF 和广播多路访问

1. 选举 DR 和 BDR

如图 13-4-1 所示，路由器 R1 ~ R5 通过交换机连接，则形成了广播多路访问，每两个路由器之间都会形成邻居关系。多路访问网络对 OSPF 的 LSA 泛洪过程提出了两项挑战：

1）创建多边相邻关系，其中每对路由器都存在一项相邻关系。

2）LSA 的大量泛洪。

如图 13-4-1 所示的网络中的每对路由器间创建相邻关系会产生一些不必要的相邻关系，这将导致大量 LSA 在该网络内的路由器间传输。因此，在一个多路访问网络中必须进行 DR/BDR 选举，这是为减小多路访问网络中的 OSPF 流量。OSPF 会选举一个指定路由器（DR）和一个备用指定路由器（BDR）。当多路访问网络中发生变化时，DR 负责使用该变化信息更新其他所有 OSPF 路由器（称为 DROther）。BDR 会监控 DR 的状态，并在 DR 发生故障时接替其角色。

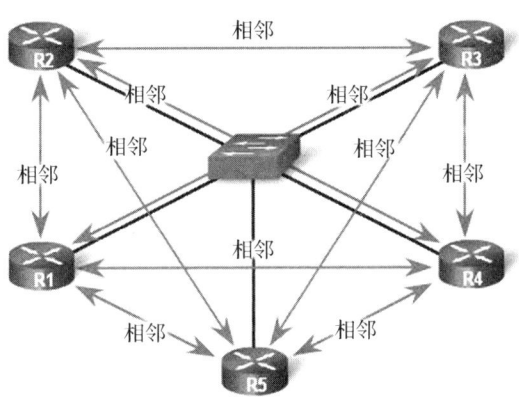

图 13-4-1　广播多路访问的 OSPF

（1）指定路由器

指定路由器（DR）是在多路访问网络中管理相邻关系数量和 LSA 泛洪的解决方案。在多路访问网络中，OSPF 会选举出一个指定路由器（DR）负责收集和分发 LSA。还会选举出一个备用指定路由器（BDR），以防指定路由器发生故障。其他所有路由器变为 DROther，仅与网络中的 DR 和 BDR 建立完全的相邻关系。这意味着 DROther 无须向网络中的所有路由器泛洪 LSA，只须使用组播地址 224.0.0.6 将其 LSA 发送给 DR 和 BDR 即可。DR 负责将来自 DROther 的 LSA 转发给其他所有路由器。DR 使用组播地址 224.0.0.5 进行。最终结果是，多路访问网络中仅有一台路由器负责泛洪所有 LSA。

（2）DR/BDR 选举

选举过程遵循以下条件。

1）DR：具有最高 OSPF 接口优先级的路由器。

2）BDR：具有第二高 OSPF 接口优先级的路由器。

3）如果 OSPF 接口优先级相等，则取路由器 ID 最高者。

DR 一旦选出，将保持 DR 地位，直到出现下列条件之一为止：

1）DR 发生故障。

2）DR 上的 OSPF 进程发生故障。

3）DR 上的多路访问接口发生故障。

如果 DR 发生故障，BDR 将接替 DR 角色，随即进行选举，选出新的 BDR。

（3）新路由器加入

DR 和 BDR 的选举与启动 OSPF 的时间先后关系重大。当 DR 和 BDR 选出后，如果有新路由器加入网络，即使新路由器的 OSPF 接口优先级或路由器 ID 比当前 DR 或 BDR 高，也不会成为 DR 或 BDR。如果当前 DR 或 BDR 发生故障，则新路由器可被选举为 BDR。如果当前 DR 发生故障，则 BDR 将成为 DR，新路由器可被选为新的 BDR。当新路由器成为 BDR 后，如果 DR 发生故障，则该新路由器将成为 DR。当前 DR 和 BDR 必须都发生故障，该新路由器才有可能被选举为 DR。

如图 13-4-2 所示，新加入者 RC 只能成为 DRother，如果 DR 发生故障，则 BDR 成为 DR，RC 才会选举为 BDR。

前任 DR 返回网络后不会重新取得 DR 的地位。如图 13-4-2 所示，RB 已完成重新启动，尽管它的路由器 ID（2.2.2.2）高于当前 DR，也只能成为 DROther。

如果 BDR 发生故障，则会在 DRother 之间选出新的 BDR，路由器 ID 较高的获胜。

在图13-4-2中，RB故障。因为RA是当前BDR，因此晋升为DR，RC则成为BDR。

那么，又怎样确保所需的路由器在DR和BDR选举中获胜呢？无须进一步配置，解决方案有两种：

1）首先启动DR，再启动BDR，然后启动其他所有路由器。

2）关闭所有路由器上的接口，然后在DR上执行no shutdown命令，再在BDR上执行该命令，随后在其他所有路由器上执行该命令。

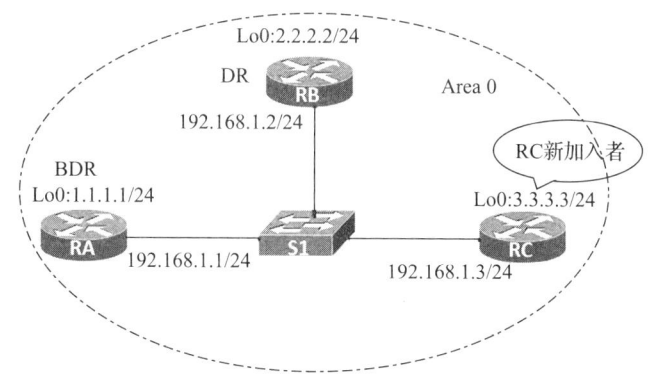

图13-4-2　加入新的设备

（4）OSPF接口优先级

由于DR成为LSA的集散中心，所以它必须具有足够的CPU和存储性能才能担此重责。与其依赖路由器ID来确定DR和BDR结果，不如使用ip ospf priority接口命令来控制选举。

```
Router(config-if)#ip ospf priority {0 - 255}
```

在前述讨论中，各台路由器的OSPF优先级相等，原因在于所有路由器接口的优先级值默认为1，因此通过路由器ID来确定DR和BDR。但如果将该值从默认值1改为更高的值，则具有最高优先级的路由器将成为DR，具有第二高优先级的路由器将成为BDR。若该值为0，则该路由器不具备成为DR或BDR的资格。

（5）强制选举

当在所有3台路由器的FastEthernet0/0接口上同时执行shutdown命令和no shutdown命令后，即可看到OSPF接口优先级改变所带来的结果。RC上的show ip ospf neighbor命令现在显示RA（路由器ID为1.1.1.1）是DR，其OSPF接口优先级最高，为200；RB（路由器ID为2.2.2.2）仍是BDR，其OSPF接口优先级第二高，为100。请注意RA的show ip ospf neighbor命令输出中未显示DR，因为RA就是此网络中的DR。

练习：　在多路访问网络中配置OSPF。

参见配套素材文件"在多路访问网络中配置OSPF.pka"。

1）掌握多路访问网络中的DR和BDR的选举。

2）掌握OSPF优先级对DR和BDR的选举。

练习拓扑如图13-4-3所示。

1）采用先启动OSPF确定DR和BDR。

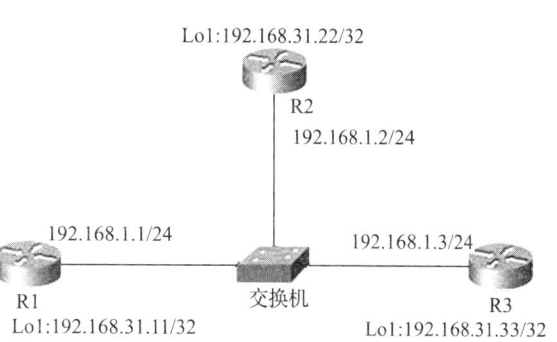

图13-4-3　练习拓扑图

①在 R3 上配置 OSPF。

②在 R2 上配置 OSPF。

③在 R1 上配置 OSPF。

④用 show ip ospf neighbor 命令在 R3 上查看邻居。

2）使用 OSPF 优先级确定 DR 和 BDR。

①将 R1 的 Fa0/0 接口的 OSPF 优先级配置为 255。

②将 R2 的 Fa0/0 接口的 OSPF 优先级配置为 0。

③将 R3 的 Fa0/0 接口的 OSPF 优先级配置为 100。

④接下来，在交换机上关闭所有接口，再同时开启所有接口，以强制进行选举。

⑤用 show ip ospf neighbor 查看，确认 DR 和 BDR。

13.4.2　OSPF 默认路由重分布

在之前图 13-3-1 所示的拓扑中，添加一条通向 ISP 的链路，如图 13-4-4 所示。

就像在 RIP 中一样，连接到 Internet 的路由器用于向 OSPF 路由域内的其他路由器传播默认路由。此路由器有时也称为边缘路由器、入口路由器或网关路由器。

如图 13-4-4 所示，ASBR（R2）配置有通往 ISP 的静态默认路由，可向 ISP 路由器转发通信。

```
R2(config)#ip route 0.0.0.0 0.0.0.0
s0/1/1
```

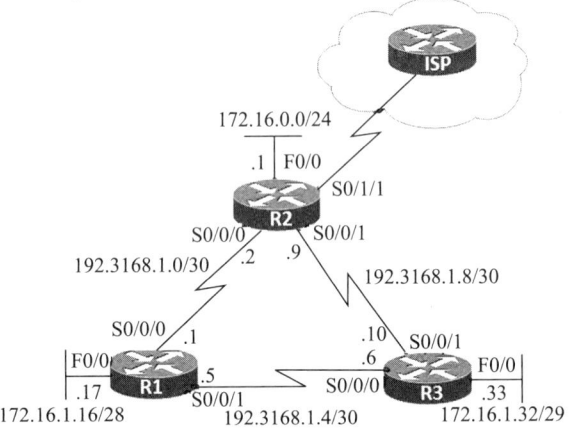

图 13-4-4　默认路由重分布

OSPF 需要使用 default-information originate 命令来将 0.0.0.0/0 静态默认路由通告给区域内的其他路由器。

```
R2(config-router)#default-information originate
```

在 R1、R2 和 R3 的路由表中现在设置了 "gateway of last resort"。请注意，R1 和 R3 的默认路由的路由来源为 OSPF，但带有一个额外代码 E2。对于 R1，该路由为：

```
O*E2 0.0.0.0/0 [110/1] via 192.168.1.2, 00:05:34, Serial0/0/0
```

E2 表示此路由为一条 OSPF 第二类外部路由。

13.4.3　排除 OSPF 故障

OSPF 出现的大多数问题都与邻接关系构建以及链路状态数据库的同步有关。当排除 OSPF 网络故障时，可以使用 show ip ospf neighbor 命令来验证该路由器是否已与其相邻路由器建立邻接关系。若未显示相邻路由器的路由器 ID，或未显示 FULL 状态，则表明两台路由器未建立 OSPF 邻接关系。如果路由器是 DROther，则当状态为 FULL 或 2-Way 时建立邻接关系。如果是多路访问以太网，则会在 State 栏中的 FULL 后面显示 DR 和 BDR 的标签。

在下列情况下，两台路由器不会建立 OSPF 相邻关系：

1）子网掩码不匹配，导致这两台路由器分别处于不同的网络中。

2）OSPF Hello 计时器或 Dead 计时器不匹配。

3）OSPF 网络类型不匹配。

4）存在信息缺失或不正确的 OSPF network 命令。

所以要排除 OSPF 故障，必须做到以下几个方面：

1）邻居必须在同一个 OSPF 区域中。

2）邻居的接口必须具有兼容的 IP 地址和子网掩码。

3）一个区域中的路由器应具有相同的 OSPF Hello 时间间隔和 Dead 时间间隔。

4）路由器必须通告正确的网络，接口才能参与 OSPF 过程。

5）必须使用正确的通配符掩码来通告正确的 IP 地址范围。

6）必须在路由器上正确配置验证才能进行通信。

除了标准的 show 命令和 debug 命令，还可使用以下命令来协助排除 OSPF 故障：

```
show run
show ip int brief
show ip ospf
show ip ospf neighbor
show ip ospf interface
debug ip ospf events
debug ip ospf packet
```

13.5 实训：OSPF 路由配置

13.5.1 实训1：点到点链路上的 OSPF

1. 实训目标

1）在路由器上启动 OSPF 路由进程。

2）掌握点到点链路上的 OSPF 的特征。

3）查看 OSPF 相关信息。

2. 实训内容

实训拓扑如图 13-5-1 所示。

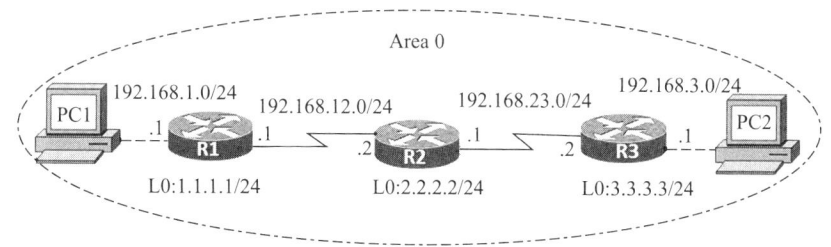

图 13-5-1　配置点到点 OSPF

3. 实训步骤

1）网络布线。

2）在 R1、R2 和 R3 上使用 OSPF 路由协议配置。

3）使用 show ip interface brief 命令检查网络的当前状态。

4）实训调试。

①使用 show ip route 命令查看 R2 上的路由表。

②使用 show ip protocols 命令查看路由协议。

③使用 show ip ospf 命令查看 OSPF 进程细节。

④使用 show ip ospf interface 命令查看 OSPF 接口信息。

⑤使用 show ip ospf neighbor 命令查看邻居信息。

13.5.2　实训2：广播多路访问链路上的 OSPF

1. 实训目标

1）检查当前 DR 和 BDR 角色。

2）修改 OSPF 接口优先级。

3）强制进行新的选举。

2. 实训内容

实训拓扑如图 13-5-2 所示。

3. 实训步骤

1）准备网络。

2）执行基本路由器配置。

3）配置并激活以太网地址和环回地址。

4）在 DR 路由器上配置 OSPF。

5）在 BDR 路由器上配置 OSPF。

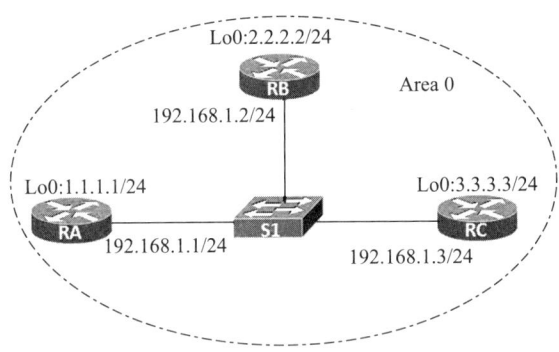

图 13-5-2　广播多路访问 OSPF

```
RB#show ip ospf neighbor
Neighbor ID    Pri    State      Dead Time    Address        Interface
3.3.3.3        1      FULL/DR    00:00:33     192.168.1.3    FastEthernet0/0
```

6）在具有最低路由器 ID 的路由器上配置 OSPF 进程。

7）在台路由器上使用 show ip ospf neighbor 命令查看结果，并记录。

8）使用 ip ospf priority 接口命令将路由器 RA 的 OSPF 优先级更改为 255，这是允许的最高优先级；在路由器 RC 的 OSPF 优先级更改为 100；在路由器 RB 的 OSPF 优先级更改为 0。优先级为 0，则路由器不参与 OSPF 选举。

9）关闭交换机的接口，然后将其重新启动，以强制进行 OSPF 选举。

10）在路由器 RA 上使用 show ip ospf neighbor 命令查看该路由器的 OSPF 邻居信息。

请注意，尽管路由器 RB 的路由器 ID 比 RA 的高，RB 的状态仍然被设为 DRother，原因在于其 OSPF 优先级被设为 0，不参与选举。RC 是否已成为 BDR？

任务 9：利用 show 命令的结果，编写实训报告。

13.5.3　实训3：基于链路的 OSPF MD5 认证

1. 实训目的

1）OSPF 认证的类型和意义。

2）基于链路的 OSPF MD5 认证的配置和调试。

2. 实训内容

实训拓扑如图 13-5-3 所示。

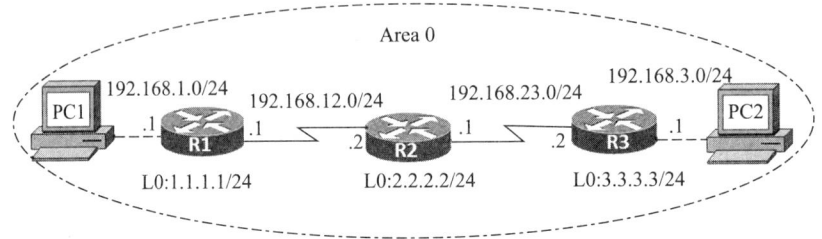

图 13-5-3　基于链路的 OSPF MD5 认证

3. 实验步骤

1) 配置路由器 R1 基于接口的 MD5 认证。

```
R1(config)#interface s0/0/0
R1(config-if)#ip ospf authentication message-digest    //接口 S0/0/0 启用 MD5 认证
R1(config-if)#ip ospf message-digest-key 1 md5 cisco  //配置 key ID 及密匙
```

2) 配置路由器 R2 基于接口的 MD5 认证。

3) 配置路由器 R3 基于接口的 MD5 认证。

4) 实验调试。

```
R1#show ip ospf interface s0/0/0
    Serial0/0/0 is up, line protocol is up
    Internet Address 192.168.12.1/24, Area 0
    Process ID 1, Router ID 1.1.1.1, Network Type POINT_TO_POINT, Cost: 781
    Transmit Delay is 1 sec, State POINT_TO_POINT
    Timer intervals configured, Hello 10, Dead 40, Wait 40, Retransmit 5
    ...
    Neighbor Count is 1, Adjacent neighbor count is 1
    Adjacent with neighbor 2.2.2.2
    Suppress Hello for 0 neighbor(s)
    Message digest authentication enabled
    Youngest key id is 1
```

输出最后两行信息表明该接口启用了 MD5 认证，而且密钥 ID 为 1。

如果 R1 的 S0/0/0 启动 MD5 认证，而 R2 的 S0/0/0 启动简单口令认证，则 R2 上出现下面的信息：

```
*Feb 10 11:08:13.075: OSPF: Rcv pkt from 192.168.12.1, Serial0/0/0 : Mismatch
Authentication type. Input packet specified type 2, we use type 1
```

如果 R1 和 R2 的 S0/0/0 都启动 MD5 认证，但是 R2 的接口下没有配置 key ID 和密码，则 R2 上出现下面的信息。

```
*Feb 10 11:31:13.078: OSPF: Rcv pkt from 192.168.12.1, Serial0/0/0 : Mismatch
Authentication Key - No message digest key 1 on interface
```

出现这类提示：则认证没有通过，不能建立邻接关系。

13.6　多区域 OSPF

OSPF 是一种典型的链路状态路由协议，具有快速收敛、支持无类路由、超网、变长子网掩码、多路径负载均衡等特点，广泛应用于园区网络。

在众多的路由协议中，OSPF 有很多优点，比如它适应各种规模的网络（最多支持几千台路由器）、无自环、支持区域划分、可以路由分级等。

13.6.1　区域（Area）

在 OSPF 的定义中，可以将一个路由域或者一个自治系统 AS 划分为几个区域，以减少每个路由器存储和维护和信息量。在 OSPF 中，由按照一定的 OSPF 路由法则组合在一起的一组网络或路由器的集合称为区域（Area）。如图 13-6-1 所示，将大型 OSPF 网络配置为多区域有很多好处，例如，可减小链路状态数据库，还可以将不稳定的网络问题隔离在一个区域之内。

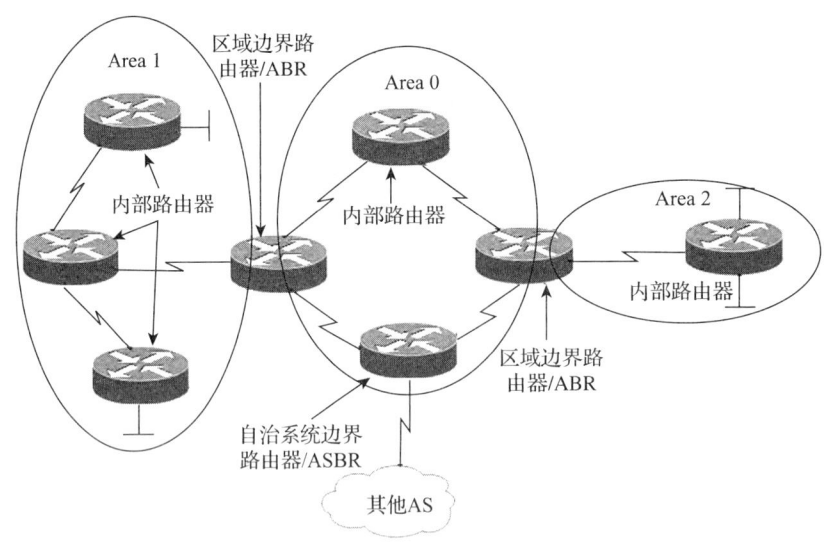

图 13-6-1 OSPF 多区域

如图 13-6-1 所示，一个区域用数字来标识。区域 0 被保留，用来标识骨干网络，其他所有区域必须直接连在区域 0 上，否则要建立虚链路连接到区域 0 上。一个 OSPF 网络必须有一个骨干区域。

在 OSPF 中，每一个区域中的拓扑都按照该区域中定义的链路状态算法来计算网络拓扑结构，这意味着每一个区域都有着该区域独立的网络拓扑数据库及网络拓扑图。对于每一个区域，其网络拓扑结构在区域外是不可见的，同样，在每一个区域中的路由器对其域外的其余网络结构也不了解。这意味着 OSPF 路由域中的网络链路状态数据广播被区域的边界挡住了，这样做有利于阻止网络中链路状态数据包在全网范围内的广播，也是 OSPF 将其路由域或一个 AS 划分成很多个区域的重要原因。

1. 区域内部路由

当一个 OSPF 路由器初始化时，首先初始化路由器自身的协议数据库，然后等待低层次协议（数据链路层）提示端口是否处于工作状态。

如果得知一个端口处于工作状态时，OSPF 会通过其 Hello 协议数据包与其余的 OSPF 路由器建立邻居关系。当一个 OSPF 路由器会与其新发现的相邻路由器建立 OSPF 的邻居关系后，通过泛洪（Flooding）来交换链路状态数据（LSA），Flooding 算法是一个非常可靠的计算过程，它保证在同一个 OSPF 区域内的所有路由器都具有一个相同的 OSPF 数据库。根据这个数据库 OSPF 路由器会将自身作为根，计算出一个最短路径树（SPF 树），然后，该路由器会根据最短路径树产生自己的 OSPF 路由表。

2. 区域外部路由

在单个 OSPF 区域中，OSPF 不会产生太多的路由信息。为了与其余区域中的 OSPF 路由器通信，该区域的边界路由器会产生一些其他的信息对域内广播，这些附加信息描绘了在同一个 AS 中的其他区域的路由信息。具体路由信息交换过程如下：

在 OSPF 的定义中，所有的区域都必须与区域 0 相连，因此每一个区域都必须有一个区域边界路由器与区域 0 相连，这一个区域边界路由器会将其他相连接的区域内部结构数据通过 Summary Link 广播至区域 0，也就是广播至所有其他区域的边界路由器。在这时，与区域 0 相连的边界路由器上有区域 0 及其他所有区域的链路状态信息，通过这些信息，这些边界路由器能够计算出至相应目的地的路由，并将这些路信息广播至与其相连接的区域，以便让该区域内部的路由器找到与区域外部通信的最佳路由。

3. 末节区域（STUB）和次末节区域（NSSA）

（1）末节区域（STUB）

STUB 区域一定是非骨干区域和非转换区域（可以配置虚连接的区域），并且在该区域中不可传递类型 5 的 LSA。

末节区域（Stub Area）：不接收外部自治路由信息。

完全末节区域（Totally Stub Area）：它不接收外部自治系统的路由及自治系统内其他区域的路由汇总，完全末节区域是 Cisco 专有的特性。

配置如下：

```
R(config-router)#area 1 stub        //把区域 1 配置成末节区域
```

（2）次末节区域（NSSA）

自治系统外的路由不可以进入到 NSSA 区域中，但是 NSSA 区域内的路由器引入的外部自治系统路由可以在 NSSA 中传播并发送到区域之外。取消了 STUB 关于外部自治系统路由的双向传播的限制（区域外的进不来，区域里的也出不去），改为单向限制（区域外的进不来，区域里的能出去）。

配置如下：

```
R(config-router)#area 1 nssa        //把区域 1 配置成次末节区域
```

（3）术语说明

1）OSPF 的区域类型，见表 13-6-1。骨干区域为 Area 0。非骨干区域根据能够学习的路由种类，又可分为以下几类。

①标准区域。

②末节区域（stub）：不学习 AS 外的路由信息。

③完全末节（Totally stubby）区域：不学习本区域以外的和 AS 外的路由信息。

④次末节区域（NSSA）：只学习本区域连接的外部路由信息，不学习其他区域转化的路由信息（可以有 ASBR）。

满足以下条件可以成为 Stub 或 Totally Stubby 区域

① 只有一个默认路由作为其区域的出口。

② 区域不能作为虚链路的穿越区域。

③ Stub 区域里无自治系统边界路由器 ASBR。

④ 不是骨干区域 Area 0。

表 13-6-1　区域类型

区域类型	描　述	1 和 2 类 LSA	3 类 LSA	4 和 5 类 LSA	7 类 LSA
骨干区域（Area 0）	能学习其他区域的路由能学习外部路由	允许	允许	允许	不允许
非骨干区域，非末节区域					
末节区域	能学习其他区域的路由不能学习外部路由	允许	允许	不允许	不允许
完全末节区域	不能学习其他区域的路由不能学习外部路由	允许	不允许	不允许	不允许

（续）

区域类型	描述	1 和 2 类 LSA	3 类 LSA	4 和 5 类 LSA	7 类 LSA
非纯末梢区域（NSSA）	能学习其他区域的路由不能学习其他区域连接的外部路由，但可以注入本区域连接的外部路由	允许	允许	不允许	允许

2）OSPF 的链路状态数据库。链路状态数据库的组成如下：

①每个路由器都创建了由每个接口、对应的相邻节点和接口速度组成的数据库。

②链路状态数据库中每个条目称为 LSA，常见的有 6 种类型，见表 13-6-2。

表 13-6-2　链路状态通告（LSA）类型

类型代码	描述	用途
Type 1	路由器 LSA	同区域内的路由器发出的
Type 2	网络 LSA	同区域内的 DR 发出的
Type 3	网络汇总 LSA	ABR 发出的，其他区域的汇总链路通告
Type 4	ASBR 汇总 LSA	ABR 发出的，用于通告 ASBR 信息
Type 5	AS 外部 LSA	ASBR 发出的，用通告外部路由
Type 7	NSSA 外部 LSA	NSSA 区域内的 ASBR 发出的，用于通告本区域连接的外部路由

3）OSPF 的路由表。OSPF 的目的类型如下。

①网络条目（Network Entries）：数据包所要转发的目的网络地址，这些网络条目就是记录到路由表中的目的网络地址（show ip route 命令）。

②路由器条目（Router Entries）：放置在一个和网络条目相分开的内部表中，用来表示到达 ABR 和 ASBR 路由器的路由（show ip ospf border-routers 命令）。

路径类型如下。

①区域内路径（Intra-area path）：在路由器所在的区域内就可以到达目的地的路径。

②区域间路径（Inter-area path）：目的地在其他区域但是还在 OSPF 自治系统内的路径。

③类型 1 的外部路径（Type 1 external path，E1）：目的地在 OSPF 自治系统外部的路径（不计算内部代价，而 E2 计算）。

④类型 2 的外部路径（Type 2 external path，E2）：目的地在 OSPF 自主系统外部的路径，但是在计算外部路由的度量时不再计入到达 ASBR 路由器的路径代价。

路由表的查找步骤如下：

①选择可以和目的地址最精确匹配的路由，即最长匹配—拥有最长的地址掩码的路由。

②通过排除次优的路径类型来剪除（Prune）可选择条目的集合。

③路径类型根据下面的次序排列优先级，1 表示最高的优先级，而 4 表示最低的优先级。

- 区域内路径　1
- 区域间路径　2
- E1 外部路径　3
- E2 外部路径　4

4）虚链路。虚链路（Virtual Link）是指一条通过一个非骨干区域连接到骨干区域的链路，应用于以下几种情况：

①通过一个非骨干区域连接一个区域到骨干区域。

②通过一个非骨干区域连接一个分段的骨干区域两边的部分区域。

OSPF 多域配置时的限制如下：

①骨干区域 Area 0 必须存在。

②非骨干区域之间通信时都必须先连接到骨干区域。

虚链路对于不连续区域提供到骨干区域的逻辑连续。

配置虚链路的命令如下：

```
Router(config-router)#area area-id virtual-link router-id
```

配置虚链路的几条相关的规则如下：

①虚链路必须配置在两台 ABR 路由器之间。

②配置了虚链路所经过的区域必须拥有全部的路由选择信息，这样的区域又被称为传送区域（Transit Area）。

注意：传送区域不能是一个末节区域，而且只能有一个传送区域。

虚链路配置实例如图 13-6-2 所示。使用命令 show ip ospf virtual-link 可以查看一条虚链路的状态。

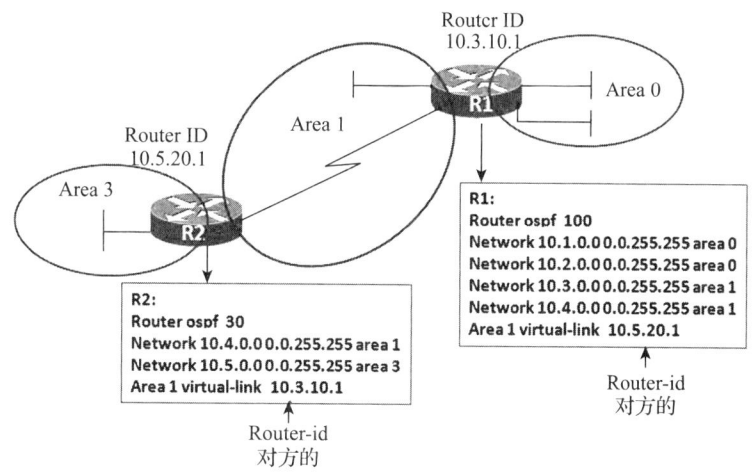

图 13-6-2　OSPF 虚链路

13.6.2　多区域 OSPF 路由配置

1. 多区域 OSPF 基本配置

多区域 OSPF 基本配置如图 13-6-3 所示。

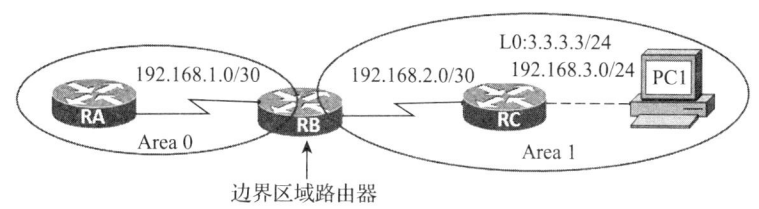

图 13-6-3　多区域 OSPF 基本配置

RA 配置如下：

```
Router ospf 50
  Network 192.168.1.0 0.0.0.3 area 0
```

RB 配置如下：

```
Router ospf 50
  Network 192.168.1.0 0.0.0.3 area 0
  Network 192.168.2.0 0.0.0.3 area 1    //由于 RB 是 ABR,所以要在两个区域中通告网段
```

RC 配置如下：

```
Int loopback 0
  ip add 3.3.3.3 255.255.255.0
Router ospf 50
  Network 192.168.2.0 0.0.0.3 area 1
  Network 192.168.3.0 0.0.0.255 area 1
  Redistribute connected subnets        //此命令是重分布直连路由
```

使用 show ip route 命令查看路由表。

```
RA#show ip route
Codes: C - connected, S - static, I - IGRP, R - RIP, M - mobile, B - BGP
       D - EIGRP, EX - EIGRP external, O - OSPF, IA - OSPF inter area
       ...
Gateway of last resort is not set
       3.0.0.0/24 is subnetted, 1 subnets
O  E2   3.3.3.3 [110/20] via 192.168.1.2, 00:01:47, Serial0/0/0
C        192.168.1.0/30 is directly connected, Serial0/0/0
O  IA   192.168.2.0/30 [110/128] via 192.168.1.2, 00:01:08, Serial0/0/0
O  IA   192.168.3.0/24 [110/129] via 192.168.1.2, 00:00:12, Serial0/0/0
```

以上输出表明路由器 RA 的路由表中既有区域间的路由 192.168.2.0 和 192.168.3.0，又有外部区域的路由 3.3.3.3。"O　IA" 表示为区域间的路由；"O　E2" 表示为外部区域路由。

注意：OSPF 的外部路由分为类型 1（在路由表中用代码 E1 表示）和类型 2（在路由表中用代码 E2 表示）。它们计算外部路由度量值的方式不同，E2 即为 ASBR 上的默认设置。

2. 末节路由的配置

末节路由的配置如图 13-6-4 所示。

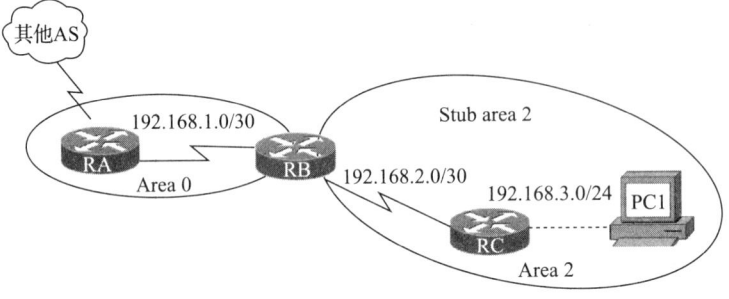

图 13-6-4　末节路由的配置

RA 配置如下：

```
Int loopback 0
  ip add 1.1.1.1 255.255.255.0
Router ospf 50
  Network 192.168.1.0 0.0.0.3 area 0
  Redistribute connected subnets
```

RB 配置如下：

```
Router ospf 50
  Network 192.168.1.0 0.0.0.3 area 0
  Network 192.168.2.0 0.0.0.3 area 2
  Area 2 stub                    //配置末节区域
```

RC 配置如下：

```
Router ospf 50
  Network 192.168.2.0 0.0.0.3 area 2
  Network 192.168.3.0 0.0.0.255 area 2
  Network 3.3.3.3 0.0.0.255 area 2
  Area 2 stub                    //配置末节区域
```

查看 RC 的路由表如下：

```
RC#show ip route
Codes：C - connected, S - static, I - IGRP, R - RIP, M - mobile, B - BGP
       D - EIGRP, EX - EIGRP external, O - OSPF, IA - OSPF inter area
       ...

Gateway of last resort is 192.168.2.2 to network 0.0.0.0

O  IA  192.168.1.0/30 [110/128] via 192.168.2.2, 00:00:10, Serial0/0/1
C       192.168.2.0/30 is directly connected, Serial0/0/1
C       192.168.3.0/24 is directly connected, FastEthernet0/0
O * IA  0.0.0.0/0 [110/65] via 192.168.2.2, 00:00:10, Serial0/0/1
```

以上的输出表明 RA 重分布进来的环回接口的路由并没有在 RC 的路由表中出现，说明末节区域不接收 Type 5 的 LSA，也就是外部路由，同时末节区域 2 的 ABR RB 自动向该区域内传播 0.0.0.0/0 的默认路由；末节区域可以接收区域间路由。

下面是 RB 的路由表：

```
RB#show ip rout
Codes：C - connected, S - static, I - IGRP, R - RIP, M - mobile, B - BGP
       D - EIGRP, EX - EIGRP external, O - OSPF, IA - OSPF inter area
       ...

Gateway of last resort is not set

      1.0.0.0/24 is subnetted, 1 subnets
O  E2  1.1.1.0 [110/20] via 192.168.1.1, 00:02:45, Serial0/0/0
C       192.168.1.0/30 is directly connected, Serial0/0/0
C       192.168.2.0/30 is directly connected, Serial0/0/1
O       192.168.3.0/24 [110/65] via 192.168.2.3, 00:23:36, Serial0/0/1
```

以上输出表明 RA 上的直连路由是进行了重分布的。但这条外部路由（类型 5 的 LSA）并没有被末节区域内的 RC 接收。

3. 配置完全末节区域

完全末节区域的 OSPF 如图 13-6-5 所示。

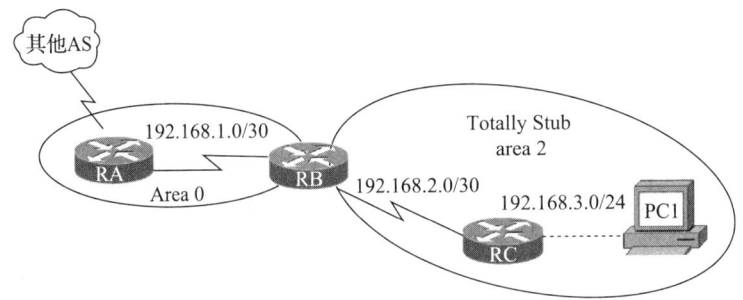

图 13-6-5　完全末节区域的 OSPF

RA 配置如下：

```
Int loopback 0
  ip add 1.1.1.1 255.255.255.0

Router ospf 50
  Network 192.168.1.0 0.0.0.3 area 0
  Redistribute connected subnets
```

RB 配置如下：

```
Router ospf 50
  Network 192.168.1.0 0.0.0.3 area 0
  Network 192.168.2.0 0.0.0.3 area 2
  Area 2 stub no-summary        //配置完全末节区域
```

RC 配置如下：

```
Router ospf 50
  Network 192.168.2.0 0.0.0.3 area 2
  Network 192.168.3.0 0.0.0.255 area 2
  Network 3.3.3.3 0.0.0.255 area 2
  Area 2 stub                    //配置末节区域就好
```

查看 RC 的路由表如下：

```
Router#sh ip route
Codes: C - connected, S - static, I - IGRP, R - RIP, M - mobile, B - BGP
       D - EIGRP, EX - EIGRP external, O - OSPF, IA - OSPF inter area
       ...
Gateway of last resort is 192.168.2.2 to network 0.0.0.0

C      192.168.2.0/30 is directly connected, Serial0/0/1
C      192.168.3.0/24 is directly connected, FastEthernet0/0
O*IA   0.0.0.0/0 [110/65] via 192.168.2.2, 00:23:36, Serial0/0/1
```

以上输出表明在完全末节区域 2 中，RC 的路由表除了直连和区域内路由，全部被默认路由代替，证明完全末节区域不接收外部路由和区域间路由，只有区域内的路由和一条由 ABR 向该区域注入的默认路由。

注意：末节和完全末节区域需要满足如下几个条件。① 区域只有一个出口；② 区域不需要作为虚链路的过渡区；③ 区域内没有 ASBR；④ 区域不是主干区域。

练习: 多区域的 OSPF 配置。

参见配套素材文件"多区域的 OSPF 配置.pka"。

1）配置多区域 OSPF。

2）配置直连路由重分发。

练习拓扑如图 13-6-6 所示。

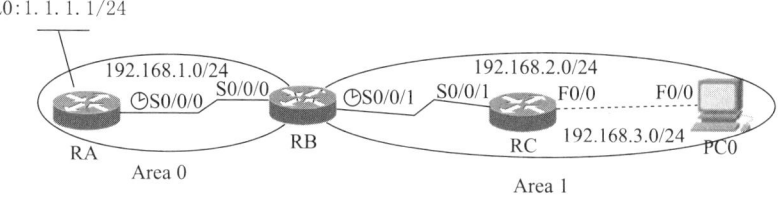

图 13-6-6　练习拓扑图

13.7　路由重分布

随着网络的不断扩大以及企业网络的互连，要将运行着各自路由的网络集成到一起，必须在这些不同的路由议之间共享路由信息。这种在多路由协议之间交换路由信息的过程被称为路由重分布（Route Redistribution）。

路由重分布为在同一个互联网中高效地支持多种路由协议提供了可能，执行路由重分布的路由器被称为边界路由器，因为它们位于两个或多个自治系统的边界上。

1）双向重分发：可能形成潜在的路由环路。

2）单向重分发 + 静态路由：将边缘协议分发到核心协议。

3）静态路由。

路由重分布时计量单位和管理距离是必须要考虑的。每一种路由协议都有自己度量标准，所以在进行重分布时必须转换度量标准，使得它们兼容。因此在进行路由重分布之前，要分配一个对方可以理解的度量值（Metric）。种子度量值（Seed Metric）是定义在路由重分布里的，它是一条从外部重分布进来的路由的初始度量值。路由协议默认的种子度量值见表 13-7-1。

表 13-7-1　路由协议默认的种子度量值

路由协议	默认种子度量值
RIP	无限大
EIGRP	无限大
OSPF	BGP 为 1，其他为 20
IS-IS	0
BGP	IGP 的度量值

路由重分发通常在那些负责从一个自治系统学习路由，然后向另一个自治系统广播的路由器上进行配置，见表 13-7-2。

表 13-7-2　RIP 和 OSPF 的基本度量值和管理距离

路由协议	基本度量	默认管理距离
RIP	跳数	120
OSPF	COST 值	110

配置路由重分布的命令如下：

```
Router(config-router)#redistribute protocol [process-id] [metric metric-
value][metric-type type-value][subnets]
```

其中各参数说明如下。

1）protocol：指明路由器要进行路由重分发的源路由协议。

2）process-id：指明 OSPF 的进程 ID。

3）metric：指明重分发路由的度量值。

4）metric-type：指定重分发的路由类型，可取 1 或 2 两个值，1 即 E1，2 即 E2，默认是 2。

5）subnets：连其子网一起宣告。

案例情景： 下面实施静态路由、RIP 和 OSPF 间的路由重分布，拓扑图 13-7-1 所示。

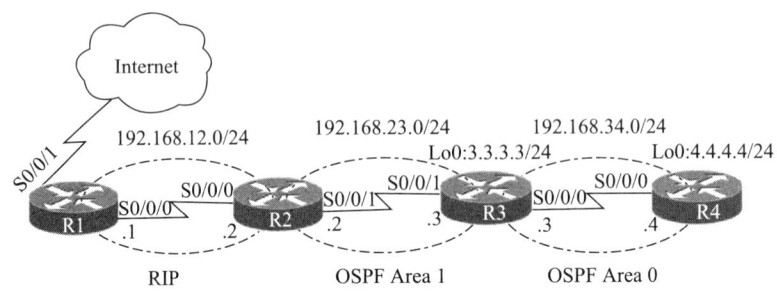

图 13-7-1　静态路由、RIP 和 OSPF 间的路由重分布

具体步骤：

1）配置路由器 R1，实施 Static 到 RIP 重分布。

```
R1(config)# router rip
R1(config-router)# version 2
R1(config-router)# redistribute static metric 3
R1(config-router)# network 192.168.12.0
R1(config-router)# network 1.0.0.0
R1(config-router)# no auto-summary
R1(config)# ip route 0.0.0.0 0.0.0.0 s0/0/1
```

注意： 在向 RIP 区域重分布路由的时候，必须指定度量值，或者通过 default-metric 命令设置默认种子度量值，因为 RIP 默认种子度量值为无限大，只有重分布静态特殊，可以不指定种子度量值。

2）配置路由器 R2，实施 RIP 到 OSPF 重分布。

```
R2(config)# router OSPF 1
R2(config-router)# router-id 2.2.2.2
R2(config-router)# network 2.2.2.0 0.0.0.255 area 1
R2(config-router)# network 192.168.23.0 0.0.0.255 area 1
R2(config-router)#redistribute rip metric 30 metric-type 1 subnets
                    //将 RIP 重分布到 OSPF 中
```

注意： 因为 OSPF 的度量值是开销，所以，在重分布时，需要分别指定参数的值。

①metric 30：度量值为设定的开销值，开销越小越优先。

②metric-type 1：指定外部路由的类型是 OE1（如果不指定，默认是 metric-type 2，也就是 OE2）。

③subnets：建议加上去，在将其他协议重分布进 OSPF 时，如果不加 subnets，只能把主类路由重分布进 OSPF，加了 subnets 之后，可以把子网路由重分布进来。

```
R2(config)# router rip
R2(config-router)# version 2
R2(config-router)# network 192.168.12.0
R2(config-router)# no auto-summary
R2(config-router)#redistribute ospf 1 metric 3      //将 OSPF 重分布到 RIP 中
```

或者：

```
R2(config-router)# default-metric 4                 //配置默认种子度量值
```

注意：在 redistribute 命令中用参数 metric 指定的种子度量值优先于在路由模式下使用 default-metric 命令设定的默认的种子度量值。但 default-metric 命令的优点是，当要重分布多种路由协议的时候，可以同时指定这些经过重分布的路由的 metric。

3）配置路由器 R3，实施 OSPF 多区域。

```
R3(config)# router ospf 1
R3(config-router)#router-id 3.3.3.3
R3(config-router)# network 192.168.23.0
R3(config-router)# network 3.3.3.0 0.0.0.255 area 1
R3(config-router)# network 192.168.34.0 0.0.0.255 area 0
R3(config-router)#default-information originate
```

4）配置路由器 R4。

```
R4(config)# router ospf 1
R4(config-router)# router-id 4.4.4.4
R4(config-router)# network 192.168.34.0 0.0.0.255 area 0
R4(config-router)# redistribute connected subnets
```

5）配置调试。

①在 R1 上查看路由表。

```
R1#sh ip rout
Codes: C - connected, S - static, I - IGRP, R - RIP, M - mobile, B - BGP
       D - EIGRP, EX - EIGRP external, O - OSPF, IA - OSPF inter area
       N1 - OSPF NSSA external type 1, N2 - OSPF NSSA external type 2
       E1 - OSPF external type 1, E2 - OSPF external type 2, E - EGP
       ...
Gateway of last resort is 0.0.0.0 to network 0.0.0.0
     1.0.0.0/24 is subnetted, 1 subnets
C    1.1.1.0 is directly connected, Loopback0
     2.0.0.0/8 is variably subnetted, 2 subnets, 2 masks
R    2.2.2.0/24 [120/3] via 192.168.12.2, 00:00:12, Serial0/0/0
R    2.2.2.2/32 [120/3] via 192.168.12.2, 00:00:12, Serial0/0/0
     3.0.0.0/32 is subnetted, 1 subnets
R    3.3.3.3 [120/3] via 192.168.12.2, 00:00:00, Serial0/0/0
     4.0.0.0/24 is subnetted, 1 subnets
R    4.4.4.0 [120/3] via 192.168.12.2, 00:00:12, Serial0/0/0
C    10.0.0.0/8 is directly connected, Serial0/0/1
C    192.168.12.0/24 is directly connected, Serial0/0/0
```

```
R       192.168.23.0/24 [120/3] via 192.168.12.2, 00:00:12, Serial0/0/0
R       192.168.34.0/24 [120/3] via 192.168.12.2, 00:00:12, Serial0/0/0
S *     0.0.0.0/0 is directly connected, Serial0/0/1
```

以上输出表明路由器 R1 通过 RIPv2 学到从路由器 R2 重分布进 RIP 的路由。

②在 R2 上查看路由表。

```
R2#sh ip rout
Codes: C - connected, S - static, I - IGRP, R - RIP, M - mobile, B - BGP
       D - EIGRP, EX - EIGRP external, O - OSPF, IA - OSPF inter area
       N1 - OSPF NSSA external type 1, N2 - OSPF NSSA external type 2
       E1 - OSPF external type 1, E2 - OSPF external type 2, E - EGP
       …

Gateway of last resort is 192.168.12.1 to network 0.0.0.0
       1.0.0.0/24 is subnetted, 1 subnets
R       1.1.1.0 [120/1] via 192.168.12.1, 00:00:22, Serial0/0/0
       2.0.0.0/8 is variably subnetted, 2 subnets, 2 masks
C       2.2.2.0/24 is directly connected, Loopback0
O       2.2.2.2/32 [110/1] via 2.2.2.2, 00:50:14, Loopback0
       3.0.0.0/32 is subnetted, 1 subnets
O IA    3.3.3.3 [110/65] via 192.168.23.3, 00:04:06, Serial0/0/1
       4.0.0.0/24 is subnetted, 1 subnets
O E2    4.4.4.0 [110/20] via 192.168.23.3, 00:06:52, Serial0/0/1
C       192.168.12.0/24 is directly connected, Serial0/0/0
C       192.168.23.0/24 is directly connected, Serial0/0/1
O IA    192.168.34.0/24 [110/128] via 192.168.23.3, 00:08:29, Serial0/0/1
R *     0.0.0.0/0 [120/3] via 192.168.12.1, 00:00:22, Serial0/0/0
```

以上输出表明从路由器 R1 上重分布进 RIP 的默认路由被路由器 R2 学习到，路由代码为 "R *"；在路由器 R4 上重分布进来的直连路由也被路由器 R2 学习到，路由代码为 "O E2"，因为没有指定，默认是 metric-type 2，也就是 O E2；"O IA" 则为多区域间形成的路由。

③在 R3 上查看路由表。

```
R3#sh ip rout
Codes: C - connected, S - static, I - IGRP, R - RIP, M - mobile, B - BGP
       D - EIGRP, EX - EIGRP external, O - OSPF, IA - OSPF inter area
       N1 - OSPF NSSA external type 1, N2 - OSPF NSSA external type 2
       E1 - OSPF external type 1, E2 - OSPF external type 2, E - EGP
       …

Gateway of last resort is 192.168.23.2 to network 0.0.0.0
       1.0.0.0/24 is subnetted, 1 subnets
O E1    1.1.1.0 [110/94] via 192.168.23.2, 00:13:48, Serial0/0/1
       2.0.0.0/32 is subnetted, 1 subnets
O       2.2.2.2 [110/65] via 192.168.23.2, 00:13:48, Serial0/0/1
       3.0.0.0/24 is subnetted, 1 subnets
C       3.3.3.0 is directly connected, Loopback0
       4.0.0.0/24 is subnetted, 1 subnets
O E2    4.4.4.0 [110/20] via 192.168.34.4, 00:12:01, Serial0/0/0
O E1    192.168.12.0/24 [110/94] via 192.168.23.2, 00:13:48, Serial0/0/1
C       192.168.23.0/24 is directly connected, Serial0/0/1
```

```
C       192.168.34.0/24 is directly connected, Serial0/0/0
O * E2  0.0.0.0/0 [110/1] via 192.168.23.2, 00:13:48, Serial0/0/1
```

以上输出表明，从路由器 R2 上重分布进 RIP 路由被路由器 R3 学习到，路由代码为 "O E1"，由于指定外部路由的类型是 metric-type 1。同时 R3 也学习到了由 R2 注入的路由代码为 "O * E2" 的默认路由。

④在 R4 上查看路由表。

```
R4#sh ip rout
Codes: C - connected, S - static, I - IGRP, R - RIP, M - mobile, B - BGP
       D - EIGRP, EX - EIGRP external, O - OSPF, IA - OSPF inter area
       N1 - OSPF NSSA external type 1, N2 - OSPF NSSA external type 2
       E1 - OSPF external type 1, E2 - OSPF external type 2, E - EGP
       ...

Gateway of last resort is 192.168.34.3 to network 0.0.0.0
        1.0.0.0/24 is subnetted, 1 subnets
O E1    1.1.1.0 [110/158] via 192.168.34.3, 00:38:25, Serial0/0/0
        2.0.0.0/32 is subnetted, 1 subnets
O IA    2.2.2.2 [110/129] via 192.168.34.3, 00:38:25, Serial0/0/0
        3.0.0.0/32 is subnetted, 1 subnets
O       3.3.3.3 [110/65] via 192.168.34.3, 00:35:14, Serial0/0/0
        4.0.0.0/24 is subnetted, 1 subnets
C       4.4.4.0 is directly connected, Loopback0
O E1    192.168.12.0/24 [110/158] via 192.168.34.3, 00:38:25, Serial0/0/0
O IA    192.168.23.0/24 [110/128] via 192.168.34.3, 00:38:25, Serial0/0/0
C       192.168.34.0/24 is directly connected, Serial0/0/0
O * E2  0.0.0.0/0 [110/1] via 192.168.34.3, 00:38:25, Serial0/0/0
```

以上输出表明，从路由器 R2 上重分布进 OSPF 的路由被路由器 R4 学习到，路由代码为 "O E1"；同时 R4 也学习到了由 R3 注入的路由代码为 "O * E2" 的默认路由。

也可以用 show ip protocols 命令查看路由器运行了哪些路由协议。

```
R2#sh ip protocols
Routing Protocol is "rip"                        //运行 RIP 路由协议
Sending updates every 30 seconds, next due in 9 seconds
Invalid after 180 seconds, hold down 180, flushed after 240
Outgoing update filter list for all interfaces is not set
Incoming update filter list for all interfaces is not set
Redistributing: rip, ospf 1
Default version control: send version 2, receive 2
    Interface       Send Recv Triggered RIP Key-chain
    Serial0/0/0      2    2
Automatic network summarization is not in effect
Maximum path: 4
Routing for Networks:
    192.168.12.0
Passive Interface(s):
Routing Information Sources:
    Gateway        Distance      Last Update
    192.168.12.1     120         00:00:17
```

```
Distance：(default is 120)
Routing Protocol is "ospf 1"                              //运行 OSPF 进程,进程号为1
    Outgoing update filter list for all interfaces is not set
    Incoming update filter list for all interfaces is not set
    Router ID 2.2.2.2
    It is an autonomous system boundary router    //自治系统边界路由器(ASBR)
    Redistributing External Routes from,
        rip
    Number of areas in this router is 1. 1 normal 0 stub 0 nssa
    Maximum path：4
    Routing for Networks：
        192.168.23.0 0.0.0.255 area 1
        2.2.2.0 0.0.0.255 area 1
    Routing Information Sources：
        Gateway        Distance        Last Update
        2.2.2.2          110           00：11：24
        3.3.3.3          110           00：11：08
    Distance：(default is 110)
```

以上输出表明路由器 R2 运行了 RIP 和 OSPF 两种路由协议，而且实现了双向重分布。

第 14 章   边界网关协议——BGP

动态路由协议可以按照工作范围分为内部网关协议（Interior Gateway Protocol，IGP）和外部网关协议（Exterior Gateway Protocol，EGP）。IGP 工作在同一个 AS（自治系统）内，主要用来发现和计算路由，为 AS 内提供路由信息的交换；而 EGP 工作在 AS 与 AS 之间，在 AS 间提供无环路的路由信息交换。

边界网关协议（Border Gateway Protocol，BGP）是运行于 TCP 的一种自治系统 AS 间的路由协议，是 EGP 的一种。BGP 是用来处理 Internet 大小的网络的协议，也是能够应用于不相关路由域间的多路连接的协议。BGP 系统的主要功能是和其他的 BGP 系统交换网络可达信息，包括列出的 AS 的信息。这些信息有效地构造了 AS 互连的拓扑图并由此清除了路由环路，同时在 AS 级别上可实施策略决策。

14.1 BGP 概述

1. 自治系统

在互联网中，一个自治系统（Autonomous System，AS）是一个有权自主地决定在本系统中应采用何种路由协议的小型单位。这个网络单位可以是一个简单的网络也可以是一个由一个或多个普通的网络管理员来控制的网络群体，它是一个单独的可管理的网络单元（如一所大学、一个企业或者一个公司个体），如图 14-1-1 所示。一个自治系统有时也被称为是一个路由选择域（Routing Domain），它将会分配一个全局的唯一的 16 位号码，有时把这个号码叫作自治系统编号（ASN）。自治系统编号是唯一的，这个编号是由 IANA 分配的。

一般通过不同的编号来区分不同的自治系统。当网络管理员不期望自己的数据通过某个自治系统时，比如由于该自治系统可能是由竞争对手在管理，或是缺乏足够的安全机制，因此需要回避它。这种情况下，网络管理员就可以通过路由协议、策略和自治系统编号控制数据转发的路径。

自治系统的编号范围是 1～65535，其中 1～64511 是注册的因特网编号，64512～65535 是私有网络编号。

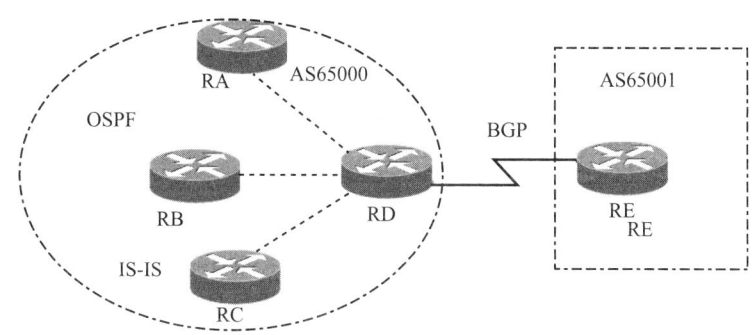

图 14-1-1   自治系统

2. IGP 和 EGP

运行于 AS 内部的路由协议称为 IGP，主要有 RIP、IGRP、EIGRP、OSPF 及 ISIS。IGP 着重于发现和计算路由。而运行于 AS 之间的路由协议称为 EGP，现通常都是指 BGP。BGP 着重于控制路由的传播和选择最优的路由。

自治系统 AS 可能使用多种 IGP，并采用多种度量值。在 BGP 看来，对另一个 AS 来说，它有统一的内部路由选择规划。

3. BGP 的特性

BGP 是一种自治系统间的动态路由协议，它的基本功能是在自治系统间自动交换无环路的路由信息，通过交换带有自治系统号序列属性的路径可达信息，来构造自治系统的拓扑图，从而消除路由环路并实施用户配置的路由策略。与 OSPF 和 RIP 等在自治系统内部运行的协议相比，BGP 是一种 EGP，而 OSPF、RIP 和 IS-IS 等为 IGP。BGP 经常用于 ISP 之间。

BGP 提供自治系统之间无环路的路由信息交换（无环路保证主要通过其 AS-Path 实现）。BGP 是基于策略的路由协议，其策略通过丰富的路径属性（Attributes）进行控制。BGP 工作在应用层，在传输层采用可靠的 TCP 作为传输协议（BGP 传输路由的邻居关系建立在可靠的 TCP 会话的基础之上）。

在路径传输方式上，BGP 类似于距离矢量路由协议。BGP 路由的好坏不是基于距离（多数路由协议选路都是基于带宽的），它的选路基于丰富的路径属性，而这些属性在路由传输时携带，所以可以把 BGP 称为路径矢量路由协议。如果把自治系统浓缩成一个路由器来看待，BGP 作为路径矢量路由协议这一特征便不难理解了。除此以外，BGP 又具备很多链路状态（LS）路由协议的特征，比如触发式的增量更新机制，宣告路由时携带掩码等。

4. BGP 工作机制

BGP 路由器只把自己获悉或使用的最佳路由通告给邻接自主系统，对其他路由不通告。邻接自主系统是指与本自主系统相邻的自主系统。即 BGP 路由器只把自己获悉的最佳路由通告给相邻自主系统的 BGP 路由器。BGP 进行路由传递时，因为要建立 TCP 连接，所以两端的路由器必须知道对方的 IP 地址，可以通过直连端口、静态路由或者 IGP 学习。

ISP 边界路由器知道对方的 IP 地址后，就可以尝试跟对方建立连接了。如果连接不能建立，说明对方还未激活，于是会等待一段时间再进行连接，这个过程一直重复，直到连接建立。

如果 TCP 连接建立起来，两端的设备必须交换某些数据以确认对方的能力或确定自己下一步的行动，即所谓的能力交互。这个过程是必需的，因为任何支持 IP 协议栈的设备都支持 TCP 连接的建立，但不是每个支持 IP 协议栈的设备都支持 BGP，所以必须在该 TCP 连接上进行确认。

确认对方支持 BGP 后，就进行路由表的同步。两端路由表同步完成之后，并不是立即拆除这个连接。如果把这个 TCP 连接给拆除了，以后路由表发生改变，同步的时候就必须重新建立，这样需要消耗很多资源。如果利用保持的 TCP 连接，就可以不用重新建立连接而马上进行数据的传输。

建立连接的两台设备互为对等体（PEER）。为了确保两边设备的 BGP 进程都正在运行，要求两端的设备通过该 TCP 连接周期性的发送 KeepAlive 消息，以向对端确认自己还存活。如果一端设备在一个存活超时的时间内没有接收到对方的 KeepAlive 消息，则认为对方已经停止运行 BGP 进程，于是拆除该 TCP 连接，并把从对方接收到的路由全部删除。BGP 使用 TCP 作为其承载协议，提高了协议的可靠性。

路由更新时，BGP 只发送增量路由（增加、修改、删除的路由信息），大大减少了传播路由时所占用的带宽，适用于在 Internet 上传播大量的路由信息。BGP 初始化时发送所有的路由给 BGP 对等体，同时在本地保存已经发送给 BGP 对等体的路由信息。当本地的 BGP 收到了一条新路由时，与保存的已发送信息进行比较，如未发送过，则发送，如已发送过，则与已经发送的路由进行比较，如新路由更优，则发送此新路由，同时更新已发送信息，反之则不发送。当本地 BGP 发现一条路由失效时（如对应端口失效），如果路由已发送过，则向 BGP 对等体发送一个撤销路由的消息。总之，BGP 不是每次都广播所有的路由信息，而是在初始化全部路由信息后只发送路由增量。这样保证了 BGP 和对端通信时占用最少的带宽。

另外，BGP 通过接收和发送 keepAlive 消息来检测相互之间的 TCP 连接是否正常。

5. BGP 邻接关系

1）BGP 发起者：运行 BGP 的路由器被称为 BGP 发起者。

2）BGP 对等体：即 BGP 邻居。任何两个运行 BGP 的路由器，通过 TCP 连接，交换 BGP 路由信息的，就是 BGP 对等体。可以是直接连接的，也可以是不直连的。

3）EBGP：外部 BGP，即两个不同的 AS 之间的 BGP 连接。运行 EBGP 的路由器之间必须有物理上的直接链路。

4）IBGP：BGP 在同一个 AS 的路由器之间运行时，即在同一个自主系统内的 BGP。运行 IBGP 的路由器之间不一定要物理直连，但必须保证逻辑上的全连接。

6. BGP 协议邻接关系的状态

首先是空闲状态（IDLE）。

BGP 一旦开始就进入 Connect（连接）状态，如果定时器超时，则仍处于 Connect 状态。

如果连接失败则进入 Active（活动）状态。在 Active 状态下，如果 TCP 连接建立不成功，则一直处于 Active 状态；成功后进入 OpenSend（打开发送）状态。

在 Connect 状态下，连接成功，也进入 OpenSend 状态。

在 OpenSend 状态下，BGP 一旦收到 Open 报文（打开消息），就会进入 OpenConfirm（打开确认）状态。

在 OpenConfirm 状态下，如果 KeepAlive 定时器超时，则停在 OpenConfirm 状态下。

直到收到 KeePalive 报文，进入 Established（已建立）状态。邻居建立成功。

仅当连接处于已建立状态时，才能交换更新，存活和通知消息。

14.2 BGP 的工作原理

1. BGP 的邻居关系

同 OSPF、IS-IS 一样，在 BGP 中，路由学习的依然要首先建立邻居关系。所不同的是，OSPF、ISIS 的邻居关系是自动建立的，而 BGP 邻居的建立必须手动完成，从邻居的建立开始就体现出了 BGP 是基于策略进行路由的（物理上直接相连未必是邻居，反过来物理上没有直接相连可以建立邻居关系）。

BGP 邻居关系是建立在 TCP 会话的基础之上的，而两个运行 BGP 的路由器要建立 TCP 的会话就必须要具备 IP 连通性。IP 连通性必须通过 BGP 之外的协议实现，具体来讲就是 IP 连通性通过 IGP 或者静态路由来实现。为方便起见，把通过 IGP 或者静态路由实现的 IP 连通性统称为 IGP 连通性或者 IGP 可达性。

如果两个交换 BGP 报文的对等体属于同一个自治系统，那么这两个对等体就是 IBGP 对等体，如图 14-2-1 中的 RTB 和 RTD。如果两个交换 BGP 报文的对等体属于不同的自治系统，那么这两个对等体就是 EBGP 对等体，如图 14-2-1 中的 RTD 和 RTE。

虽然 BGP 是运行于自治系统之间的路由协议，但是一个 AS 的不同边界路由器之间也要建立 BGP 连接，只有这样才能实现路由信息在全网的传递。如图 14-2-1 中的 RTB 和 RTD，为了建立 AS100 和 AS300 之间的通信，要在它们之间建立 IBGP 连接。

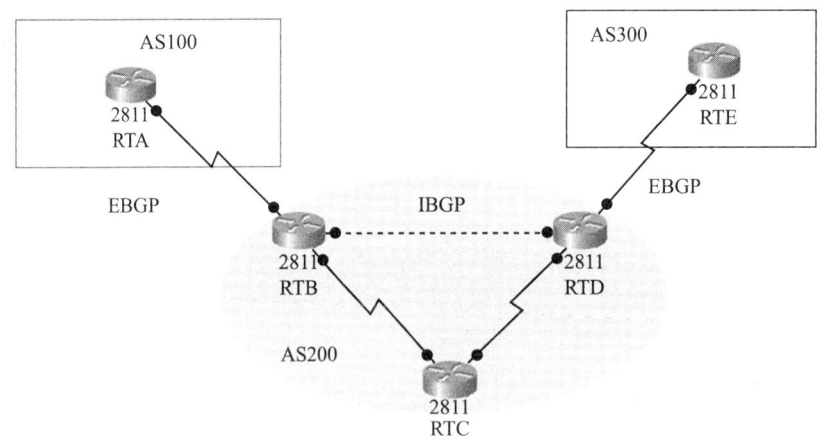

图 14-2-1　BGP 的邻居关系

IBGP 对等体之间不一定是物理上直连的，只要 TCP 连接能够建立即可。为了 IBGP 对等体路由通告的可靠性，一般采用 Loopback 接口建立 IBGP 邻居关系，在这种情况下，必须指定用于建立 TCP 连接的接口（也是路由更新报文的源接口）。

路由器一般默认要求 EBGP 对等体之间是有物理上的直连链路，同时一般也提供改变这个缺省设置的配置命令。允许同非直连相连网络上的邻居建立 EBGP 连接，这时需要修改 EBGP 报文的最大跳数。EBGP 一般是直连的，所以 TTL 值（跳值）为 1，即存活间为 1。而直连时，需要配置 TTL 值。用环回接口来建立 EBGP 邻居时也一样要配置，环回接口时 TTL 值为 2，当有更多跳时配置为更多的跳数。

2. BGP 路由通告

一般情况下，如果 BGP Speaker 学到去往同一网段的路由多于一条时，只会选择一条最优的路由给自己使用，即用来发布给邻居，同时上传给 IP 路由表。但是，由于路由器也会选择最优的路由给自己使用，所以 BGP Speaker 本身选择的最优的路由也不一定被路由器使用。例如，一条去往相同网段的 BGP 优选路由与一条静态路由，这时，由于 BGP 路由优先级要低，所以路由器会把这条静态路由加到路由表中去，而不会选择 BGP 优选的路由。

例如，假设图 14-2-1 所示路由器 RTA 上存在两条去往 192.168.3.0 的路由，下一跳分别为 10.1.1.2 和 10.2.2.2，BGP 会根据选路原则选出最优路由，用来发布给邻居。同时加入 IP 路由表，在 IP 路由表中会检查是否存在一条比 BGP 最佳路由更好的路由条目，比如有一条到达 192.168.3.0 的静态路由（静态路由的优先级为 60，而 BGP 的优先级为 255，数值越低越好），则使用更优的路由条目，反之则把 BGP 最佳路由作为 IP 路由表的优选路由。

BGP Speaker 从 EBGP 获得的路由会向它所有 BGP 对等体通告（包括 EBGP 和 IBGP）。

对于 IGP，工作原理是路由器之间交换路由信息，所以任何一个路由的下一跳是宣告此路由的路由器连接接口的 IP 地址，这是很容易理解的。而对于 BGP，则主要是用于 AS 之间传递无环路的路由信息，BGP 就是把 AS 抽象或者浓缩成一个路由器看待，所以图 14-2-1 中的 RTB 不会修改任何路由更新里的信息就更新给的 RTA，即 RTA 要到达网络 192.168.1.0/24，下一跳为 20.0.0.2。这里又引入一个问题，对于 RTA 来说，很有可能不知道 20.0.0.2 的路由，这样就会导致路由不可达。

BGP 提供了命令，让某些组网环境中，为保证 IBGP 邻居能够找到正确的下一跳，可以配置在向 IBGP 对等体发布路由时，改变下一跳地址为自身地址。默认情况下，BGP 在向 EBGP 对等体通告路由时，将下一跳属性设为自身的 IP 地址。BGP 在向 IBGP 对等体通告路由时，不改变下一跳属性。

BGP Speaker 从 IBGP 获得的路由不会通告给它的 IBGP 邻居。这是在 AS 内避免路由环路的重要手段。但是，这条原则的引入，带来了新的问题：有可能同一 AS 内的与边界路由器非直连的路由器无法收到来自边界路由器转发的邻居 AS 的 BGP 路由。一般采用 IBGP 的逻辑全连接来解决这个问题，即在一个 AS 内部建立所有路由的 IBGP 连接。这种方法的缺陷是路由器要付出更多的开销去维护网络里的 IBGP 会话。

3. BGP 路由同步

BGP 从 IBGP 获悉的路由信息是否通告给 EBGP 相邻体，依据 IGP 和 BGP 的同步情况决定。如果 IBP 和 BGP 完全同步，才通告给 EBGP。

因为当 IBGP 之间进行间接连接而非直连时，它们之间只是建立了一条 TCP 连接。而这条 TCP 连接经过的路由器，到达两个 IBGP 之间的路径，叫作中转路径。这条中转路径中的路由器有可能只运行着 IGP。这些 IGP 路由器在两个 IBGP 之间只传递数据，而不知 BGP 的路由信息。但要转发路由数据时必须知道路由信息才能转发。所以需要同步。

当位于 AS 内部的中转路径上的所有路由器都是运行的 BGP 时，就不需要同步。

4. 路由选择过程

1）首先丢弃下一跳（Next-Hop）不可达的路由。

2）优先选择最大权重的路由。

3）优选最高本地优先级的路由。

4）优选本路由器始发的路由。即当前路由器通告的路由。

5）优选经过 AS（AS-Path）最少的路由。

6）优选起点关型（Origin）最低的路由。

7）优选 MED 值最低的路由。

8）优选从 EBGP 学来的路由，即 EBGP 优于 IBGP。

9）优选 AS 内部最短的路径可达的路由。

10）优选邻居 BGP 路由器 ID 最小的路由。

11）如邻居 BGP ID 相同，则选邻居 IP 地址最小的路由。

14.3　BGP 的配置

1. 基本配置

```
Router(config)# router bgp {自治系统号}            //开启 BGP 路由
Router(config-router)#neighbor {ip-address {peer-group-name} router-as {as_id}
    //指定 BGP 邻居
```

ip-address：指定邻居 BGP 的 IP 地址。此处的邻居 IP，是指邻居 BGP 路由器的 IP 地址，特别是在未直连的 IBGP 路由器之间，不是指直接相连的路由器的 IP 地址。

peer-group-name：指定 BGP 对等体组的名称。是一组采用相同更新策略的 BGP 邻居。可以把策略应用于对等体组。把多个邻居加到对等体组中，这样这个策略就可以应用于所有属于对等体组中的 BGP 路由器。

as_id：邻据 BGP 路由器所属的 AS 号，如 AS 号与本 AS 相同，则是 IBGP 邻居；如果 AS 号与本 AS 不同，则是 EBGP 邻居。

```
Router(config-router)#neighbor {ip-address |peer-group-name} shutdown
        //禁用已有的 BGP 邻居或对等组
Routerconfig-router)# no neighbor {ip -address |peer-group-name} shutdown
        //重新启用 BGP 邻居
Router(config)# neighbor {peer-group-name}  peer-group
        //可以用以上命令创建一个对等体组
Router(config)# neighbor {ip-address}  peer-group  {peer-group-name}
        //把 ip-address 中的路由器加入到对等体组中,每个邻接路由器只能属于一个对等体组的成员
Router(config)# clear ip bgp peer-group  {peer-group-name}
        //用此命令删除对等体组
```

对等体组只在当前路由器上有作用，不传递给其他路由器。

2. 指定源 IP 地址

BGP 路由器在指定邻居对等体 BGP 路由器的 IP 地址时，在邻居对等体 BGP 路由器上，也要指定目标地址为刚才指定自己为邻居的路由器的源 IP 地址。

例如，BGP 路由器 A 有多个接口，有多个 IP 地址，如 IP 地址 A1 和 IP 地址 A2。路由器 A 的邻居对等体路由器 B 也有多个 IP 地址，为 B1 和 B2。当在路由器 A 上用 IP 地址 A1 为源地址，目标地址为 B1 来建立 BGP 邻居的话，那边在路由器 B 上必须用 B1 为源地址，A1 为目标地址建立 BGP 邻居。用 B2 为源，A1 为目标地址，B1 为源，A2 为目标地址都不行。

为避免出现以上问题，增加稳定性，在路由器上配置环回接口，用环回接口来互配邻居 BGP 对等体，会增强稳定性。一般一个 BGP 路由器到邻居 BGP 路由器有多个出口时，配置环回接口来建立邻居。

```
Router(config-router)# neighbor {ip-address |peer-group-name} update-source
loopback {interface-number}
```

update-source：指定默认的源地址为后面指定的环回接口。而不是默认发出的 IP 地址。

interface-number：有时会配置多个环回接口，这里指定是哪个环回接口。

3. EBGP 多跳（当 EBGP 之间配置为非直连时使用）

在 EBGP 邻居中命令使用环回接口进行对等体邻居配置时需用上。

EBGP 对等体之间一般是用直连接口地址来配置邻居。因为 EBGP 之间不通告 IGP 路由信息，如不直连将无法找到对方的路由，无法建立邻居。如用环回接口配置 EBGP 对等体，必须在 EBGP 两边各配置一条静态路由指向直连网络的物理地址，还需要启用 EBGP 多跳。

```
Router(config-router)#neighbor ebgp-mulitihop [ttl]
```

例如：

```
Router(config)#router bgp 651000
Router (config-router)#neighbor 172.16.1.1 remote-as 651001
        //此处的地址 EBGP 邻据路由器环回接口的地址
Router(config-router)#neighbor 172.16.1.1 update-source lookback 0
        //源地址为环回接口 0 的地址
Router(config-router)#neighbor ebgp-mulitihop 2
        //EBGP 之间的 TTL 值为 2,因为是环回接口
Router(config)#ip router 172.16.1.1 255.255.255.0 192.168.1.3
        //配置一条静态路由,以能找到对端环回端口,这里的 192.168.1.3 是 EBGP 邻居与自己直连
```

接口的 IP 地址

ebgp 对等体邻居也做相应的配置。

4. 重置会话

```
Router#clear ip bgp { * |ip-address} {soft[in |out] }
```

5. 把 IGP 路由变成 BGP 路由

1) network 命令注入（半自动注入方式）。指定哪些网络被加入 BGP 路由进程，并通告给其他 BGP 路由器。

```
Router(config)#network {network-number} [mask {mask}]        //把哪些网络通告到 BGP
```
路由中。

与 IGP 的 network 命令不一样，BGP 的 network 命令是告诉 BGP 通告什么，以及哪些网络路由通告到 BGP 中，而 IGP 的 network 命令是哪些网络启用 IGP 进程。必须用一系列的 nework 命令在 AS 中的 BGP 路由器上指定所有要通告的 AS 中的网络，而不仅仅是那些与当前 BGP 路由器直接相连的网络。

2) redistribute 命令（纯动态注入方式）。在 BGP 路由进程下使用。

3) 静态注入。先在 BGP 进程下定义一条静态路由，再用 redistribute static 命令把静态路由注入到 BGP 路由中。

6. BGP 路由操纵

权重是 Cisco 专有属性，用以配置每个邻居的权重。权重属性提供本地路由选择策略，不会传给任何 BGP 邻居，包括 IBGP；而本地优先级会在 AS 内部传播，传给 IBGP，不传给 EBGP。

一台路由器有多个离开 AS 的出口时，即有多条前往一个目的地路由时，将选择权重最高的路由作为下一跳路由。与本地优先级的区别：当一台路由器有多个离开 AS 的出口时，根据权重来决定选择哪个出口；当一个 AS 中有多台路由器提供了多个出口时，将根据本地优先级来决定选择哪个出口。

```
Router#neighbor {ip-address |peer-group-name} weight {weight}
```

ip-address：对端路由的 IP 地址。

weight：权重值。

例如：

```
Router(config)#router bgp 100
Router(config-router)#neighbor 10.10.1.1 remote-as 200
Router(config-router)#neighbor 10.10.2.1 remote-as 400
Router(config-router)#neighbor 10.10.1.1 weight 200
Router(config-router)#neighbor 10.10.2.1 weight 150
```

1) 设置修改到达所有路由器的本地优先级。

```
Router(config-router)#bgp default local-preference {value}        //更改本路由器到
```
达所有其他路由器的本地优先级

value：取值范围 1 ~ 4294967295，默认值为 100，此命令是设定前往所有路由器的本地优先级。

2) 设置到达具体网络的本地优先级，通过路由映射表控制。

```
Router(config-router)#neighbor 10.10.1.1  route-map test in
        //从邻居路由器 10.10.1.1 接收路由更新时,执行入口路由映射表 test 检查,即 EIBGP 路由
```

器 10.10.1.1 把路由更新传给本路由器时,本路由器执行入口检查

```
Router(config)#route-map test permit 10          //设置映射表 test
Router(config)#match ip address 60               //匹配访问列表 60 的路由更新
Router(config)#set local-preference  400
        //匹配访问列表 60 的更新,即访问 172.20.0.0 网段时,其本地优先级设为 400
Router(config)#route-map test permit 20
        //允许其他所有的网络通过。类似于访问列表中的 permit any 语句
Router(config)#access-list 60 permit 172.20.0.0  0.0.255.255
        //访问 172.20.0.0 网络的匹配
```

7. BGP 路由汇总

(1) 网络边界汇总

默认 BGP 不通告子网,只通告分类网或超网到 BGP 邻居。如 172.16.22.0,只通告 172.16.0.0/16 分类网。

```
(config)#network {network-number}  [mask{network-mask}]
        //用此命令可以通告子网到 BGP 邻居中,一定在后面要接相应的掩码,如  network
172.16.22.0  mask 255.255.255.0
```

注意:不管是分类网络,还是子网,还是汇总网,想通告出去,必须在路由选择表中有此路由选项。路由器的路由选择表是从 IGP 和静态路由器中获得。每一个 BGP 路由器,都同时运行 IGP。如果 IGP 中没有此路由选项,可通过静态路由生成。

例 1:network 172.16.0.0,想通告此分类网到 BGP 邻居中,路由选择表中必须有 172.16.0.0 或有此网络的子网(如 172.16.22.0/24)的路由选项。而要生成 172.16.0.0 这个路由选项,一是此路由器也运行 IGP,直接生成路由选项,或从其他 IGP 路由器上传播过来的路由选项;二是用静态路由生成。

例 2:network 172.16.22.0/24,想通告此子网到 BGP 邻居中,路由选择表中也必须有 172.16.22.0/24 的路由项。

例 3:network 172.16.24.0 255.255.252.0,汇总了 172.16.24/22 这个网段,而此时路由选择表中没有此路由选项,无法通告此汇总路由到邻居 BGP,则用以下静态命令:

```
Router(config)#ip router 172.16.24.0 255.255.252.0  null
        //应用这个命令后,路由表中将有这条路由,则可以把这条汇总路由通告到 BGP 邻居中,  null
是指向空接口
Router(config)#router bgp  65001
Router (config-router)#neighbor 172.16.2.1 remote-as 65000
Router (config-router)#network 192.168.25.0 mask 255.255.255.0
        //路由表中有此选择,可以传播到 BGP 邻居中
Router(config-router)#network  192.168.24.0 mask 255.255.1252.0
        //路由表中没此选择,则不可以传播到 BGP 邻居中
Router(config)#ip route 192.168.24.0 255.255.252.0 null
        //加入此项,则上面那个网络可以传播到 BGP 邻居中了
```

(2) BGP 自动汇总

```
Router(config-router) #auto-summary
        //此命令启动自动汇总后,在 BGP 表中,所有重发而来的子网都被汇总为相应的分类子网
Router(config-router)# no auto-summary
        //关闭自动汇总,即不进行自动汇总,所有重分发来的子网保持原样
```

例如，开启自动汇总的情况下，将网络 64.100.50.0/24 重分发到 BGP 中后，则 BGP 将默认拥有 64.0.0.0/8 这个网络，这是默认的分类网络。64.100.50.0/24 自动被汇总成分类网了。关闭自动汇总可以解决该问题。为正确的把子网通告给 BGP，应用命令 network 64.100.50.0 mask 255.255.255.0，而不要使用 redistributed connected 进行重分发。

（3）汇总命令

```
Router(config)#aggregate-address {ip-address} {mask} [summary-only] [as-set]
```

ip address：要创建的聚合后的地址。

mask：聚合后的掩码。

summary-only：只通告聚合路由。默认是通告聚合路由和具体路由，即只通告汇总后的路由。不加此项，则汇总后的路由和具体路由都通告。

as-set：在聚合路由的 AS 路径属性中包含具体路由列出的所有 AS 号，即原子聚合属性。默认只包含生成聚合路由的路由器所在的 AS 号。

14.4 IBGP 和 EBGP 的配置

网络拓扑图如图 14-4-1 所示，网络设备配置见表 14-4-1。

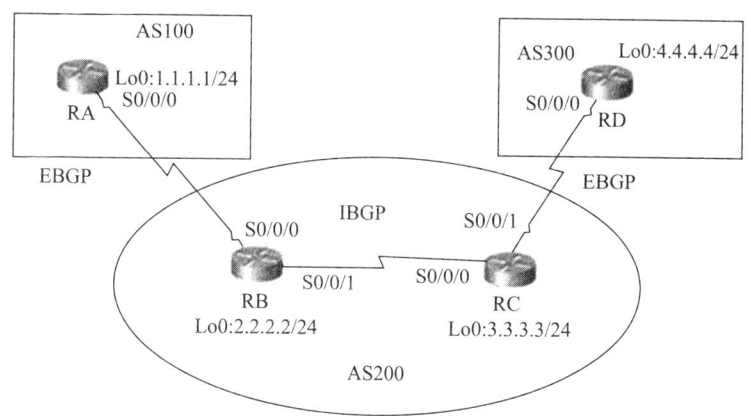

图 14-4-1 网络拓扑图

表 14-4-1 网络设备配置

设备名		IP 地址	连接端口
RA	S0/0/0	12.1.1.1/24	RB：S0/0/0
	Lo0	1.1.1.1/24	—
RB	S0/0/0	12.1.1.2/24	RA：S0/0/0
	S0/0/1	23.1.1.2/24	RC：S0/0/0
	Lo0	2.2.2.2/24	—
RC	S0/0/0	23.1.1.3/24	RB：S0/0/1
	S0/0/1	34.1.1.3/24	RD：S0/0/0
	Lo0	3.3.3.3/24	—
RD	S0/0/0	34.1.1.4/24	RC：S0/0/1
	Lo0	4.4.4.4/24	—

由于 RA 与 RB 属于不同的 BGP ID, 因此彼此属于 EBGP 关系。

RA(config)#router bgp 100   //RA 运行 BGP,并属于 AS100

RA(config-router)#no synchronization   //关闭同步

RA(config-router)#bgp router-id 1.1.1.1   //配置 BGP 路由器 ID

RA(config-router)#neighbor 12.1.1.2 remote-as 200   //指定邻居路由器 RB 及所在的 AS 200

RA(config-router)#no auto-summary   //关闭自动汇总

路由器 RD 的配置与 RA 相类似, 但是 BGP ID 为 300, 配置与 RC 构成 EBGP 关系。

路由器 RB 与 RC 之间构成 IBGP 关系, RB 与 RA 构成 EBGP, RC 与 RD 构成 EBGP。

RB(config)#router bgp 200

RB(config-router)#no synchronization

RB(config-router)#bgp router-id 2.2.2.2

RB(config-router)#neighbor 12.1.1.1 remote-as 100

RB(config-router)#no auto-summary

RB(config-router)#neighbor 3.3.3.3 remote-as 200

RB(config-router)#neighbor 3.3.3.3 update-source Loopback0

RB(config-router)#neighbor 3.3.3.3 next-hop-self   //配置下一跳自我,即对从 EBGP 邻居传
入的路由,在通告给 IBGP 邻居时,强迫路由器通告自己是发送 BGP 更新的下一跳,而不是 EBGP 邻居

路由器 RC 的配置与路由器 RB 相类似, 不再赘述。

第15章　路由器管理与维护

操作系统（IOS）是路由器的核心，一旦被破坏就会导致路由器无法工作，因此网络管理员要为 IOS 做好系统备份。另外，IOS 的版本是不断升级的，有时还需要根据不同的应用进行升级。

15.1　路由器文件的备份、恢复和升级

1. IOS 备份

IOS 保存在网络设备的闪存（Flash Memory）中，可以在特权模式下通过"show flash:"命令来查看闪存中的文件。

```
Router#sh flash:
System flash directory:
File Length Name/status
3  50938004  c2801-advipservicesk9-mz.124-24.T2.bin
2  28282    sigdef-category.xml
1  227537   sigdef-default.xml
[51193823 bytes used, 12822561 available, 64016384 total]
63488K bytes of processor board System flash (Read/Write)
Router#
```

比较安全的备份方法是将 IOS 备份到计算机上。恢复 IOS 时，只要将保存在计算机上的 IOS 恢复回去就可以了。

常用的文件传输方法是使用简单文件传输协议（TFTP），TFTP 是 TCP/IP 协议簇中的一个用来在客户机与服务器之间进行简单文件传输的协议，提供不复杂、开销不大的文件传输服务。TFTP 服务器软件安装在计算机上，路由器作为 TFTP 客户机。

备份 IOS 的设备连接如图 15-1-1 所示，步骤如下：

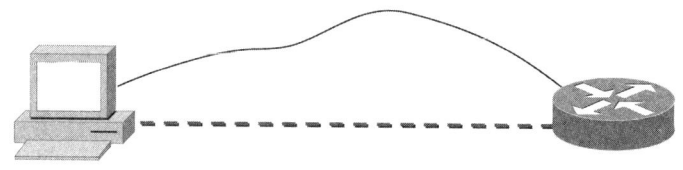

图 15-1-1　备份 IOS 拓扑图

1）准备。用控制线连接路由器的 Console 口和计算机的串行通信口（COM1），再用一根交叉双绞线连接路由器的一个快速以太网接口和计算机的以太网网卡。连接好后，开启路由器，计算机开启超级终端，然后给路由器的快速以太网接口配置 IP 地址，并激活；给计算机配置 IP 地址（与路由器该快速以太网接口在同一网络），使计算机能够 ping 通路由器。这样就为路由器 IOS 的备份和升级做好了连接准备工作。

2）运行 TFTP。在计算机上运行 TFTP 服务器，打开 TFTP 服务器窗口，设置好 TFTP 服务器根目录，准备接收 IOS 备份文件。

3）备份。用超级终端进入路由器的特权模式，用"show flash:"命令查看闪存中的 IOS 的文件名。因为 IOS 的文件名通常比较长而且区分大小写，所以先将文件名记录下来备用，然后执行如下命令：

```
Router#copy flash: tftp
Source filename []? c2801-advipservicesk9-mz.124-24.T2.bin
Address or name of remote host []? 192.168.1.2
Destination filename [c2801-advipservicesk9-mz.124-24.T2.bin]?
Writing c2801-advipservicesk9-mz.124-24.T2.bin....!!!!!!!!!!!!!!!!!!!!!!
```

按提示输入源文件，按 < Enter > 键；输入 TFTP 服务器的 IP 地址或主机名，再按 < Enter > 键；提示要保存的目标文件名，直接按 < Enter > 键（一般不要更改 IOS 的文件名称，因为该文件名中包含有操作系统的功能集和版本信息），屏幕显示正在备份 IOS，很快就能备份完成。

2. 恢复和升级 IOS

（1）用 TFTP 升级 IOS

如果是要对路由器的 IOS 进行恢复和升级，方法也和备份 IOS 一样，只是需要先准备好计划恢复或升级的 IOS 版本（新的 IOS 版本可以通过注册在网上下载），将它存放在 TFTP 服务器的根目录下备用，然后执行 copy tftp flash 命令。但通常路由器的闪存容量有限，在升级新的 IOS 之前必须先查看闪存大小，是否还能存储下新的操作系统，如果没有足够的空间，则必须删除原有的 IOS，注意此时千万不要将路由器关机，可以直接使用 copy tftp flash 命令从 TFTP 服务器恢复 IOS，这一方法简单快速。

```
Router#copy tftp flash
Address or name of remote host []? 192.168.1.2
Source filename []? c2801-advipservicesk9-mz.124-24.T2.bin
Destination filename [c2801-advipservicesk9-mz.124-24.T2.bin]?
Accessing tftp://192.168.1.2/c2801-advipservicesk9-mz.124-24.T2.bin...
Loading c2801-advipservicesk9-mz.124-24.T2.bin from 192.168.1.2:
!!!!!!!!!!!!!!!!!!!!!!!!!!!!!!!!!!!!
```

（2）用 Xmodem 恢复 IOS

管理和配置路由器时，不小心把 IOS 误删除或者在升级 IOS 时失败，且路由器关闭后重启，那么闪存中的操作系统就不能被引导了。此时只有采用 Xmodem 协议来完成路由器的 IOS 恢复，将准备好的 IOS 存放在计算机上，将计算机串口与路由器控制口使用 Console 线连接，准备进行异步文件传送，如图 15-1-2 所示。

图 15-1-2　用 Console 线连接计算机和路由器

操作步骤如下：

1）用 Console 线连接计算机和路由器。

2）路由器加电，及时请按 < Ctrl + Break > 组合键中断路由器的启动过程，进入 ROMMON 模式，如图 15-1-3 所示。

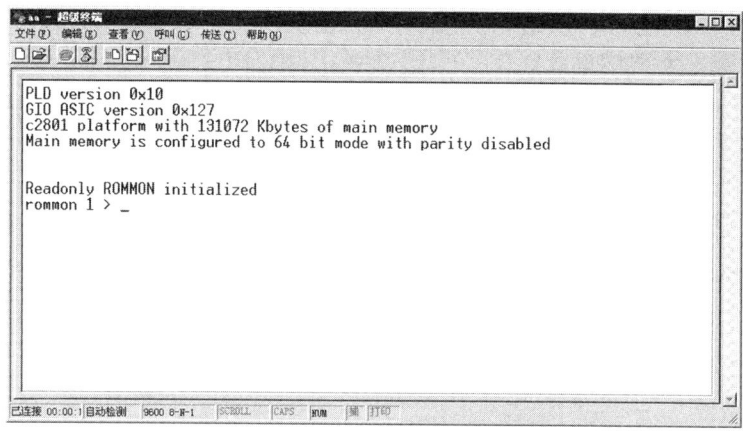

图 15-1-3　进入 ROMMON 模式

3）修改传输速率。为了加快恢复或升级的速度，需要配置路由器 Console 口和计算机串口的传输速率，下面通过对寄存器配置的对话设置，即 confreg 命令来修改，命令如下。

```
rommon 2 > confreg          //修改传输速率
```

在"enter rate"部分，需要选择 7，用最大的 115200 速率的 Xmodem 传输。

```
rommon 1 >confreg
       Configuration Summary
   (Virtual Configuration Register: 0x2102)
enabled are:
load rom after netboot fails
console baud: 9600
boot: image specified by the boot system commands  or default to: cisco2-c2801
do you wish to change the configuration? y/n  [n]:  y
or default to: cisco2-c2801

do you wish to change the configuration? y/n  [n]:  y
enable  "diagnostic mode"? y/n  [n]:
enable  "use net in IP bcast address"? y/n  [n]:
disable "load rom after netboot fails"? y/n  [n]:
enable  "use all zero broadcast"? y/n  [n]:
enable  "break/abort has effect"? y/n  [n]:
enable  "ignore system config info"? y/n  [n]:
change console baud rate? y/n  [n]:  y
0 =9600, 1 =4800, 2 =1200, 3 =2400, 4 =19200, 5 =38400, 6 =57600, 7 =115200
enter rate  [0]:  7
change the boot characteristics? y/n  [n]:y
       Configuration Summary
   (Virtual Configuration Register: 0x3922)
enabled are:
load rom after netboot fails
console baud: 115200
boot: image specified by the boot system commands
    or default to: cisco2-c2801
do you wish to change the configuration? y/n  [n]:
```

　　在输入 reset 命令之后，需要重新定义串口传输速度，如图 15-1-4 所示，将超级终端里设置速率为 115200，否则会出现乱码。

　　4）关闭这个超级终端，重新建立一个超级终端连接（115200 速率），如图 15-1-4 所示，系统重新启动后执行 xmodem-r 接收文件命令。

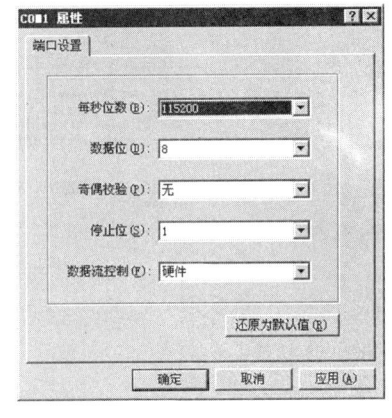

```
rommon 1 > xmodem - r
Do not start the sending program yet...
Invoke this application only for disaster recovery.
Do you wish to continue? y/n  [n]:  y
Ready to receive file  ...
§§
```

图 15-1-4　超级终端连接速率设置

　　5）选择"超级终端"→"传送"→"发送文件"命令，在协议选项中选择 Xmodem 或者 Xmodem-1K 协议，然后选择 IOS 文件，开始传送，如图 15-1-5 所示。由于传输时间较长，请耐心等待。

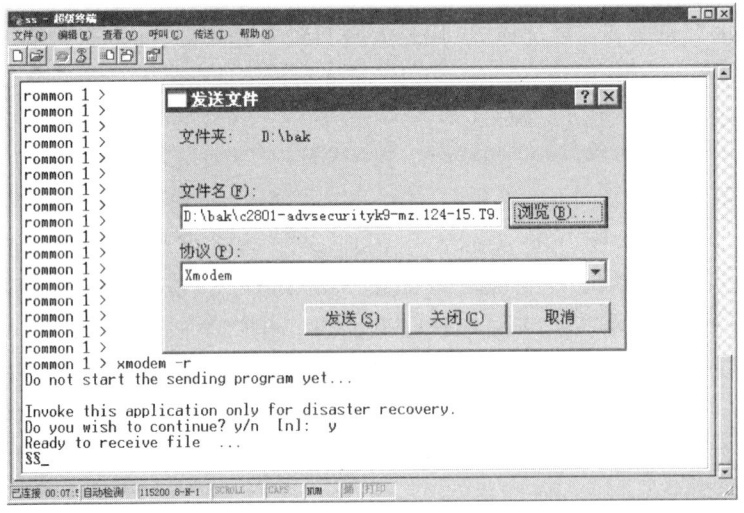

图 15-1-5　使用 Xmodem 发送文件

　　6）重启后恢复 IOS。当传输完毕后，重新启动路由器后开始使用被恢复或升级的 IOS。使用"dir flash："命令查看文件是否已经正确无误的传送。

```
rommon 1 > dir flash:
program load complete, entry point: 0x8000f000, size: 0xcb80
Directory of flash:
2      16860372    -rw-    c2801-ipbase-mz.124-18b.bin
4119   2746        -rw-    sdmconfig-2801.cfg
4120   931840      -rw-    es.tar
4348   1505280     -rw-    common.tar
4716   1038        -rw-    home.shtml
4717   112640      -rw-    home.tar
4745   1697952     -rw-    securedesktop-ios-3.1.1.45-k9.pkg
5160   415956      -rw-    sslclient-win-1.1.4.176.pkg
```

```
5262    1296       -rw-    aa
5263    26729048   -rw-    c2801-adventerprisek9-mz.124-8.bin
```

此时需要再次启动路由器，进入 ROMMON 模式，将传输速率恢复到默认状态，即在"enter rate："部分选择 0，即 9600 的传输速率。超级终端亦重新连接（9600 速率）即可。

3. 配置文件备份和恢复

配置文件对路由器来说是非常重要的。这个配置文件就好像操作系统的注册表文件，如果注册表损坏或者配置不准确的话，那么操作系统就将无法启动或者运行不稳定，配置文件如果出现错误，那么路由器就将无法正常工作。一般情况下 Cisco 路由器的配置文件会被存储在 3 个地方，分别为 RAM、NVRAM 和 TFTP 服务器。

网络管理员通过创建配置来定义所需的路由器的功能。配置文件的典型大小为几百到几千字节。

每台网络设备包含以下两个配置文件。

1）启动配置文件（Startup-config）：用作备份配置，在设备启动时加载。

2）运行配置文件（Running-config）：用于设备的当前工作过程中。

启动配置文件存储在 NVRAM 中。因为 NVRAM 具有非易失性，所以当 Cisco 设备关闭后，文件仍保持完好。每次路由器启动或重新加载时，都会将启动配置文件加载到内存中。该配置文件一旦加载到内存中，就被视为运行配置文件。

运行配置文件一旦加载到内存中，即被用于操作网络设备。当网络管理员配置设备时，运行配置文件即被修改。修改运行配置文件会立即影响 Cisco 设备的运行。修改之后，管理员可以选择将更改保存到启动配置文件中，下次重启设备时将会使用修改后的配置。

因为运行配置文件存储在内存中，所以当关闭设备电源或重新启动设备时，该配置文件会丢失。如果在设备关闭前，没有把对运行配置文件的更改保存到启动配置文件中，那些更改也将会丢失。

1）配置文件的备份。命令如下：

```
R1#copy running-config startup-config
```

该命令是将存储在 RAM 的正确配置复制到路由器的 NVRAM 中。这样，在下一次启动时，路由器就会使用这个正确的配置。

```
R1#copy running-config tftp
```

该命令是将 RAM 中正确的配置文件复制到 TFTP 服务器上，强烈推荐网络管理员这样做，因为如果路由器不能从 NVRAM 中正常装载配置文件，可以通过从 TFTP 中复制正确的配置文件。

2）配置文件的恢复。配置文件恢复的方法与备份的方法基本相同，只是恢复的命令不同：

```
R1#copy tftp startup-config
```

作为网络管理员，一方面要为企业内部的所有路由器进行备份操作系统和配置参数文件，另一方面也要好好管理备份下来的这些数据，否则真到需要恢复时出现找不到原来备份文件的问题就得不偿失了。应该拿一个专门的备份服务器来储存这些数据或者直接刻成光盘保存。

15.2 路由器 IP 管理

一个企业的网络，由于网络节点大多都是由桌面客户端构成，因此对于网络管理员来说，DHCP 是一个非常有用和省时的工具。管理员一般喜欢使用网络服务器提供 DHCP 服务，此类解决方案具有可伸缩性，相对容易管理。但对于小型企业或小的分支办公室及 SOHO 族，不妨配置一台路由器来提供 DHCP 服务，而不必使用昂贵的专用服务器。

DHCP 服务器执行的最基本任务是向客户端提供 IP 地址。DHCP 包括以下 3 种不同的地址分配机制，以便灵活地分配 IP 地址。

1）手动分配：管理员为客户端指定预分配的 IP 地址，DHCP 只是将该 IP 地址传达给设备。

2）自动分配：DHCP 从可用地址池中选择静态 IP 地址，自动将它永久性地分配给设备。不存在租期问题，地址是永久性地分配给设备。

3）动态分配：DHCP 自动动态地从地址池中分配或出租 IP 地址，使用期限为服务器选择的一段有限时间，或者直到客户端告知 DHCP 服务器其不再需要该地址为止。

DHCP 以客户端/服务器模式工作，像任何其他客户端/服务器关系一样运作。当一台 PC 连接到 DHCP 服务器时，服务器分配或出租一个 IP 地址给该 PC。然后 PC 使用租借的 IP 地址连接到网络，直到租期结束。主机必须定期联系 DHCP 服务器以续展租期。这种租用机制可以确保主机在移走或关闭时不会继续占有它们不再需要的地址。DHCP 服务器将把这些地址归还给地址池，根据需要重新分配。

1. 配置 DHCP 服务器

路由器充当 DHCP 服务器的角色。DHCP 服务器从路由器内的指定地址池分配 IP 地址给 DHCP 客户端，并管理这些 IP 地址。

路由器配置为 DHCP 服务器的步骤如下：

1）定义 DHCP 在分配地址时的排除范围。这些地址通常是保留供路由器接口、交换机管理 IP 地址、服务器和本地网络打印机使用的静态地址。

2）使用 ip dhcp pool 命令创建 DHCP 池。

3）配置地址池的具体信息。

最佳做法是在全局配置模式中配置要排除的地址，然后创建 DHCP 池。这可以确保 DHCP 不会意外分配保留的地址。

```
R1(config)#ip dhcp excluded-address low-address [high-address]   //配置排除地址
R1(config)#ip dhcp pool pool-name   //配置 DHCP 地址池名称
R1(dhcp-config)#networknetwork-nummber [mask |/prefix-length]   //配置地址池网络
R1(dhcp-config)#default-router address   //配置默认网关
R1(dhcp-config)#dns-server address [address2…]   //配置 DNS 服务器
R1(dhcp-config)#domain-name domain   //配置域名
R1(dhcp-config)#lease { day [hours] [minutes] |infinite}   //配置租期
```

实例：

```
R1(config)# ip  dhcp  excluded-address  192.168.1.254
```

或者

```
R1(config)#ip dhcp excluded-address 192.168.1.1 192.168.1.10
R1(config)#ip dhcp pool LAN-ADD
R1(dhcp-config)#network 192.168.1.0 255.255.255.0
R1(dhcp-config)#default-router 192.168.1.1
R1(dhcp-config)#dns-server 192.168.1.254
R1(dhcp-config)#domain-name jingyin.com
```

检验命令：

```
show ip dhcp binding
show ip dhcp server statistics
```

当要检验 DHCP 的运作，使用 show ip dhcp binding 命令。此命令显示 DHCP 服务已提供的全部 IP 地址与 MAC 地址绑定列表。

当要检验路由器正在接收或发送消息，使用 show ip dhcp server statistics 命令。此命令显示关于已发送和接收的 DHCP 消息数量的计数信息。

2. 禁用 DHCP

在支持 DHCP 服务器的路由器上，默认启用 DHCP 服务。要禁用此服务，使用 no service dhcp 命令。使用 service dhcp 全局配置命令可重新启用 DHCP 服务过程。

3. 配置客户端

当 PC 设置 IP 地址和 DNS 为自动获取时，便会向服务器发出广播请求，从而获得 IP 地址。

当它发出 ipconfig/release 命令时，原来的 IP 地址得到释放，当前地址为 0.0.0.0。然后，当 PC 发出 ipconfig/renew 命令时，这就促使主机广播 DHCPDiscover 消息，重新获得 IP 地址。

4. DIICP 中继

当主机广播 DHCPDiscover 消息，主机却无法找到 DHCP 服务器。如果 DHCP 服务器与客户端中间隔了一台路由器，或不处在同一网段时，会发生什么情况呢？记住，路由器不转发广播数据包。这就需要用到 DHCP 中继。

在复杂的分层网络中，企业服务器通常是位于服务器群中。这些服务器可为客户端提供 DHCP、DNS、TFTP 和 FTP 服务。问题是，网络客户端与这些服务器通常并不在同一子网上。而客户端通常使用广播消息寻找这些服务器。因此，客户端必须找到服务器才能接受服务。

解决方案：在中介路由器上配置帮助地址功能。这一解决方案使路由器能够将 DHCP 广播转发给 DHCP 服务器。当路由器转发地址分配/参数请求时，它充当 DHCP 中继代理的角色，如图 15-2-1 所示。

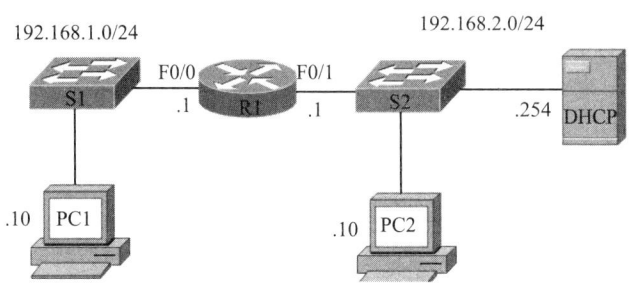

图 15-2-1　R1 路由器 DHCP 中继

例如，PC1 广播一个请求以寻找 DHCP 服务器。如果路由器 R1 已被配置成 DHCP 中继代理，则它会将此请求转发给位于子网 192.168.2.0/24 上的 DHCP 服务器。

要将路由器 R1 配置成 DHCP 中继代理，需要使用 ip helper-address 接口配置命令配置离客户端最近的接口。此命令把对关键服务的广播请求转发给所配置的地址。

```
R1(config)#interface f0/0
R1(config-if)#ip helper-address 192.168.2.254
```

　　路由器 R1 现已配置成 DHCP 中继代理。它接收对 DHCP 服务的广播请求,并将其作为单播转发给 IP 地址 192.168.2.254 的 DHCP 服务器。

15.3　实训:路由器配置文件和 IOS 的备份与恢复

15.3.1　实训 1:用 TFTP 备份路由器的配置文件和 IOS

　　1. 实训目的

　　1) 熟悉 TFTP 服务器的使用。

　　2) 熟悉备份路由器的配置文件。

　　3) 掌握备份路由器的 IOS。

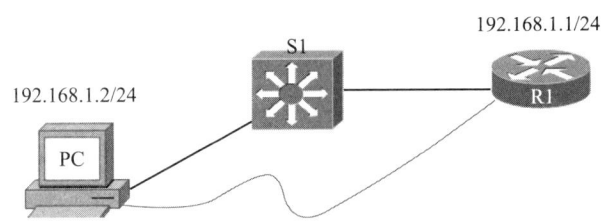

　　2. 实训内容

　　实训拓扑如图 15-3-1 所示。

　　3. 实训步骤

图 15-3-1　用 TFTP 备份路由器的配置文件与 IOS

　　(1) TFTP Server 的安装和准备

　　TFTP 服务器软件有各种各样,本书以 Cisco TFTP Server 软件为例。运行该软件,如图 15-3-2 所示。选择"查看"→"选项"命令,如图 15-3-3 所示。在"选项卡"对话框中,可以看到 TFTP 的主目录为 E:\TFTP- root,TFTP Server 接收到的文件将存放在该目录,也从该目录查找要发送的文件,如图 15-3-4 所示。选择好后,单击"确定"按钮。

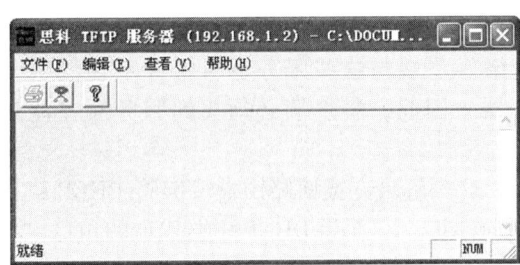

图 15-3-2　TFTP Server 主窗口

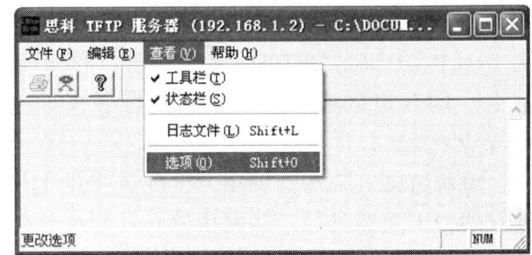

图 15-3-3　查看 TFTP 服务器的选项

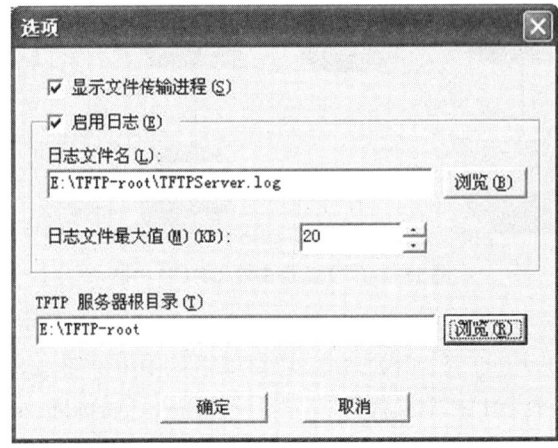

图 15-3-4　设置 TFTP 服务器的主目录

　　(2) 路由器和计算机间的 IP 可达

　　1) 确保交换机 S1 为出厂配置,如果不是的话,请执行以下命令。

```
Switch>enable
Switch#delete flash:vlan.dat
Switch#erase startup-config
Switch#reload
```

2）在 PC 上配置 IP 地址为 192.168.1.2/24。

3）配置路由器接口 IP。

```
R1(config)#int f0/0
R1(config-if)#ip add 192.168.1.1 255.255.255.0
R1(config-if)#no sh
R1(config-if)#end
R1#ping 192.168.1.2
Type escape sequence to abort.
Sending 5,100-byte ICMP Echos to 192.168.1.2,timeout is 2 seconds:
!!!!!
Success rate is 100 percent (5/5),round-trip min/avg/max = 62/62/63 ms
```

（3）备份配置文件到 TFTP 服务器

```
R1#copy running-config tftp:              //把内存中的配置文件备份到 TFTP 服务器上
Address or name of remote host []? 192.168.1.2 //TFTP 服务器 IP
Destination filename [R1-confg]?          //回答文件名,默认时为"路由器名-confg"
Writing running-config...!!
[OK - 483 bytes]
483 bytes copied in 0.125 secs (3000 bytes/sec)
```

备份成功，共 483 个字节，可以在 E:\TFTP-root 目录下找到该文件，是一个纯文本的文件，可以用写字板打开，而用记事本打开则格式会出现问题。

如果认为使用 TFTP 服务器麻烦的话，也可以简单地在终端窗口中执行 show running-config 命令，显示当前的配置，在终端窗口中复制全部配置，再粘贴到某文本文件中。

另外，还可以利用超级终端捕获文字备份配置文件。在超级终端中选择"传送"→"捕获文字"命令，如图 15-3-5 所示，选择好捕获后文件存放文件的位置和文件名，执行 show running-config 命令，显示在屏幕上的所有信息均被捕获在该文本文件中。

提示：如果是在 Windows 自带的超级终端窗口中复制、粘贴配置，或者选择"传送"→"捕获文字"命令，均会有"-more-"等字样，要记得删除这些字符。

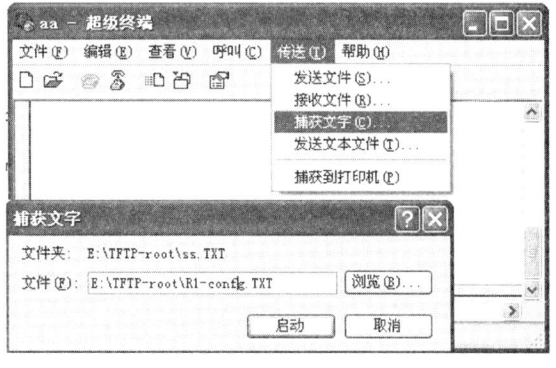

图 15-3-5　超级终端捕获文字

（4）备份 IOS 到 TFTP 服务器

查看闪存中的 IOS 大小和文件名等。

```
Router#show flash
-#- length- date/time - - - - - - path
 1  1211     Oct 20 2011 07:44:46  stat
```

```
2    2898      Feb 12 2011 20:53:42  cpconfig-2801.cfg
3    2941440   Feb 12 2011 20:54:08  cpexpress.tar
4    1038      Feb 12 2011 20:54:20  home.shtml
5    115712    Feb 12 2011 20:54:34  home.tar
6    527849    Feb 12 2011 20:54:54  128MB.sdf
7    1697952   Feb 12 2011 20:55:22  securedesktop-ios-3.1.1.45-k9.pkg
8    415956    Feb 12 2011 20:55:44  sslclient-win-1.1.4.176.pkg
9    48424212  Dec 17 2009 11:26:14  c2801-advipservicesk9-mz.124-24.T2.bin
74571776 bytes available (54149120 bytes used)
```

将 IOS 备份到 TFTP 服务器上

```
R1#copy flash: tftp
Source filename []? c2801-advipservicesk9-mz.124-24.T2.bin    //源 IOS 文件名
Address or name of remote host []? 192.168.1.2    //TFTP 服务器 IP
Destination filename [c2801-advipservicesk9-mz.124-24.T2.bin]?        //备份 IOS 文
件名
Writing c2800nm-advipservicesk9-mz.124-15.T1.bin...!!!!!!!!!!!!!! (此处省略)
```

15.3.2　实训 2：路由器的密码恢复和 IOS 恢复

1. 实训目的
1) 熟悉路由器的密码恢复步骤。
2) 熟悉路由器的 IOS 恢复步骤。
2. 实训内容
实训拓扑如图 15-3-6 所示。

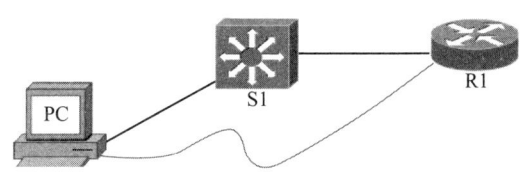

3. 实训步骤

图 15-3-6　实训 2 拓扑图

（1）在路由器上配置密码

```
Router >
Router > en
Router#conf t
Enter configuration commands, one per line.  End with CNTL/Z.
Router(config)#hostname R1
R1(config)#enable password 7499gtoyupl                //设置密码。故意配置一个自己也记不住的
密码,以供密码恢复使用
R1(config)#end
R1#write           //保存配置
Building configuration...
[OK]
```

（2）路由器密码恢复

关闭路由器电源并重新开机，当控制台出现启动过程时，迅速按 < Ctrl + Break > 组合键中断路由器的启动过程，进入 ROMMON 模式：

```
System Bootstrap, Version 12.1(3r)T2, RELEASE SOFTWARE (fc1)
Copyright (c) 2000 by cisco Systems, Inc.
cisco 2811 (MPC860) processor (revision 0x200) with 60416K/5120K bytes of memory
Self decompressing the image:
##################
```

```
monitor: command "boot" aborted due to user interrupt
rommon 1 >
rommon 1 >confreg 0x2142
```

改变配置寄存器的值为 0x2142，这会使得路由器开机时不读取 NVRAM 中的配置文件。

```
rommon 2 > i
```

重启路由器，并回答"N"，进入配置模式。

```
Router >enable
Router#copy startup-config running-config
```

把配置文件从 NVRAM 中复制到 RAM 中，在此基础上修改密码。

```
Destination filename [running-config]?
500 bytes copied in 0.416 secs (1201 bytes/sec)
R1#conf t
Enter configuration commands, one per line.  End with CNTL/Z.
R1(config)#enable password cisco
```

将密码修改为自己的密码。

```
R1(config)#config-register 0x2102
```

把寄存器的值恢复为正常值 0x2102，否则路由器重启时不读取 NVRAM 中的配置文件。

```
R1(config)#exit
R1#copy running-config startup-config          //保存修改后的配置
Destination filename [startup-config]?
Building configuration...
[OK]
```

提示：在保存配置时，还需要把路由器的各个接口一一打开，否则所有接口均是 shutdown。

路由器的配置寄存器起着一个类似于开关的作用，在有多个 IOS 映像可供引导时，决定路由器启动引导哪个映像以及是否引导启动配置文件。

配置寄存器的值是一个 16 位的二进制数，出厂时的值为 0x2102，其中 0x 是填充值，表示其后是十六进制数。表 15-3-1 显示了 16 位配置寄存器在出厂时默认的各位二进制值。

表 15-3-1　配置寄存器默认值

寄存器位编号	15	14	13	12	11	10	9	8	7	6	5	4	启动区			十六进制
													3	2	1	0	
每位的值（例）	0	0	1	0	0	0	0	1	0	0	0	0	0	0	1	0	0x2102

一般情况下，网络管理员比较关心寄存器的 0～7 位，其中，0～3 位的值决定启动时加载哪个 IOS，4～7 决定是否加载启动配置文件。

0～3 位为 0000，启动时会进入 ROM 监控模式；为 0001，则会从 ROM 中引导 IOS；为 0010～1111，则由 NVRAM 中的启动配置文件所包含的系统引导命令来决定，系统引导命令中会指定引导哪个闪存中的哪个 IOS 文件。如果没有配置系统引导命令，则从默认的闪存中引导默认的 IOS。如果闪存中 IOS 被损坏或删除，则试图从网络上的 TFTP 服务器里引导 IOS。如果从网络上的 TFTP 服务器引导 IOS 仍然失败，就进入 ROM 监控模式。

4～7 位为 0000，开机时需要用启动配置文件初始化；为 0100，启动时不需要用启动配置文件初始化。这对网络管理员密码遗忘后重新设置密码提供了方便。

（3）故意删除闪存中的 IOS

```
R1#show flash：        //显示闪存中的 IOS
-#- length - date/time- - - - - - path
 1  1211      Oct 20 2011 07:44:46  stat
 2  2898      Feb 12 2011 20:53:42  cpconfig-2801.cfg
 3  2941440   Feb 12 2011 20:54:08  cpexpress.tar
 4  1038      Feb 12 2011 20:54:20  home.shtml
 5  115712    Feb 12 2011 20:54:34  home.tar
 6  527849    Feb 12 2011 20:54:54  128MB.sdf
 7  1697952   Feb 12 2011 20:55:22  securedesktop-ios-3.1.1.45-k9.pkg
 8  415956    Feb 12 2011 20:55:44  sslclient-win-1.1.4.176.pkg
 9  48424212  Dec 17 2009 11:26:14  c2801-advipservicesk9-mz.124-24.T2.bin
74571776 bytes available (54149120 bytes used)
```

```
R1#delete flash:c2801-advipservicesk9-mz.124-24.T2.bin    //删除 IOS
Delete filename [c2801-advipservicesk9-mz.124-24.T2.bin]?
Delete flash:/c2801-advipservicesk9-mz.124-24.T2.bin? [confirm]
```

以上是删除闪存中的 IOS，模拟闪存中的 IOS 丢失或者 IOS 升级失败。

注意：请慎重进行该步骤。如果工作中不慎误删 IOS，请不要将路由器关机，可以直接使用 copy tftp flash 命令从 TFTP 服务器恢复 IOS，这比起前面介绍的 Xmodem 方式通过 Console 口恢复 IOS 要快得多。

（4）恢复 IOS

先确认 IOS 已经放在 E：\TFTP-root 目录下。

```
R1#copy tftp flash         //从 TFTP 服务器上恢复 IOS
Address or name of remote host []? 192.168.1.2
Source filename []? c2801-advipservicesk9-mz.124-24.T2.bin
Destination filename [c2801-advipservicesk9-mz.124-24.T2.bin]?

Accessing tftp://192.168.1.2/c2801-advipservicesk9-mz.124-24.T2.bin...
Loading c2801-advipservicesk9-mz.124-24.T2.bin from 192.168.1.2：
!!!!!!!!!!!!!!!!!!!!!!!!!!!!!!!!!!!!!!!!!!!!!!!!!!!!!!!!!! (此处省略)
```

（5）查看 IOS

```
R1#dir flash
R1#dir flash
Directory of flash:/
    3  -rw-   48424212        <no date>
c2801-advipservicesk9-mz.124-24.T2.bin
    2  -rw-   28282           <no date>  sigdef-category.xml
    1  -rw-   227537          <no date>  sigdef-default.xml
74571776 bytes available (54149120 bytes used)
```

模块四 网络安全配置与管理

第16章 WAN技术

随着企业的发展，办公地点往往也会从一个位置扩展到多个远程位置。因此企业网络也需要随之从局域网（LAN）扩展到广域网（WAN）。

在LAN中，网络管理员能够对所有电缆、设备和服务实施物理控制。虽然有些大公司自行维护公司的WAN，但大多数公司选择从服务提供商处购买WAN服务。服务提供商通过出租自己的网络资源获益。有了ISP，各个远程用户便能共享资源，而且无须耗资构建和维护自己的网络。

16.1 WAN概述

WAN与LAN相比，两者使用的技术是有差异的。最常用的LAN技术是以太网，WAN技术则是串行传输。串行传输能够进行可靠的长距离通信，但速度比LAN略慢。

架设WAN时，如图16-1-1所示，所选用的WAN技术决定了组织需要的设备类型。例如，将路由器用作连接到WAN的网关，通过该设备将数据转换为适合服务提供商网络的格式。数据需要使用专门的转换设备加以处理，才能在服务提供商网络上传输。

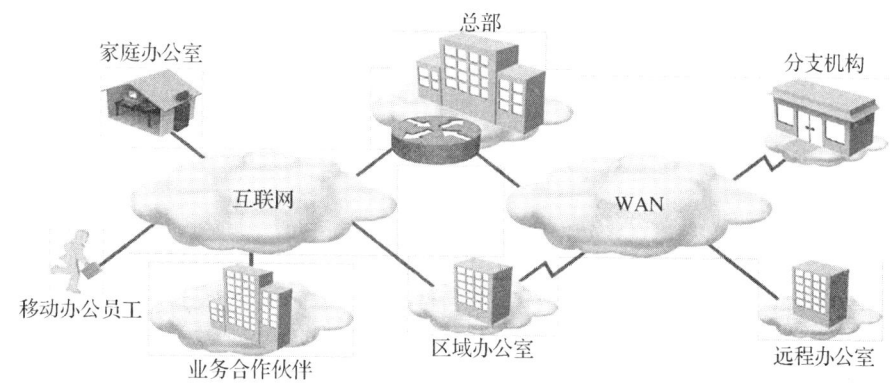

图16-1-1 WAN连接

这个专门的转换设备就是通道服务单元（CSU）和数据服务单元（DSU）。这两种设备通常整合在一个装置中，称其为CSU/DSU，它集成在路由器的接口卡中。如果企业通过ISP购买WAN服务，那么大多数设备都归ISP拥有和维护。

目前接入WAN的方式大多为以下两种：

1）租用线路。在需要永久专用连接时，可利用点对点链路提供从客户驻地到提供商网络的预先建立的WAN通信路径。点对点线路通常向服务提供商租用，因此叫作租用线路。其安装和维护简单，服务提供商提供高质量的服务。点对点通信链路有足够的带宽和不间断的可用性能满足大部分企业的需求。

2）以太网接入。即服务提供商使用光纤提供以太网 WAN 服务。以太网 WAN 服务包括城域以太网（MetroE）、MPLS 以太网（EoMPLS）和虚拟专用 LAN 服务（VPLS）。其低费用和低管理开销，以及与现有网络集成简单的特点，使得以太网 WAN 得到广泛应用。目前以太网 WAN 已经得到普及，一般用于替代传统的帧中继和 ATM WAN 链路。

1. WAN 物理层标准

WAN 物理层协议描述连接 WAN 服务所需的电气、机械、操作和功能特性。WAN 物理层还描述 DTE 和 DCE 之间的接口如图 16-1-2 所示。DTE/DCE 接口使用不同的物理层协议，如图 16-1-3 所示：

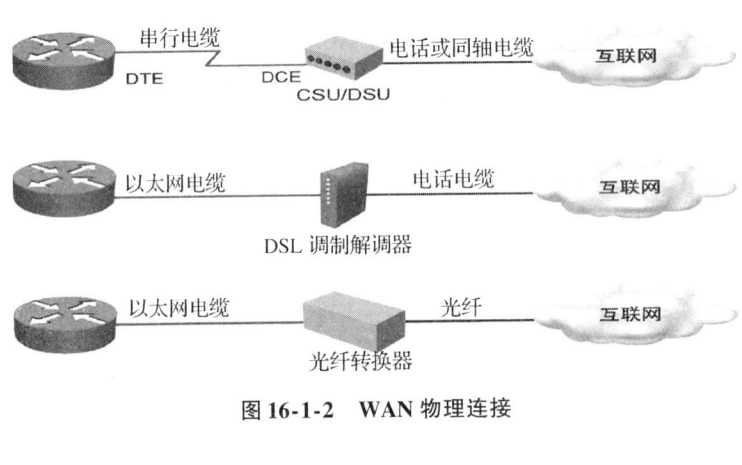

图 16-1-2　WAN 物理连接

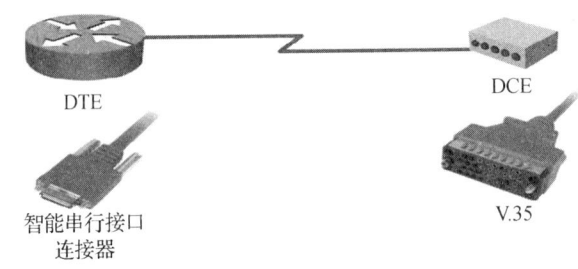

图 16-1-3　DTE/DCE 物理标准

V.35 是用于规范网络接入设备和数据包网络之间同步通信的 ITU-T 标准。最初的版本支持的数据传输速度为 48kbit/s，现在则支持使用 34 针矩形连接器实现高达 2.048Mbit/s 的速度。

2. 数据链路层协议

除了物理层设备之外，WAN 需要数据链路层协议才能在发送设备到接收设备间的整个通信线路上建立链路。数据链路层协议定义如何封装传向远程站点的数据以及最终数据帧的传输机制，采用的技术有很多种，如 ISDN、帧中继或 ATM。这些协议当中有一些使用同样的基本组帧方法，即 HDLC 或其子集或变体，HDLC 是一项 ISO 标准，如图 16-1-4 所示，ATM 与其他技术不同，因为与其他分组交换技术使用变长数据包不同的是，ATM 使用的信元长度较短，且固定为 53 个字节（其中 48 个字节用于数据）。

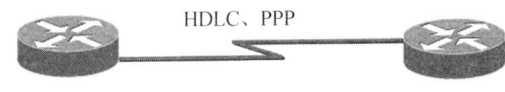

图 16-1-4　点对点协议

最常用的 WAN 数据链路层协议有 HDLC、PPP、帧中继和 ATM。

16.2　WAN 封装

在将数据转换成位以通过介质传输之前，必须进行数据帧的封装，即第二层封装会添加寻址信息和控制信息。封装是发生在数据通过 WAN 进行传输之前，根据网络上所使用的技术，封装也会遵循一定的格式。

第二层添加的报头信息与物理网络传输的类型有关。但数据链路层封装的类型与网络层封装的类型无关。当数据在网络中传输时，数据链路层封装可能会不断变化，网络层封装则保持不变。如果此数据包到达最终目的地的过程中必须通过 WAN，则第二层封装会发生相应的改变以符合 WAN 上使用的技术。

如图 16-2-1 所示，数据包通过默认网关路由器离开 LAN，路由器会解开以太网帧，然后将数据重新封装为适合该 WAN 的正确帧类型。在接入端，WAN 接口收到帧后同样需要转换为以太网帧格式，然后才让该帧流入本地网络。此处路由器扮演的是介质转换器的角色，因为它将数据链路层帧格式转换为适合特定接口的格式。

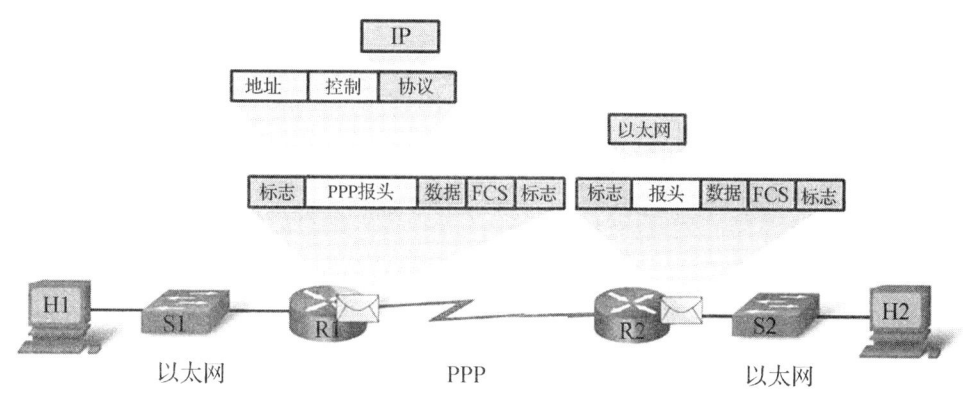

图 16-2-1　路由器的封装过程

16.2.1　WAN 封装协议

在每个 WAN 连接上，数据在通过 WAN 链路传输之前都会封装成帧。要确保使用正确的协议，必须配置适当的第二层封装类型。串行线路最常见的第二层封装是 HDLC 和 PPP。

HDLC（高级数据链路控制）是标准的面向比特式数据链路层封装。HDLC 采用同步串行传输，可以在两点之间提供无错通信。HDLC 定义的第二层帧结构采用确认和窗口（Windowing）机制来进行流量控制和错误控制。每个帧都具有相同的格式，无论是数据帧还是控制帧。

PPP（点对点协议）为在点对点连接上传输多协议数据包提供了一个标准方法。通过同步电路和异步电路提供路由器到路由器和主机到网络的连接，如 IP 和互联网分组交换（IPX）。PPP 还具有内置安全机制，如 PAP 和 CHAP。

16.2.2　HDLC 封装

HDLC 是由国际标准化组织（ISO）开发的、面向比特的同步数据链路层协议。当前的HDLC 标准是 ISO 13239。HDLC 是根据 20 世纪 70 年代提出的同步数据链路控制（SDLC）标准开发的。HDLC 同时提供面向连接的服务和无连接服务。

当要在同步或异步链路上传输帧时，必须牢记这些链路没有用于标记帧首或帧尾的机制。HDLC 使用帧定界符（或标志）来标记每个帧的开头和结尾，即每个帧前、后均有一标志码01111110，用作帧的起始、终止指示及帧的同步，如图 16-2-2 所示。

标准 HDLC					
标志	地址	控制	数据	FCS	标志

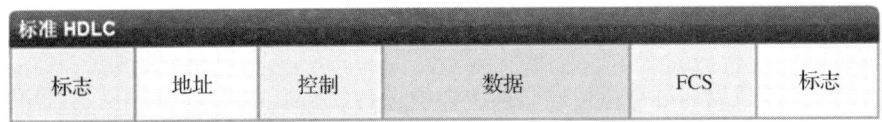

图 16-2-2　标准 HDLC 帧格式

Cisco 扩展了 HLDC，解决了无法支持多协议的问题。尽管 Cisco HLDC（也称作 cHDLC）是专有的协议，Cisco 已经允许其他许多网络设备供应商采用该协议。Cisco HDLC 帧包含一个用于识别待封装网络协议的字段，如图 16-2-3 所示。

Cisco HDLC						
标志	地址	控制	协议	数据	FCS	标志

图 16-2-3　Cisco HLDC 帧格式

由于 Cisco HDLC 额外加入的一个协议字段，就可以让多种不同的网络层协议共享同一根链路。Cisco HDLC 是 Cisco 串行链路上的默认数据链路层封装类型。

1）地址：地址字段包含从站的 HDLC 地址。该地址可以包含一个特定的地址，一个组播地址或者一个广播地址。主地址是通信源或目的，这样就不必再包含主站的地址。

2）控制：控制字段有 3 种不同的格式，这取决于所用的 HDLC 帧类型。

① 信息（I）帧：传递上层信息和某些控制信息。此类帧发送和接收序列号，轮询末（P/F）位执行流量和错误控制。发送序列号是指待发送帧的编号，接收序列号是指待接收帧的编号。发送方和接收方都维护发送和接收序列号。

② 监察（S）帧：提供控制信息。S 帧可以请求和暂停传输，报告状态和确认收到 I 帧。S 帧没有信息字段。

③ 无编号（U）帧：支持控制功能，但不支持序列功能。U 帧可用于初始化从站，其控制字段是 1 个或 2 个字节，这取决于其功能。有些 U 帧带有一个信息字段。

3）协议：（仅用于 Cisco HDLC）此字段指定帧内封装的第三层协议类型（如使用 0x0800 表示 IP）。

4）数据：数据字段包含一个路径信息单元（PIU）或交换标识（XID）信息。

5）帧校验序列（FCS）：FCS 位于尾标识定界符前面，通常是循环冗余校验（CRC）计算结果的余数。在接收端将会重新计算 CRC。如果重新计算的结果与原始帧中的值不同，则视为出错。

配置 HDLC 封装：

```
Router(config-if)# encapsulation hdlc
```

HDLC 校验：

```
Router#sh int s0/0/1
Serial0/0/1 is up, line protocol is up (connected)
  Hardware is HD64570
  Internet address is 192.168.2.3/24
  MTU 1500 bytes, BW 1544 Kbit, DLY 20000 usec,
     reliability 255/255, txload 1/255, rxload 1/255
Encapsulation HDLC, loopback not set, keepalive set (10 sec)    //默认封装为 HDLC
```

Cisco HDLC 是 Cisco 设备在同步串行线路上使用的默认封装方法，无须配置。如果已更改默认封装方法，则可以在接口模式下使用 encapsulation hdlc 命令重新启用 HDLC。

16.2.3　PPP 封装

PPP 封装的设计非常谨慎，保留了对大多数常用支持硬件的兼容性。PPP 对数据帧进行封装以便在第二层物理链路上传输。PPP 使用串行电缆、电话线、中继（trunk）线、手机、专用无线链路或光缆链路建立直接连接。PPP 具有许多优点，它包含 HDLC 中没有的许多功能：

1）链路质量管理功能监视链路的质量。如果检测到过多的错误，PPP 会关闭链路。

2）PPP 支持 PAP 和 CHAP 身份验证。

PPP 提供了以下 3 类功能。

1）成帧：可以毫无歧义的分割出一帧的起始和结束。

2）链路控制：有一个称为 LCP 的链路控制协议，支持同步和异步线路，也支持面向字节的和面向位的编码方式，可用于启动路线、测试线路、协商参数以及关闭线路。

3）网络控制：具有协商网络层选项的方法，并且协商方法与使用的网络层协议独立。

PPP 允许同时使用多个网络层协议。较常见的 NCP 有 Internet 协议控制协议、Appletalk 控制协议、Novell IPX 控制协议、Cisco 系统控制协议、SNA 控制协议和压缩控制协议，如图 16-2-4 所示。

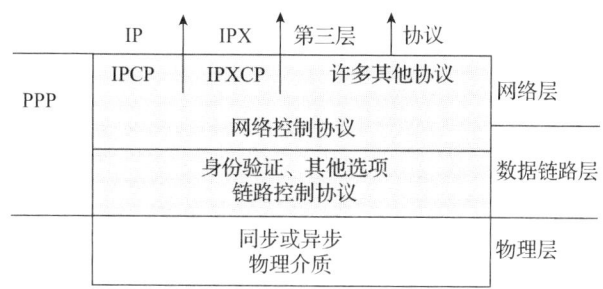

图 16-2-4　PPP 分层体系结构

上图描绘了 PPP 的分层体系结构与 OSI 参考模型的对应关系。PPP 和 OSI 有相同的物理层，但 PPP 将 LCP 和 NCP 功能分开设计。

LCP（链路控制协议）建立点对点链路，是 PPP 中实际工作的部分。LCP 位于物理层的上方，其职责是建立、配置和测试数据链路连接。LCP 建立点对点链路。LCP 还负责协商和设置 WAN 数据链路上的控制选项，这些选项由 NCP 处理。

LCP 自动配置链路两端的接口，包括：

1）处理对数据包大小的不同限制。

2）检测常见的配置错误。

3）切断链路。

4）确定链路何时运行正常或者何时发生故障。

一旦建立了链路，PPP 还会采用 LCP 自动批准封装格式（身份验证、压缩和错误检测）。

PPP 允许多个网络协议共用一个链路，NCP（网络控制协议）负责连接 PPP（第二层）和网络协议（第三层）。对于所使用的每个网络层协议，PPP 都分别使用独立的 NCP。例如，IP 使用 IP 控制协议（IPCP），IPX 使用 Novell IPX 控制协议（IPXCP）。每个 NCP 负责满足各自网络层协议的特定需求。各个 NCP 组件共同封装和协商多网络层协议选项。

创建 PPP 会话有以下 3 个阶段（如图 16-2-5 所示）：

1）链路建立和配置协商。在 PPP 交换任何网络层数据报（如 IP）之前，LCP 必须先打开链接并协商配置选项。当接收路由器向启动连接的路由器发送配置确认帧时，此阶段结束。

2）链路质量确认（可选）。LCP 测试链路以确定链路质量是否足以启用这些网络层协议。LCP 可将网络层协议信息的传输延迟到此阶段结束之前。

3）网络层协议配置协商。在 LCP 完成链路质量确认阶段之后，适当的 NCP 可以独立配置网络层协议，还可以随时启动或关闭这些协议。如果 LCP 关闭链路，它会通知网络层协议以便协议采取相应的措施。

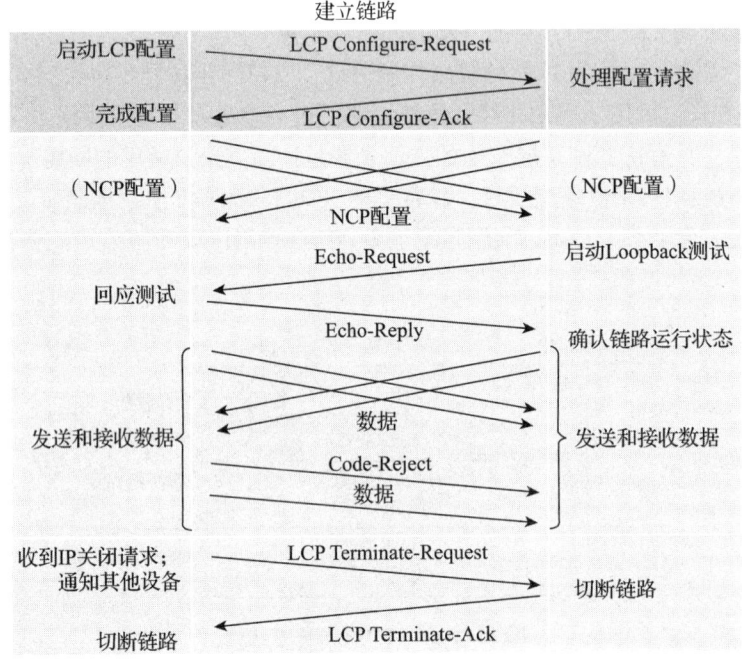

图 16-2-5　建立链路

从图中可以看出：LCP 操作包括对链路创建、链路维护和链路切断的策略控制。

在启动链路后，LCP 会将控制权交给适当的 NCP，如图 16-2-6 所示。

在 LCP 对基础链路进行配置和身份验证之后，将会调用相应的 NCP 来配置要使用的网络层协议。在 NCP 成功配置网络层协议之后，在已建立的 LCP 链路上，网络协议将处于开启状态。此时，PPP 可以传输相应的网络层协议数据包。

如图 16-2-6 所示，IPCP 协商有以下两个选项。

1）压缩：允许设备协商算法以压缩 TCP 和 IP 报头，并节约带宽。Van Jacobson TCP/ IP 报头压缩技术可以将 TCP/IP 报头的大小降低至 3 个字节。在缓慢的串行线路上，尤其是对于交互式通信，此技术可以大幅改善线路的性能。

2）IP 地址：允许发起方设备指定 PPP 链路上路由 IP 的 IP 地址，或者请求响应方的 IP 地址。拨号网络链路通常使用 IP 地址选项。

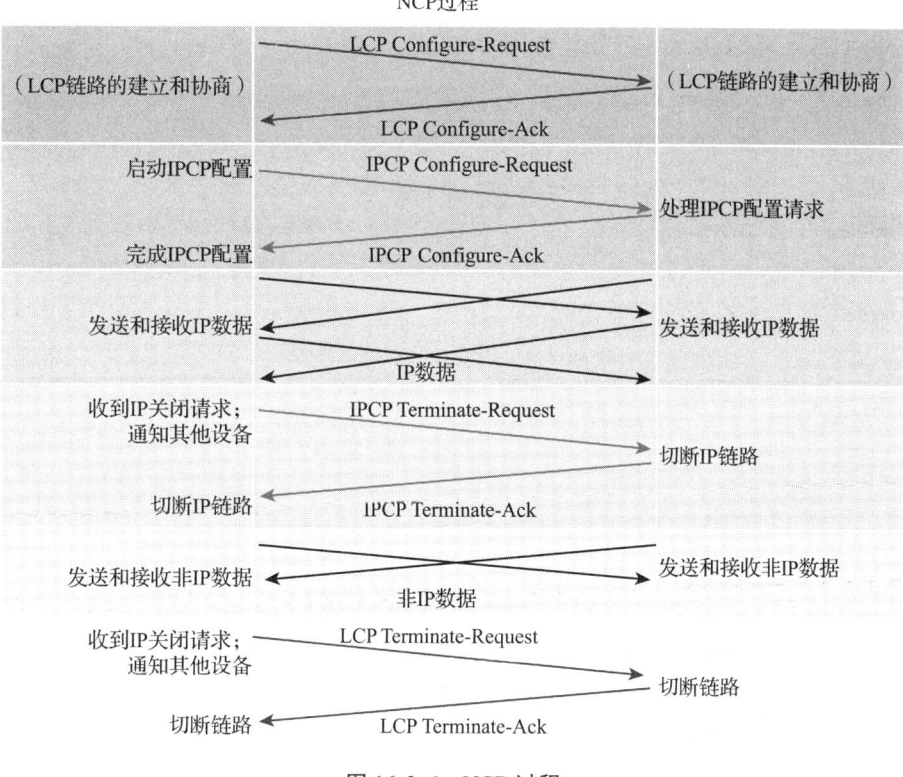

图 16-2-6 NCP 过程

NCP 过程完成后，链路将进入开启状态并由 LCP 再次接管。

PPP 配置命令如下。

1）启用 PPP 封装：

```
Router(config-if)#encapsulation ppp
```

2）压缩：

```
Router(config)#interface serial0/0
Router(config-if)#encapsulation ppp
Router(config-if)#compress [predictor | stac]
```

3）链路质量监视：

```
Router(config)#interface serial0/0/0
Router(config-if)#encapsulation ppp
Router(config-if)#ppp quality 80      //使用 no ppp quality 命令禁用 LQM
```

4）多个链路上的负载均衡：

```
Router(config)#interface serial 0/0/0
Router(config-if)#encapsulation ppp
Router(config-if)#ppp multilink group 1
```

注意：multilink 命令没有任何参数，后加 group 1 表示创建 multilink 1 通道。要禁用 PPP 多链路，可使用 no ppp multilink 命令。

5）校验 PPP 封装配置：

```
Router#show interfaces0/0/0
```

```
Serial0/0/0 is up, line protocol is up (connected)
  Hardware is HD64570
  MTU 1500 bytes, BW 1544 Kbit, DLY 20000 usec,
    reliability 255/255, txload 1/255, rxload 1/255
Encapsulation PPP, loopback not set, keepalive set (10 sec) //该接口的封装为 PPP 封装
  LCP Open
  Open: IPCP, CDPCP                                         //网络层支持 IP 和 CDP
  …
```

PPP 校验和调试命令见表 16-2-1。

表 16-2-1　PPP 校验和调试命令

命令	说明
show interface	显示路由器上配置的所有接口的统计信息
show interface serial	显示有关串行接口的信息
debug ppp	调试 PPP
undebug ppp	关闭所有调试

16.2.4　串行接口故障排除

用 show interfaces serial 命令显示针对串行接口的信息。在配置 HDLC 或 PPP 之后，输出中将会显示"Encapsulation HDLC/ PPP"。

show interface serial 命令返回接口状态行中，会出现 5 种可能的问题，见表 16-2-2。

表 16-2-2　接口状态行显示问题及解决方案

状态行	可能的情况	问题/解决方案
Serial x is up, line protocol is up	这是正常情况下状态行的显示	不需要采取任何操作。
Serial x is down, line protocol is down（DTE 模式）	1. 路由器未感应到 CD 信号，这意味着 CD 不在活动状态 2. WAN 电信服务提供商出现问题，这意味着线路处于 down 状态或未连接到 CSU/ DSU 3. 布线错误或不正确 4. 出现硬件故障（CSU/ DSU）	1. 检查 CSU/ DSU 上的 LED 以查看 CD 是否处于活动状态，或者在该线路上插入接线盒来检查是否有 CD 信号 2. 参照硬件安装文档，检查使用的电缆和接口是否正确 3. 插入接线盒并检查所有控制引线 4. 与租用线路或其他电信服务提供商联系，查看提供商那边是否出现问题 5. 更换故障部件 6. 如果怀疑是路由器硬件出现故障，则将串行线路连接到其他端口上。如果连接恢复，则说明前面连接的接口存在问题
Serial x is up, line protocol is down（DTE 模式）	1. 本地或远程路由器的配置不正确 2. 远程路由器未发送 KeepAlive 3. 租用线路或其他电信服务	1. 将调制解调器、CSU 或 DSU 置于本地环路模式并使用 show interfaces serial 命令来确定线路协议是否启动。如果线路协议启动，则很可能是 WAN 电信服务提供商出现问题或者远程路由器出现故障

（续）

状态行	可能的情况	问题/解决方案
Serial x is up, line protocol is down（DTE 模式）	务出现问题，这意味出现噪声线路、交换机配置不当或出现故障 4. 电缆上出现计时问题，这意味着 CSU/ DSU 上未设置外部串行时钟传输（SCTE）。SCTE 用于在电缆较长的情况下补偿时钟相移。当 DCE 设备使用 SCTE（而不是内部时钟）从 DTE 采样数据时，无论电缆中是否存在相移，采样效果都更好，而且错误更少 5. 本地或远程 CSU/DSU 出现故障 6. 路由器硬件（可能是本地或远程设备）出现故障	2. 如果问题似乎发生在远程端，则对远程调制解调器、CSU 或 DSU 重复步骤 1 3. 检查所有布线，确认电缆连接到正确的接口、正确的 CSU/ DSU 和正确的 WAN 电信服务提供商网络端点。使用 show controllers exec 命令确定哪根电缆连接到哪个接口 4. 启用 serial interface exec 调试命令 5. 如果线路协议未以本地环路模式启动，并且如果 debug serial interface exec 命令的输出显示 KeepAlive 计数器并未递增，则说明路由器硬件很可能出现问题。更换路由器接口硬件 6. 如果线路协议启动并且 KeepAlive 计数器在递增，则本地路由器没有问题 7. 如果怀疑是路由器硬件出现故障，则将串行链路连接到未使用的端口上。如果连接恢复，则说明前面连接的接口存在问题
Serial x is up, line protocol is down（DCE 模式）	1. clockrate 接口配置命令丢失 2. DTE 设备不支持或未设置 SCTE 模式（终端计时） 3. 远程 CSU 或 DSU 出现故障	1. 在该串行接口上添加 clockrate 接口配置命令，语法为：clockrate bps，其中 bps 为所需的时钟频率，单位为 Hz，可选择 1200、2400、4800、9600、19200、38400、56000、64000、72000、125000、148000、250000、500000、800000、1000000、1300000、2000000、4000000 或 8000000 2. 如果问题似乎出现在远程端，则对远程调制解调器、CSU 或 DSU 重复步骤 1 3. 检查使用的电缆是否正确 4. 如果线路协议仍在 down 状态，则可能是硬件故障或电缆问题。插入接线盒和观察引线 5. 如有需要，更换故障零件
Serial x is up, line protocol is up（looped）	电路中存在环路。在首次检测到环路时，KeepAlive 数据包中的序列号将更改为一个随机数。如果该链路上返回了相同的随机数，则说明存在环路	1. 使用特权模式 exec 命令 show running-config 来查找任何 loopback 接口配置命令项 2. 如果存在 loopback 接口配置命令项，则使用 no loopback 接口配置命令删除环路 3. 如果没有 loopback 接口配置命令，请检查 CSU/ DSU，确定它们是否配置为手动环回模式。如果是，则禁用手动环回模式 4. 在 CSU/ DSU 上禁用环回模式之后，重置 CSU/ DSU 并检查线路状态。如果线路协议启动，则无须执行任何其他操作

（续）

状态行	可能的情况	问题/解决方案
Serial x is up, line protocol is up (looped)		5. 如果在检查期间无法手动设置 CSU 或 DSU，则请联系租用线路或其他电信服务商以获取线路故障排除帮助
Serial x is up, line protocol is down (disabled)	1. 由于 WAN 服务提供商问题导致高错误率 2. 出现 CSU 或 DSU 硬件问题 3. 路由器硬件（接口）出现故障	1. 利用串行分析仪和接线盒排除线路故障。查找切换的 CTS 和 DSR 信号 2. 将 CSU/DSU 置于环路模式（DTE 环路）。如果问题依旧，则很可能是硬件问题。如果问题不复存在，则很可能是 WAN 服务提供商问题 3. 根据需要更换故障硬件（CSU、DSU、交换机、本地或远程路由器）
Serial x is administratively down, line protocol is down	1. 路由器配置包括 shutdown 接口配置命令 2. 存在重复的 IP 地址	1. 检查路由器的配置是否支持 shutdown 命令 2. 使用 no shutdown 接口配置命令删除 shutdown 命令 3. 使用 show running-config 特权模式 exec 命令或 showinterfaces exec 命令确保没有相同的 IP 地址 4. 如有重复的 IP 地址，通过更改其中一个 IP 地址解决冲突

16.2.5　PPP 身份验证

PPP 定义可扩展的 LCP，允许协商身份验证协议以便在允许网络层协议通过该链路传输之前验证对等点的身份，如图 16-2-7 所示。

PPP 会话的身份验证阶段是可选的。如果使用了身份验证，就可以在 LCP 建立链路并选择身份验证协议之后验证对等点的身份，此活动将在网络层协议配置阶段开始之前进行。

PPP 身份验证有以下两种方式：

1）PAP。非常基本的双向过程，未经任何加密，用户名和口令以纯文本格式发送。如果通过此验证，则允许连接。

2）CHAP。比 PAP 更安全，通过 3 次握手交换共享密钥，传送哈希值。

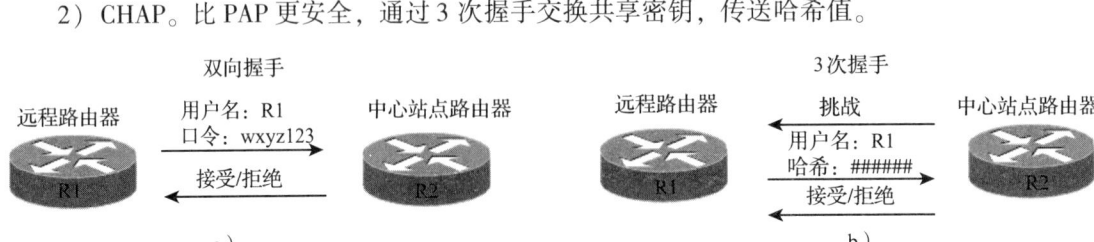

图 16-2-7　PPP 身份验证协议
a）PAP 方式　　b）CHAP 方式

PAP 使用双向握手为远程节点提供了一种简单的身份验证方法，不支持交互。在使用 ppp authentication pap 命令时，系统将以一个 LCP 数据包的形式发送用户名和口令，而不是由服务器发送登录提示并等候响应。图 16-2-7 中显示，在 PPP 完成链路建立阶段之后，远程节点在该链路上重复发送用户名、口令对，直到中心节点确认该用户名、口令对或终止连接为止。

一旦建立了 PAP 身份验证，PAP 就停止工作，这会让网络容易遭到攻击。与一次性身份验证的 PAP 不同，CHAP 定期执行消息询问，以确保远程节点仍然拥有有效的口令值。口令值是个变量，在链路存在时该值不断改变，并且这种改变是不可预知的。

PPP 身份验证配置命令如下：

```
PPP authentication {chap | chap pap | pap chap | pap | [if-needed] [list-name | default] [callin]
```

chap：在串行接口上启用 CHAP。

pap：在串行接口上启用 PAP。

chap pap：同时启用 CHAP 和 PAP 并在 PAP 之前执行 CHAP 身份验证。

pap chap：同时启用 CHAP 和 PAP 并在 CHAP 之前执行 PAP 身份验证。

if-needed（可选）：与 TACACS 和 XTACACS 一起使用。如果用户已提供身份验证，则不执行 CHAP 或 PAP 身份验证。此选项仅在异步接口上可用。

list-name（可选）：与 AAA/ TACACS + 一起使用。指定身份验证列表的 TACACS + 方法列表的名称，系统使用默认设置。使用 aaa authentication ppp 命令创建该列表。

default（可选）：与 AAA/ TACACS + 一起使用。使用 aaa authentication ppp 命令创建。

callin：指定仅对拨入（接收的）呼叫进行身份验证。

在启用 CHAP 或 PAP 身份验证或同时启用这两种身份验证之后，在允许数据流通过之前，本地路由器要求远程设备先提供身份信息。其实现过程如下：

1）PAP 身份验证要求远程设备发送一个用户名和口令，然后将其与本地用户名数据库或远程 TACACS/ TACACS + 数据库中的对应项进行比较。

2）CHAP 身份验证向远程设备发送询问消息。远程设备必须使用共享密钥加密询问消息值并将加密后的值及其名称作为响应消息返回给本地路由器。本地路由器使用远程设备的名称在本地用户名或远程 TACACS/ TACACS + 数据库中查找适当的密钥。它使用查询到的密钥加密原始的询问消息并校验加密后的值与原始值是否匹配。

可以启用 PAP 或 CHAP，也可以将两者同时启用。如果同时启用，那么链路协商期间请求的将是指定的第一个方法。如果对方建议使用第二种方法或拒绝了第一种方法，系统将会尝试第二种方法。

实例：身份验证拓扑如图 16-2-8 所示。

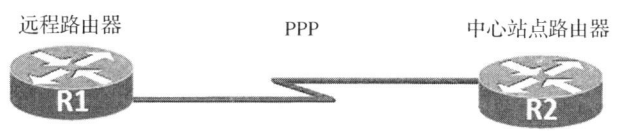

图 16-2-8 身份验证拓扑图

1）PAP 身份验证。

```
R1(config)#int s0/0/0
R1(config-if)#encapsulation ppp
R1(config-if)#ppp pap sent-username R1 password wyxz123        //发送在中心路由器上验证
的用户名和密码
```

```
R2(config)#int s0/0/0
R2(config-if)#encapsulation ppp
R2(config-if)#ppp authentication pap        //在中心路由器上,配置 PAP 验证
R2(config)#username R1 password wyxz123      //为远程路由器设置用户名和密码
```

　　可双向配置

```
R1(config-if)#ppp authentication pap        //在远程路由器 R1 上,配置 PAP 验证
R1(config)#username R2 password wyxz321       //为中心站点路由器 R2 设置用户名和密码
```

　　R2(config-if)#ppp pap sent - username R2 password wyxz321   //发送路由器 R2 上用户和密码在远程路由器上验证

　　实验调试:

```
*Feb 22 12:18:20.355:%LINK-3-UPDOWN:Interface Serial0/0/0, changed state to up
*Feb 22 12:18:20.355:Se0/0/0 PPP:Using default call direction
*Feb 22 12:18:20.355:Se0/0/0 PPP:Treating connection as a dedicated line
*Feb 22 12:18:20.355:Se0/0/0 PPP:Session handle[C0000006] Session id[15]
*Feb 22 12:18:20.355:Se0/0/0 PPP:Authorization required
*Feb 22 12:18:20.359:Se0/0/0 PAP:Using hostname from interface PAP
*Feb 22 12:18:20.359:Se0/0/0 PAP:Using password from interface PAP
*Feb 22 12:18:20.359:Se0/0/0 PAP:O AUTH-REQ id 13 len 14 from "R1"
*Feb 22 12:18:20.363:Se0/0/0 PAP:I AUTH-REQ id 2 len 14 from "R2"
*Feb 22 12:18:20.363:Se0/0/0 PAP:Authenticating peer R3
*Feb 22 12:18:20.363:Se0/0/0 PPP:Sent PAP LOGIN Request
*Feb 22 12:18:20.363:Se0/0/0 PPP:Received LOGIN Response PASS
*Feb 22 12:18:20.363:Se0/0/0 PPP:Sent LCP AUTHOR Request
*Feb 22 12:18:20.363:Se0/0/0 PPP:Sent IPCP AUTHOR Request
*Feb 22 12:18:20.363:Se0/0/0 LCP:Received AAA AUTHOR Response PASS
*Feb 22 12:18:20.363:Se0/0/0 IPCP:Received AAA AUTHOR Response PASS
*Feb 22 12:18:20.363:Se0/0/0 PAP:O AUTH-ACK id 2 len 5
*Feb 22 12:18:20.363:Se0/0/0 PAP:I AUTH-ACK id 13 len 5
*Feb 22 12:18:20.363:Se0/0/0 PPP:Sent CDPCP AUTHOR Request
*Feb 22 12:18:20.363:Se0/0/0 CDPCP:Received AAA AUTHOR Response PASS
*Feb 22 12:18:20.367:Se0/0/0 PPP:Sent IPCP AUTHOR Request
*Feb 22 12:18:21.363:%LINEPROTO-5-UPDOWN:Line protocol on Interface Serial0/0/0,
changed state to up      //以上是认证成功的例子
*Feb 22 12:22:07.391:Se0/0/0 PPP:Authorization required
*Feb 22 12:22:09.411:Se0/0/0 PAP:Using hostname from interface PAP
*Feb 22 12:22:09.411:Se0/0/0 PAP:Using password from interface PAP
*Feb 22 12:22:09.411:Se0/0/0 PAP:O AUTH-REQ id 15 len 14 from "R1"
*Feb 22 12:22:09.411:Se0/0/0 PAP:I AUTH-REQ id 4 len 14 from "R2"
*Feb 22 12:22:09.411:Se0/0/0 PAP:Authenticating peer R2
*Feb 22 12:22:09.411:Se0/0/0 PPP:Sent PAP LOGIN Request
*Feb 22 12:22:09.415:Se0/0/0 PPP:Received LOGIN Response FAIL
*Feb 22 12:22:09.415:Se0/0/0 PAP:O AUTH-NAK id 4 len 26 msg is "Authentication
failed"      //以上是认证失败的例子,例如密码错误等
```

　　2) CHAP 身份验证

```
R1(config)#username R2 password hello      //为对方配置用户名和密码
```

```
R1(config)#int s0/0/0
R1(config-if)#encapsulation ppp      //采用 PPP 封装
R1(config-if)#ppp authentication chap      //并采用配置 CHAP 验证

R2(config)#username R1 password hello      //为对方配置用户名和密码
R2(config)#int s0/0/0
R2(config-if)#encapsulation ppp      //采用 PPP 封装
R2(config-if)#ppp authentication chap      //并采用配置 CHAP 验证
```

注意： 在配置验证时也可以选择同时使用 PAP 和 CHAP。

```
R2(config-if)#ppp authentication chap pap
```

或

```
R2(config-if)#ppp authentication pap chap
```

16.3　实训：PPP 封装

1. 实训目标

1）在所有路由器上配置 OSPF，使用网络可达。

2）在所有串行接口上配置 PPP 封装，并配置 PPP CHAP 身份验证。

3）有意中断然后恢复 PPP CHAP 身份验证。

2. 实训内容

实训拓扑如图 16-3-1 所示。

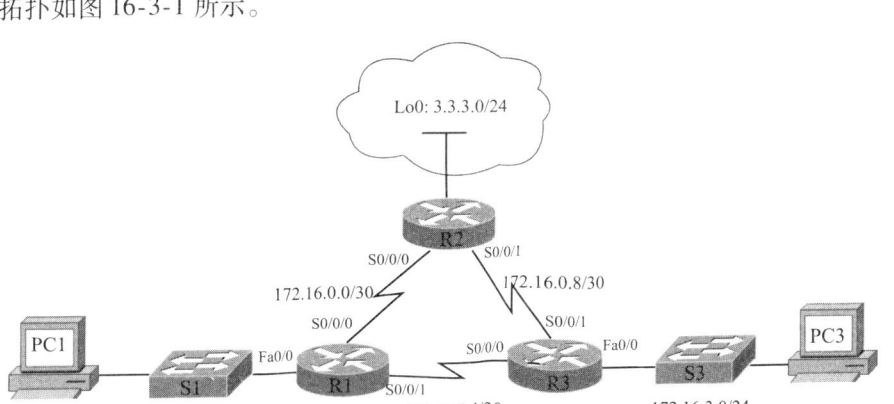

图 16-3-1　PPP 封装拓扑图

3. 实训步骤

1）准备网络。

2）配置并激活串行接口地址和以太网地址。

3）在路由器上配置 OSPF。

4）在串行接口上配置 PPP 封装。

5）有意中断然后恢复 PPP 封装。

6）配置 PPP CHAP 身份验证。

7）有意中断然后恢复 PPP CHAP 身份验证。

8）记录路由器配置。

第17章 访问控制列表

网络安全是指网络系统的硬件、软件及系统中的数据受到保护，不因偶然的或者恶意的原因而遭受到破坏、更改、泄露，系统连续可靠正常地运行，网络服务不中断。

从网络运行和管理者角度说，希望对本地网络信息的访问、读写等操作受到保护和控制，避免出现"陷门"、病毒、非法存取、拒绝服务和网络资源非法占用和非法控制等威胁，制止和防御网络黑客的攻击。

企业网络的安全极为重要，必须防止未经授权的用户访问网络和防御各种攻击（如 DoS 攻击）。未经授权的用户可能篡改、销毁或窃取服务器上的敏感数据；DoS 攻击会阻止合法用户访问设备。这两种情况都会令企业损失时间和资金，因此，企业必须制定安全策略来保护现有的网络免受侵害。

企业网安全策略是一组指导原则，其目的是为保护网络免受来自企业内部和外部的攻击。安全策略有如下作用：

1）提供审计现有网络安全以及将需求与现状进行对比的方法。

2）规划安全改进，包括设备、软件和程序。

3）定义公司管理层、管理员和用户的角色和责任。

4）定义允许哪些行为和不允许哪些行为。

5）定义处理网络安全事件的流程。

6）作为站点间的标准，支持全局性的安全实施和执行。

7）有必要时可为诉讼提供证据。

因此，管理员可以通过流量过滤来控制各个网段中的流量。过滤是对数据包内容进行分析以决定是允许还是阻止该数据包的过程。

数据包的过滤可能很简单，也可能相当复杂，拒绝或允许流量通过的依据有以下几个：

1）源 IP 地址。

2）目的 IP 地址。

3）MAC 地址。

4）协议。

5）应用类型。

流量过滤可以改善网络的性能。通过在源地址附近拒绝不受欢迎或限制访问的流量，可以阻止这些流量在网络上传播并消耗宝贵的资源。而最常用的流量过滤设备有以下几种：

1）集成路由器内置的防火墙。

2）专用的安全设备。

3）服务器。

企业路由器能够识别有害流量并阻止它访问和破坏网络。几乎所有的路由器都可根据数据包的源 IP 地址和目的 IP 地址来过滤流量。它们还可根据特定的应用和协议（如 IP、TCP、HTTP、FTP 和 Telnet）过滤流量。

最常见的流量过滤方法之一是使用访问控制列表（Access Control List，ACL）。ACL 是一系列 permit 或 deny 语句组成的顺序列表，应用于 IP 地址或上层协议。ACL 可以从数据包报头中提取以下信息，根据规则进行测试，然后决定是"允许"还是"拒绝"：

1）源 IP 地址。

2）目的 IP 地址。

3）ICMP 消息类型。

ACL 也可以提取上层信息并根据规则对其进行测试。上层信息包括：

1）TCP/ UDP 源端口

2）TCP/ UDP 目的端口

ACL 的主要用途是识别数据包的类型，以便决定是接受还是拒绝该数据包。ACL 的长短不一，短的只有一条语句，长的有数百条语句，前者只能允许或拒绝来自某个源地址的流量，后者则可允许或拒绝来自多个源地址的数据包。

配置 ACL 的主要目的是为网络提供安全性。在创建访问控制列表时，网络管理员将面临几种选择。需要哪种类型的 ACL 取决于设计要求的复杂程度。常用的 ACL 有以下 3 种类型：

1）标准 ACL。

2）扩展 ACL。

3）命名 ACL。

17.1 标准 ACL

标准 ACL 根据源 IP 地址允许或拒绝流量，与数据包中包含的目的地址和端口无关紧要。标准 ACL 通过为其分配的编号进行标识，标识号的范围是 1~99 和 1300~1999。

例如，在全局配置模式中创建标准 ACL。

```
access-list 10 permit 192.168.10.0 0.0.0.255
```

上例允许来自网络 192.168.10.0/24 的所有流量。因为 ACL 末尾隐含了 "access-list 10 deny any"，所以它将阻止所有其他流量。

17.1.1 ACL 的配置

1. ACL 的创建

进入全局配置模式，使用 access-list 命令输入访问控制列表语句，以相同的 ACL 编号输入所有语句直至访问控制列表完成为止。

标准 ACL 语句的语法如下：

```
access-list[list-number][deny|permit][source address][source-wildcard][log]

access-list [list-number] remark [text]      //使用 remark 命令注释 ACL 中每段或每条语句
的功能
no access-list [list-number]      //删除 ACL。注意不能从标准 ACL 或扩展 ACL 中单独删除某一
行,而需要将整个 ACL 删除或者整个替换
```

例如：

```
R2(config)#access-list 5 permit 192.168.1.0 0.0.0.255
R2(config)#access-list 5 deny any
```

2. ACL 的应用

ACL 在应用（或分配）到接口之前不会过滤流量。将 ACL 指派到一个或多个接口，指定是入站流量还是出站流量。尽可能靠近目的地址应用标准 ACL。

```
R2(config-if)#ip access-group access-list-number [in|out]
```

例如：

```
R2(config)#interface fastethernet 0/0
R2(config-if)#ip access-group 5 in//将 access-list 5 应用于 R2 的 Fa0/0 接口以过滤流量
```

ACL 应用到接口上的默认方向是出站。尽管出站是默认设置，但明确指定方向仍然很重要，这样可以避免引起混淆并确保流量过滤的方向正确。

17.1.2　ACL 的工作原理

访问控制列表由一条或多条语句组成。每条语句根据指定的参数允许或拒绝流量。ACL 会将流量与列表中的每条语句逐一进行比较，直至找到匹配项或比较完所有语句为止。

一旦找到某个匹配项，该数据包将不会再与 ACL 中的任何其他语句进行比较。这意味着如果有一行语句允许某个数据包，而该 ACL 中如果后面还有一行拒绝此数据包的语句，则最终会允许传输此数据包。因此，ACL 的规划应确保较具体的要求排在较笼统的要求之前。换而言之，拒绝某个网络的指定主机的语句应放在允许整个网络的其他主机的语句之前。

如图 17-1-1 所示，访问控制列表允许主机 192.168.1.1 进入路由器，放置在前面，而拒绝网络的所有其他主机，则放置在后面。

```
access-list 1 permit host 192.168.1.1
access-list 1 deny any
```

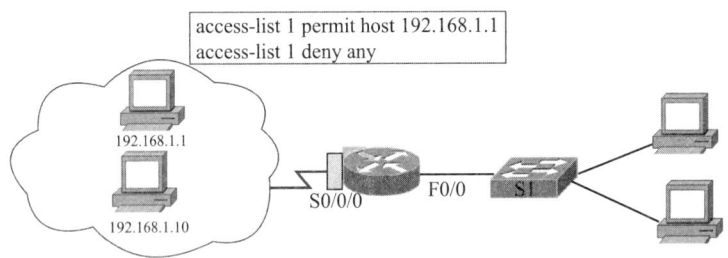

图 17-1-1　访问控制列表

ACL 的最后一条语句都是隐式拒绝语句。每个 ACL 的末尾都会自动插入隐含的 deny 语句，尽管实际上 ACL 中并不显示该语句。隐含的 deny 语句会阻止所有流量，以防不受欢迎的流量意外进入网络。

在创建访问控制列表之后，必须将其应用到某个接口才可开始生效。ACL 控制的对象是进出接口的流量。如果数据包与 permit 语句匹配，则该数据包可以进出路由器。如果数据包与 deny 语句匹配，则将中止传输。如果 ACL 中没有任何 permit 语句，则会阻止所有流量。这是因为每个 ACL 的末尾都有一条隐含的 deny 语句。也正因此，ACL 会拒绝所有未明确允许的流量。

1. 入站和出站

必须对路由器接口应用入站或出站 ACL。所谓的入站或出站，总是相对路由器来说的。进入路由器接口的流量称为入站流量，流出接口的则称为出站流量。

数据包到达接口时，路由器会检查以下参数：

1）是否有针对该接口的 ACL？

2）该 ACL 控制的是入站流量还是出站流量？

3）此流量是否符合允许或拒绝的条件？

应用到接口出站方向的 ACL 不会影响该接口的入站流量。

提示：路由器的每个接口的每个协议在每个方向（入站和出站）上都可设置一个 ACL。对于 IP，一个接口可以同时有一个入站 ACL 和一个出站 ACL，如图 17-1-2 和图 17-1-3 所示。

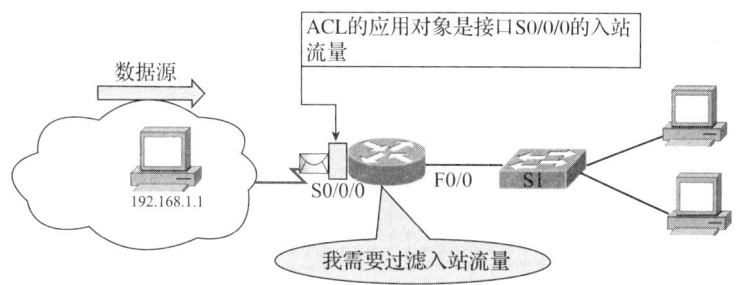

图 17-1-2 过滤入站的流量

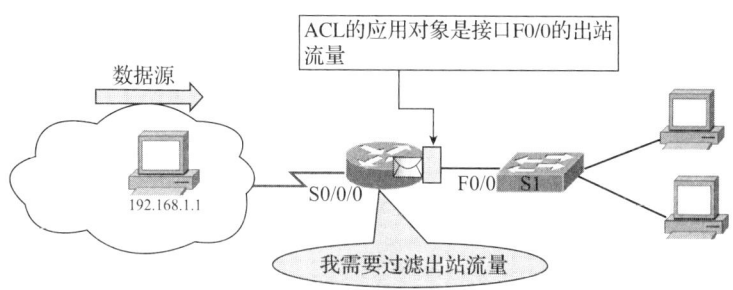

图 17-1-3 过滤出站的流量

对接口应用 ACL 会加大流量的延迟，一条冗长的 ACL 便会大大影响路由器的性能。

2. 通配符掩码

ACL 语句包含掩码，也称为通配符掩码。通配符掩码是一串二进制数字，它告诉路由器应该查看子网号的哪个部分。此掩码用于确定应该为地址匹配应用多少位 IP 源或目的地址。

通配符掩码和子网掩码都为 32 位，并且都使用二进制的 1 和 0。子网掩码使用二进制 1 和 0 标识 IP 地址的网络、子网和主机部分；而通配符掩码使用二进制 1 和 0 过滤单个 IP 地址或一组 IP 地址，以便根据 IP 地址允许或拒绝对资源的访问。仔细设置通配符掩码后，便可以允许或拒绝单个或多个 IP 地址。

通配符掩码和子网掩码之间的差异在于它们匹配二进制 1 和 0 的方式。通配符掩码使用以下规则匹配二进制 1 和 0。

1）通配符掩码位 0：匹配地址中对应位的值。

2）通配符掩码位 1：忽略地址中对应位的值。

例如：

	十进制地址	二进制地址
要处理的 IP 地址	192.168.10.0	11000000.10101000.00001010.00000000
通配符掩码	0.0.255.255	00000000.00000000.11111111.11111111
结果 IP 地址	192.168.0.0	11000000.10101000.00000000.00000000

如示例中所见，二进制 0 表示匹配，而二进制 1 表示忽略。

注意：通配符掩码通常也称为反码。原因在于它与子网掩码的工作方式相反，子网掩码采用二进制 1 表示匹配，而二进制 0 表示不匹配。

反码计算：用 255.255.255.255 中减去子网掩码 255.255.255.240，得到的通配符掩码为 0.0.0.15。

```
   255.255.255.255
 －255.255.255.240
    0.  0.  0.  15
```

3．通配符位掩码关键字

使用二进制通配符掩码位的十进制表示有时可能显得比较冗长。此时可使用关键字 host 和 any 来标识最常用的通配符掩码，从而简化此任务，使 ACL 更加易于理解。

1）host 选项可替代 0.0.0.0 掩码。此掩码表明必须匹配所有 IP 地址位，即仅匹配一台主机。

2）any 选项可替代 IP 地址和 255.255.255.255 掩码。该掩码表示忽略整个 IP 地址，这意味着接受任何地址。

例如：

匹配项	关键字	注释
192.168.10.10 0.0.0.0	Host 192.168.10.10	唯一主机
0.0.0.0 255.255.255.255	any	任意主机

17.1.3　标准 ACL 示例

示例 1：标准 ACL 的逻辑判断。

在图 17-1-4 中，路由器会检查进入 Fa0/0 的数据包的源地址：

```
access-list 1 deny host 192.168.10.1
access-list 1 permit 192.168.10.0 0.0.0.255
access-list 1 deny 192.168.0.0 0.0.255.255
access-list 1 permit 192.0.0.0 0.255.255.255
```

如图 17-1-4 所示，如果允许数据包通过，那么它们将通过路由器路由到输出接口；如果不允许数据包通过，则数据包将在传入接口被丢弃。

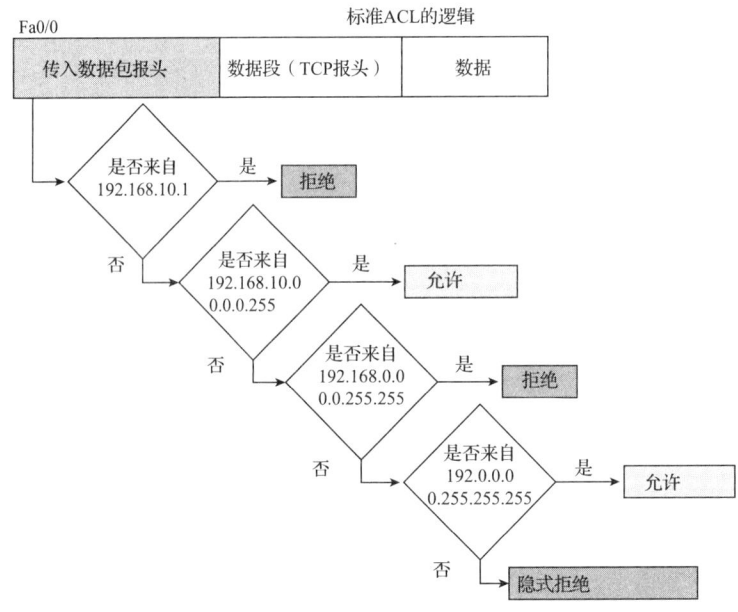

图 17-1-4　标准 ACL 的逻辑

示例 2：使用 ACL 控制 VTY 访问。

一般来说，推荐对路由器和交换机的管理连接使用 SSH。但如果路由器不支持 SSH，则可以通过限制 VTY 访问来局部改善管理线路的安全性。通过限制 VTY 访问，可以定义哪些 IP 地址能够通过 Telnet 访问路由器 EXEC 进程。可以通过 ACL 和 VTY 线路上的 access-class 命令来控制用于管理路由器的管理工作站或网络，也可以将该技术与 SSH 一同使用，以进一步提高管理访问的安全性。

使用 access-class 命令来根据源地址过滤传入或传出 Telnet 会话，并对 VTY 线路应用过滤，所以可以使用标准 ACL 语句控制 VTY 访问，如图 17-1-5 所示。

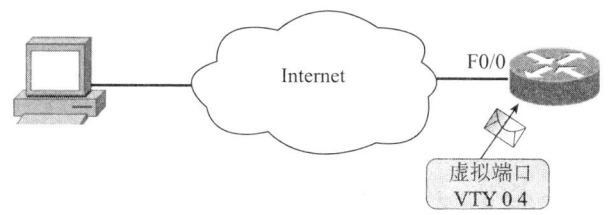

图 17-1-5　虚拟端口应用 ACL

```
R1(config)#access-list 10 permit 192.168.1.0 0.0.0.255
R1(config)#access-list 10 permit 192.168.2.0 0.0.0.255
R1(config)#access-list 10 deny any

R1(config)#line vty 0 4
R1(config-line)#password cisco
R1(config-line)#login
R1(config-line)#access-class 10 in
```

如图 17-1-5 所示，允许 VTY 0 ~ 4。配置的 ACL 允许网络 192.168.1.0 和 192.168.2.0 访问 VTY 0 ~ 4，所有其他网络都被拒绝访问这些 VTY。

当配置 VTY 上的访问控制列表时，应该考虑以下几点：

1）只有编号访问列表可以应用到 VTY。

2）应该在所有 VTY 上设置相同的限制，因为用户可以尝试连接到任意 VTY。

示例 3：编辑 ACL。

当配置 ACL 时，语句将按照在 ACL 末尾输入的顺序添加到其中。但是，没有内置编辑功能可在 ACL 中进行编辑，因此无法选择性地插入或删除语句行。

因此，强烈推荐先在文本编辑器（如 Microsoft 记事本）中创建 ACL。可以在编辑器中创建或编辑 ACL，然后将其粘贴到路由器中。对于现有的 ACL，可以通过 show running-config 命令显示 ACL，将其复制并粘贴到文本编辑器中，进行必要的更改并重新加载。

例如，假设图 17-1-5 中的主机 IP 地址的输入有误，不应该输入 192.168.10.111 主机，而应该输入 192.168.10.11 主机。则编辑和更正 ACL 10 的步骤如下：

1）使用 show running-config 命令显示 ACL。本示例使用 include 关键字以便仅显示 ACL 语句。

```
R1#show running-config | include access-list
access-list 10 permit host 192.168.10.111
8access-list 10 deny 192.168.10.0 0.0.0.255
```

2）选中 ACL、将其复制并粘贴到 Microsoft 记事本中，再根据需要编辑。在 Microsoft 记事本中更正了 ACL 之后，选中它并复制。

```
access-list 10 permit host 192.168.10.11
access-list 10 deny 192.168.10.0 0.0.0.255
```

3）在全局配置模式下，使用 no access-list 10 命令删除访问列表，否则，新的语句将附加到现有的 ACL 之后。然后创建新的 ACL，这里将修改后的新的 ACL 粘贴到路由器的配置中即可。

```
R1#conf t
R1(config)# no access-list 10
R1(config)#access-list 10 permit host 192.168.10.11
R1(config)#access-list 10 deny 192.168.10.0 0.0.0.255
```

应该注意的是，当使用 no access-list 命令时，网络将失去 ACL 的保护。同时还需要注意，如果在新的列表中出现错误，那必须将其禁用并排查问题。网络在更正过程同样会失去 ACL 的保护。

示例 4：对 ACL 添加注释。

可以使用 remark 关键字在任何 IP 标准 ACL 或扩展 ACL 中添加有关条目的注释。注释可以使 ACL 更易于理解和阅读。每条注释行限制在 100 个字符以内。

注释可以出现在 permit 或 deny 语句的前面或后面。应该确保注释的位置保持一致，这样哪条注释描述哪条 permit 或 deny 语句会比较清楚。例如，如果某些注释出现在 permit 或 deny 语句之前，而另一些注释出现在这些语句之后，那有可能会出现混淆。

添加注释，可以使用 access-list access-list-number remark 全局配置命令。要删除注释，可以使用该命令的 no 形式。

```
R1(config)#access-list 1 remark permit only Jones workstation through
R1(config)#access-list 1 permit host 192.168.10.11
R1(config)#access-list 1 remark Do not allow Smith through
R1(config)#access-list 1 deny host 192.168.10.12
```

本示例中，该标准 ACL 允许 Jones 的工作站访问，而拒绝 Smith 的工作站访问。

17.2　扩展 ACL

扩展 ACL 根据多种属性（如协议类型、源 IP 地址、目的 IP 地址、源 TCP 或 UDP 端口、目的 TCP 或 UDP 端口）过滤 IP 数据包，并可依据协议类型信息（可选）进行更为精确的控制。扩展 ACL 的应用比标准 ACL 更广泛，因为它们更具体，能够提供更精确的控制。扩展 ACL 的编号范围是 100 到 199 和 2000 到 2699。

例如：扩展 ACL 在全局配置模式中创建。

```
access-list 101 permit TCP 192.168.10.0 0.0.0.255 any eq 80
```

示例中，ACL 101 允许从 192.168.10.0/24 网络中所有主机到任意主机的 80 端口（HTTP）的流量。

由于扩展 ACL 具备根据协议和端口号进行过滤的功能，因此可以构建针对性极强的 ACL。利用适当的端口号，可以通过配置端口号或公认端口名称来指定应用程序。

表 17-2-1 显示了管理员通过在扩展 ACL 语句末尾添加 TCP 或 UDP 端口号的方法来指定端口号。可以使用逻辑运算，如等于（eq）、不等于（neq）、大于（gt）和小于（lt）。

表 17-2-1　编辑 ACL

方法	命令
使用端口号	access-list 101 permit tcp 192.168.10.0 0.0.0.255 any eq 23 access-list 101 permit tcp 192.168.10.0 0.0.0.255 any eq 21 access-list 101 permit tcp 192.168.10.0 0.0.0.255 any eq 20
使用关键字	access-list 101 permit tcp 192.168.10.0 0.0.0.255 any telnet access-list 101 permit tcp 192.168.10.0 0.0.0.255 any eq ftp access-list 101 permit tcp 192.168.10.0 0.0.0.255 any eq ftp-data

17.2.1　配置扩展 ACL

配置扩展 ACL 的操作步骤与配置标准 ACL 的步骤相同,首先创建扩展 ACL,然后在接口上激活它。不过,用于支持扩展 ACL 所提供的附加功能的命令语法和参数较为复杂。

扩展 ACL 语句的语法如下:

access-list[list-number][deny|permit][协议][定义过滤源主机范围][定义过滤源端口][定义过滤目的主机访问][定义过滤目的端口][log]

示例 1:如图 17-2-1 所示,创建 ACL 的目的常常是希望阻止外部源访问内部网络。但是,在保护内部网的同时,它还应允许内部用户访问所需资源。在内部用户访问外部资源时,所请求的资源必须通过 ACL。在本例中,网络管理员需要限制 Internet 访问,仅允许浏览网站和连通性测试。请注意通配符掩码的使用及隐含的 deny all 命令。

ACL 101 用于实现需求的第一部分。它允许来自 192.168.10.0 网络中任何地址的流量发送到任何目的地,条件是这些流量仅发往端口 80（HTTP）和 443（HTTPS）。

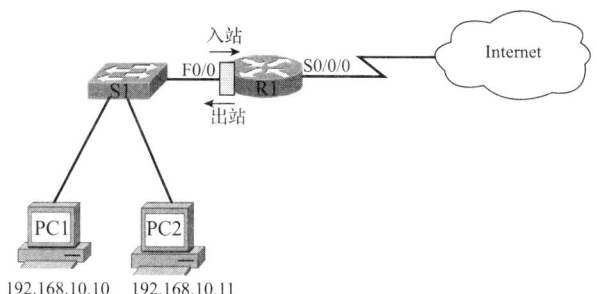

图 17-2-1　限制内部访问和阻止外部访问

```
R1(config)#access-list 101 permit tcp 192.168.10.0 0.0.0.255 any eq 80
R1(config)#access-list 101 permit tcp 192.168.10.0 0.0.0.255 any eq 443
R1(config)#access-list 101 permit icmp any any echo

R1(config)#access-list 102 permit tcp 192.168.10.0 0.0.0.255 any established
R1(config)#access-list 102 permit icmp any any echo-reply
R1(config)#access-list 102 permit icmp any any unreachable

R1(config)#int f0/0
R1(config-if)#ip access-list 101 in
R1(config-if)#ip access-list 102 out
```

ACL101 允许发入端口 80 和 443 以及任意的 ping 的请求。

ACL102 允许已建立的 http 和 https 的连接的应答以及 ping 请求的应答。

本示例使用了 established 参数。

```
access-list 101 permit tcp 192.168.10.0 0.0.0.255 any established
```

使用此语句，所有外部 TCP 数据包只要它们是对内部请求的响应都将被允许。允许对已建立的通信作出传入响应是状态包侦测（SPI）的一种形式。

除了已建立的流量之外，内部用户可能还需要 ping 外部设备。但并不允许外部用户 ping 或跟踪内部网络中的设备。这种情况下，可以使用关键字 echo-reply 和 unreachable 编写一条语句来允许 ping 响应和无法送达的消息。

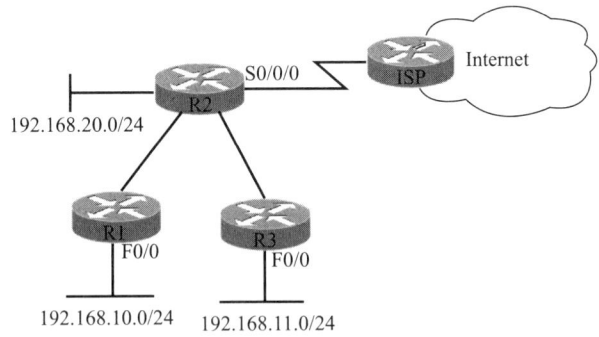

图 17-2-2　限制特殊流量

示例 2：拒绝 FTP 流量

如图 17-2-2 所示，本示例拒绝来自子网 192.168.11.0 的 FTP 流量进入子网 192.168.10.0，但允许所有其他流量。请记住，FTP 需要端口 20 和 21，因此需要同时指定 eq 20 和 eq 21 才能拒绝 FTP。

```
R3(config)#access-list 101 deny TCP 192.168.11.0 0.0.0.255 192.168.10.0 0.0.0.255 eq 21
R3(config)#access-list 101 deny TCP 192.168.11.0 0.0.0.255 192.168.10.0 0.0.0.255 eq 20
R3(config)#access-list 101 permit ip any any
R3(config)#int f0/0
R3(config-if)#ip access-list 101 in
```

请注意，对于 FTP 来说，需要同时指定 ftp(21) 和 ftp-data(20)。

示例 3：拒绝 Telnet。

如上图 17-2-2，该示例拒绝来自 192.168.11.0 的 Telnet 流量从接口 Fa0/0 入站，但允许所有来自任何其他源的所有其他 IP 流量从 Fa0/0 送往任意目的地。请注意 any 关键字的使用，它表示从任意位置到任意位置。

```
R3(config)#access-list 101 deny TCP 192.168.11.0 0.0.0.255 any eq telnet
R3(config)#access-list 101 permit ip any any
R3(config)#int f0/0
R3(config-if)# ip access-list 101 in
```

17.2.2　规划 ACL

设计正确的 ACL 对网络的性能和可用性有积极的影响。在规划 ACL 的设计和位置时应尽量扩大这种效果。规划时的步骤如下：

1）确定流量过滤需求。从企业各个部门的利益主体处收集流量过滤需求。这些需求因企业而异，取决于客户的要求、流量类型、流量负载以及所关注的安全问题。

2）决定适合要求的 ACL 类型。是采用标准 ACL 还是采用扩展 ACL，这取决于实际的过滤要求。ACL 类型的选择会影响 ACL 的灵活性以及路由器的性能和网络的链路带宽。

标准 ACL 的编写和应用很简单。但标准 ACL 只能根据源地址过滤流量，不能根据流量的类型或目的地址过滤流量。在多网络环境中，如果标准 ACL 离源地址太近，则可能会意外地阻止本应允许的流量。因此，务必将标准 ACL 尽量靠近目的地址。

如果过滤要求非常复杂，则应使用扩展 ACL。与标准 ACL 相比，扩展 ACL 通常能够提供更强大的控制功能。扩展 ACL 可以根据源地址和目的地址过滤流量。还可根据网络层协议、传输层协议和端口号过滤。借助于更精确的过滤功能，网络管理员可以专门针对某个安全计划编写满足其特殊要求的 ACL。

扩展 ACL 应靠近源地址放置。通过查找源地址和目的地址，ACL 会在数据包离开源路由器之前就阻止它流向指定的目的网络。在数据包通过网络传输之前便对其进行过滤有助于节约带宽。

3）确定要应用 ACL 的路由器和接口。应将 ACL 部署在接入层或分布层的路由器上。网络管理员必须能够控制这些路由器并实施安全策略。如果网络管理员不能访问路由器，则无法在该路由器上配置 ACL。

接口的选择取决于过滤要求、ACL 类型和指定路由器的位置。最好是在流量进入低带宽串行链路之前便予以过滤。在选择路由器之后，接口的选择通常也就豁然明朗。

4）确定要过滤的流量方向。在确定要对哪个方向的流量应用 ACL 时，应从路由器的角度来看流量。

入站流量是指从外部进入路由器接口的流量。路由器会在路由表中查询目的网络之前先将传入数据包与 ACL 进行比较。此时丢弃数据包可以节约路由查询的开销。因此，对路由器来说，入站访问控制列表的效率比出站访问列表更高。

出站流量是指路由器内部通过某个接口离开路由器的流量。对于出站数据包，路由器已经完成路由表查询并且已将数据包转发到正确的接口中。因此，只需在数据包离开路由器之前将其与 ACL 进行比较。

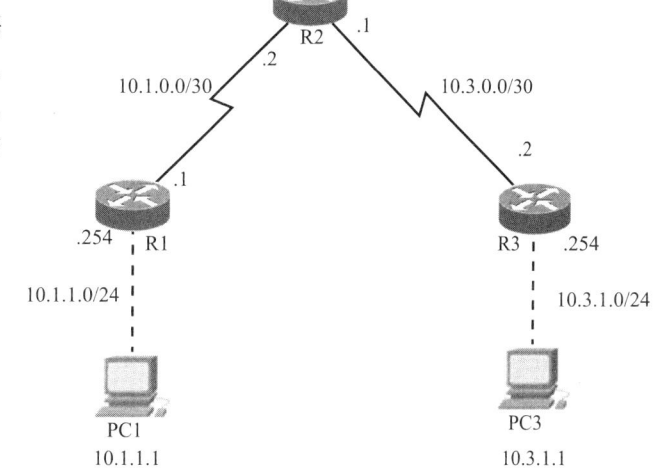

练习：配置 ACL。

参见配套素材文件"配置 ACL.pka"。

1）执行基本路由器配置。

2）配置标准 ACL。

3）配置扩展 ACL。

4）检验 ACL。

练习拓扑如图 17-2-3 所示。

图 17-2-3 练习拓扑图

1）配置并测度当前网络的连通性。

2）配置标准 ACL 10。对 R1 和 R3 的 VTY 线路配置标准 ACL，允许直接连接到其 FastEthernet 子网的主机获得 Telnet 访问权，拒绝所有其他的连接尝试。记录测试步骤。

3）配置扩展 ACL 101。在 R2 上通过应用扩展 ACL 满足下列要求：

① 配置扩展 ACL。

② 阻止从连接到 R1 的子网发出的流量到达连接到 R3 的子网。

③ 阻止从连接到 R3 的子网发出的流量到达连接到 R1 的子网。

④ 允许所有其他流量。

4）检验 ACL。

① 测试 Telnet 访问。

● PC1 应能通过 Telnet 登录 R1。

- PC3 应能通过 Telnet 登录 R3。
- R2 对 R1 和 R3 的 Telnet 访问应被拒绝。

② 测试流量。PC1 和 PC3 之间的 ping 应失败。

17.3 命名 ACL

命名 ACL (NACL) 是通过描述性名称（而非数字）引用的访问列表。命名 ACL 既可以是标准格式，也可以是扩展格式。配置命名 ACL 时，路由器的 IOS 会使用 NACL 子命令模式，语法如下：

```
R(config)#ip access-list [standard|extended] WORD
R(config-nacl)#[deny|permit|remark][协议][定义过滤源主机范围][定义过滤源端口][定义过滤目的主机访问][定义过滤目的端口][log][text]
```

示例：如图 17-3-1 所示，网络管理员需要限制 Internet 访问，仅允许浏览网站。

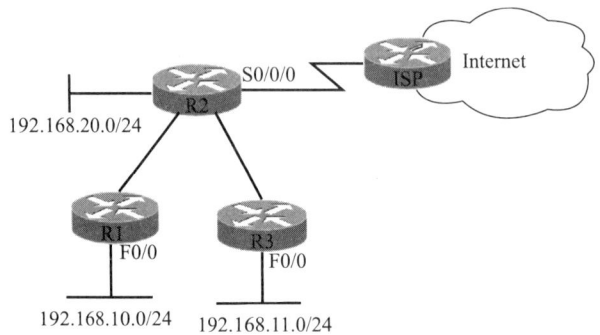

图 17-3-1　命名 ACL 拓扑

```
R1(config)#ip access-list extended SUPER
R1(config-ext-nacl)#permit tcp 192.168.10.0 0.0.0.255 any eq 80
R1(config-ext-nacl)#permit tcp 192.168.10.0 0.0.0.255 any eq 443
R1(config)#ip access-list extended BROWS
R1(config-ext-nacl) permit tcp any any established
```

与编号 ACL 相比，命名 ACL 的最大优点在于编辑更简单。命名 IP ACL 允许删除指定 ACL 中的具体条目。用户可以使用序列号将语句插入命名 ACL 中的任何位置。因为可以删除单个条目，所以可以修改 ACL 而不必删除整个 ACL 然后再重新配置。

例如：

```
R1#showaccess-lists
Standard IP access list SUPER
    permit host 192.168.10.10
    deny 192.168.10.00.0.0.255
deny 192.168.11.00.0.0.255

R1#conf t
Enter configuration commands, one per line.  End with CNTL/Z.
R1(config)#ip access-list standard WEBSERVER
R1(config-std-nacl)#15 permit host 192.168.11.10     //插入的过滤条目
R1#show access-lists
Standard IP access list WEBSERVER
permit host 192.168.10.10
permit host 192.168.11.10
```

```
    deny 192.168.10.00.0.0.255
    deny 192.168.11.00.0.0.255
R1#
```

17.4　排除 ACL 故障

17.4.1　ACL 的放置位置

在适当的位置放置 ACL 可以过滤掉不必要的流量，使网络更加高效。ACL 可以充当防火墙来过滤数据包并去除不必要的流量。ACL 的放置位置决定了是否能有效减少不必要的流量。例如，会被远程目的地拒绝的流量不应该消耗通往该目的地的路径上的网络资源。

每个 ACL 都应该放置在最能发挥作用的位置，基本的规则如下：

1）将扩展 ACL 尽可能靠近要拒绝流量的源。这样，才能在不需要的流量流经网络之前将其过滤掉。

2）因为标准 ACL 不会指定目的地址，所以其位置应该尽可能靠近目的地。

17.4.2　ACL 的最佳做法

使用 ACL 时务必小心谨慎、关注细节。一旦犯错可能导致代价极高的后果，如停机、耗时的故障排查以及糟糕的网络服务。在开始配置 ACL 之前，必须进行基本的规划。表 17-4-1 显示的指导原则是实施 ACL 最佳做法的基础。

表 17-4-1　ACL 最佳做法

指导原则	优点
根据组织的安全策略设定 ACL	可确保遵循组织的安全要求
记下打算用 ACL 来达到什么目的	有助于避免不小心造成访问问题
使用文本编辑器来创建、编辑和保存 ACL	有助于创建可重复使用的 ACL 库
在生产网络中部署 ACL 之前，先在开发网络中进行测试	可避免造成代价高昂的错误

17.4.3　排除 ACL 故障

使用 show 命令可以发现大部分常见的 ACL 错误，以免其造成网络故障。应在 ACL 实施的开发阶段使用适当的测试方法进行测试，以避免网络受到错误的影响。

当查看 ACL 时，可以根据学过的有关如何正确构建 ACL 的规则检查 ACL。大多数错误都是因为忽视了这些基本规则。事实上，最常见的错误是以错误的顺序输入 ACL 语句，以及没有为规则应用足够的条件。

1. ACL 语句顺序问题

示例 1：如图 17-4-1 所示，如果在 R3 的 S0/0/1 接口上实施 ACL 110，则出现错误 1：主机 PC1 192.168.10.10 无法 Telnet 到 R3。

```
R3# show access-list 110
Extended IP access-list 110
```

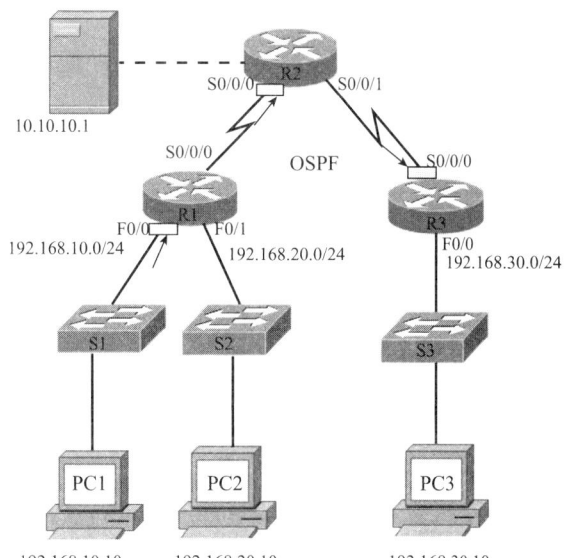

图 17-4-1　ACL 故障排除

```
10 deny tcp 192.168.10.0 0.0.0.255 any
20 permit tcp 192.168.10.0 0.0.0.255 any eq telnet
30 permit ip any any
```

解决方案：检查 ACL 语句的顺序。主机 192.168.10.10 无法连接到 R3，原因是访问列表中规则 10 的顺序错误。因为路由器从上到下处理 ACL，所以语句 10 会拒绝主机 192.168.10.10，因此未能处理到语句 20。语句 10 和 20 应该交换顺序，语句 20 特征更具体应该放置在前。最后一行允许所有非 TCP 的其他 IP 流量（ICMP、UDP 等）。

2. ACL 协议问题

示例 2：如果在 R1 的 F0/0 入站方向上实施 ACL 120，则 192.168.10.0/24 网络无法使用 TFTP 连接到 192.168.30.0/24 网络。

```
R1# show access-list 120
Extended IP access-list 120
10 deny tcp 192.168.10.0 0.0.0.255 any eq telnet
20 deny tcp 192.168.10.0 0.0.0.255 host 10.10.10.1 eq smtp
30 permit tcp any any
```

解决方案：192.168.10.0/24 网络无法使用 TFTP 连接到 192.168.30.0/24 网络，原因是 TFTP 使用的传输协议是 UDP。访问列表 120 中的语句 30 允许所有其他 TCP 流量。因为 TFTP 使用 UDP，所以它被隐式拒绝。语句 30 应该改为 ip any any。

3. ACL 端口位置问题

示例 3：如果在 R1 的 F0/0 入站方向上实施 ACL 130，则 192.168.10.0/24 网络可以使用 Telnet 连接到 192.168.30.0/24，但此连接不应获得准许。

```
R1#show access-list 130
Extended IP access-list 130
10 deny tcp any eq telnet any
20 deny tcp 192.168.10.0 0.0.0.255 host 10.10.10.1 eq smtp
30 permit ip any any
```

解决方案：192.168.10.0/24 网络可以使用 Telnet 连接到 192.168.30.0/24 网络，因为访问列表 130 中语句 10 里的 Telnet 端口号列在了错误的位置。语句 10 目前会拒绝任何端口号等于 Telnet 的源建立到任何 IP 地址的连接。如果希望在 F0/0 上拒绝入站 Telnet 流量，那应该拒绝等于 Telnet 的目的端口号，例如 deny tcp any any eq telnet。

4. ACL 放置位置和方向问题

示例 4：如果在 R2 的 S0/0/0 入站方向上实施 ACL 150，则主机 192.168.30.10 可以使用 Telnet 连接到 192.168.10.10，但此连接不应获得准许。

```
R2# show access-list 150
Extended IP access-list 150
10 deny tcp host 192.168.30.10 any eq telnet
20 permit ip any any
```

解决方案：主机 192.168.30.12 可以使用 Telnet 连接到 192.168.10.10，原因是访问列表 150 应用到 S0/0/0 接口的错误方向上。语句 10 拒绝源地址 192.168.30.10，但只有当流量从 S0/0/0 出站（而不是入站）时，该地址才可能成为源地址。正确做法是，扩展 ACL 应尽量放置在靠近源端位置上，方向则根据要检验的数据流来定。本示例应当在 R2 的 S0/0/1 的入站方向上实施 ACL 150，或者在 R3 的 F0/0 上创建和实施类似的 ACL。

17.5　实训：基本访问控制列表应用

1. 实训目标

1）执行基本的路由器和交换机配置。

2）配置标准 ACL。

3）配置扩展 ACL。

4）使用标准 ACL 控制对 VTY 线路的访问。

2. 实训内容

实训拓扑如图 17-5-1 所示。

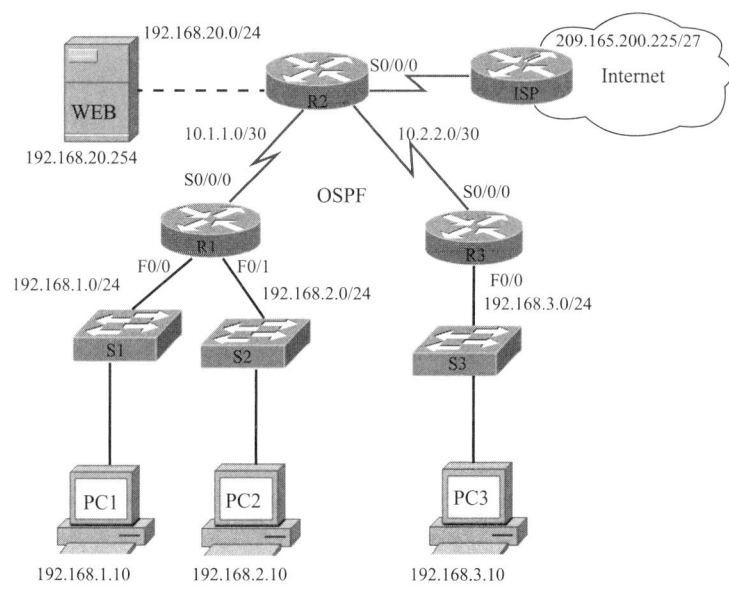

图 17-5-1　实训拓扑图

3. 实训步骤

1）执行基本的路由器和交换机配置，测试连通性。

2）配置标准 ACL。

① 配置一个标准 ACL，阻止来自 192.168.2.0/24 网络的流量。此 ACL 将应用于 R3 串行接口的入站流量。记住，每个 ACL 都有一条隐式的 deny all 语句，这会导致不匹配 ACL 中任何语句的所有流量都受到阻止。因此，在该 ACL 末尾添加 permit any 语句。

② 从 PC2 ping PC3，以此测试该 ACL。

3）配置扩展 ACL。

① 此网络的另一条策略规定，192.168.1.0/24 LAN 中的设备只允许访问内部网络，而不允许访问 Internet。因此，必须阻止这些用户访问 IP 地址 209.165.200.225。由于此要求的实施涉及源地址和目的地址，因此需要使用扩展 ACL。

② 在 R1 上配置扩展 ACL，阻止 192.168.1.0/24 网络中任何设备发出的流量访问 209.165.200.255 主机。此 ACL 将应用于 R1 的 S0/0/0 接口的出站流量。

4）使用标准 ACL 控制对 VTY 线路的访问。

① 配置标准 ACL，允许两个网络中的主机访问 VTY 线路，拒绝所有其他主机。

② 检查是否可从 R1 和 R3 Telnet 至 R2。

5）排查 ACL 问题。

第18章　网络地址转换

网络中的 IP 地址有两种：公有 IP 地址和私有 IP 地址。

所有公有 Internet 地址都必须在所属地域的相应 Internet 注册管理机构（RIR）注册。企业从 ISP 租用公有地址。只有公有 Internet 地址的注册拥有者才能将该地址分配给网络设备。

与公有 IP 地址不同，私有 IP 地址是保留的数值块，任何人均可以使用。这意味着，两个甚至几百万个网络均可以使用相同的私有地址。为防止地址冲突，路由器绝不能路由私有 IP 地址。为了保护公有 Internet 地址结构，ISP 通常会配置边界路由器，防止私有地址流量通过 Internet 转发，如图 18-1-1 所示。

网络地址转换（Network Address Translation，NAT）将内部私有地址转换为一个或多个公有地址，以便在 Internet 上路由。NAT 将每个数据包内的私有 IP 源地址更改为公开注册的 IP 地址，然后将数据包发送到 Internet 上。中小型组织与 ISP 之间一般只有一条连接，连接到 ISP 的是配置了 NAT 的本地边界路由器。大型组织可能会有多条 ISP 连接，各个位置上的边界路由器都执行 NAT。

另外，在边界路由器上使用 NAT 能提高安全性。内部私有地址每次会转换为不同的公有地址，这样可以隐藏企业内主机和服务器的实际地址。大多数实施 NAT 的路由器还会阻止来自私有网络外部的数据包（除非这些数据包是内部主机所发出请求的应答数据包）。

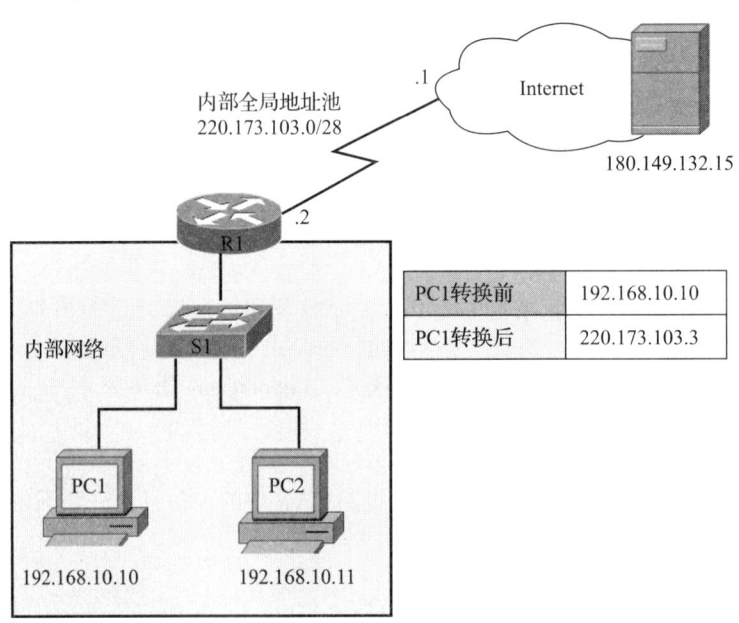

图 18-1-1　NAT 拓扑

NAT 的常用术语如下

1）内部本地地址：通常不是 RIR 或服务器提供商分配的 IP 地址，而是 RFC 1918 私有地址。如图 18-1-1 中，PC1 上分配的网络地址 192.168.10.10 是内部本地地址。

2）内部全局地址：当内部主机流量流出 NAT 路由器时分配给内部主机的有效公有地址。

当来自 PC1 的流量发往远程的 Web 服务器 180.149.132.15 时，路由器 R1 必须进行地址转换。本例中，PC1 的内部全局地址使用 IP 地址 220.173.103.3。

3）外部全局地址：分配给 Internet 上主机的可达 IP 地址。例如，Web 服务器的可达 IP 地址为 220.149.132.15。

4）外部本地地址：分配给外部网络上主机的本地 IP 地址。大多数情况下，此地址与外部设备的外部全局地址相同。

18.1 静态 NAT 和动态 NAT

NAT 可以静态配置也可以动态配置。静态 NAT 使用本地地址与全局地址的一对一映射，这些映射一直保持不变。静态 NAT 对于必须具有一致的地址、可从 Internet 访问的 Web 服务器或主机特别有用。这些内部主机可能是企业服务器或网络设备，如图 18-1-2 所示。

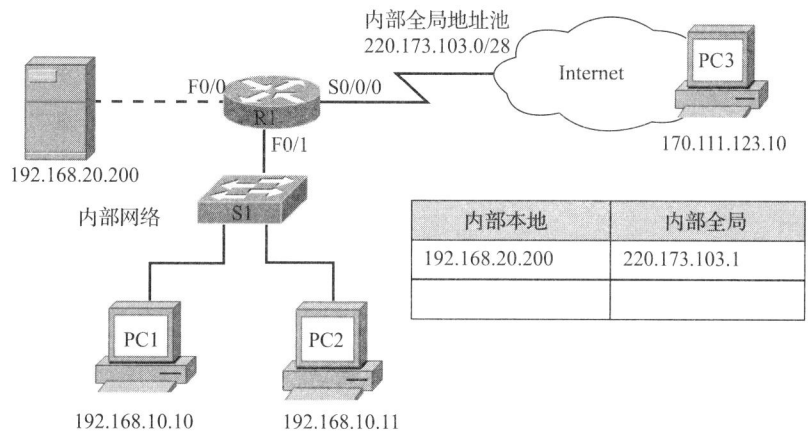

内部本地	内部全局
192.168.20.200	220.173.103.1

图 **18-1-2** 静态 **NAT** 和动态 **NAT**

动态 NAT 使用公有地址池，并以先到先得的原则分配这些地址。当具有私有 IP 地址的主机请求访问 Internet 时，动态 NAT 从地址池中选择一个未被其他主机占用的 IP 地址。该主机在整个会话期间使用分配到的全局 IP 地址。当会话结束后，该内部全局地址被地址池收回以供另一台主机使用。NAT 路由器维护着一张包含每个地址对列表的表格，它通过该表格来管理内部本地地址与内部全局地址之间的转换。

内部主机之间用来连接的地址是内部本地地址。分配给组织的公有地址称为内部全局地址。内部全局地址有时被用作边界路由器外部接口的地址。

18.1.1 配置静态 NAT

1）确定外部用户应使用哪个公有 IP 地址来访问内部设备/服务器。对于静态 NAT，管理员倾向于使用地址范围开头或结尾的地址，将内部（即私有）地址转换为公有地址。

2）配置内部和外部接口。

```
R1(config)#ip nat inside source static 192.168.20.200 220.173.103.1
//配置静态 NAT 映射
R1(config)#interface f0/0
R1(config-if)#ip nat inside          //配置 NAT 内部接口
R1(config)# interface S0/0/0
R1(config-if)# ip nat outside          //配置 NAT 外部接口
```

使用 show 命令查看配置：

```
R1# show running-config
(省略部分输出)
ip nat inside source static 192.168.20.200  220.173.103.1
!
interface fastethernet0/0
  ip address 192.168.20.1 255.255.255.0
  ip nat inside
!
interface serial0/0/0
  ip address 220.173.103.6 255.255.255.248
  ip nat outside
```

18.1.2 配置动态 NAT

1）确定可用的公有 IP 地址池。

2）创建 ACL，以标识需要转换的主机。

3）将接口指定为内部接口或外部接口。

4）将访问列表与地址池关联起来。

实例：

```
R1(config)#ip nat pool NAT 220.173.103.2 220.173.103.4 netmask  255.255.255.248
//定义公有 IP 地址池
R1(config)#access-list 1 permit 192.168.0.0 0.0.255.255        //标识允许转换的流量
R1(config)#ip nat inside source list 1 pool NAT      //配置动态 NAT 映射

R1(config)#interface f0/1
R1(config-if)#ip nat inside          //配置 NAT 内部接口
R1(config)#interface S0/0/0
R1(config-if)#ip nat outside          //配置 NAT 外部接口
```

使用 show 命令查看配置：

```
R1# show running-config
(省略部分输出)
access-list 1 permit 192.168.0.0 0.0.255.255
ip nat pool NAT 220.173.103.2 220.173.103.4 netmask 255.255.255.248
ip nat inside source list 1 pool NAT
!
interface fastethernet 0/1
  ip address 192.168.10.1 255.255.255.0
  ip nat inside
!
interface serial0/0/0
  ip address 220.173.103.6 255.255.255.248
  ip nat outside
```

配置动态 NAT 十分重要的一点是使用标准 ACL。标准 ACL 用于指定允许转换的流量。这一工作可通过 permit 或 deny 语句来完成。ACL 指定的流量可包含一个完整网络、一个子网，也可只包含一台具体主机。ACL 可以只包含单独一行，也可能包含多条 permit 和 deny 语句。

18.2 端口地址转换

动态 NAT 的一种变体是端口地址转换（PAT），也称为 NAT 过载。PAT 将多个私有 IP 地址映射到一个或少数几个公有 IP 地址。大多数家用路由器就是这样工作的。比如，ISP 只分配一个地址给一个家庭，但是家庭中的多名成员可以同时上网冲浪，就是利用这一原理。

NAT 过载可以将多个地址映射到一个或少数几个地址，因为每个私有地址也会用端口号加以跟踪。当客户端打开 TCP/ IP 会话时，NAT 路由器为其资源地址分配一个端口号。NAT 过载利用 Internet 上的服务器确保每个客户端会话使用不同的 TCP 端口号。当服务器返回响应时，源端口号（在回程中变成目的端口号）决定路由器将数据包路由给哪一个客户端。它还会检查是否请求过传入的数据包，因此这在一定程度上提高了会话的安全性。

路由器中的一张表列出了转换为外部地址的内部 IP 地址和端口号组合。虽然每台主机都转换为同一个全局 IP 地址，但是每个会话关联的端口号却是唯一的。由于可用的端口超过 64000 个，因此路由器不太可能用尽地址。

企业网络和家庭网络均能使用 PAT 功能。如图 18-2-1 所示，PAT 内置于集成路由器中，默认为启用状态。

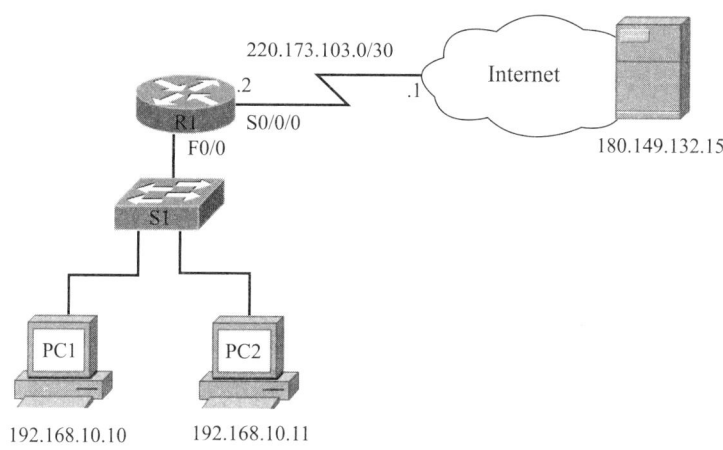

图 18-2-1　端口地址转换

配置 PAT 与配置 NAT 所需的基本步骤和命令相同。这里，PAT 不是转换为地址池，而是转换为接口的单一地址。以下命令可将内部地址转换为串行接口的 IP 地址：

```
ip nat inside source list 1 interface serial 0/0/0 overload   //配置 PAT
```

此方法多用于家庭用户和小型网络。下面用 show 命令查看配置：

```
R1# show running-config
（省略部分输出）
access-list 1 permit 192.168.0.0 0.0.255.255
ip nat inside source list 1 interface serial 0/0/0 overload
!
interface fastethernet 0/1
  ip address 192.168.10.1 255.255.255.0
  ip nat inside
!
interface serial 0/0/0
```

```
  ip address 220.173.103.2 255.255.255.252
  ip nat outside
```

如果某企业拥有多个公有 IP 地址，也可以实施 PAT：

```
R1(config)#ip nat pool NAT 220.173.103.2 220.173.103.4 netmask 255.255.255.248
R1(config)#access-list 1 permit 192.168.0.0 0.0.255.255
R1(config)#ip nat inside source list 1 pool NAT overload        //配置 PAT 映射
```

以下命令可检验和调试 NAT 和 PAT 的功能：

```
show ip nat translations
show ip nat statistics
debug ip nat
```

show ip nat translations 命令显示活动的转换。如果转换未使用，则会在一段时间后超时。静态 NAT 条目会永久保留在表中。动态 NAT 条目需要主机对位于网络外部的目的地执行某种操作。如果配置正确，一条简单的 ping 或 trace 命令即会在 NAT 表中创建一个条目，如图 18-2-2所示。

```
R1#sh ip nat translations
Pro   Inside global          Inside local         Outside local          Outside global
icmp 220.173.103.2:12    192.168.10.10:12      180.149.132.15:12     180.149.132.15:12
udp  220.173.103.2:8563  192.168.10.10:8563    180.149.132.15:53     180.149.132.15:53
tcp  220.173.103.2:5486  192.168.10.10:5486    180.149.132.15:80     180.149.132.15:80
```

图 18-2-2　显示活动的 NAT

注意：动态 NAT 的过期时间是 86400s，PAT 的过期时间是 60s，通过命令 show ip nat translations verbose" 可以查看。

show ip nat statistics 命令显示转换统计信息，包括使用的地址数以及成功与失败的次数。此命令的输出包含一个访问列表，其中指定了内部地址、全局地址池以及定义的地址范围，如图 18-2-3 所示。

```
R1#show ip nat statistics
    Total active translations: 3 (0 static, 3 dynamic; 3 extended)
    Outside interfaces: Serial0/0/0
    Inside interfaces: FastEthernet0/0
    Hits: 762 Misses: 22
    CEF Translated packets: 760, CEF Punted packets: 47
    Expired translations: 19
    Dynamic mappings:   -- Inside Source
    [Id: 2] access-list 1 pool NAT refcount 3
    pool NAT: netmask 255.255.255.252
    start 220.173.103.2 end 220.173.103.2
    type generic, total addresses 98, allocated 1 (1%), misses 0
    Queued Packets: 0
```

图 18-2-3　显示转换统计信息

debug ip nat 命令显示被路由器转换的每个数据包的信息，用来检验 NAT 功能的运作。

图 18-2-4 显示了 debug ip nat 命令的输出示例。从输出中可以看出，内部主机 192.168.10.10 发起了到外部主机 180.149.132.15 的流量，且已被转换为地址 220.173.103.2。也有 192.168.10.11 发起的流量，同样转换为 220.173.103.2，但端口不同。

```
R1# debug ip nat
IP NAT debugging is on
R1#
*Mar 4 01:53:47.983: NAT*:  s= 192.168.10.10 ->220.173.103.2, d=180.149.132.15 [14431]
*Mar 4 01:53:47.995: NAT*:  s= 180.149.132.15, d=220.173.103.2 -> 192.168.10.10 [14430]
*Mar 4 01:54:03.015: NAT*:  s= 192.168.10.11 ->220.173.103.2, d=180.149.132.15 [14432]
*Mar 4 01:54:03.219: NAT*:  s= 180.149.132.15, d=220.173.103.2 -> 192.168.10.11 [14431]
......
*Mar 4 01:54:04.210: NAT*:  s= 192.168.10.10 ->220.173.103.2, d=180.149.132.15 [6338]
*Mar 4 01:54:04.217: NAT*:  s= 180.149.132.15, d=220.173.103.2 -> 192.168.10.10 [6345]
......
```

图 18-2-4　调试 NAT 转换

18.3　NAT 故障排除

NAT 提供了许多优点和好处。但是，使用 NAT 也有一些缺点，包括不支持某些类型的流量。

使用 NAT 的优点如下：

1）NAT 允许对内部网实行私有编址，从而维护合法注册的公有编址方案。

2）NAT 增强了与公有网络连接的灵活性。为了确保可靠的公有网络连接，可以实施多池、备用池和负载均衡池。

3）NAT 为内部网络编址方案提供了一致性。

4）NAT 提供了网络安全性，具有隐藏内部网络的功能，不过，NAT 不能取代防火墙。

Internet 上的主机看起来是直接与 NAT 设备通信，而不是与私有网络内部的实际主机通信，这一事实会造成几个问题。理论上，全球唯一的一个 IP 地址可以代表许多台私有寻址的主机。从私密性和安全性角度看，这是优点，但实际上，这也会带来一些弊端。

使用 NAT 的缺点如下：

1）性能降低。

2）端到端功能减弱。

3）丧失端到端 IP 可追溯性。

4）隧道更加复杂。

5）发起 TCP 连接时可能会失败。

6）需要重新构建体系结构以适应变化。

NAT 环境中发生 IP 连通性故障时，经常难以确定故障的原因。解决问题的第一步便是检查 NAT 是否为故障的原因。执行下列步骤来检验 NAT 是否如预期一样工作：

1）根据配置，清楚地确定应该实现什么样的 NAT，这可能会揭示出配置问题。

2）使用 show ip nat translations 命令检验转换表中转换条目是否正确。

3）使用 clear 和 debug 命令检验 NAT 是否如预期一样工作。检查动态条目被清除后，是否又被重新创建出来。

① 测试 NAT 配置时，有时候清除动态条目很有用。要在超时之前清除动态条目，使用"clear ip nat translation ＊"全局命令。

② 使用 debug ip nat detailed 命令会产生关于要进行转换的每个数据包的说明。此命令还会输出关于某些错误或异常状况的信息，如分配全局地址失败等。

4）详细审查数据包传送情况，确认路由器具有移动数据包所需的正确路由信息。

本章 NAT 命令汇总见表 18-3-1。

表 18-3-1   本章 NAT 命令汇总

命　令	作　用
clear ip nat translation *	清除动态 NAT 表
show ip nat translation	查看 NAT 表
show ip nat statistics	查看 NAT 转换的统计信息
debug ip nat	动态查看 NAT 转换过程
ip nat inside source static	配置静态 NAT
ip nat inside	配置 NAT 内部接口
ip nat outside	配置 NAT 外部接口
ip nat pool	配置动态 NAT 地址池
ip nat inside source list access-list-number pool name	配置动态 NAT
ip nat inside source list access-list-number pool name overload	配置 PAT

18.4　实训：配置静态和动态 NAT

1. 实训目标

1）配置静态 NAT。

2）利用地址池配置动态 NAT。

3）配置 NAT 过载。

2. 实训内容

实训拓扑图如图 18-4-1 所示。

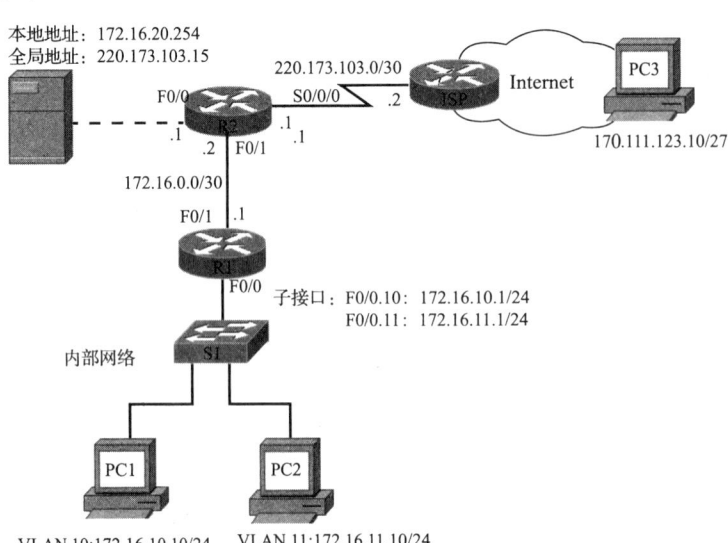

图 18-4-1   实训拓扑图

3. 实训步骤

R2 接口地址：220.173.103.0/30，用于地址转换的全局地址池：220.173.103.8/29。

1）进行路由器、交换机基本配置。

2）配置路由协议、静态路由和默认路由。

3）配置静态 NAT，Inside Server IP 地址静态映射到公有地址 220.173.103.15。

4）利用地址池配置动态 NAT。使用子网掩码/29 创建名为 NAT_POOL 的地址池，其中包含从 220.173.103.9 到 220.173.103.14 的 IP 地址范围。

5）测试并记录网络数据。

第19章 网关冗余和负载平衡

为了减少交换机故障的影响，安全性要求高的网络使用冗余交换机来解决单点故障的问题。然而作为网关的路由器出现了故障，又有什么办法呢？HSRP 和 VRRP 是最常用的网关冗余技术，这两种技术类似，由多个路由器共同组成一个组，虚拟出一个网关，其中的一台路由器处于活动状态，当它故障时由备份路由器接替它的工作，从而实现对用户透明的切换。然而人们希望的是在冗余的同时，能实现负载平衡，以充分利用设备的能力。

19.1 HSRP

19.1.1 HSRP 概述

一说到网关冗余，就会想到 Cisco 专用的 HSRP（Hot Standby Router Protocol，热备份路由器协议），实现 HSRP 的条件是系统中有多台路由器，它们组成一个"热备份组"，这个组形成一个虚拟路由器。在任一时刻，一个组内只有一个路由器是活动的，并由它来转发数据包；如果活动路由器发生了故障，将选择一个备份路由器来替代活动路由器，但是在本网络内的主机看来，虚拟路由器没有改变。所以主机仍然保持连接，没有受到故障的影响，这样就较好地解决了传统模式下因路由器切换而带来的数据丢失问题。

HSRP 运行在 UDP 上，采用的端口号为 UDP 1985。路由器转发协议数据包的源地址使用的是实际 IP 地址，而并非虚拟地址，正是基于这一点，HSRP 路由器间能相互识别。为了减少网络的数据流量，在设置完活动路由器和备份路由器之后，只有活动路由器向备份路由器定时发送 HSRP 报文，而备份路由器不会向活动路由器发送 HSRP 报文。如果活动路由器失效，备份路由器将接管成为新的活动路由器。如果备份路由器失效或者变成了活动路由器，将有另外的路由器被选为备份路由器。

HSRP 设计用来在支持多路访问、组播、广播的以太局域网中工作，不是用来替换现存的动态路由协议的。

目前一些 Cisco IOS 交换机支持两种 HSRP 版本：HSRPv1 和 HSRPv2。默认都是 v1 版本。在 HSRPv1 版本中，备份组的组号取值范围为 0～255，虚拟 MAC 地址为 0000.0C07.AC??（"??"为 HSRPv1 组号）。HSRPv1 使用组播 IP 地址 224.0.0.2 来发送 Hello 包，这样就会与使用相同组播 IP 地址的 CGMP（Cisco Group Management Protocol，思科组管理协议）相冲突，所以不能同时启用 HSRPv1 和 CGMP。

HSRPv2 备份组的组号可以与子接口的 VLAN ID 号进行匹配，取值范围为 0～4095，虚拟 MAC 地址的取值范围为 0000.0C9F.F000～0000.0C9F.FFFF。HSRPv2 使用组播 IP 地址 224.0.0.102 来发送 Hello 包，这样就不再与 CGMP 有冲突了，可以同时启用这两个协议。

19.1.2 HSRP 的工作原理

负责转发数据包的路由器称为活动路由器（Active Router）。一旦活动路由器出现故障，HSRP 将激活备份路由器（Standby Routers）取代活动路由器。HSRP 提供了一种决定使用活动路由器还是备份路由器的机制，并指定一个虚拟的 IP 地址作为网络系统的默认网关地址。如果活动路由器出现故障，备份路由器承接活动路由器的所有任务，并且不会导致主机连通中断现象。

运行 HSRP 的路由器发送和接收基于 UDP 的组播 Hello 消息来检测路由器的失效，指定活动路由器和备份路由器。当活动路由器在所配置的期间内没有发送一个 Hello 包，具有最高优先级的备份路由器将成为新的活动路由器，网络中所有主机的数据通信将同时切换到新的活动路由器上，如图 19-1-1 所示。

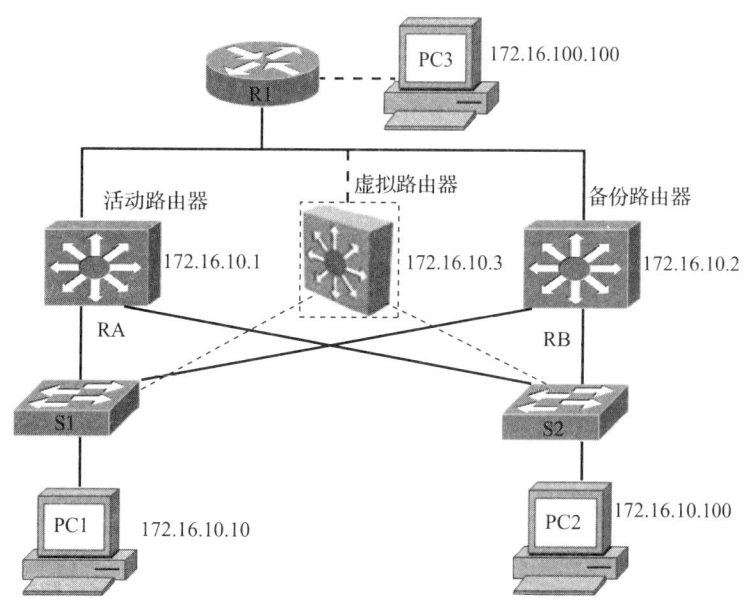

图 19-1-1 典型 HSRP 拓扑示例

图 19-1-1 所示为一个网段的 HSRP 配置。其中的备份组中有两台路由器，RA 是活动路由器，RB 是备份路由器。它们两个一起形成一个虚拟路由器。每台路由器都用虚拟路由器的 MAC 地址和 IP 地址进行配置。

在这样一个示例中，网络中的主机默认网关配置就要指向这个虚拟路由器 IP 地址，而不是指向 RA 或者 RB。当 PC3 发送一个数据包到 PC2 时，它会先以虚拟路由器的 MAC 地址作为源 MAC 地址把数据包发送到虚拟路由器。正常情况下，肯定是通过 RA 来对 PC3 的请示进行响应的，因为它是备份组的活动路由器。如因某种原因 RA 停止了工作，则 RB 会以虚拟路由器的 MAC 地址和 IP 地址 ARP 映射表项进行响应，同时成为活动路由器。然后，PC3 使用 RB 的 ARP 响应包中的虚拟路由器 IP 地址发送数据包给 PC2。当 RB 接收到数据包后，再转发给 PC2。直到 RA 恢复正常工作之前，HSRP 一直允许 RB 为 PC3 网段中到达 PC2 所在网段的用户提供不间断的服务，当然同时它仍然负责正常的 PC1 和 PC2 网段之间的用户通信。

下面是几个 HSRP 的相关术语。

（1）HSRP 组虚拟 MAC 地址和虚拟 IP 地址

在一个网段配置了 HSRP 后，它将提供一个供运行 HSRP 的路由器组中的各成员路由器共享的虚拟 MAC 地址（Virtual MAC Address）和虚拟 IP 地址（Virtual IP Address），各路由器的 HSRP 备份组 IP 地址必须都设置成这个虚拟 IP 地址。在这些路由器中将选择一台路由器作为活动路由器，活动路由器接收、路由包到路由器组的虚拟 MAC 地址。当活动路由器失效时，HSRP 会检测到，同时会选举一个备份路由器来控制路由器组的虚拟 MAC 地址和虚拟 IP 地址。

通过共享一个虚拟 MAC 地址和虚拟 IP 地址，两台或者多台路由器可以当作一台虚拟路由器。虚拟路由器并不是实际存在的，但它是作为 HSRP 组中相互备份的路由器的公共默认网关。

当网络中的主机配置默认网关时，使用的是虚拟路由器的虚拟 IP 地址作为主机的默认网关。

（2）HSRP 优先级

HSRP 利用一个优先级方案来决定哪个配置了 HSRP 的路由器成为默认的活动路由器。如果一个路由器的优先级设置的比所有其他路由器的优先级高，则该路由器成为活动路由器。路由器的默认优先级是 100，所以如果只设置一个路由器的优先级高于 100，则该路由器将成为活动路由器。

（3）MHSRP

当配置多个路由器备份组，并为每个备份组指定一个组号，这就是 MHSRP。如图 19-1-2 所示，可以在 S1 上配置一个接口作为活动路由器，在 S2 上配置一个接口作为备份路由器，同时也可以在 S2 上配置另一个接口作为活动路由器，而在 S1 上配置另一个接口作为备份路由器。

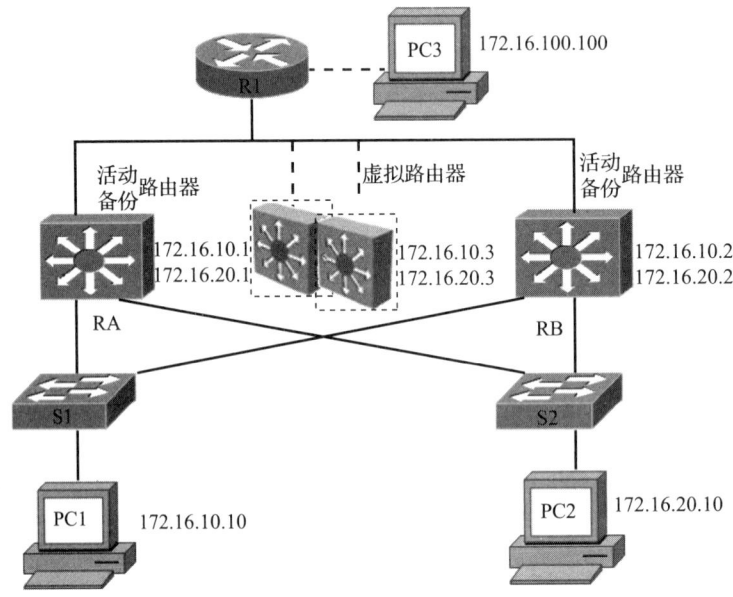

图 19-1-2　MHSRP 拓扑

（4）HSRP 数据包

HSRP 路由器利用 Hello 包来互相监听各自的存在。当路由器长时间没有接收到 Hello 包，就认为活动路由器故障，备份路由器就会成为活动路由器。HSRP 利用优先级决定哪个路由器成为活动路由器。如果一个路由器的优先级比其他路由器的优先级高，则该路由器成为活动路由器。一个组中，最多有一个活动路由器和一个备份路由器。

HSRP 路由器发送的多播消息有以下 3 种：

1）Hello。Hello 消息通知其他路由器发送路由器的 HSRP 优先级和状态信息，HSRP 路由器默认为每 3s 发送一个 Hello 消息。

2）Coup。当一个备用路由器变为一个活动路由器时，发送一个 Coup 消息。

3）Resign。当活动路由器要宕机或者当有优先级更高的路由器发送 Hello 消息时，活动发送一个 Resign 消息。

HSRP 路由器有以下 6 种状态。

1）Initial：HSRP 启动时的状态，HSRP 还没有运行，一般是在改变配置或接口刚刚启动时进入该状态。

2）Learn：路由器已经得到了虚拟 IP 地址，但是它既不是活动路由器也不是备份路由器。

它一直监听从活动路由器和备份路由器发来的 Hello 报文。

3）Listen：路由器正在监听 Hello 消息。

4）Speak：在该状态下，路由器定期发送 Hello 报文，并且积极参加活动路由器或备份路由器的竞选。

5）Standby：当活动路由器失效时路由器准备接管数据传输功能。

6）Active：路由器执行数据传输功能。

19.1.3 HSRP 配置实例

HSRP 网关冗余拓扑如图 19-1-3 所示。

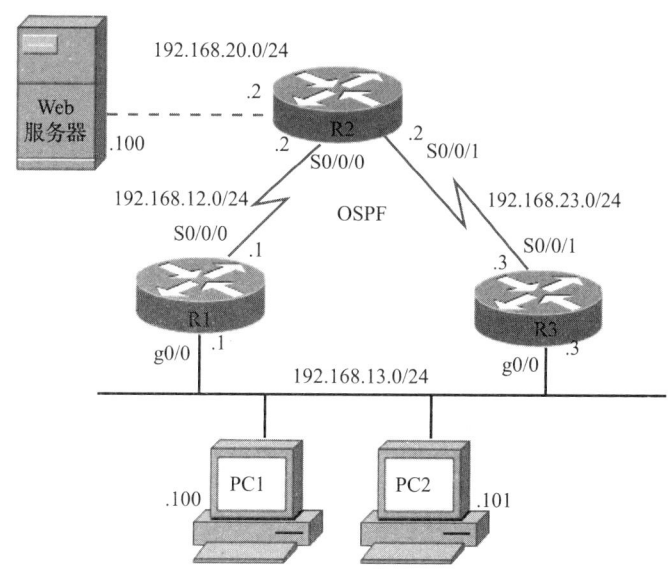

图 19-1-3 HSRP 网关冗余拓扑图

1. 配置 HSRP

R1 配置如下：

```
R1(config)#interface g0/0
R1(config-if)#standby 1 ip 192.168.13.254      //启用 HSRP 功能,并设置虚拟 IP 地址,1 为
standby 的组号。相同组号的路由器属于同一个 HSRP 组,所有属于同一个 HSRP 组的路由器的虚拟地址必须
一致
R1(config-if)#standby 1 priority 120      //配置 HSRP 的优先级,如果不设置该项,默认优先级
为 100,该值大抢占为活动路由器的优先权越高
R1(config-if)#standby 1 preempt      //该设置允许该路由器在优先级是最高时成为活动路由器。
如果不设置,即使该路由器权值再高,也不会成为活动路由器
R1(config-if)#standby 1 timers 3 10      //其中 3 为 Hello time,表示路由器每间隔多长时间
发送 Hello 信息。10 为 HOLD time
R1(config-if)#standby 1 authentication md5 key-string cisco      //配置认证密码,防止
非法设备加入到 HSRP 组中,同一个组的密码必须一致
```

R3 配置如下：

```
R3(config)#interface g0/0
R3(config-if)#standby 1 ip 192.168.13.254
R3(config-if)#standby 1 preempt
R3(config-if)#standby 1 timers 3 10
```

```
R3(config-if)#standby 1 authentication md5 key-string cisco
```

R2 上没有配置优先级，默认为 100。

2. 检查、测试 HSRP

```
R1#show standby brief
P indicates configured to preempt.
|
Interface  Grp  Pri  P  State    Active  Standby       Virtual IP
Gi0/0       1   120  P  Active   local   192.168.13.3  192.168.13.254
```

以上表明 R1 就是活动路由器，备份路由器为 192.168.13.3。

```
R3#show standby brief
P indicates configured to preempt.
|
Interface  Grp  Pri  P  State    Active        Standby  Virtual IP
Gi0/0       1   100  P  Standby  192.168.13.1  local    192.168.13.254
```

以上表明 R3 是备份路由器，活动路由器为 192.168.13.1。

在 PC1 上配置 IP 地址 192.168.13.100/24，网关指向 192.168.13.254；在 PC3 上配置 IP 地址 192.168.20.100/24，网关指向 192.168.20.254。注意去掉另一网卡的网关。

在 PC1 上连续 ping PC3，在 R1 上关闭 G0/0 接口，观察 PC1 上 ping 的结果如下：

```
C:\>ping-t 192.168.20.100
Reply from 192.168.20.100: bytes=32 time=9ms TTL=254
Reply from 192.168.20.100: bytes=32 time=9ms TTL=254
Reply from 192.168.20.100: bytes=32 time=9ms TTL=254
Request timed out.
Reply from 192.168.20.100: bytes=32 time=9ms TTL=254
Reply from 192.168.20.100: bytes=32 time=9ms TTL=254
Reply from 192.168.20.100: bytes=32 time=11ms TTL=254
Reply from 192.168.20.100: bytes=32 time=9ms TTL=254
```

可以看到，R1 故障时，R3 很快就替代了 R1，计算机的通信只受到短暂的影响。

```
R3#show standby brief
P indicates configured to preempt.
|
Interface  Grp  Pri  P  State   Active  Standby  Virtual IP
Gi0/0       1   100  P  Active  local   nknown   192.168.13.254
```

以上表明 R3 成为了活动路由器了。

3. 配置端口跟踪

图 19-1-3 中，按照以上步骤的配置，如果 R1 的 S0/0/0 接口出现问题，R1 将没有到达 Web 服务器所在网段的路由。然而 R1 和 R3 之间的以太网仍然没有问题，HSRP 的 Hello 包正常发送和接收。因此 R1 仍然是虚拟网关 192.168.13.254 的活动路由器，PC1 的数据会发送给 R1，这样会造成 PC1 无法 ping 通 Web 服务器。可以配置端口跟踪解决这个问题，端口跟踪使得 R1 发现 S0/0/0 上的链路出现问题后，把自己的优先级（本例中设为了 120）减去一个数字（如 30），成为了 90。由于 R3 的优先级为默认值 100，R3 就成为了活动路由器。配置如下：

```
R1(config)#int g0/0
R1(config-if)#standby 1 track s0/0/0  30
```

以上表明跟踪的是 S0/0/0 接口，如果该接口故障，优先级降低 30。降低的值应该选取合适的值，使得其他路由器能成为活动路由器。按照前述步骤测试 HSRP 的端口跟踪是否生效。

4. 配置多个 HSRP 组

之前的步骤已经虚拟了 192.168.13.254 网关，对于这个网关只能有一个活动路由器，于是这个路由器将承担全部的数据流量。可以创建一个 HSRP 组，虚拟出另一个网关 192.168.13.253，这时 R3 是活动路由器，让一部分计算机指向这个网关，这样就能做到负载平衡。以下是有两个 HSRP 组的完整配置。

R1 配置如下：

```
interface GigabitEthernet0/0
standby 1 ip 192.168.13.254
standby 1 priority 120
standby 1 preempt
standby 1 authentication md5 key-string cisco
standby 1 track Serial0/0/0 30
standby 2 ip 192.168.13.253
standby 2 preempt
standby 2 authentication md5 key-string cisco
```

R3 配置如下：

```
interface GigabitEthernet0/0
standby 1 ip 192.168.13.254
standby 1 preempt
standby 1 authentication md5 key-string cisco
standby 2 ip 192.168.13.253
standby 2 priority 120
standby 2 preempt
standby 2 authentication md5 key-string cisco
standby 2 track Serial0/0/0 30
```

这里创建了两个 HSRP 组，第一个组的 IP 为 192.168.13.254，活动路由器为 R1，一部分计算机的网关指向 192.168.13.254。第二个组的 IP 为 192.168.13.253，活动路由器为 R2，另一部分计算机的网关指向 192.168.13.253。这样，如果网络全部正常时，一部分数据是 R1 转发的，另一部分数据是 R2 转发，实现了负载平衡。如果一个路由器出现问题，则另一个路由器就成为两个 HSRP 组的活动路由器，承担全部的数据转发功能。

通过这种方式实现负载平衡，需要计算机在设置网关时有所不同，如果计算机的 IP 是 DHCP 分配的，就不太方便。

注意：HSRP 实际上在局域网用得较多，由于局域网内大多使用三层交换机，所以这时 HSRP 是在交换机上配置的。

19.2　VRRP

19.2.1　VRRP 概述

VRRP（Virtual Router Redundancy Protocol，虚拟路由冗余协议）是一种容错协议。通常，

一个网络内的所有主机都设置一个网关，假设所有主机的默认网关在主机连接的三层交换机 A 上。在非冗余场景中，主机发出的目的地址不在本网段的报文将被通过默认路由发往交换机 A，从而实现了主机与外部网络的通信。当交换机 A 故障时，本网段内所有以交换机 A 为默认路由下一跳的主机将断掉与外部的通信，如图 19-2-1 所示。

　　VRRP 就是为解决上述问题而提出的，它为具有多播或广播能力的局域网（如以太网）设计。下面结合图 19-2-2 来看一下 VRRP 的实现原理。

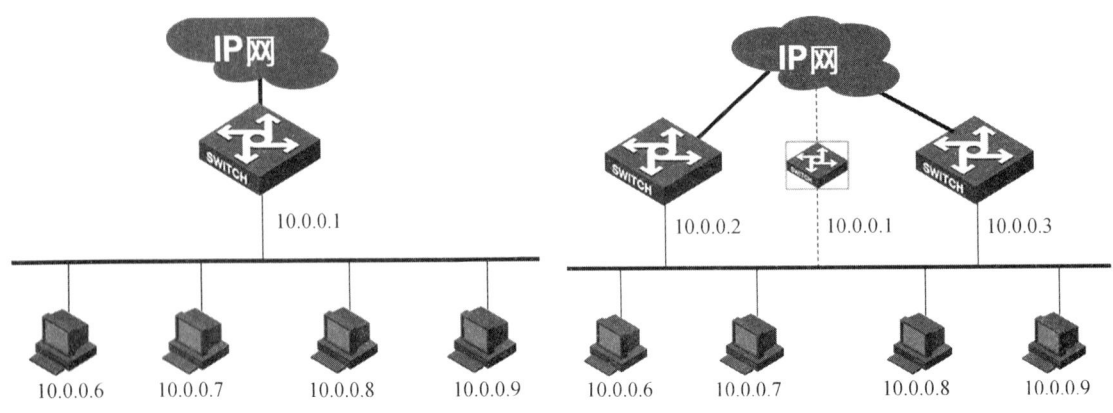

图 19-2-1　传统网络拓扑的局限　　　　　　图 19-2-2　冗余网关拓扑

　　VRRP 将局域网的一组路由器——包括一个 Master 路由器（活动路由器）和若干个 Backup 路由器（备份路由器）——组织成一个虚拟路由器，称为一个备份组。这个虚拟的路由器拥有自己的 IP 地址（这个 IP 地址可以和备份组内的某个路由器的接口地址相同），备份组内的路由器也有自己的 IP 地址（如 Master 路由器的 IP 地址为 10.0.0.2，Backup 路由器的 IP 地址为 10.0.0.3，虚拟路由器的 IP 地址为 10.0.0.1）。局域网内的主机仅仅知道这个虚拟路由器的 IP 地址 10.0.0.1，而并不知道具体的 Master 路由器的 IP 地址 10.0.0.2 以及 Backup 路由器的 IP 地址 10.0.0.3，它们将自己的默认路由下一跳地址设置为该虚拟路由器的 IP 地址 10.0.0.1。于是，网络内的主机就通过这个虚拟的路由器来与其他网络进行通信。如果备份组内的 Master 路由器坏掉，Backup 路由器将会通过选举策略选出一个新的 Master 路由器，继续向网络内的主机提供路由服务，从而实现网络内的主机不间断地与外部网络进行通信。

　　在同一 VLAN 虚接口下提供多组 VRRP，不同 VRRP 选择不同的路由器或三层交换机担当 Master 路由器，相互实现备份。同时通过 VLAN 内主机设置不同的 Virtual IP 为网关地址实现负载分担，如图 19-2-3 所示。

　　VRRP 的工作过程如下：

　　1）路由器启用 VRRP 功能后，会根据优先级确定自己在备份组中的角色。优先级高的路由器成为 Master 路由器，优先级低的成为 Backup 路由器。Master 路由器定期发送 VRRP 通告报文，通知备份组内的其他路由器自己工作正常；Backup 路由器则启动定时器等待通告报文的到来。

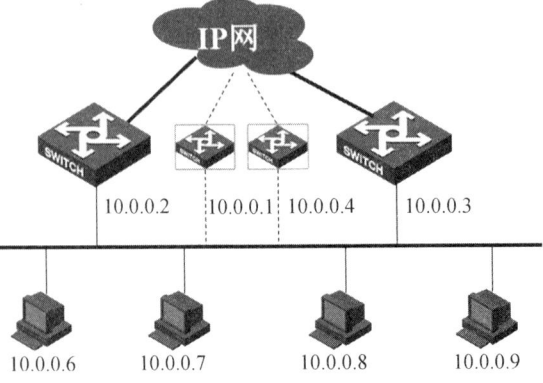

图 19-2-3　多组 VRRP 相互备份和负载分担

　　2）在抢占方式下，当 Backup 路由器收到 Master 路由器发送的 VRRP 通告报文后，会将自己的优先级与通告报文中的优先级进行比较。如果大于通告报文中的优先级，则成为 Master 路由器；否则将保持 Backup 状态。

3）在非抢占方式下，只要 Master 路由器没有出现故障，备份组中的路由器始终保持 Backup 状态，Backup 路由器即使随后被配置了更高的优先级也不会成为 Master 路由器。

4）如果 Backup 路由器的定时器超时后仍未收到 Master 路由器发送来的 VRRP 通告报文，则认为 Master 路由器已经无法正常工作，此时 Backup 路由器会认为自己是 Master 路由器，并对外发送 VRRP 通告报文。

备份组内的路由器根据优先级选举出 Master 路由器，承担报文的转发功能。

19.2.2　VRRP 配置实例

仍然采用 HSRP 中的实例，如图 19-1-2 所示拓扑，采用相互备份组方式。

R1 配置如下：

```
R1(config)#track 100 interface Serial0/0/0 line-protocol
R1(config)#interface g0/0
R1(config-if)#vrrp 1 ip 192.168.13.254
R1(config-if)#vrrp 1 priority 120
R1(config-if)#vrrp 1 preempt
R1(config-if)#vrrp 1 authentication md5 key-string cisco
R1(config-if)#vrrp 1 track 100 decrement 30
R1(config-if)#vrrp 2 ip 192.168.13.253
R1(config-if)#vrrp 2 preempt
R1(config-if)#vrrp 2 authentication md5 key-string cisco
```

VRRP 的端口跟踪和 HSRP 有些不同，需要在全局配置模式下先定义跟踪目标，才配置 VRRP 中跟踪该目标，这里定义了目标 100 是 S0/0/0 接口。

R3 配置如下：

```
R3(config)#track 100 interface Serial0/0/0 line-protocol
R3(config)#interface g0/0
R3(config-if)#vrrp 1 ip 192.168.13.254
R3(config-if)#vrrp 1 preempt
R3(config-if)#vrrp 1 authentication md5 key-string cisco
R3(config-if)#vrrp 2 ip 192.168.13.253
R3(config-if)#vrrp 2 priority 120
R3(config-if)#vrrp 2 preempt
R3(config-if)#vrrp 2 authentication md5 key-string cisco
R3(config-if)#vrrp 2 track 100 decrement 30
```

查看 VRRP 摘要信息如下：

```
R1#show vrrp brief
Interface  Grp  Pri  Time  Own  Pre State  Master addr    Group addr
Gi 0/0     1    120  3531  Y    Master     192.168.13.1   192.168.13.254
Gi 0/0     2    100  3609  Y    Backup     192.168.13.3   192.168.13.253
```

以上显示表明 R1 是 192.168.13.254 虚拟网关的 Master 路由器，是 192.168.13.253 虚拟网关的 Backup 路由器。

```
R3#show vrrp brief
```

```
Interface  Grp  Pri  Time  Own  Pre State  Master addr    Group addr
Gi0/0      1    100  3609  Y    Backup     192.168.13.1   192.168.13.254
Gi0/0      2    120  3531  Y    Master     192.168.13.3   192.168.13.253
```

以上显示表明 R3 是 192.168.13.253 虚拟网关的 Master 路由器，是 192.168.13.254 虚拟网关的 Backup 路由器。

19.2.3　VRRP 在三层交换机上应用示例

由于局域网内大多使用三层交换机，所以这时 VRRP 是在交换机上配置的，如图 19-2-4 所示。

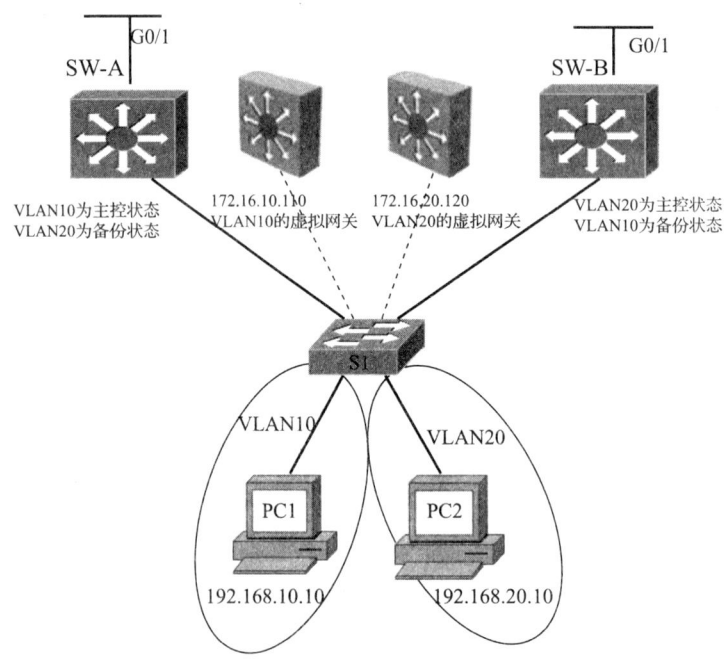

图 19-2-4　三层交换机上的 VRRP

SW-A 的配置如下：

```
SW-A(config)#track 100 interface G0/1
SW-A(config)#interface vlan 10
SW-A(config-if)#vrrp 10 ip 172.16.10.110
SW-A(config-if)#vrrp 10 priority 120
SW-A(config-if)#vrrp 10 preempt
SW-A(config-if)#vrrp 10 authentication md5 key-string cisco
SW-A(config-if)#vrrp 10 track 100 decrement 30

SW-A(config-if)#interface vlan 20
SW-A(config-if)#vrrp 20 ip 172.16.20.120
SW-A(config-if)#vrrp 20 preempt
SW-A(config-if)#vrrp 20 authentication md5 key-string cisco
```

SW-B 的配置如下：

```
SW-B(config)#track 100 interface G0/1
SW-B(config)#interface vlan 20
SW-B(config-if)#vrrp 20 ip 172.16.20.120
SW-B(config-if)#vrrp 20 priority 120
```

```
SW-B(config-if)#vrrp 20 preempt
SW-B(config-if)#vrrp 20 authentication md5 key-string cisco
SW-B(config-if)#vrrp 20 track 100 decrement 30

SW-B(config-if)#interface vlan 10
SW-B(config-if)#vrrp 10 ip 172.16.10.110
SW-B(config-if)#vrrp 10 preempt
SW-B(config-if)#vrrp 10 authentication md5 key-string cisco
```

第 20 章 综合案例实施

本案例结合企业的实际网络需求对前面章节内容进行提炼和总结，内容基本覆盖路由技术、交换技术和网络安全的各个方面，目的是帮助读者把所学的知识融会贯通，开阔视野，提高知识的运用能力和解决问题的能力。

20.1 案例背景

某集团是一家从事高科技产品研发、生产和销售的大型企业，总公司和分公司通过网络互连。随着业务的发展，集团原有网络已经不能满足高效企业管理的需要，且经常遭到来自互联网的攻击或入侵，网络安全对生产和经营的影响也越来越明显。为了满足业务的需要，集团决定构建一个高速、稳定、安全的适应企业现代化办公需求的高性能网络。

本次集团的网络构建包括总公司和分公司的两个部分。总公司局域网核心采用双交换机的构架，通过 VRRP 结合 MSTP 技术实现负载均衡和链路备份。两台核心交换机分别连接到核心路由器，同时核心路由器通过专线连接到分公司的出口路由器。总公司的网络出口连接到 ISP1 和 ISP3。总公司和分公司之间的办公用户通过 VPN 建立的隧道相互通信，有效地保证了数据传输的安全性。

服务器集中放置在网络中心机房，直接连接到核心交换机。对于会议室区域则采用无线接入的方式，可以保证用户通过无线网络来访问网络中的资源。

分公司的网络出口路由器连接到 ISP，内网的用户分别通过专网或 VPN 建立的安全隧道来访问总公司的资源。

集团网络拓扑结构规划如图 20-1-1 所示。

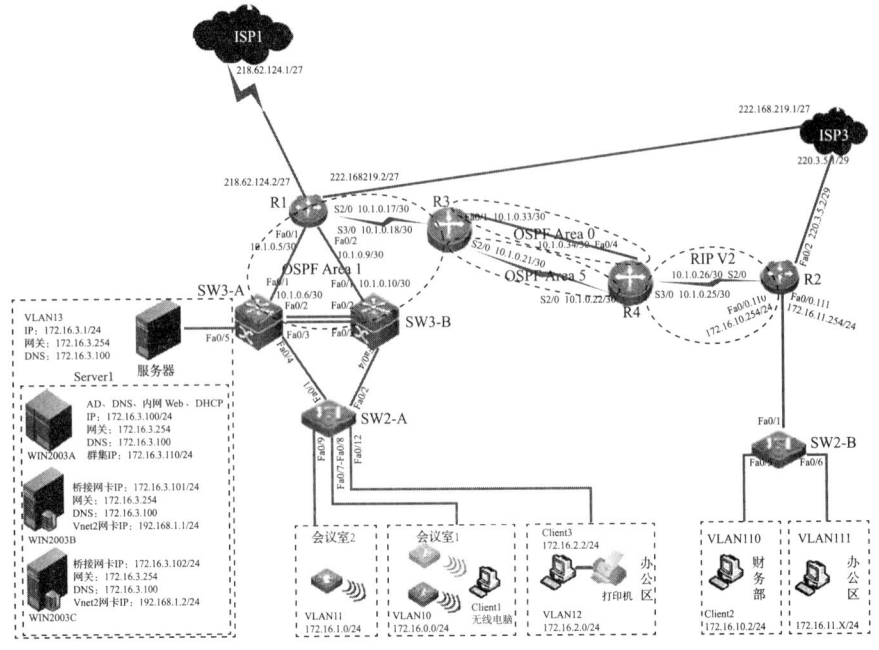

图 20-1-1 集团网络拓扑图

20.2 案例 IP 和 VLAN 规划

网络设备 IP 地址见表 20-2-1，交换机 VLAN 分配见表 20-2-2。

表 20-2-1 网络设备 IP 地址

设备	设备名称	设备接口	IP 地址
路由器	R1	Fa0/0	222. 168. 219. 2/27
		Fa0/1	10. 1. 0. 5/30
		Fa0/2	10. 1. 0. 9/30
		S1/0	218. 62. 124. 2/27
		S2/0	10. 1. 0. 17/30
	R2	Fa0/0. 110	172. 16. 10. 254/24
		Fa0/0. 111	172. 16. 11. 254/24
		Fa0/2	220. 3. 5. 2/29
		S2/0	10. 1. 0. 26/30
	R3	Loopback0	3. 3. 3. 3/32
		Fa0/1	10. 1. 0. 33/30
		S2/0	10. 1. 0. 21/30
		S3/0	10. 1. 0. 18/30
	R4	Loopback0	4. 4. 4. 4/32
		Fa0/1	10. 1. 0. 34/30
		S2/0	10. 1. 0. 22/30
		S3/0	10. 1. 0. 25/30
三层交换机	SW3-A	Fa0/1	10. 1. 0. 6/30
		VLAN10	172. 16. 0. 253/24
		VLAN11	172. 16. 1. 253/24
		VLAN12	172. 16. 2. 252/24
		VLAN13	172. 16. 3. 254/24
	SW3-B	Fa0/1	10. 1. 0. 10/30
		VLAN10	172. 16. 0. 252/24
		VLAN11	172. 16. 1. 252/24
		VLAN12	172. 16. 2. 253/24

表 20-2-2 交换机 VLAN 分配

设备	VLAN ID	端口
SW2-A	VLAN10	Fa0/5（WLSW Port1），Fa0/7（AP1），Fa0/8（AP2）
	VLAN11	Fa0/6（WLSW Port2），Fa0/9（AP3）
	VLAN12	Fa0/12（Client3）
SW2-B	VLAN110	Fa0/5（Client2）
	VLAN111	Fa0/6

20.3 案例配置任务

1）根据表 20-3-1 对网络设备进行命名以及配置 IP 地址。

2）按照表 20-3-1 中的信息，在接入交换机 SW2-A、SW2-B 及核心交换机 SW3-A、SW3-B 上创建 VLAN，并将端口加入到相应的 VLAN 中。

3）服务器直接连接在核心交换机 SW3-A 的 Fa0/5－Fa0/6 端口上，需要在两个端口上限制接入服务器的数量，F0/5 限制为 4 台，F0/6 限制为 6 台，超过后将关闭该端口。

4）两个核心交换机 SW3-A 和 SW3-B 之间使用双线路连接，分别下连到接入交换机 SW2-A，采用基于 VLAN 的多生成树协议（MSTP），实现网络中二层的负载均衡和冗余备份。交换机创建两个 MSTP 实例：分别为 Instance10 和 Instance20，其中 Instance10 关联 VLAN10 和 VLAN11，Instance20 关联 VLAN 12。SW3-A 为默认 Instance0 和 Instance20 的根交换机，为 Instance10 的备份交换机；SW3-B 为 Instance10 的根交换机，为默认 Instance0 和 Instance20 的备份交换机，按需求设置 STP 优先级为 8192 或者 4096。同时结合 VRRP 技术实现 VLAN10、VLAN11 和 VLAN12 内的用户网关的冗余备份，其中 SW3-A 为 VLAN12 的 Master 路由器（优先级为 150），为 VLAN10 和 VLAN11 的 Backup 路由器；SW3-B 为 VLAN10 和 VLAN11 的 Master 路由器（优先级为 150），为 VLAN12 的 Backup 路由器。各个 VLAN 的虚拟 IP 地址见表 20-3-1。

表 20-3-1　VLAN 虚拟 IP 地址

VLAN ID	虚拟 IP 地址
VLAN10	172. 16. 0. 254/24
VLAN11	172. 16. 1. 254/24
VLAN12	172. 16. 2. 254/24

5）总公司的会议室 1 和会议室 2 都通过无线 AP 接入到公司网络中，其中会议室 1 要求使用的无线 SSID 名称为 SS-VLAN10（SS 代表参赛队编码，该代码贴在试卷档案袋外侧），无线用户通过 DHCP 获得的地址范围为 172. 16. 0. 100 ~ 172. 16. 0. 200，网关为 172. 16. 0. 254，DNS Server 为 172. 16. 3. 100，Domain Name 为 shengshi. com. cn；会议室 2 要求无线的 SSID 为 SS-VLAN11（SS 代表参赛队编码），无线用户通过 DHCP 获得的地址范围为 172. 16. 1. 100 ~ 172. 16. 1. 200，网关为 172. 16. 1. 254，DNS Server 为 172. 16. 3. 100，Domain Name 为 shengshi. com. cn。用户接入到无线网络时均采用 Web 认证，认证的用户名为 user，密码为 111111，数据加密方式为 WEP，SS-VLAN10 的加密口令为 1111111111，SS-VLAN11 的加密口令为 2222222222。

6）总公司的内部网络以及总公司和提供专线的 ISP 之间的设备采用 OSPF，分别设置 R3 和 R4 的 OSPF Router-id 为 3. 3. 3. 3/ 32 和 4. 4. 4. 4/ 32（Router-id 不能宣告进 OSPF 进程）；同时总公司的 R1 和 ISP 的 R3 之间的 OSPF 配置基于接口的验证，采用 MD5 验证方式，密码为 123456。R1 和 R3 之间的链路中采用 PPP 格式封装，使用 CHAP 进行双向认证，用户名为路由器的 hostname，密码为 123456。分公司的 R2 和 ISP 的 R4 之间采用 RIPv2 协议，并且只将财务部门的网段通告到 RIP 中。

7）ISP 为了防止线路出现问题而导致用户业务中断，对 R3 和 R4 之间的以太网线路提供了备份的串行线路，在主线路正常的情况下，备份线路的端口处于 down 状态，当主线路出现故障时，备份线路在 3s 后进行自动切换为 up 状态，并且在主线路恢复正常后 3s 自动切换为 down 状态。

8）总公司和分公司的互访需求。要求分公司的财务网段能通过 ISP 的专线和总公司的服务器网段相互访问，在 R4 路由器进行重发布时使用 route-map 保证分公司的路由器只能学到总公司服务器网段的路由，并在分公司路由器的 S2/0 口对财务部访问服务器的流量进行限制，将流量限制在 1Mbit/s，猝发流量为 1500~2000bytes，没有超额的流量允许发送，超额的流量丢弃。

9）总公司和分公司出口分别使用路由器，总公司内网的用户通过 NAT 访问 Internet，保证无线用户从 ISP1 进行转发，办公用户从 ISP3 进行转发；内网的 Web 服务器（172.16.3.110）和 FTP 服务器（172.16.3.50）需要对外提供服务，发布的地址为 218.62.124.3；配置路由器的安全策略最大限度地保证内网和服务器群安全。分公司的内网用户通过 R2 做 NAT 访问 Internet，且配置安全策略最大限度地保证内网的安全。

10）分公司财务部门通过 DHCP 从 R4 自动获得 IP 地址，用户获得 IP 地址范围为 172.16.10.100~172.16.10.200，网关为 172.16.10.254，DNS Server 为 172.16.3.100，Domain Name 为 jingying.com.cn，同时要防止 SW2-B 设备的下联用户私自架设 DHCP Server 服务器。

11）在 SW2-A 需要实现以下功能：保证下连办公用户的接口快速进入转发数据状态，同时为了避免办公用户使用 Hub 产生环路，需要开启 BPDU 检测功能；为了规范总公司员工的上网行为，规定总公司办公区员工（VLAN12 网段）在周一到周五上班时间（8:00~16:00），除了和总公司以及分公司的内部网络通信之外，只能使用公网的 HTTP、FTP、Mail 和 DNS 服务，其他时间不进行限制。

20.4 案例配置实现

本节只给出实验的配置，不再做注释，如有需要，请参考前面的章节。配置按照路由器 show running-config 命令的输出结果给出。服务器的配置部分请参考其他资料。

（1）路由器 R1 相关配置（见表 20-4-1）

表 20-4-1 路由器 R1 相关配置

单项任务	详细配置
基本配置	interface Serial 2/0 　ip address 10.1.0.17 255.255.255.252 ! interface Serial 1/1 　ip address 218.62.124.2 255.255.255.224 interface FastEthernet 0/0 　ip address 222.168.219.2 255.255.255.224 ! interface FastEthernet 0/1 　ip address 10.1.0.5 255.255.255.252 ! interface FastEthernet 0/2 　ip address 10.1.0.9 255.255.255.252
OSPF 配置	router ospf 1 　network 10.1.0.4 0.0.0.3 area 1 　network 10.1.0.8 0.0.0.3 area 1 　network 10.1.0.16 0.0.0.3 area 1 　default - information originate
OSPF 基于接口的 MD5 验证	interface Serial 2/0 　ip ospf authentication message - digest 　ip ospf message - digest - key 1 md5 123456

（续）

单项任务	详细配置

PPP 基于
CHAP 双向认证
	username R3 password 123456
	interface Serial 2/0
	  encapsulation PPP
	  ppp authentication chap

NAT 配置	ip access-list standard 10
	  permit 172.16.0.00.0.0.255
	  permit 172.16.1.0 0.0.0.255
	ip access-list standard 11
	  permit 172.16.2.0 0.0.0.255
	!
	interface FastEthernet 0/1
	  ip nat inside
	ip policy route-map ISP
	!
	interface FastEthernet 0/2
	  ip nat inside
	ip policy route-map ISP
	!
	interface FastEthernet 0/0
	  ip nat outside
	!
	interface serial 1/0 ip nat outside
	!
	route-map ISP permit 10
	match ip address 10
	set interface S1/0
	!
	route-map ISP permit 20
	match ip address 11
	set ip next-hop 222.168.219.1
	!
	ip nat inside source static tcp 172.16.3.110 80 218.62.124.3 80
	ip nat inside source static tcp 172.16.3.50 20 218.62.124.3 20
	ip nat inside source static tcp 172.16.3.50 21 218.62.124.3 21
	!
	ip nat pool isp1218.62.124.4 218.62.124.30
	netmask 255.255.255.224
	ip nat inside source list 10 pool isp1 overload
	!
	ip nat pool isp3222.168.219.3 222.168.219.30
	netmask 255.255.255.224
	ip nat inside source list 11 pool isp3 overload
	!
	ip route 0.0.0.0 0.0.0.0 222.168.219.1
	ip route 0.0.0.0 0.0.0.0 218.62.124.1

（2）路由器 R2 相关配置（见表20-4-2）

表 20-4-2　路由器 R2 相关配置

单项任务	详细配置
基本配置	interface Serial 2/0 　ip address 10.1.0.26 255.255.255.252 ! interface FastEthernet 0/0.110 　encapsulation dot1Q 110 　ip address 172.16.10.254 255.255.255.0 ! interface FastEthernet 0/0.111 　encapsulation dot1Q 111 　ip address 172.16.11.254 255.255.255.0 ! interface FastEthernet 0/2 　ip address 220.3.5.2 255.255.255.248
RIP 配置	router rip 　version 2 　network 10.0.0.0 　network 172.16.0.0 　no auto-summary
NAT 配置	ip access-list standard 99 　10 permit 172.16.10.0 0.0.0.255 　20 permit 172.16.11.0 0.0.0.255 ! interface FastEthernet 0/0.111 　ip nat inside ! interface FastEthernet 0/0.110 　ip nat inside ! interface FastEthernet 0/2 　ip nat outside ip nat pool test 220.3.5.2 220.3.5.2 netmask 255.255.255.248 ip nat inside source list 99 pool test overload ! ip route 0.0.0.0 0.0.0.0 220.3.5.1
DHCP 配置	service dhcp int f0/0.110 ip helper-address 10.1.0.25

（3）路由器 R3 相关配置（见表 20-4-3）

表 20-4-3　路由器 R3 相关配置

单项任务	详细配置
基本配置	interface Serial 2/0 　ip address 10.1.0.21 255.255.255.252 ! interface Serial 3/0 　ip address 10.1.0.18 255.255.255.252 ! interface FastEthernet 0/1 　ip address 10.1.0.33 255.255.255.252 ! interface Loopback 0 　ip address 3.3.3.3 255.255.255.255
OSPF 配置	router ospf 1 　router-id 3.3.3.3 　network 10.1.0.16 0.0.0.3 area 1 　network 10.1.0.20 0.0.0.3 area 5 　network 10.1.0.32 0.0.0.3 area 0
OSPF 基于接口的 MD5 验证	interface Serial 3/0 　ip ospf authentication message-digest 　ip ospf message-digest-key 1 md5 123456
PPP 基于 CHAP 双向认证	username R1 password 123456 interface Serial 3/0 　encapsulation PPP 　ppp authentication chap
链路备份配置	interface FastEthernet 0/1 　backup interface Serial 2/0 　backup delay 3 3
OSPF 虚链路配置	router ospf 1 　area 5 virtual-link 4.4.4.4

（4）路由器 R4 相关配置（见表 20-4-4）

表 20-4-4　路由器 R4 相关配置

单项任务	详细配置
基本配置	interface Serial 2/0 　ip address 10.1.0.22 255.255.255.252 ! interface Serial 3/0 　ip address 10.1.0.25 255.255.255.252 ! interface FastEthernet 0/1 　ip address 10.1.0.34 255.255.255.252 ! interface Loopback 0 　ip address 4.4.4.4 255.255.255.255

（续）

单项任务	详细配置

OSPF 配置	`router ospf 1`
	　`router-id 4.4.4.4`
	　`network 10.1.0.20 0.0.0.3 area 5`
	　`network 10.1.0.32 0.0.0.3 area 0`

RIP 配置	`router rip`
	　`version 2`
	　`network 10.0.0.0`
	　`no auto-summary`

链路备份配置	`interface FastEthernet 0/1`
	　`backup interface Serial 2/0`
	　`backup delay 3 3`

OSPF 虚链路配置	`router ospf 1` 　`area 5 virtual-link 3.3.3.3`

路由重发布配置	`router ospf 1`
	　`redistribute rip subnets`
	`!`
	`ip access-list standard 20`
	　`permit 172.16.3.0 0.0.0.255`
	`!`
	`route-map test permit 10`
	　`match ip address20`
	`!`
	`router rip`
	　`redistributeospf 1 metric 8 route-map test`

限速配置	`interface Serial 2/0`
	　`rate-limit output 1000000 1500 2000`
	　`conform-action transmit exceed-action drop`

DHCP 配置	`service dhcp`
	`!`
	`ip dhcp excluded-address 172.16.10.1 172.16.10.99`
	`ip dhcp excluded-address 172.16.10.201 172.16.10.254`
	`!`
	`ip dhcp pool vlan110`
	　`network 172.16.10.0 255.255.255.0`
	　`dns-server 172.16.3.100`
	　`domain-name shengshi.com.cn`
	　`default-router 172.16.10.254`

（5）路由器 SW3-A 相关配置（见表 20-4-5）

表 20-4-5　路由器 SW3-A 相关配置

单项任务	详细配置
基本配置	interface FastEthernet 0/1 　no switchport 　ip address 10.1.0.6 255.255.255.252 interface vlan 10 　ip address 172.16.0.253 255.255.255.0 ! interface vlan 11 　ip address 172.16.1.253 255.255.255.0 ! interface vlan 12 　ip address 172.16.2.252 255.255.255.0 ! interface vlan 13 　ip address 172.16.3.254 255.255.255.0
OSPF 配置	router ospf 1 　network 10.1.0.4 0.0.0.3 area 1 　network 172.16.0.0 0.0.0.255 area 1 　network 172.16.1.0 0.0.0.255 area 1 　network 172.16.2.0 0.0.0.255 area 1 　network 172.16.3.0 0.0.0.255 area 1
VLAN 配置	interface FastEthernet 0/5 　switchport access vlan 13 ! interface FastEthernet 0/6 　switchport access vlan 13 ! interface FastEthernet 0/15 　switchport access vlan 13
端口安全	interface FastEthernet 0/5 switchport mode access switchport port-security switchport port-security maximum 4 switchport port-security violation shutdown ! interface FastEthernet 0/6 switchport mode access 　switchport port-security switchport port-security maximum 6 　switchport port-security violation shutdown

（续）

单项任务	详细配置

MSTP 配置	spanning-tree
	spanning-tree mst configuration
	  instance 10 vlan 10-11
	  instance 20 vlan 12
	spanning-tree mst 0 priority 4096
	spanning-tree mst 10 priority 8192
	spanning-tree mst 20 priority 4096

VRRP 配置	interface vlan 10
	  vrrp 10 ip 172.16.0.254
	!
	interface vlan 11
	  vrrp 11 ip 172.16.1.254
	!
	interface vlan 12
	  vrrp 12 priority 150
	  vrrp 12 ip 172.16.2.254

OSPF 配置	router ospf 1
	  network 10.1.0.4 0.0.0.3 area 1
	  network 172.16.0.0 0.0.0.255 area 1
	  network 172.16.1.0 0.0.0.255 area 1
	  network 172.16.2.0 0.0.0.255 area 1
	  network 172.16.3.0 0.0.0.255 area 1

ACL 配置	time-range test
	  periodic Weekdays 8:00 to 16:00
	!
	ip access-list extended test
	  10 permit ip 172.16.2.0 0.0.0.255 172.16.0.0 0.0.0.255 time-range test
	  20 permit ip 172.16.2.0 0.0.0.255 172.16.1.0 0.0.0.255 time-range test
	  30 permit ip 172.16.2.0 0.0.0.255 172.16.3.0 0.0.0.255 time-range test
	  40 permit ip 172.16.2.0 0.0.0.255 172.16.11.0 0.0.0.255 time-range test
	  50 permit tcp 172.16.2.0 0.0.0.255 any eq www time-range test
	  60 permit tcp 172.16.2.0 0.0.0.255 any eq ftp time-range test
	  70 permit tcp 172.16.2.0 0.0.0.255 any eq ftp-data time-range test
	  80 permit tcp 172.16.2.0 0.0.0.255 any eq domain time-range test
	  90 permit udp 172.16.2.0 0.0.0.255 any eq domain time-range test
	  100 permit tcp 172.16.2.0 0.0.0.255 any eq pop3 time-range test
	  110 permit tcp 172.16.2.0 0.0.0.255 any eq smtp time-range test
	  120 deny ip any any time-range test
	  130 permit ip any any
	!
	interface FastEthernet 0/12
	  ip access-group test in

(6)路由器 SW3-B 相关配置（见表 20-4-6）

表 20-4-6　路由器 SW3-B 相关配置

单项任务	详细配置
基本配置	interface FastEthernet 0/1 　no switchport 　ip address 10.1.0.10 255.255.255.252 ! interface vlan 10 　ip address 172.16.0.252 255.255.255.0 ! interface vlan 11 　ip address 172.16.1.252 255.255.255.0 ! interface vlan 12 　ip address 172.16.2.253 255.255.255.0
MSTP 配置	spanning-tree spanning-tree mst configuration 　instance 10 vlan 10-11 　instance 20 vlan 12 spanning-tree mst 0 priority 8192 spanning-tree mst 10 priority 4096 spanning-tree mst 20 priority 8192
VRRP 配置	interface vlan 10 　vrrp 10 priority 150 　vrrp 10 ip 172.16.0.254 ! interface vlan 11 　vrrp 11 priority 150 　vrrp 11 ip 172.16.1.254 ! interface vlan 12 　vrrp 12 ip 172.16.2.254
OSPF 配置	router ospf 1 　network 10.1.0.8 0.0.0.3 area 1 　network 172.16.0.0 0.0.0.255 area 1 　network 172.16.1.0 0.0.0.255 area 1 　network 172.16.2.0 0.0.0.255 area 1

（7）路由器 SW2-A 相关配置（见表 20-4-7）

表 **20-4-7** 路由器 **SW2-A** 相关配置

单项任务	详细配置

VLAN 配置	interface FastEthernet 0/5
	  switchport access vlan 10
	!
	interface FastEthernet 0/6
	  switchport access vlan 11
	!
	interface FastEthernet 0/7
	  switchport access vlan 10
	!
	interface FastEthernet 0/8
	  switchport access vlan 10
	!
	interface FastEthernet 0/9
	  switchport access vlan 11
	!
	interface FastEthernet 0/12
	  switchport access vlan 12

spanning- tree 配置	interface FastEthernet 0/12
	  spanning-tree bpduguard enable
	  spanning-tree portfast

（8）路由器 SW2-B 相关配置（见表 20-4-8）

表 **20-4-8** 路由器 **SW2-B** 相关配置

单项任务	详细配置

VLAN 配置	interface FastEthernet 0/5
	  switchport access vlan 110
	!
	interface FastEthernet 0/6
	  switchport access vlan 111

DHCP 配置	ip dhcp snooping interface FastEthernet 0/1 ip dhcp snooping trust

（9）无线 AP 的配置

1）为 AP 的以太网接口配置服务提供商提供的 IP。

```
ap#conf t
ap(config)#int f0
ap(config-if)#ip add 172.16.0.10 255.255.255.0
ap(config-if)#no shu
ap(config-if)#exit
ap(config)#ip default-gateway 172.16.0.254
```

2）配置 bVI 接口。

```
ap(config)#int bVI 1
ap(config-if)#ip add 172.16.0.20  255.255.255.0
ap(config-if)#no shu
```

3）配置共享无线网络的 DHCP。

```
ap(config)#ip dhcp pool AA
ap(dhcp-config)#network 172.16.0.0 255.255.255.0
ap(dhcp-config)#default-router 172.16.0.254
ap(dhcp-config)#dns-server 172.16.3.100
ap(dhcp-config)#exit
ap(config)#ip dhcp excluded-address 172.16.0.1 172.16.0.99
ap(config)#ip dhcp excluded-address 172.16.0.201 172.16.0.255
ap(config)#service dhcp
```

4）配置并对外广播 SSID。

```
ap(config)#dot11   ssid 1_vlan10
ap(config-ssid)#authentication open
ap(config-ssid)#guest-mode
```

5）开启无线接口。

```
ap(config)#int dot11Radio 0
ap(config-if)#ssid 1_vlan10
ap(config-if)#no shu

ap(config)#int dot11Radio 1
ap(config-if)#ssid 1_vlan10
ap(config-if)#no shut
```

6）基本加密验证。通常 Fat AP 较常用的是 WEP 或是 WPA-PSK 这两种验证方式，说明如下。

①WEP：首先看一下 Web 的验证方式。WEP 验证基本上是不看人、只看 Key。

```
p(config)#inter dot11Radio 0
ap(config-if)#encryption key 1 size 40 1234567890
ap(config-if)#encryption mode wep mandatory key-hash
```

然后再进到 SSID 里面，指定验证模式为开放。

```
ap(config)#dot11 ssid 1_vlan10
ap(config-ssid)#authentication open
```

②WPA-PSK：因为 Fat AP 通常不会结合到 RADIUS 等的认证平台，反而在 Thin AP 时都需要与验证平台做验证，在没有验证平台的情况下，可以通过设定 PreShareKey（PSK）来取代验证平台，即要先在无线频道下指定加密方式，因为是 WPA，会用 TKIP 来动态更改 Key 加强安全。

```
ap(config)#inter dot11Radio 0
ap(config-if)#encryption mode ciphers tkip
ap(config)#inter dot11Radio 1
ap(config-if)#encryption mode ciphers tkip
```

再进到 SSID 下面设定验证方式，由于只是 WPA-PSK，所以不用设定 EAP 验证，以开放式（Open）验证即可，而 Key-management 就是用 WPA，最后再设定 WPA 的 PreShareKey（即 Client 连接的密码）即可。

```
ap(config)#dot11 ssid 1_vlan10
ap(config-ssid)#authentication open
ap(config-ssid)#authentication key-management wpa
ap(config-ssid)#wpa-psk ascii 12345678

ap#write
```

WPS-PSK 的验证流程是开放的方式，相对 WEP，有 TKIP 的自动变更 Key 机制，所以较为安全。

参 考 文 献

［1］于鹏，丁喜纲. 计算机网络技术项目教程［M］. 北京：清华大学出版社，2014.

［2］冯昊，黄治虎. 交换机/路由器的配置与管理［M］. 2 版. 北京：清华大学出版社，2009.

［3］殷玉明. 交换机与路由器配置项目式教程［M］. 2 版. 北京：电子工业版社，2014.

［4］杭州华三通信技术有限公司. 路由交换技术［M］. 北京：清华大学出版社，2011.

［5］Bob Vachon. 思科网络技术学院教程［M］. 北京：人民邮电出版社，2009.